CPEC

国家级实验教学示范中心联席会
计算机学科组规划教材

U0662494

数据挖掘原理与应用
——以石油勘探开发为例

宋弢　李昕　主编

马力　王爽　王森　周于皓　张琛　副主编

清华大学出版社

北京

内 容 简 介

本书以数据挖掘为核心主线，结合石油勘探开发的实际应用深入探讨数据挖掘技术的基础知识、原理和技术。内容上既注重理论原理的阐述，又强调数学基础的培养，同时融合实践应用，使学生能够全面掌握数据挖掘的核心概念和算法。本书采用 Python 作为实现语言，对算法的实现进行具体阐述，旨在提高学生的实践能力和应用水平。

本书分为 11 章。第 1、2 章为数据挖掘概述和数据仓库基本概念；第 3、4 章分别为数据预处理和可视化，培养学生的数据处理技能；第 5、6 章从分类、预测和聚类角度培养学生的数据归纳技能；第 7～10 章分别为关联规则挖掘、文本抽取算法、推荐算法和网络数据挖掘，通过常见案例启发学生的数据底层规律发掘技能；第 11 章为综合案例。

本书结合数据挖掘基本原理与石油勘探开发过程的应用案例，适合能源类高校的计算机相关专业或石油相关专业本科生、研究生以及相关专业人员阅读使用。

图书在版编目（CIP）数据

数据挖掘原理与应用：以石油勘探开发为例 / 宋珳，李昕主编. -- 北京：清华大学出版社，2025.9.
（国家级实验教学示范中心联席会计算机学科组规划教材）. -- ISBN 978-7-302-70342-6

Ⅰ. TP311.131

中国国家版本馆 CIP 数据核字第 2025BS3997 号

责任编辑：贾　斌　薛　阳
封面设计：刘　键
责任校对：刘惠林
责任印制：杨　艳

出版发行：清华大学出版社
　　网　　　址：https://www.tup.com.cn，https://www.wqxuetang.com
　　地　　　址：北京清华大学学研大厦 A 座　　邮　　编：100084
　　社 总 机：010-83470000　　　　　　　　邮　　购：010-62786544
　　投稿与读者服务：010-62776969，c-service@tup.tsinghua.edu.cn
　　质量反馈：010-62772015，zhiliang@tup.tsinghua.edu.cn
　　课件下载：https://www.tup.com.cn，010-83470236
印 装 者：三河市铭诚印务有限公司
经　　销：全国新华书店
开　　本：185mm×260mm　　印　张：19.25　　　字　　数：470 千字
版　　次：2025 年 9 月第 1 版　　　　　　　印　　次：2025 年 9 月第 1 次印刷
印　　数：1～1500
定　　价：59.00 元

产品编号：104973-01

前　言

大数据时代,数据已成为最珍贵的资产,是维持竞争力的核心。数据挖掘是指从大规模数据集中发现隐藏在其中的模式、关联、趋势和规律的过程。这些数据集可能包含结构化数据和非结构化数据。数据挖掘运用统计学、人工智能等技术,对数据进行分析和挖掘,以帮助人们更好地理解数据背后的含义,并做出基于数据的决策。作为一个涉及多个学科的交叉领域,数据挖掘在提供决策支持方面的价值日益凸显,它帮助各行各业揭示庞大数据集中的规律性、有趣的趋势以及创新性的模式,实现降本增效。对于石油勘探开发等追求高效率和安全性的行业而言,数据挖掘更是其发展不可或缺的支柱。

本书内容与党的二十大精神相契合,致力于构建人工智能增长引擎。以数据挖掘为核心主线,深入探讨其在石油勘探开发应用中涉及的基础知识和前沿技术。编著团队涵盖人工智能、数据库、数据可视分析、石油工程和地质勘探等多个领域,实现了跨学科交叉,确保了本书的全面性和专业性。本书内容上既注重理论原理的阐述,又强调数学基础的培养,同时融合实践应用,使学生能够全面掌握数据挖掘的核心概念和算法。本书采用 Python 作为实现语言,具体阐述了实现方法,旨在提高学生的实践能力和应用水平。据编者调查,本书是国内少见的结合数据挖掘与石油勘探开发的教材,适用于能源类高校的计算机相关专业或石油相关专业,为培养具备实践能力和创新意识的专业人才提供了重要支持。

本书共分为 11 章。第 1 章为数据挖掘概述,主要介绍数据挖掘的基本概念、主要问题、常用方法等内容。第 2 章介绍了基于数据仓库的数据挖掘。第 3、4 章分别为数据预处理、数据可视化,通过气井产量实例系统地培养学生的数据处理技能。第 5、6 章分别为分类与预测、聚类分析,以岩石钻探实例培养学生的数据归纳技能。第 7～10 章分别为关联规则挖掘、文本抽取算法、推荐算法、网络数据挖掘,通过常见案例启发学生的数据底层规律发掘技能。第 11 章为页岩油压裂水平井产能数据挖掘分析,通过页岩油开采产能项目将数据挖掘的各方法进行整合,综合考虑了各个环节的衔接以及业务数据上的时间序列。

在本书的撰写过程中,魏子帅、李文龙、战祥杰、孙百乐、廖集秀、韩佩甫、刘镇毅、黄增尧、董朝阳、葛景仰、何为、侯潇、李茂、马俊腾、马天乐、张耀翔、张泽为本书的编辑、整理和校对工作做出了大量贡献,并为所有案例代码做了反复测试。很多朋友都对书稿的撰写提出了宝贵意见,学生们的试用反馈也为编者提供了巨大帮助,一并表示感谢。

鉴于编者水平有限,书中难免存在疏漏与不足,请读者指正。

编　者

2024 年 4 月

目 录

第 1 章

数据挖掘概述

1.1 基本概念

1.1.1 数据挖掘基本概念

数据挖掘（Data Mining，又译为资料探勘、数据采矿）是数据库知识发现（Knowledge-Discovery in Databases，KDD）中的一个步骤，一般是指从大量的数据中自动搜索隐藏于其中的特殊关系型信息的过程。

数据挖掘在技术上的定义是指从大量的、不完全的、有噪声的、模糊的和随机的数据中，提取隐含在其中的、事先不知道的但又存在潜在有用信息和知识的过程。

数据挖掘是目前人工智能和数据库领域研究的热点问题，主要基于机器学习、模式识别、统计学、数据库、可视化技术等，高度自动化地分析企业的数据，做出归纳性的整理，从中挖掘出潜在的模式，从而帮助决策者调整市场策略，减少风险。数据挖掘的任务有关联分析、聚类分析、分类分析、异常分析、特异群组分析和演变分析等。数据挖掘通常与计算机科学有关，并通过统计、在线分析处理、情报检索、机器学习、专家系统（依靠过去的经验法则）和模式识别等诸多方法来实现上述目标。

数据挖掘在多个学科发展的基础上应运而生。随着数据库技术的发展应用，数据的积累不断膨胀，简单的查询和统计已经无法满足企业的商业需求，亟须一些革命性的技术去挖掘数据背后的信息。

这期间计算机领域的人工智能也取得了巨大进展，进入了机器学习的阶段。因此，人们将两者结合起来，用数据库管理系统在存储数据的计算机上分析数据，并且尝试挖掘数据背后的信息。这两者的结合促生了一门新的学科，即数据库知识发现。

数据挖掘的前身可以追溯到数据搜集等更早的阶段，但其概念最早是在 20 世纪 80 年代，与数据库知识发现一起产生的。1989 年，在美国底特律召开的第 11 届国际人工智能联合会议的专题讨论会上，数据库知识发现（KDD）这一术语首次出现，之后在 1991 年、1993 年和 1994 年又陆续举行了 KDD 专题讨论会。1995 年，在加拿大召开了第一届知识发现和数据挖掘国际学术会议。从 1997 年开始，KDD 已经拥有了专门的杂志 *Knowledge Discovery and Data Mining*，国外在这方面发表了众多的研究成果和论文，并且开发了一大批数据挖掘软件，建立了大量的相关网站，对 KDD 和数据挖掘的研究已成为计算机领域的一个热门课题。KDD 的重点已经从发现方法转向了实践应用。

　　进入 21 世纪,数据挖掘已经成为一个比较成熟的交叉领域,并且数据挖掘技术也伴随着信息技术的发展日益成熟。

　　总体来说,数据挖掘融合了数据库、机器学习、统计学、高性能计算、模式识别、神经网络、数据可视化、信息检索和空间数据分析等多个领域的理论和技术,是 21 世纪初期对人类产生重大影响的十大新兴技术之一。

1.1.2　数据挖掘发展简史

　　20 世纪 60 年代,数据挖掘技术主要处于数据搜集阶段。在这个阶段,数据主要使用磁盘存储,数据存储能力受到极大限制。由于数据集不足,因此主要解决的是数据搜集的问题,而且主要针对静态数据的搜集与展现。所解决的商业问题也主要是基于历史结果的简单统计数据,例如"过去三年,胜利油田的采油量是多少?"与当前的技术发展对比,这个阶段所针对的问题非常简单,但却是一个时代的缩影,对数据挖掘的进一步发展起到了奠基作用。

　　20 世纪 80 年代,数据挖掘技术主要处于数据访问阶段。在这个阶段,关系数据库与结构化查询语言出现,使用户可以动态、灵活地进行数据查询与展现,所针对的商业问题也更加聚焦、更加精细,例如"去年,胜利油田股东采油厂每个季度的采油量是多少? 每个季度的增长比例是多少?"在这个阶段,KDD 出现了,数据挖掘走上了历史舞台。

　　20 世纪 90 年代,数据挖掘技术主要处于数据仓库决策与支持阶段。在线分析处理(OLAP)与数据仓库技术突飞猛进,用户可以进行多层次数据回溯与动态处理,可以用数据获取知识,对经营进行决策,例如"胜利油田股东采油厂去年上半年每月的采油量是多少? 对本月的石油开采有何启示?"

　　21 世纪,数据挖掘技术进入了全新发展阶段。计算机硬件的大发展以及一些高级数据仓库、数据算法的出现,使得海量数据处理与分析成为可能。数据挖掘可帮助解决一些带有预测性的问题,例如"下个月的目标采油量是多少? 如何保障目标的实现?"

　　数据挖掘的主要发展阶段如图 1.1 所示。

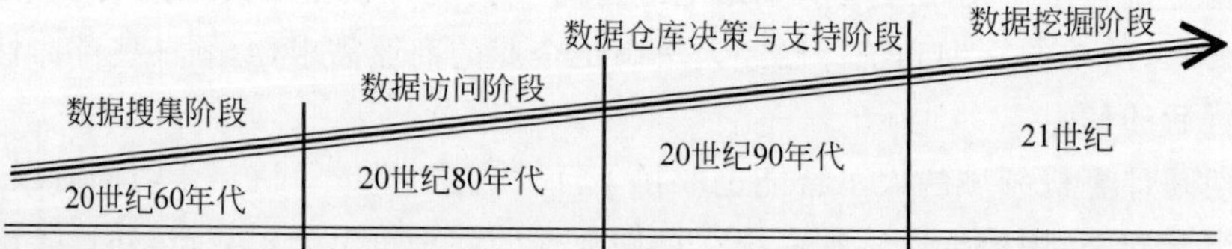

	数据搜集阶段 20世纪60年代	数据访问阶段 20世纪80年代	数据仓库决策与支持阶段 20世纪90年代	数据挖掘阶段 21世纪
数据特点	提供历史性的、静态的数据信息	记录级的历史性、动态性数据信息	各层次上可回溯的、动态的数据信息	预测性的数据与信息
支持技术	计算机、磁带、磁盘存储技术	关系数据库、结构化查询语言	联机分析处理技术、多维数据库、数据仓库	高级算法、多处理器计算机、海量存储数据库
典型应用	过去三年,胜利油田的采油量是多少?	去年,胜利油田股东采油厂每个季度的采油量是多少?每个季度的增长比是多少?	胜利油田股东采油厂去年上半年每月的采油量是多少?对本月的石油开采有何启示?	下个月的目标采油量是多少?如何保障目标的实现?

图 1.1　数据挖掘的主要发展阶段

1.1.3 数据挖掘的特点

数据挖掘具有以下 5 大特性。

1. 基于大数据

数据挖掘主要基于大数据,但并不意味着小数据量不可以进行数据挖掘。实际上,大多数数据挖掘的算法都可以在小数据量上运行并得到结果。但是,一方面,过小的数据量完全可以通过人工分析来总结规律;另一方面,小数据量常常无法反映出真实世界中的普遍特性。可以通过小数据对算法进行一定的验证,但是真正走向实用必须依赖大数据。

2. 非平凡性

所谓非平凡性,体现在数据挖掘所获得的信息的确是潜在的、新颖的,而且能为企业带来效益,因而是有价值的。

3. 隐含性

数据挖掘是要发现深藏在数据内部的知识,而不是那些直接浮现在数据表面的信息。常用的 BI 工具,如报表和 OLAP,完全可以让用户找出这些信息。

4. 新奇性

挖掘出来的知识应该是以前未知的,否则只不过是验证了业务专家的经验而已。只有全新的知识,才可以帮助企业获得进一步的洞察力。

5. 价值性

挖掘的结果必须能给企业带来直接或间接的效益。有人说数据挖掘只是"屠龙之技",看起来神乎其神,却没有任何用处。这是一种误解。在一些数据挖掘项目中,缺乏明确的业务目标、数据质量不佳、人们抵制改变业务流程或挖掘人员经验不足等因素可能导致效果不佳,甚至完全没有效果。尽管如此,大量成功案例证明数据挖掘确实可以成为提升效益的利器。数据挖掘的主要目的是从各种各样的数据来源中提取出有价值的信息,然后将这些信息合并,让你发现你从来没有想到过的模式和内在关系。这就意味着,数据挖掘不是一种用来证明假说的方法,而是用来构建各种各样的假说的方法。数据挖掘从大量数据中发现彼此之间的关联特征,不能告诉你这些问题的答案,它只能告诉你 A 和 B 可能存在相关关系,但是无法告诉你 A 和 B 存在什么相关关系。

1.2　数据挖掘系统的一般结构

1.2.1　数据挖掘系统的体系结构

典型的数据挖掘系统具有以下主要成分。

1. 数据库、数据仓库或其他信息库

数据库、数据仓库或其他信息库由单个或一组数据库、数据仓库、展开的表或其他类型的信息库构成,可以在数据上进行数据清理和集成。

2. 数据库或数据仓库服务器

根据用户的数据挖掘请求,数据库或数据仓库服务器负责提取相关数据。

3. 知识库

知识库主要由领域知识构成,用于指导搜索或评估结果模式的兴趣度。这些知识可能包括概念分层,用于将属性或属性值组成不同的抽象层。用户具有较高确信度的知识也可以包含在内。

4. 数据挖掘引擎

数据挖掘引擎是数据挖掘系统的基本组成部分,由一组功能模块组成,用于特征分析、关联分析、分类、聚类分析、演变和偏差分析。

5. 模式评估

通常模式评估使用兴趣度度量,并与挖掘模块交互。通过设置兴趣度阈值对模式进行过滤,将感兴趣的模式挑选出来,使搜索聚焦在感兴趣的模式上。模式评估也可以与挖掘模块集成在一起,这依赖所用的数据挖掘方法的实现。对于有效的数据挖掘,建议尽可能地将模式评估推进到挖掘过程之中,使挖掘和评估更紧密地结合,将搜索限制在有兴趣的模式上,提高搜索的效率和准确性。

6. 图形用户界面

该模块在用户和挖掘系统之间通信,允许用户与系统交互,指定数据挖掘查询或任务,提供信息,帮助搜索聚焦,根据数据挖掘的中间结果进行探索式数据挖掘。此外,该模块还允许用户浏览数据库和数据仓库模式或数据结构,评估挖掘的模式,以不同的形式将模式可视化。

这些模块构成了数据挖掘系统的主要体系结构,如图 1.2 所示,服务器根据用户提出的数据挖掘请求,从数据库或数据仓库中搜索相关的数据,提交给数据挖掘引擎进行处理,并对发现的模式进行评估,交互过程主要通过图形用户界面来完成。在这个过程中,已有的知识库对数据挖掘引擎和模式评估起到指导作用,评估效果比较好的新知识也会被加入知识库。

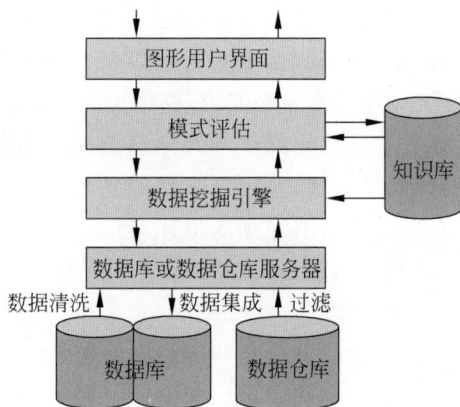

图1.2 数据挖掘系统的体系结构

1.2.2 数据挖掘步骤

根据已经了解的基本概念,数据挖掘的基本步骤如下。

1. 问题定义

在数据挖掘过程中首先明确要处理的问题,即要发现何种知识。这是能否在大量的数据中发现感兴趣的信息的第一步,也是非常重要的一步。在问题定义过程中,数据挖掘人员一方面需要明确实际工作对数据挖掘的要求;另一方面通过对各种学习算法的对比进而确定可用的学习算法。后续学习算法选择和数据集准备都是在此基础上进行的。

2. 数据准备

对数据进行集成、选择和预分析。即从操作型环境中提取并集成数据,解决语义二义性问题,消除脏数据,使数据范围缩小,数据挖掘质量得到提高。

数据挖掘要使用大量的数据,但这些数据90%以上是非结构化数据,组织形式并不一定适合进行数据挖掘,需要将原始数据进行提取与集成,分三个子步骤进行:数据选取、数据预处理和数据变换。

数据选取的目的是确定发现任务的操作对象——目标数据,即在原始数据库中确定哪些是需要的,应该选取哪些数据。数据预处理一般包括消除噪声、推导计算缺值数据、消除重复记录、完成数据类型转换(如把连续型数据转换为离散型数据,以便于符号归纳,或者把离散型数据转换为连续型数据,以便用于神经网络)等。当数据挖掘的对象是数据仓库时,一般来说,数据预处理已经在生成数据仓库时完成了。数据变换的主要目的是消减数据维数,即从初始特征中找出真正有用的特征,以减少数据挖掘时要考虑的特征或变量个数。数据准备做得是否充分将影响数据挖掘的效率和准确性。

3. 数据挖掘

利用数据挖掘处理器中的各种数据挖掘方法,从大量的数据中识别出有效的、新颖的、具有潜在价值的乃至最终可理解的模式。数据挖掘算法执行阶段首先根据对问题的定义明确挖掘的任务或目的,然后要决定使用什么样的算法。选择实现算法有两个考虑因素:一是根据所用数据的特点来选择合适的算法,不同的数据有不同的特点,它们对算法的效率有重要的影响;二是用户或实际运行系统的要求,有的用户可能希望获取描述型的、容易理解的知识(采用规则表示的挖掘方法显然要好于神经网络之类的方法),而有的用户只是希望获取预测准确度尽可能高的预测型知识,并不在意获取的知识是否易于理解。关于数据挖掘所采用的一些常用算法,在后面将给出详细的描述。

4．规律表示

将数据挖掘所获取的信息(模式)以便于用户理解和观察的方式(如可视化)呈现给用户。

5．结果解释与评价

根据最终用户的决策目的,对所提取的信息或发现的模式进行分析,把最有价值的信息或模式区分出来提交给决策者。

1.3　数据挖掘面临的主要问题

数据挖掘技术发展至今,主要在如下三方面面临着一些问题:挖掘方法、用户交互和数据挖掘的应用与社会影响。

1.3.1　挖掘方法所面临的问题

(1)在实际使用数据挖掘方法发现知识时,通常希望所采用的挖掘方法能够实现从不同类型的数据中挖掘不同种类的知识。例如,这些数据包括石油勘探开发数据、流数据和Web 数据等。然而,在现实生活中所采用的数据挖掘方法往往只针对特定类型的数据和有限种类的知识开展挖掘工作,所以挖掘方法泛化能力和跨域问题的研究是数据挖掘所面临的一个重要挑战。

(2)数据挖掘的对象往往是大规模海量数据,挖掘算法的性能也是数据挖掘过程中常常引起关注的重要问题之一。挖掘算法的性能主要包括算法效率和扩展能力。如何使挖掘算法的性能得到提升以适应实际应用工作,是数据挖掘算法在实用性方面面临的重要问题之一。

(3)描述性数据挖掘任务中需要对所分析的频繁模式或者规律进行相应的模式评估。而在实际应用问题中,模式评估需要依赖不同专业领域用户对于模式的兴趣度,如何根据用户的兴趣度对所挖掘的模式进行有效的评估是挖掘方法研究中的一个重要问题。

(4)数据挖掘工作服务的对象往往是具有不同专业背景的用户,有效地融合业务需求和数据分析需求是至关重要的。在数据挖掘方法中,如何将相关背景知识融入其中,使挖掘工作更具针对性,成为挖掘方法研究的一个重要问题。

(5)在挖掘方法的使用过程中,被挖掘对象往往都是带有噪声和不完全的数据,如何根据不同应用领域的知识,使挖掘方法依然能够对噪声和不完全的数据进行挖掘,是当前研究的一个热点。

（6）近年来，随着大模型的发展，对数据挖掘提出了更高的需求。为了保证数据质量，需要通过数据挖掘识别和处理缺失值、异常值和噪声。为了提升数据量，数据挖掘可以通过各种技术（如数据增强、重采样等）来增加数据量，或从大数据集中选择一个具有代表性的子集，以减少大模型的训练时间和计算资源。在特征工程方面，数据挖掘可以通过各种算法（如决策树、主成分分析等）来选择最重要的特征，从而提高大模型的性能。通过数据挖掘技术，预先识别数据中的隐藏模式和趋势，发现数据中的关联规则和关系，有利于大模型的训练和优化。

（7）挖掘算法要能够主动集成所发现的知识，即实现知识的融合。

1.3.2　用户交互性的问题

在进行数据挖掘时，用户交互（User Interaction）是一个重要的环节，它涉及多个方面，包括数据收集、数据分析、结果展示和反馈收集等。

（1）在用户交互性问题上，需要提出一种面向数据挖掘的查询语言以实现即时数据挖掘。

（2）需要针对用户的数据挖掘结果，使用图表、地图和其他可视化工具，以直观地展示数据挖掘的结果，即开展面向数据挖掘技术的计算可视化方法研究。这需要提供足够的文本和图例，以帮助用户理解和解读数据挖掘的结果，并允许用户从不同的角度和维度来查看和分析结果以及自定义数据挖掘的参数和选项，以满足不同的需求。

（3）用户往往需要在多个抽象层次实现交互式挖掘，即要求整个数据挖掘过程具有可交互性。在收集用户数据之前，需要获取用户的明确许可和同意；输入或上传数据需要提供用户友好的界面；在数据分析过程中，提供实时反馈，以增加用户的参与度；最后需要提供评价和反馈的机制，以收集用户对数据挖掘结果和过程的看法。

1.3.3　应用与社会影响

（1）在应用方面，迫切需要开展面向领域的数据挖掘，实现常人无法感知和不可见的数据挖掘，为实际生产生活创造价值。例如，在石油勘探开发方面，如何有效地开展数据挖掘工作，提高准确性、优化勘探策略、提高成本效益、提高生成效率等。

（2）在数据挖掘的应用过程中，还需要加强对数据安全性、完整性和隐私性的保护。总体来说包括以下方面：数据挖掘可能会收集和分析个人敏感信息，从而侵犯个人隐私；存储大量数据的数据库可能会成为黑客攻击的目标；若数据挖掘算法不准确，可能会导致错误的决策；可能产生道德和伦理问题，例如，在医疗研究中使用数据挖掘可能会引发关于数据所有权和合规性的问题。

综上所述，数据挖掘是一把双刃剑，既有巨大的潜力促进社会进步，也存在诸多需要谨慎对待的问题。因此，如何合理、有效地使用数据挖掘，以及如何解决由此带来的问题，是需要全社会共同考虑的问题。

1.4　数据挖掘的常用方法

1.4.1　基于统计学习的数据挖掘方法

统计学虽然是一门"古老"的学科,但它依然是最基本的数据挖掘技术,特别是多元统计分析,如判别分析、主成分分析、因子分析、相关分析、多元回归分析等。统计学相关概念如表 1.1 所示。

表 1.1　统计学相关概念

概　念	说　明
总体	根据研究目的确定的同质观察单位某种变量值的集合
样本	由总体中随机抽取部分观察单位的变量值组成。样本是总体中有代表性的一部分
集中趋势	一组数据向某一中心值靠拢的程度,反映一组数据中心点的位置所在。集中趋势测度就是寻找数据水平的代表值或中心值。低层次数据的集中趋势测度值适用于高层次的测量数据,能够揭示总体中众多观察值所围绕和集中的中心;反之,高层次数据的集中趋势测度值并不适用于低层次的数据
离散趋势	在统计学上描述观测值偏离中心位置的趋势,反映所有观测值偏离中心的分布情况
算术平均值	一组数据在数量上的平均水平,表示一组数据集中趋势的数量
中位数	一组数据中处在中间位置的数,反映一批观察值在位次上的平均水平
众数	一组数据中出现次数最多的数字,代表数据的一般水平
极差	也称"全距",即最大值和最小值之差,用于资料的粗略分析
中程数	最大值和最小值的平均数,是反映数据集中趋势的一种指标
四分位数	在统计学中把所有数值由小到大排列并分为四等份,处于三个分割点位置的数值
方差	表示一组数据的平均离散情况,由离均差的平方和除以样本个数得到,是衡量源数据和期望值相差的度量值,用于研究偏离程度
标准差	方差的正平方根,使用的量纲与原量纲相同,适用于近似正态分布的资料
概率	反映随机事件出现的可能性大小的量度
概率分布	用于表述随机变量取值的概率规律
置信水平与置信区间	在统计学中,一个概率样本的置信区间是对这个样本的某个总体参数的区间估计。置信区间展现的是这个总体参数的真实值有一定概率落在与该测量结果有关的某对应区间。置信区间给出的是声称总体参数的真实值在测量值的区间所具有的可信程度,即前面所要求的"一定概率",这个概率被称为置信水平

1.4.2 基于机器学习的数据挖掘方法

数据挖掘技术主要的统计学方法有决策树、神经网络、回归分析、关联规则、聚类分析、贝叶斯分类。

1. 决策树

决策树是一种非常成熟的、普遍采用的数据挖掘方法。在决策树里,所分析的数据样本先是集成为一个树根,然后经过层层分支,最终形成若干结点,每个结点代表一个结论。

2. 神经网络

神经网络通过数学算法来模仿人脑思维,是数据挖掘中应用机器学习的代表。神经网络是人脑的抽象计算模型,数据挖掘中的"神经网络"是由大量并行分布的微处理单元组成的,它具有通过调整连接强度从经验知识中进行学习的能力,并可以将这些知识付诸应用。

3. 回归分析

回归分析包括线性回归、多元线性回归和 Logistic 回归。其中,在数据化运营中更多使用的是 Logistic 回归,它又包括响应预测、分类划分等。

4. 关联规则

关联规则是在数据挖掘领域中被提出并被广泛研究的一种重要模型,其主要目的是找出数据集中的频繁模式,即多次重复出现的模式和并发关系。频繁模式和并发关系也称作关联。

5. 聚类分析

关于聚类分析有一个通俗的解释,那就是"物以类聚,人以群分"。针对几个特定的业务指标,可以将观察对象的群体按照相似性和相异性进行不同群组的划分。经过划分后,每个群组内部各对象间的相似度会很高,而在不同群组的对象之间的相异度很高。

6. 贝叶斯分类

贝叶斯分类方法是非常成熟的统计学分类方法,它主要用来预测类成员间关系的可能性。例如,通过一个给定观察值的相关属性来判断其属于一个特定类别的概率。贝叶斯分类方法是基于贝叶斯定理的,朴素贝叶斯分类方法作为一种简单贝叶斯分类算法,甚至在某些情况下可以与决策树和神经网络算法相媲美。

1.4.3 数据挖掘的衡量标准

数据挖掘的衡量标准用于评估模型的性能和有效性。这些标准可以根据应用场景和目标的不同而有所不同。一些常用的衡量标准如表 1.2 所示。

表 1.2　不同任务的常用衡量标准

任　　务	衡　量　标　准	
分类任务	准确率(Accuracy)	正确分类的样本数与总样本数的比例
	召回率(Recall)	正类别中被正确分类的样本数与正类别总数的比例
	精确度(Precision)	正类别中被正确分类的样本数与被分类为正类别的样本数的比例
	F1 分数(F1-Score)	精确度和召回率的调和平均
	ROC 曲线和 AUC 值	接收者操作特性(ROC)曲线下的面积(AUC)用于评估模型的整体性能
回归任务	均方误差(MSE)	预测值与实际值之差的平方的平均值
	均方根误差(RMSE)	均方误差的平方根
	平均绝对误差(MAE)	预测值与实际值之差的绝对值的平均值
	R-squared(R^2)	模型解释的数据方差与总方差的比例
聚类任务	轮廓系数(Silhouette Coefficient)	用于衡量聚类效果的好坏
	戴维森堡丁指数(Davies-Bouldin Index)	用于评估聚类的紧密性和分离性
	簇内平方和(Within-Cluster Sum of Squares, WCSS)	聚类内样本到其质心的距离之和
其他通用指标	运行时间(Running Time)	模型训练和预测所需的时间
	模型复杂度(Model Complexity)	模型的参数数量或结构复杂度
	可解释性(Interpretability)	模型结果是否容易被人理解和解释

这些衡量标准可以单独使用,也可以组合使用以获得更全面的性能评估。选择哪种衡量标准取决于具体的应用需求和目标。

1.5　数据挖掘与石油勘探开发

石油勘探开发是一个复杂且具有挑战性的领域,需要应对诸多方面的问题。在这个过程中,数据挖掘技术可以帮助石油公司更好地利用自身的资源并优化生产流程。

随着现代科技水平的不断提升,获取和处理地质、地球物理、地球化学和其他相关数据的能力也越来越强。传感器、云计算、大数据和人工智能等先进技术的发展,使得勘探开发工作中所涉及的数据变得更加丰富和多样化。通过应用机器学习、人工智能、可视化和其他数据挖掘技术,可以从这些数据中发现模式、提取特征、预测结果和进行决策支持。

首先,数据挖掘可以用于分析地震信号,有助于确定潜在的油气储层位置和规模,相比传统的手动方法,更准确、高效地分析地震信号,并且能更好地解读地下结构和沉积体系。此外,数据挖掘还可以将各种类型的地质数据(如钻孔数据、地形数据、重力数据、磁力数据等)结合起来,形成一个更全面的地质模型。

其次,数据挖掘可以用于对钻井过程进行监控和优化。通过分析钻井液、岩心样品和其他相关数据,可以确定钻头的磨损程度并预测其使用寿命,从而及时调整钻头的使用和更换策略。此外,还可以利用数据挖掘技术来识别井眼的偏移、钻进速度的变化以及其他异常情况,并及时采取措施避免事故的发生。

最后,数据挖掘还可以应用于管道监测、环境风险评估和能源市场分析等方面。例如,可以利用数据挖掘技术来分析管道泄漏的原因和位置,并提供相应的维修建议;可以利用数据挖掘技术来评估石油勘探开发对当地环境所产生的影响,并推动环境保护工作的实现;还可以利用数据挖掘技术来预测能源市场的变化趋势,并及时调整生产和销售策略,以更好地适应市场需求。

　　总体来说,数据挖掘技术在石油勘探开发中的应用有着广泛的应用前景和重要意义。不断引入新技术、发展新算法以及提高数据质量和效率,将有助于石油勘探开发实现更好的结果、更高的效率和更加可持续的发展。

第2章
基于数据仓库的数据挖掘

原则上讲,只要数据对目标应用是有意义的,数据挖掘的对象可以是任何类型的数据源,可以是像关系数据库这种包含结构化数据的数据源,也可以是数据仓库、文本、多媒体数据、空间数据、时序数据、Web数据等包含半结构化数据甚至异构性数据的数据源。数据挖掘的难度和采用的技术也因所挖掘数据源和存储系统而异。本章主要介绍数据仓库基本概念及数据仓库提供的一些数据分析处理操作。

2.1 数据仓库概述

2.1.1 数据仓库的产生

数据仓库(Data Warehouse)的出现和发展是计算机应用到一定阶段的必然产物。经过多年的计算机应用和市场积累,许多商业企业已保存了大量原始数据和各种业务数据,这些数据真实地反映了商业企业主体和各种业务环境的经济动态。然而,由于缺乏集中存储和管理,这些数据不能为企业进行有效的统计、分析和评估提供帮助。换句话说,这些数据无法被转换为企业所需的有用信息。起初,人们只是对存储在线事务处理(On-Line Transaction Processing,OLTP)系统中的数据进行抽取。慢慢地,他们发现在抽取结果中,加上一些条件限制可以更方便地得到想要的数据。事实上,将大量的业务数据应用于分析和统计原本是一种非常简单和自然的想法。但在实际操作中,人们却发现想要获得有用的信息并非之前设想的那么容易。

传统数据库的主要任务是进行联机事务处理,它所关注的是事务处理的及时性、完整性与正确性,而在数据的分析处理方面,则存在着不足,主要体现在以下几方面。

(1) 缺乏集成性。首先,业务数据库系统的条块与部门分割,导致数据分布的分散化与无序化。其次,业务数据库缺乏统一的定义与规划,导致数据定义存在歧义。例如,不同的数据库中存在字段(也称为属性)名相同但含义不同的情况,如图2.1所示,或者属性名不同但含义相同的情况。

(2) 主题不明确。建立传统数据库的目的是满足事务处理的需求,库和表的定义完全以此为基础进行,对数据分析而言缺少明确的主题。

(3) 分析处理效率低。联机事务处理强调的是密集的数据更新处理性能和系统的可靠性,并不太关心数据查询的方便与快捷。

证券交易数据库 客户信息表	CRM数据库 客户信息表
acc-_num char(10)	**acc-_num char(10)**

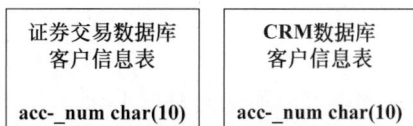

字段名相同,但含义不同

图 2.1 集成性缺乏示例

(4) 传统数据库一般只存储实时、短期数据。

企业范围内的信息要求信息共享准确,对一致的集成数据能够快速访问、精确灵活地分析,由此引入数据仓库、联机分析处理和数据挖掘等技术。

数据仓库的主要功能是将通过信息系统进行的联机事务处理所累积的大量资料,利用数据仓库理论所特有的资料存储架构进行系统的分析整理。这样的分析整理有助于支持各种分析方法,如联机分析处理(Online Analytical Processing,OLAP)、数据挖掘(Data Mining,DM)的进行,进而支持如决策支持系统(Decision Support System,DSS)、主管资讯系统(Executive Information Systems,EIS)的创建,帮助决策者能快速有效地从大量资料中分析出有价值的资讯,以利于决策拟定及快速回应外在环境变动,帮助建构商业智能(Business Intelligence,BI)。

数据仓库的概念一经出现,就首先被应用于金融、电信和保险等主要传统数据处理密集型行业。国外许多大型的数据仓库是在 1996—1997 年建立的。各行业建立数据仓库,需要如下两个基本条件。

(1) 有较为成熟的联机事务处理系统,为数据仓库提供客观条件。

(2) 面临市场竞争的压力,为数据仓库的建立提供外在动力。

2.1.2 数据仓库的定义

数据仓库有多种定义方式,但很难给出一种严格的定义。数据仓库为用户提供用于决策支持的当前数据和历史数据,而这些数据在传统的操作型数据库中很难或不能获得。数据仓库技术旨在将操作型数据有效地集成到统一的环境中,以提供决策型数据访问。它涵盖了多种技术和模块,目的是让用户更快、更方便地查询所需要的信息,提供决策支持。数据仓库之父比尔·恩门在 1991 年出版的 *Building the Data Warehouse*(《建立数据仓库》)一书中所提出的定义被广泛接受——数据仓库是一个面向主题的(Subject Oriented)、集成的(Integrated)、相对稳定的(Non-Volatile)、反映历史变化的(Time Variant)数据集合,用于支持管理决策(Decision Making Support)。这个定义指出了数据仓库的 4 个主要特征。

1. 面向主题

与传统数据库面向应用相对应,数据仓库中的数据是按照一定的主题域进行组织的。主题是一个抽象的概念,用于在较高层次对数据进行分类。每个主题基本对应一个宏观的分析领域。例如,在"销售分析"领域就可能会有顾客主题、供应商主题、产品主题和仓库主题等。数据仓库关注决策者的数据建模与分析,而不是集中于组织机构的日常操作和事务处理。因此,数据仓库排除对于决策无用的数据,提供特定主题的简明视图。面向主题组织的数据具有以下特点。

(1) 各个主题有完整、一致的内容以便在此基础上做分析处理。

(2) 主题之间有重叠的内容,反映主题间的联系。重叠是逻辑上的,不是物理上的。

(3) 各主题的综合方式不同。

(4) 主题域应该具有独立性(数据是否属于该主题有明确的界限)和完备性(对该主题进行分析所涉及的内容均要在主题域内)。

一个主题通常与多个操作型信息系统相关。而操作型数据库的数据组织面向事务处理任务,各个业务系统之间各自分离。例如,某保险公司有人身保险和财产保险两类业务,构建有人身保险和财产保险两个管理信息系统;如果需要对所有顾客进行分析,需要构建面向顾客主题的数据仓库;如果要对所有保单进行分析,需要构建面向保单的数据仓库;如果要对所有保费进行分析,需要构建面向保费的数据仓库,如图 2.2 所示。

2. 集成

面向事务处理的操作型数据库通常与某些特定的应用相关,数据库之间相互独立,并且往往是异构的。数据仓库中的数据是在对原有分散的数据库系统中数据进行抽取、清理的基础上经过系统加工、汇总和整理得到的,须消除源数据中的不一致性,以保证数据仓库内的信息是关于整个企业的一致的全局信息。这是数据仓库中最关键、最复杂的一步,需要完成的工作如下。

(1) 统一源数据中有冲突之处,如属性的同名异义、异名同义、单位不统一、编码结构不一致等。例如,某顾客数据仓库中的数据是从不同应用中集成的,则需要将冲突或不同表示的性别数据统一转换成一种表示 m 和 f,如图 2.3 所示。

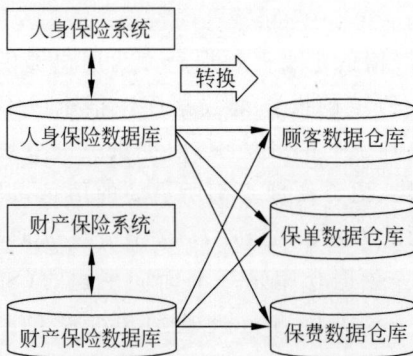

图 2.2　某保险公司面向主题的示例　　　　图 2.3　性别的集成

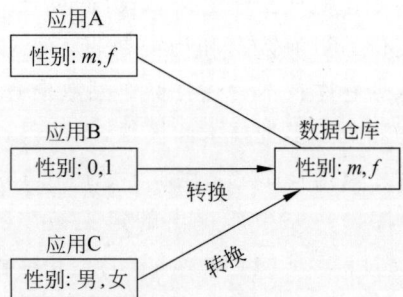

(2) 进行数据综合和计算。数据仓库中的数据综合工作可以在从源数据库中抽取时生成,也可以在数据仓库内部生成的。

3. 反映历史变化

数据仓库中包含各种粒度的历史数据。数据仓库中的数据可能和特定的某个日期、星期、月份、季度或年份有关。例如,某企业的数据仓库中记录从过去某一时点(如开始应用数据仓库的时点)到当前各个阶段的业务经营状况,通过这些信息,可以对该企业的发展历程和未来趋势做出定量分析和预测。分析结果只是反映过去的情况,当业务发生变化后,挖掘出的模式就会失去时效性。为适用决策的需要,数据仓库中存储的数据往往不是实时更新的,但也并不是永远不变的,要随着时间的变化不断地更新、增删和重新综合。数据的关键结构都隐式或显式地包含时间元素。

4. 相对稳定

操作型数据库系统中一般只存储短期数据,因此其数据是不稳定的,它记录的是系统中数据变化的瞬间状态。但对于决策分析而言,历史数据是相当重要的,许多分析方法必须以大量的历史数据为依托。没有大量历史数据的支持,企业很难进行决策分析。因此,数据仓库中的数据大多表示过去某一时刻的数据,主要用于查询和分析。与业务系统中的数据库不同,数据仓库中的数据通常不需要频繁进行增加、删除、修改操作。一般情况下,数据仓库中的数据被长期保留,一般有大量的查询操作。增加、删除、修改操作很少,通常只需要定期进行数据加载和刷新。数据仓库的稳定性和反映的历史变化并不矛盾,从大时间段来看,它是变化的,但从小时间段看,它是稳定的。

除以上 4 个特征外,数据仓库还具有高效性、高数据质量、高扩展性和高安全性等特点。

在商业决策中,数据仓库的作用主要表现在如下几方面。

(1)提高客户的关注度。通过分析客户的购买行为信息,可以获得客户购买商品的模式和购买的喜好倾向等信息。

(2)微调生产策略。通过分析历史产品的销售情况,进而重新配置产品和管理产品的组合,最大限度地提升利润。

(3)查找利润来源。通过对历史产品销售数据的分析,确定利润的来源,进而对产品的销售进行指导,提升利润。

(4)管理客户之间的关系。通过管理客户之间的关系,进而对公司的管理和运行提供指导。

此外,存放在数据仓库中的数据是集成多个异构数据源中的数据信息,同时企业中往往存在各种各样不同的数据源。通过建立数据仓库,企业可以有效方便地对上述异构数据源进行统一管理。

2.1.3　数据仓库的发展

最初的数据仓库可能只为整合企业内部分散的、原始的业务数据,并通过便捷有效的数据访问手段,支持企业内部不同部门、不同需求、不同层次的用户随时获得自己所需的信息。然而,在当今竞争异常激烈的商业环境中,优秀的战略若不能付诸有效的实施,都将是一纸空文。新一代的数据仓库应用不仅改善了企业战略的形成,更重要的是加强了企业战略的执行决策能力。目前,数据仓库已经广泛应用到了各个领域,如金融、银行、电子商务等。从应用角度看,数据仓库的发展演变可以归为以下 5 个阶段。

(1)以报表为主。最初的数据仓库主要用于快速产生企业内部某些部分的报表。数据仓库把不同来源的信息集成到一个单一的数据仓库中,可以为企业跨职能或跨产品的决策提供重要参考信息。大多数情况下,人们事先已对报表中设计的问题有所了解。构建这一阶段的数据仓库所面临的最大挑战是数据集成。传统的计算环境经常有上百个数据源,每一数据源都有独特的定义标准和基本的实施技术。对这些放在不同生产系统之中、不具备一致性的数据进行清洗,建立一致性的集成数据库,是非常具有挑战性的。本阶段所建立并优化过的集成信息一方面为决策者提供辅助决策的报表,另一方面也为以后数据仓库的发展奠定了基础。

(2)以分析为主。决策者关心的重点发生了转移,即从"发生了什么"转向"为什么会发生"。分析活动的目的就是了解报表数据的含义,需要对更详细的数据进行各种角度的分析。本阶段的数据仓库对要分析的问题可能事先一无所知,采用的方法也可能是随机分析方法,性能管理依赖于关系数据库管理系统的优化功能。随机分析基本上是在交互环境中反复提出并不断优化问题的操作。因此,在这一阶段的数据仓库应用中,性能问题非常重要。支持数据仓库的并发查询及大批量用户,是本阶段应用的典型特征。

(3)以预测模型为主。当一个企业决策过程得到量化后,对经营业务的动态情况以及发生原因都有所体验时,往往就开始思索是否可以将信息用于预测。这一阶段的数据仓库提供数据采集工具,利用历史资料创建预测模型。利用预测模型进行高级分析的最终用户通常为数不多,但建模与评测的工作量极大。为了得到所需的预测特性,高级数据分析通常要应用复杂的数学函数。对算法的预测效果而言,获取详细数据是非常重要的。因此,由于数据访问过于复杂、数据处理量很大,少数用户可能在高峰期轻易地消耗掉数据仓库平台上一半甚至更多的资源。

(4)以营运导向为主。数据仓库的营运导向是指为现场即时决策提供信息,例如,及时库存补给、包裹发运的日程安排和路径选择等。此阶段是要实现数据仓库的战术性决策功能,开始关注其动态性。数据仓库前面三个阶段都以支持企业内部战略性决策为重点,为企业长期决策提供必要的信息,包括市场细分、产品及其类别管理战略、获利性分析与预测等。战术性决策支持的重点则可能在企业外部,为执行企业战略的员工提供支持。要实现数据仓库的战术性决策功能,作为决策基础的信息就应该保持实时更新或接近实时更新。这就是说,为了使数据仓库的决策功能真正服务于日常业务,就必须持续不断地获取数据并将其填充到数据仓库中。战略决策可以使用按月或按周更新的数据,但以这种频率更新的数据是无法支持战术决策的。作业现场的战术性决策需要查询响应时间以秒为单位来衡量。

(5)以实时数据仓库、自动决策应用为主。随着技术的进步,越来越多的决策由事件触发,并自动完成,实时数据仓库在决策支持领域中的角色越重要,企业实现决策自动化的积极性就越高。例如,网站或者 ATM 系统中所采用的交互式客户关系管理是一个产品供应、定价和内容发送各方面都十分个性化的客户关系优化决策过程。这一复杂的过程在无人介入的情况下自动发生,响应时间以秒或毫秒计。这一阶段的数据仓库需要同时支持战略决策支持和战术决策支持两种方式,与实时数据仓库的事件触发自动决策支持并存。

数据仓库的应用是一个逐渐演变的过程,从第一阶段到第五阶段是水到渠成的过程,是系统不断完善和应用不断扩展的过程。

数据仓库是一项基于数据管理和数据应用的综合性技术和解决方案,它是数据库市场的新一轮增长点,同时也是未来企业应用系统的重要组成部分。以 Hadoop/Spark 为代表的大规模数据处理技术已成为新一代数据仓库平台的基础设施组件,在此基础上构建的平台具有高模块化、松耦合和并行化的特点,针对不同的应用领域,通过组件之间的灵活组合与高效协作,可以提供定制化的数据仓库平台;并可有限支持 SQL、PL/SQL 标准数据库语言,结合数据挖掘与机器学习组件,能够构建起强大的数据分析生态系统。当前比较流行的基于这种分布式系统架构的数据仓库工具有 Hive、SparkSQL 等。

2.1.4　数据库、数据仓库和数据挖掘的关系

1. 从数据库到数据仓库

传统的数据库技术是以单一的数据资源即数据库为中心,进行 OLTP 批处理、决策分析等各种数据处理工作的,主要划分为两大类:操作型处理和分析型处理。操作型处理称为事务处理,是指对操作型数据库的日常操作,通常是对一个或一组记录的查询和修改,主要是为企业的特定应用服务的,注重响应时间、数据的安全性和完整性。分析型处理则用于管理人员的决策分析,经常要访问大量的分析型历史数据。传统数据库系统侧重于企业的日常事务处理工作,但难于实现对数据的分析处理要求,已无法满足数据处理多样化的要求。近年来,随着数据库技术的应用和发展,人们尝试对数据库中的数据进行再加工,形成一个综合的、面向分析的环境,以更好地支持决策分析,从而形成了数据仓库技术。传统数据库与数据仓库的比较如表 2.1 所示。

表 2.1　传统数据库与数据仓库的比较

比较项目	传统数据库	数据仓库
总体特征	围绕高效的事务处理	以提供决策为目标
存储内容	以当前数据为主	历史、存档、归纳
面向用户	普通业务处理人员	高级决策管理人员
功能目标	面向业务操作,注重实时	面向主题,注重分析
汇总情况	原始数据	多层次汇总,数据细节损失
数据结构	结构化程度高,适合运算	结构化程度适中

2. OLTP 和 OLAP 技术

数据库技术在系统功能和性能需求方面强调的是多用户环境下如何针对并发用户的增删改操作,把保证数据的一致性和可恢复性、并发用户的吞吐量作为重要性能指标。数据仓库技术在系统功能和性能需求方面强调的是大数据量环境下的高效、快速查询,重要性能指标是查询的吞吐量。典型的关系数据库的主要任务是联机事务处理和查询处理,其中,联机事务处理也就是常说的 OLTP,例如,银行的储蓄系统就是一个典型的 OLTP 系统。OLAP是基于数据仓库的信息分析处理过程,是数据仓库的用户接口部分,主要目的是数据的分析和决策。OLTP 和 OLAP 的比较详见表 2.2。

表 2.2　OLTP 和 OLAP 的比较

比较项目	OLTP	OLAP
处理对象	面向应用的,为顾客提供事务处理和查询处理等操作	面向主题的,为数据分析人员提供数据分析的支持

续表

比较项目	OLTP	OLAP
数据内容	处理的是当前详细的数据,主要源于数据库	处理的是历史的数据,主要源于数据仓库
响应时间	要求非常高	合理
用户	数量庞大,主要是操作人员	数量相对较少,主要是业务决策与管理人员
访问模式	读/写	主要为读
数据模型	关系模型为主	多维数据模型
度量	事务吞吐量	查询吞吐量

3. 分离数据仓库的原因

操作型数据库存放了大量数据,为什么不直接在这种数据库上进行联机分析处理,而是另外花费时间和资源去构造一个与之分离的数据仓库? 主要原因有以下两方面。

(1) 提高两个系统的性能。操作型数据库是为已知的任务和负载设计的,如使用主关键字索引,检索特定的记录和优化查询;支持多事务的并行处理,需要加锁和日志等并行控制和恢复机制,以确保数据的一致性和完整性。数据仓库的查询通常是复杂的,涉及大量数据在汇总级的计算,可能需要特殊的数据组织、存取方法和基于多维视图的实现方法。对数据记录进行只读访问,以进行汇总和聚集。如果 OLTP 和 OLAP(联机分析处理)都在操作型数据库上运行,会极大地降低数据库系统的吞吐量。

(2) 提供不同的功能而需要不同类型的数据。数据仓库与操作型数据库分离是由于这两种系统中数据的结构、内容和用法都不相同。决策支持需要历史数据,而操作型数据库一般不维护历史数据。在这种情况下,操作型数据库中的数据尽管类型很丰富,但对于决策是远远不够的。数据仓库系统用于决策支持需要历史数据,将不同来源的数据统一(如聚集和汇总)产生高质量、一致和集成的数据。由于两种系统提供不相同的功能,需要不同类型的数据,因此需要分离数据库和数据仓库。

4. 数据仓库和数据挖掘的关系

数据仓库与数据挖掘是融合与互补的关系。一方面,数据仓库中的数据可以作为数据挖掘的数据源。另一方面,数据挖掘的数据源不一定必须是数据仓库,它可以是任何数据文件或格式。若将数据仓库比作矿井,那么数据挖掘就是深入矿井采矿的工作。数据挖掘不是一种无中生有的魔术,也不是点石成金的炼金术,若没有足够丰富完整的数据,将很难期待数据挖掘能挖掘出有意义的信息。

要将庞大的数据转换成有用的信息和知识,首先必须收集有效数据。功能完善的数据库管理系统事实上是最好的数据收集工具。数据仓库的一个重要任务就是搜集来自其他业务系统的有用数据,存放在一个集成的存储区内。决策者利用这些数据做决策,即从数据仓库中挖掘出对决策有用的信息与知识,是建立数据仓库与进行数据挖掘的最大目的。只有数据仓库先行建立完成,且数据仓库所含数据是干净(不会有虚假错误的数据掺杂其中)、完备和经过整合的,数据挖掘才能有效地进行。

虽然数据仓库和数据挖掘是两项不同的技术,但它们又有相同之处,两者都是在数据库的基础上发展起来的,它们都是决策支持新技术,但它们可以结合起来,提高决策分析的能力。

5. 数据挖掘和OLAP的关系

数据挖掘和OLAP都是数据分析工具。数据挖掘是挖掘型的,建立在各种数据源的基础上,重在发现隐藏在数据深层次的、对人们有用的模式并做出有效的预测性分析,一般并不过多考虑执行效率和响应速度;OLAP是验证型的,建立在多维数据的基础上,强调执行效率和对用户命令的及时响应,而且其直接数据源一般是数据仓库。二者有一定的互补性:OLAP的分析结果可以给数据挖掘提供挖掘的依据,有助于更好地理解数据;数据挖掘可以拓展OLAP分析的深度,发现OLAP所不能发现的更为复杂、细致的信息。

2.1.5 数据仓库系统的组成

数据仓库系统以数据仓库为核心,将各种应用系统集成在一起,为统一的历史数据分析提供坚实的平台,通过数据分析与报表模块的查询和分析工具OLAP(联机分析处理)、决策分析、数据挖掘完成对信息的提取以满足决策的需要。

数据仓库系统通常是指一个数据库环境,而不是指一件产品。一般,数据仓库系统以数据源为基础,分为数据仓库服务器层(即数据存储与管理层)、OLAP服务器层和前端分析工具与应用层,如图2.4所示是通常采用的一个三层体系结构。

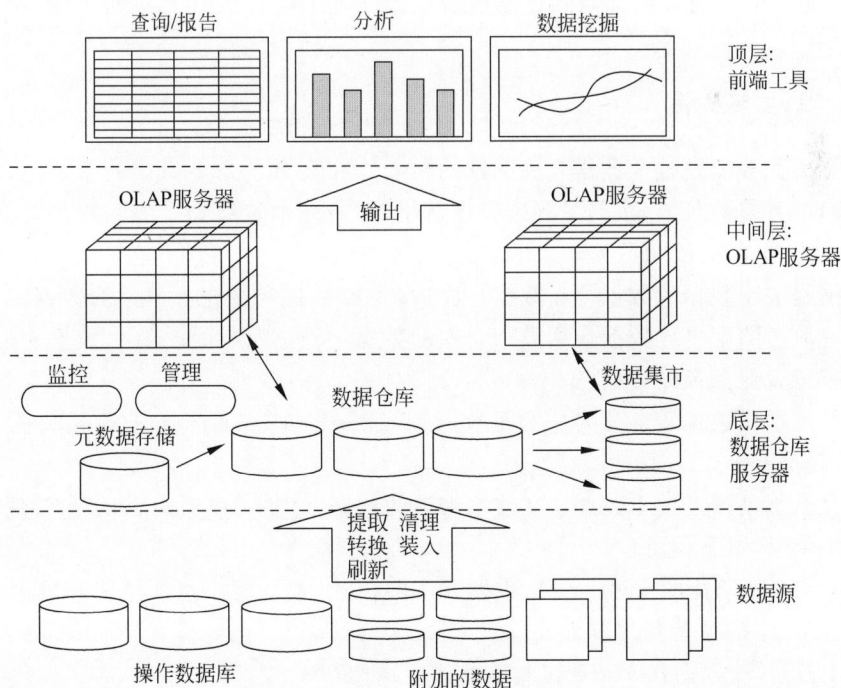

图2.4 数据仓库系统的体系结构

1. 数据源

数据源是数据仓库系统的基础,即系统的数据来源,通常包括企业(或事业单位)的各种内部信息和外部信息。内部信息,例如,存于操作数据库中的各种业务数据和办公自动化系统中包含的各类文档数据;外部信息,例如,各类法律法规、市场信息、竞争对手的信息以及各类外部统计数据及其他有关文档等。

建设数据仓库需要集成来自多种业务数据源中的数据,这些数据源可能是在不同的硬件平台上,使用不同的操作系统,因而数据以不同的格式存在于不同的数据库中。如何向数据仓库中加载这些数量大、种类多的数据,已成为建立数据仓库需要解决的一个关键问题。数据仓库系统使用后端工具和实用程序来加载和刷新它的数据。这些工具和实用程序包含数据抽取、数据清理、数据变换、数据加载和刷新。数据仓库系统通常提供一组数据仓库管理工具来实现,如数据抽取工具ETL(抽取(Extract)、转换(Transform)、加载(Load))就是用来实现异构数据源的数据集成的,即把数据从各种各样的存储方式中拿出来,进行必要的转换、整理,再存放到数据仓库内的系统。

ETL过程就是调和数据的过程。ETL工具的主要功能如下。

(1) 数据抽取。从不同的网络、不同的操作平台、不同的数据库及数据格式、不同的应用中抽取数据。

(2) 数据转换。数据转换(数据的合并、汇总、过滤和转换等)、数据的重新格式化和计算、关键数据的重新构建和数据汇总、数据定位等。

(3) 数据加载。将数据加载到目标数据库(数据仓库)中,通常需要跨网络,甚至跨操作平台进行加载。

2. 数据仓库服务器

数据仓库服务器是整个数据仓库系统的核心。在现有各业务系统的基础上,对数据进行抽取、清理,并有效集成,按照主题进行重新组织,最终确定数据仓库的物理存储结构,同时组织存储数据仓库元数据(Meta Data)。

元数据是关于数据的数据。在数据仓库中,元数据是定义仓库对象的数据。元数据库在数据仓库服务器层。元数据包括数据仓库的数据字典、记录系统定义,数据转换规则、数据加载频率以及业务规则等信息。

数据仓库的元数据通常分为技术元数据(Technical Metadata)和业务元数据(Business Metadata)两类。

技术元数据是描述关于数据仓库技术细节的数据,这些元数据用于开发、管理和维护数据仓库,主要包含以下信息。

(1) 数据仓库结构的描述。包括数据仓库的模式、视图、维、层次结构和导出数据的定义,以及数据集市的位置和内容等。

(2) 业务系统、数据仓库和数据集市的体系结构和模式。

(3) 汇总算法。包括度量和维定义算法、数据粒度、主题领域、聚合、汇总和预定义的查询与报告。

(4) 由操作型业务环境到数据仓库环境的映射。包括源数据和它们的内容、数据分割、数据提取、清洗、转换规则、数据刷新规则及安全性(用户授权和存取控制)。

业务元数据是从业务角度描述数据仓库中的数据,它提供了介于使用者和实际系统之间的语义层,让不懂计算机技术的业务人员也能够"读懂"数据仓库中的数据。业务元数据主要包括以下信息。

(1) 使用者的业务术语所表达的数据模型、对象名和属性名。

(2) 访问数据的原则和数据的来源。

(3) 系统所提供的分析方法及公式和报表的信息。

数据分析员为了有效地使用数据仓库环境,通常需要元数据的帮助。特别是在进行信息分析处理时,他们首先需要查看元数据。元数据是数据仓库的重要构建,是数据仓库的导航图。元数据在数据抽取、数据仓库应用开发、业务分析、数据仓库服务和数据重构等过程中都有重要的作用。本层中的数据集市(Data Mart),也称数据市场,是从数据仓库中独立出来的一部分数据,专门为特定的应用目的或应用范围而设计。数据集市也可称为部门数据或主题数据,它按照多维的方式进行存储,包括定义维度、需要计算的指标、维度的层次等信息。数据集市通常用于生成面向决策分析需求的数据立方体。如果数据仓库覆盖整个企业范围,包含顾客、商品、销售等多方面主题的信息,那么数据集市可能只包含销售主题的信息。这样做的目的是减少数据处理量,使信息的利用更加快捷和灵活。在数据仓库的实施过程中往往可以从一个部门的数据集市着手,以后再用几个数据集市组成一个完整的数据仓库。

根据应用需求不同划分:

(1) 从属型数据集市(Dependent Data Mart),如图 2.5 所示。所谓从属是指它的数据直接来自中央数据仓库。这种结构能保持数据的一致性,通常会为那些访问数据仓库十分频繁的关键业务部门建立从属数据集市,这样可以更好地提高查询操作的反应速度。

(2) 独立型数据集市(Independent Data Mart),如图 2.6 所示。独立型数据集市的数据直接来自各个业务系统。许多企业在计划实施数据仓库时,往往出于投资方面的考虑,最终建成的是独立的数据集市,用来解决个别部门较为迫切的决策问题。从这个意义上讲,它和企业数据仓库除了在数据量和服务对象上存在差别外,逻辑结构并无多大区别,这也许就是把数据集市变为部门级数据仓库的主要原因。

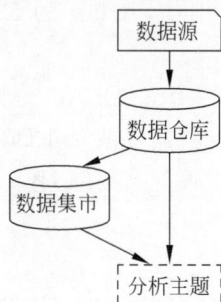

图 2.5　从属型数据集市　　　　图 2.6　独立型数据集市

数据集市和数据仓库的对比如表 2.3 所示。

表 2.3　数据集市和数据仓库的对比

对比内容	数 据 仓 库	数 据 集 市
范围	应用独立	特定数据决策系统应用
	集中式、企业级(可能)	用户域的离散化
	规划的	无规划(可能是临时组织的)
数据	历史的、详细的和概括的	历史的、详细的和概括的
	轻微不规范化	高度不规范化
主题	多个主题	用户关心的某一个中心主题
数据源	多个内部和外部源	很少的内部和外部源
其他特征	灵活	严格
	面向数据	面向工程
	长期	短期
	大	开始小、逐渐变大
	单一的复杂结构	多、半复杂性结构、合并复杂

按照数据的覆盖范围和存储规模,数据仓库可以分为企业级数据仓库和部门级数据仓库。对数据仓库系统的管理也就是对其相应数据库系统的管理,通常包括数据的安全、归档、备份、维护和恢复等工作。

3. OLAP 服务器

OLAP 服务器对需要分析的数据按照多维数据模型进行重组,以支持用户随时从多角度、多层次来分析数据,发现数据规律与趋势。OLAP 服务器根据其存储数据的方式通常有如下三种实现方式。

(1) ROLAP(Relational OLAP)表示基于关系数据库的 OLAP 实现,它以关系数据库为核心,以关系型结构进行多维数据的表示和存储,即基本数据和聚合数据均存放在 RDBMS 之中。例如,Microstrategy 的 DSS 服务器和 Informix 的 MetaCube 就采用 ROLAP 方式。

(2) MOLAP(Multidimensional OLAP)表示基于多维数据结构组织的 OLAP 实现,它以多维数据组织方式(多维数据库)为核心,一般以数据立方体进行多维数据的表示和存储,即基本数据和聚合数据均存放于多维数据集中。例如,Arbor 的 Essbase 服务器采用 MOLAP 方式。

(3) HOLAP(Hybrid OLAP)表示基于混合数据组织的 OLAP 实现,是得益于 ROLAP 较大的可伸缩性和 MOLAP 的快速计算,一般将基本数据存放于 RDBMS 之中,聚合数据存放于多维数据集中。例如,微软 SQL Server 的一些版本就支持 HOLAP 方式。

4. 前端分析工具与应用

前端分析工具主要包括各种数据分析工具、报表工具、查询工具、数据挖掘及机器学习工具以及各种基于数据仓库或数据集市开发的应用。其中,数据分析工具主要针对 OLAP 服务器。报表工具、数据挖掘工具既可针对数据仓库,也可针对 OLAP 服务器。

2.2　多维数据模型

多维数据模型用于企业数据仓库和部门数据集市的设计。这种模型采用星状模式、雪花模式或事实星座模式。多维数据模型的核心是数据立方体。

2.2.1　数据立方体

数据立方体(Data Cube)允许以多维的角度对数据建模和观察,由维和事实定义。

1. 维和维表

维是人们分析和看待数据的角度,是考虑问题时的一类属性。一类属性的集合构成一个维度(或维),如时间维、地理维等。每个维都可以有一个与之相关联的表。该表称为维表,存放维数据,包括维属性(列)和维成员。维的一个取值就称为该维的一个维成员。人们可以从一个维的角度观察数据,还可以根据细节程度的不同形成多个描述层次,这个描述层次称为维层次。一个维往往具有多个层次。如果一个维是多层次的,那么该维的维成员就是不同维层次的取值的组合。例如,考虑时间维具有日期、月份、年这三个层次,分别在日期、月份、年上各取一个值组合起来,就得到时间维的一个维成员,即"某年某月某日"。维表通常具有以下特征。

(1)维通常使用解析过的时间、名字或地址元素,这样可以使查询更灵活。例如,时间可分为年份、季度、月份和时期等,地址可用地理区域来区分,如国家、省、市、县等。

(2)在实际应用中,维表通常不使用业务数据库的关键字作为主键,而是对每个维表另外增加一个额外的字段作为主键字来识别维表中的对象。在维表中新设定的键也称为代理键。

(3)维表可以包含随时间变化的字段,当数据集市或数据仓库的数据随时间变化而有额外增加或改变时,维表的数据行应有标识此变化的字段。

2. 事实和事实表

通常,多维数据模型围绕主题组织。主题用事实表表示。事实也称为度量(Measure),是数值度量的,如在商品销售的数据仓库中,事实可以用销售量、销售额等信息度量,事实是分析维之间关系的关键。事实表是多维模型的核心,是用来记录业务事实并做相应指标统计的表。事实表中包含事实的名称或度量信息,以及相关维度的编码。同维表相比,事实表具有如下特征。

(1)记录数量很多,因此事实表应当尽量减小一条记录的长度,避免事实表过大而难于管理。

(2)事实表中除度量外,其他字段都是维表或中间表(对于雪花模型)的关键字(外键)。

(3)如果事实相关的维很多,则事实表的字段个数也会比较多。

3．多维数据集

数据仓库和 OLAP 服务是基于多维数据模型的,这种模型将多维数据集看作数据立方体形式。多维数据集可以用一个多维数组来表示为

(维 1,维 2,…,维 n,度量列表)

例如,表 2.4 是我国部分油气田产量情况表,假设想从三维角度观察产量数据,如年份、地点和产品种类三维,这三维组织起来的立方体,加上度量"产量",就组成了一个多维数组(年份,地点,产品种类,产量)。地点的描述分为两层,假设考虑到具体油田这一层,多维数组为(年份,油田,产品种类,产量),其三维立方体如图 2.7 所示。

表 2.4　我国部分油气田产量情况表

地　　　　点		原油产量/万吨			天然气产量/亿立方米		
区域	具体油田	2018 年	2019 年	2020 年	2018 年	2019 年	2020 年
东北油气田	辽河油田	1210.29	1177.28	1265.5	10.01	10.37	9.09
	大庆油田	4687.5	4610.77	4497.6	31.3	30.32	27.8
西北油气田	长庆油田	2816.69	2474.8	2018.73	60.44	47.67	68.4

在一个多维数据集中可以有一个或多个度量。例如,在多维数组(年份,油田,产品种类,产量,产量价值)中,就有两个度量,即产量和产量价值。

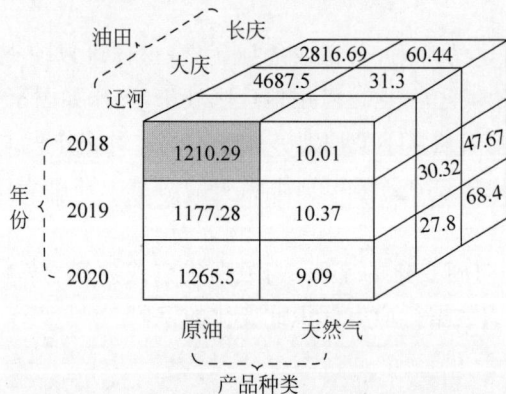

图 2.7　年份、油田和产品种类三维立方体

数据立方体由方体的格组成,每个方体对应给定多维数据的一个不同级别的汇总,如图 2.8 所示的数据立方体称作方体(Cuboid)。假设想从四维角度观察具体石油产品的销售数据,增加一个维,如销售商。可以对给定诸维的每个可能的数据子集产生一个方体。结果形成方体的格,每个方体在不同的汇总级显示分组汇总数据。图 2.8 显示了由年份、产品种类(简记为产品)、产地油田(简记为产地)和销售商形成的四维数据立方体的方体格。

每个方体代表一个不同程度的汇总。存放最底层汇总的方体称作基本立方体(Base Cubiod)。0-D 方体存放最高层的汇总,称作顶点方体(Apex Cuboid),通常用 all 标记。

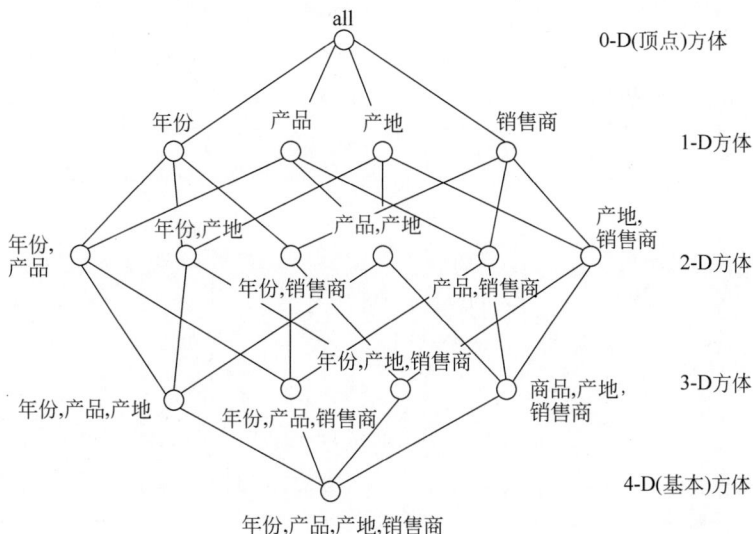

图 2.8 方体的格,形成年份、产品、产地和销售商的四维数据立方体

4. 概念分层

概念分层是指定义一个映射序列,把底层概念映射成较高层的概念,即更一般化的抽象概念。对于给定的某一维,往往不仅有一个概念层,进行概念分层的主要目的是在多个层次上对数据进行挖掘和分析。

在上例的地点维中,可以把具体油田信息映射到所属区域,如把辽河油田和大庆油田映射到东北油气田;把东北油气田映射到全国,以此类推,这便是概念分层,如图 2.9 所示。

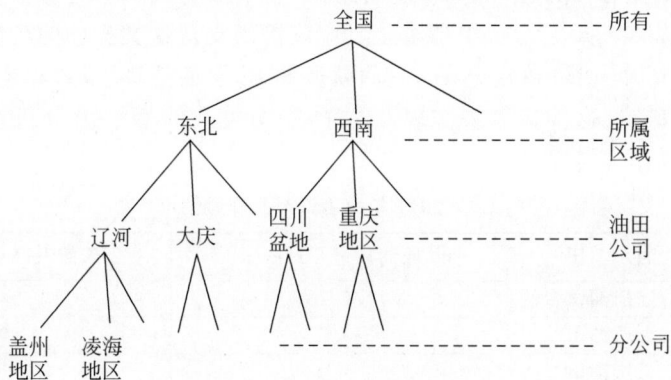

图 2.9 地点维的概念分层

许多概念分层隐含在数据库模式中。例如,假定维地址由属性辖区、城市、省份和地区描述,这些属性按一个全序相关,形成一个概念分层。维的属性也可以组织成偏序,形成一个格。如图 2.10 所示的格结构表示时间维,基于属性天、周、月、季度和年就是一个偏序"天＜{月＜季度,周}＜年"。注意,由于周常常是跨月的,通常不把它视为月的底层抽象。形成数据库模式中属性的全序或偏序的概念分层称作模式分层(Schema Hierarchy)。许多应用共有的概念分层,如时间的概念分层,可以在数据挖掘系统中预先定义。数据挖掘系统应当为用户提供灵活性,允许用户根据它们的特殊需要剪裁预定义的分层。

也可以通过给定维或属性的值离散化或分组来定义概念分层,产生集合分组分层(Set-grouping Hierarchy)。可以在值的组之间定义全序或偏序。例如,如图 2.11 所示是一个价格维集合分组概念分层的例子。

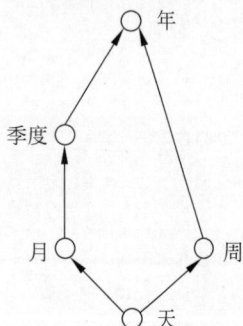

图 2.10　数据仓库时间
维的格结构

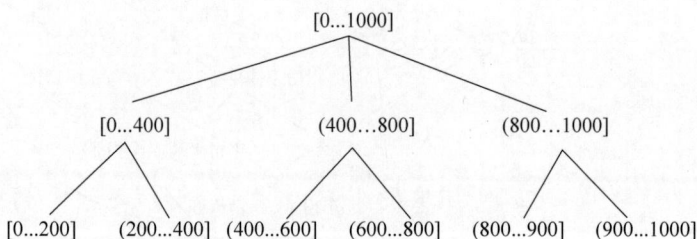

图 2.11　价格的概念分层

对于一个给定的属性或维,按照不同的用户观点,可能有多个概念分层。例如,用户可能愿意用便宜、适中和昂贵定义区间来组织价格。概念分层可以由系统用户、领域专家、工程师人工提供,或者根据数据分布的统计自动生成。

2.2.2　典型的 OLAP 操作

对于给定的一个多维数据集,如果每个维有多个层次,可以在每个维组合以及每个维层次上构建数据立方体。例如,表 2.4 中的数据集,若仅考虑 2019 年的产品产量情况,对应表 2.5,相应的数据立方体为(年份=2019,油田,产品种类,产量)。这个数据立方体可能是某个分析查询的结果。所以,OLAP 服务工具应该提供支持这类操作的功能。常见的多维分析操作有钻取、切片、切块和旋转等。它们就像 SQL 中的选择、投影和连接运算一样,所有查询请求都可以通过这些运算来实现。同样,一个复杂的 OLAP 分析查询可以转换为OLAP 基本分析操作来实现。

表 2.5　2019 年的油田产品产量情况

区　　域	油　　田	原油产量/万吨	天然气产量/亿立方米
东北油气田	辽河油田	1177.28	10.37
	大庆油田	4610.77	30.32
西北油气田	长庆油田	2474.8	47.67

1. 钻取

钻取是改变维的层次,变换分析的粒度。在一个维内部沿着层次从上到下或从下到上的方向考查数据,它包括以下两种操作。

(1) 上卷(Roll Up)。上卷操作通过维的概念分层向上爬升或者通过维规约(即维信息由细粒度向粗粒度规约)的方式在数据立方体上进行聚类,其本质是数据聚集到概念的上一层,进而得到汇总结果。例如,可以对数据立方体进行上卷操作,统计一年中不同油田、不同产品的产量情况,或者统计一年中不同区域、不同产品的销售情况,如图 2.12 所示。上卷操作可以通过消除一个或者多个维度,进而从更宏观的角度分析数据。

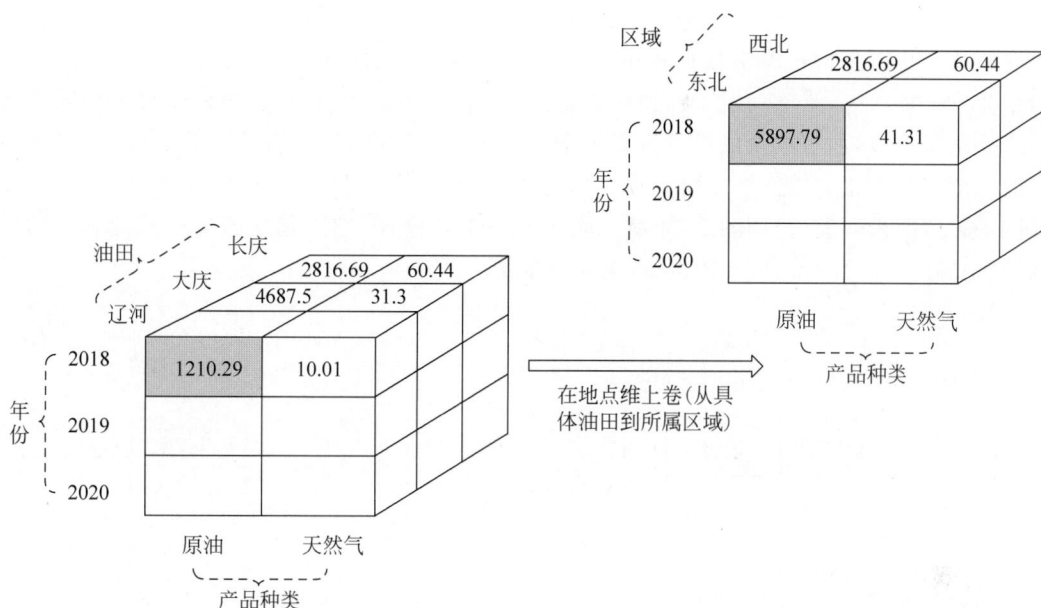

图 2.12 三维数据立方体在地点维上卷操作的例子

(2) 下钻(Drill Down)。下钻是上卷的逆操作,从汇总数据深入细节数据进行观察或增加新维。下钻可以通过沿维的概念分层向下或引入新的维或维的层次来实现。例如,上述三维数据立方体可在时间维上从年份下钻到季度,目的是让用户看到更细的销售情况,如图 2.13 所示。在进行下钻操作时,需要使用到原始数据集。

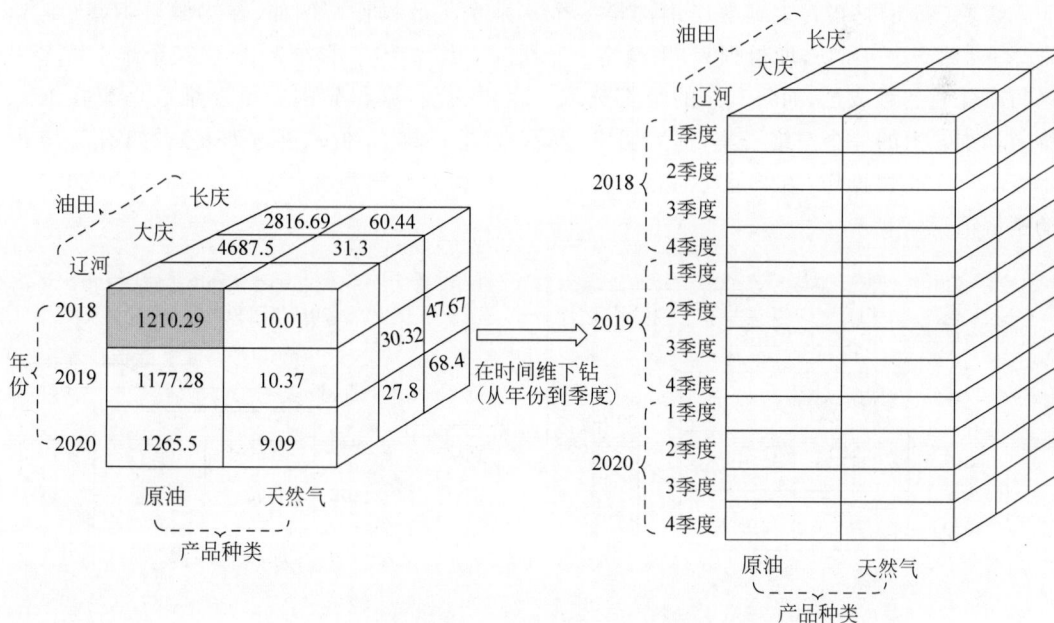

图 2.13 三维数据立方体在时间维下钻操作的例子

2. 切片

切片(Slice)是指在多维数据集中选定一个二维子集的操作。例如,在多维数据集(维1,维2,…,维i,…,维n,度量列表)中选定两个维——维i和维j,在这两个维上取某一区间或任意维成员,而将其余的维都选取一个维成员,则得到的就是多维数据集在维i和维j上的一个二维子集,称这个二维子集为多维数据集在维i和维j上的一个切片,表示为(维i,维j,度量列表)。如图2.14所示表示一个切片操作,结果是辽河油田原油和天然气两种产品在2018年、2019年和2020年的产量情况。

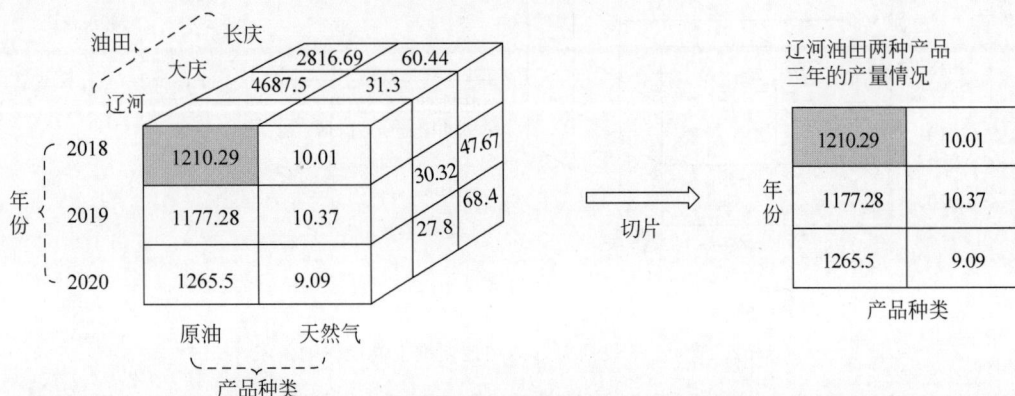

图2.14　三维数据立方体在地点维切片操作的例子

3. 切块

切块(Dice)是指在多维数组中选定一个三维子集的操作。例如,在多维数据集(维1,维2,…,维i,…,维n,度量列表)中选定三个维——维i、维j和维k,在这三个维上取某一区间或任意的维成员,而将其余的维都选取一个维成员,则得到的就是多维数据集在维i、维j和维k上的一个三维子集,称为切块,表示为(维i,维j,维k,度量列表)。如图2.15所示表示一个切块操作,结果是辽河和大庆油田原油和天然气两种产品在2019年和2020年的销售情况。

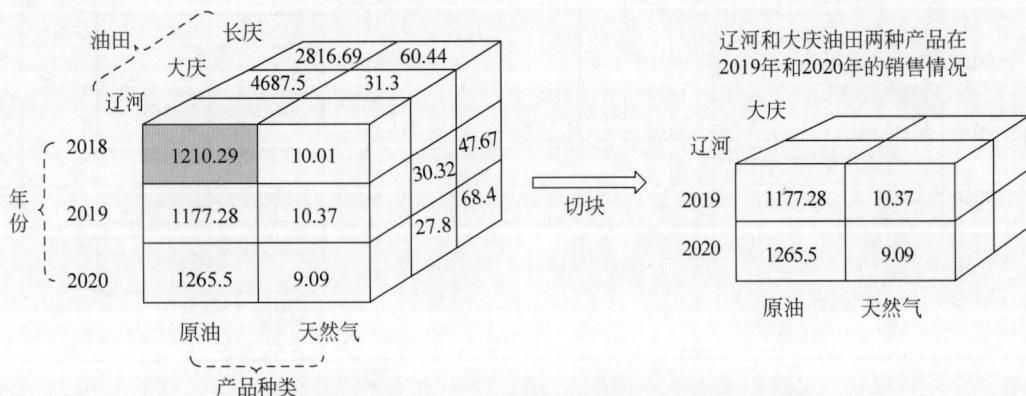

图2.15　三维数据立方体在地点时间维切块操作的例子

4. 旋转

旋转(又称转轴,Pivot)是一种视图操作,通过对数据立方体进行不同角度的旋转,可以获取不同视角所呈现的数据立方体,即在表格中重新安排维的放置(例如行列互换)。旋转操作示意图如图 2.16 所示,这个旋转操作是将地点维和时间维交换,从而使观察的视角发生了变化。表 2.6 就是表 2.4 进行旋转操作的结果。

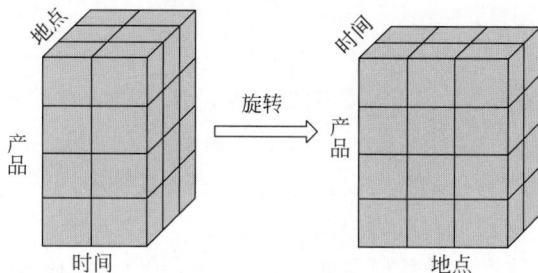

图 2.16　三维数据立方体旋转操作示意图

表 2.6　旋转后产品产量情况

产品种类	东北油气田						西北油气田		
	辽河油田			大庆油田			长庆油田		
	2018 年	2019 年	2020 年	2018 年	2019 年	2020 年	2018 年	2019 年	2020 年
原油产量/万吨	1210.29	1177.28	1265.5	4687.5	4610.77	4497.6	2816.69	2474.8	2018.73
天然气产量/亿立方米	10.01	10.37	9.09	31.3	30.32	27.8	60.44	47.67	68.4

数据仓库是一种多维的数据模型,通过对其核心数据立方体进行 OLAP 操作,可以从多个层次和多个维度实现分析和挖掘工作,进而获取隐藏在数据内部的有用知识。

2.2.3　常用的多维数据模型

数据仓库的建模首先要将现实的决策分析环境抽象成一个概念数据模型。其次,将此概念模型逻辑化,建立逻辑数据模型。最后,还要将逻辑数据模型向数据仓库的物理模型转换。所以,数据仓库的概念模型是数据仓库建设的基础,是整合各种数据源的重要手段,是整个数据仓库建设过程中的导航图。构建的数据仓库概念模型应该具有如下特点。

(1) 能真实反映现实世界。能满足用户对数据的分析,达到决策支持的要求,是现实世界的一个真实模型。

(2) 易于理解。便于和用户交换意见,在用户的参与下,能有效地完成对数据仓库的成功设计。

(3) 易于更改。当用户需求发生变化时,容易对概念模型修改和扩充。

(4) 易于向数据仓库的逻辑模型转换。

构建数据仓库概念模型主要有 E-R(实体-关系)建模和多维建模两种方法。E-R 建模方法产生 E-R 图,也称为实体建模法。其基本策略是将问题领域的对象分成由一个个实体,以及实体与实体之间的关系组成。它是数据库设计的基本方法。

多维建模方法产生数据仓库的多维数据模型,也称为维度建模法,它是由 Kimball 最先提出的。该方法非常直观,紧紧围绕着业务模型,不需要经过特别的抽象处理,即可以完成维度建模。实践表明,多维建模是进行决策支持数据建模的最好方法,数据仓库采用多维数据模型不仅能使其使用方便,而且能提高系统性能。

常用的基于关系数据库的多维数据模型有星状模型、雪花模型和事实星座模型。

1. 星状模型

星状模型(Star Schema)是最常用的数据仓库设计结构的实现模式,它由一个事实表和一组维表组成。一个维用一个维表表示。每个维表都有一个维主键,所有这些维组合成事实表的主键。星状模型的核心是事实表,通过事实表将各种不同的维表连接起来,各个维表都连接到中央事实表。维表中的对象通过事实表与另一维表中的对象相关联,这样就能建立各个维表对象之间的联系。星状模型简洁、最常用,可以很准确地反映出各实体之间的逻辑关系,并依据实体的重要程度,将这种关系展示出来。

例如,一个"销售"数据仓库的星状模型如图 2.17 所示。该模型包含一个中心事实表"销售事实表"和 4 个维表:时间维表、商品维表、地点维表和顾客维表。在销售事实表中存储着 4 个维表的主键和两个度量"销售量"和"销售金额"。这样,通过这 4 个维表的主键就将事实表与维表联系在一起,形成了"星状模型",完全用二维关系表示了数据的多维概念。

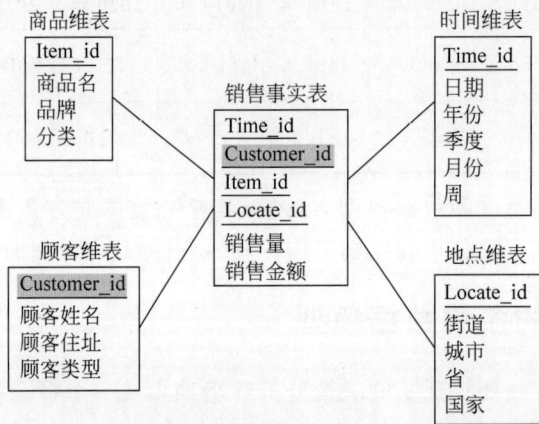

图 2.17　"销售"数据仓库的星状模型

在星状模型中,主要密集数据存储在事实表中,没有冗余,并符合 3NF 或 BCNF。例如,在电话公司中,用于呼叫的数据是典型的密集数据;在银行中,与账目核对和自动柜员机有关的数据是典型的密集数据;对于零售业而言,销售和库存数据是密集的数据等。维表一般不需要规范化,是围绕着事实表建立的。维表包含非密集型数据,维值信息存储在维表中。星状模型的特点如下。

(1)维表只与事实表关联,维表彼此之间没有任何联系。

(2)每个维度表中的主码都只能是单列的,同时该主码被放置在事实数据表中,作为事实数据表与维表连接的外码。

(3)星状模型是以事实表为核心,其他的维表围绕这个核心表呈星状分布。

2．雪花模型

雪花模型(Snowflake Schema)是星状模型的拓展(把某些维表进一步规范化)，在事实表和维表的基础上，增加了一类新表——"详细类别表"，用于对维表进行描述。详细类别表通过对事实表在有关维上的详细描述达到了缩小事实表和提高查询效率的目的。

星状模型虽然是一个关系模型，但它不是一个规范化的模型，在星状模型中，维表被故意地非规范化了，雪花模型对星状模型的维表进一步标准化，对星状模型中的维表进行了规范化处理。在雪花模型中，维表存储了规范化的数据。这种结构通过将多个较小的规范化表联合起来(而不是像星状模型中那样有一个大的非规范化表)来改善查询性能。由于采取了规范化及较低粒度的维度，雪花模型提高了数据仓库应用的灵活性。但在冗余可以接受的前提下，实际运用中星状模型使用更多，也更有效率。

星状模型是一种非正规化的结构，多维数据集的每一个维度都直接与事实表相连接，不存在渐变维度，所以数据有一定的冗余，如在星状模型中销售地点维表可能含有如下冗余数据：

{101,"长江西路 12 号","青岛","山东省","中国"}
{201,"长江西路 66 号","青岛","山东省","中国"}
{255,"长江西路 28 号","青岛","山东省","中国"}

从上述可看到城市、省、国家字段存在数据冗余，因此，可以对地点维表进一步规范化，即创建城市维表，即详细类别表，如图 2.18 所示。这就构成了"销售"数据仓库的雪花模型。

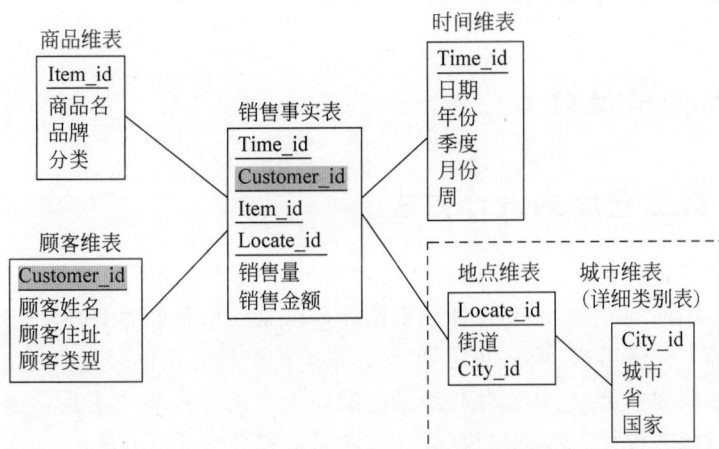

图 2.18　"销售"数据仓库的雪花模型

3．事实星座模型

通常一个星状模型或雪花模型对应一个主题，它们都有多个维表，但是只能存在一个事实表。在一个多主题的复杂数据仓库中可能存放多个事实表，此时就会出现多个事实表共享某一个或多个维表的情况，这就是事实星座模型(Fact Constellations Schema)。例如，在星状模型例子中增加一个供货分析主题。供货分析主题包括供货时间、供货商品、供货地点、供货商、供货量和供货金额等属性，设计相应的供货事实表，以及对应的维表，如时间维

表、商品维表、地点维表和供应商维表,其中,前三个维表和销售事实表共享,则对应的事实
星座模型如图 2.19 所示。

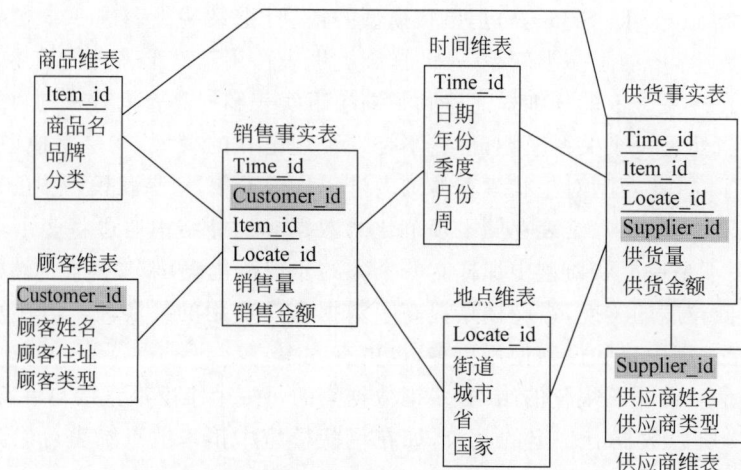

图 2.19　"销售"数据仓库的事实星座模型

　　数据仓库通常适合使用星状模型构建底层数据 Hive 表,通过大量的冗余来提升查询
效率,星状模型对 OLAP 的分析引擎支持比较友好,这一点在 Kylin 中较好体现。而雪花
模型在关系数据库如 MySQL、Oracle 中非常常见,尤其像电商的数据库表。在数据仓库中
雪花模型的应用场景比较少,但并非没有,所以在具体设计的时候,可以考虑是否能结合两
者的优点参与设计,以此达到设计的最优化目的。

2.3　数据仓库设计

2.3.1　数据仓库的设计方法

　　数据仓库设计旨在建立一个面向企业决策者的分析环境或系统。从不同的角度分析,
数据仓库设计有不同的方法,但其设计原则始终是以业务和需求为中心,以数据来驱动。前
者是指围绕业务方向性需求、业务问题等,确定系统范围和总体框架;后者是指其所有数据
均建立在已有数据源基础上,从已存在于操作型环境中的数据出发进行数据仓库设计。常
见的数据仓库系统的设计方法有自顶向下、自底向上和平行开发方法。

1. 自顶向下方法

　　自顶向下的设计方法是指对原来分散存储在企业各处的 OLTP 数据库中的有用数据
通过提取、清洁、转换、聚集等处理步骤建立一个全局性数据仓库,其样例示意图如图 2.20
所示。这个全局的数据仓库将提供给用户一个一致的数据格式、一致的软件环境。

　　从理论上说,决策支持所需的数据都应该包含在这个全局数据仓库中。数据集市中存
储的数据是为某个部门的 DSS 应用而专门从全局数据仓库中提取的,它是全局数据仓库中
数据的一个子集。在自顶向下的设计方法中,数据集市和数据仓库的关系是单方向的,即数
据从数据仓库流向数据集市。该模式的优点是数据规范化程度高,因为该模式面向全企业

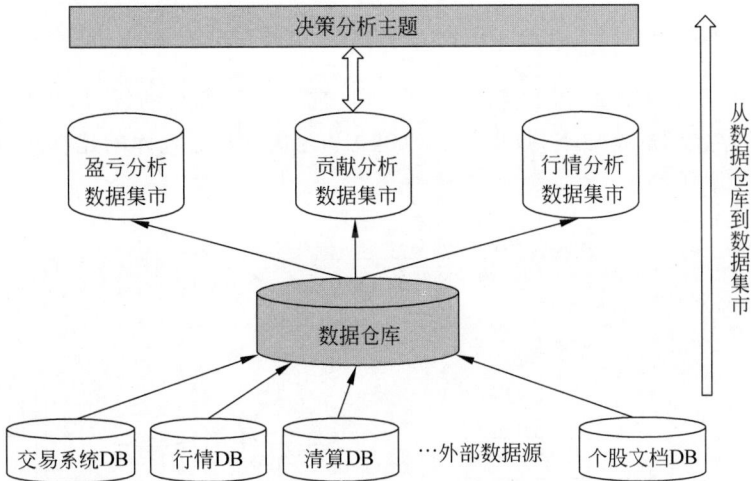

图 2.20 自顶向下方法

构建了结构稳定和数据质量可靠的数据中心,能够相对快速有效地分离面向部门的应用,从而最小化数据冗余与不一致性。此外,当前数据、历史数据与详细数据的整合,便于全局数据的分析和挖掘。然而,其缺点是建设周期长、见效慢,风险程度相对大。

2. 自底向上方法

自底向上的设计方法是指从建立各个部门或特定的商业问题的数据集市开始,全局性数据仓库建立在这些数据集市的基础上,其样例示意图如图 2.21 所示。自底向上方法的特点是初期投资少,见效快,因为它在建立部门数据集市时只需要较少的人做决策,解决的是较小的商业问题。自底向上的开发方法可以使一个单位在数据仓库发展初期尽可能少地花费资金,也可以在做出有效的投入之前评估技术的收益情况。其缺点是数据需要逐步清洗,信息需要进一步提炼,如数据在抽取时有一定的重复工作,还会存在一定级别的冗余和不一致性。

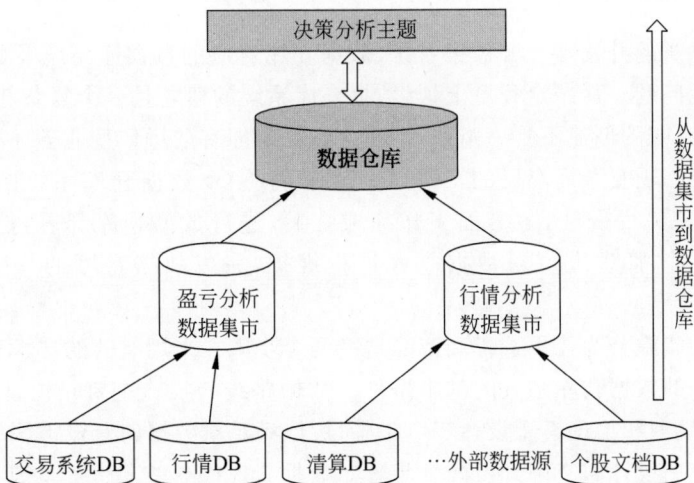

图 2.21 自底向上方法

3. 平行开发方法

平行开发的设计方法结合了自顶向下和自底向上方法各自的优势,是指在一个全局性数据仓库的数据模型的指导下,数据集市的建立和全局性数据仓库的建立同时进行,其样例示意图如图 2.22 所示。

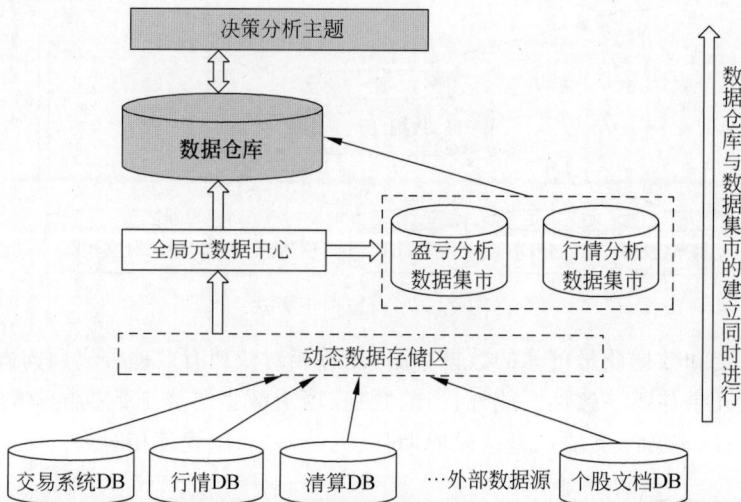

图 2.22　平行开发方法

在平行开发方法中,由于数据集市的建立是在一个统一的全局数据模型的指导下进行的,可避免各部门在开发各自的数据集市时的盲目性,减少各数据集市之间的数据冗余和不一致。在平行开发方法中,数据集市这种相对独立性有利于全局数据仓库的建设。一旦全局性数据仓库建立好后,各部门的数据集市将成为全局数据仓库的一个子集,全局数据仓库将负责为各部门已建成和即将要建的数据集市提供数据。

2.3.2　数据仓库的设计过程

数据仓库系统的开发涉及源数据系统、数据仓库对应的数据库系统及数据分析与报表工具等诸多应用问题。从一定程度上说,数据仓库系统的建立是一个复杂甚至漫长的过程。因此,数据仓库系统的创建不是一蹴而就的,将数据从原有的操作型业务环境移植到数据仓库环境本身就是一项复杂而艰巨的工作。一般来说,一个数据仓库系统的建立需要从数据、技术和应用三方面展开,各方面工作完成之后,进行数据仓库部署,然后数据仓库投入运行使用,同时,管理人员对数据仓库进行维护,完成数据仓库的一个生命周期,如图 2.23 所示。

技术路线的实施分为技术选择和产品选择两个步骤。采用有效的技术和合适的开发工具是实现一个好的数据仓库系统的基本条件。数据路线的实施主要是模型设计,通常分为概念模型、逻辑模型和物理模型设计三个步骤,用以满足对数据的有效组织和管理。应用路线的实施分为应用设计和应用开发两个步骤。数据仓库的建立最终是为应用服务的,所以需要对应用进行设计和开发,以更好地满足用户的需要。

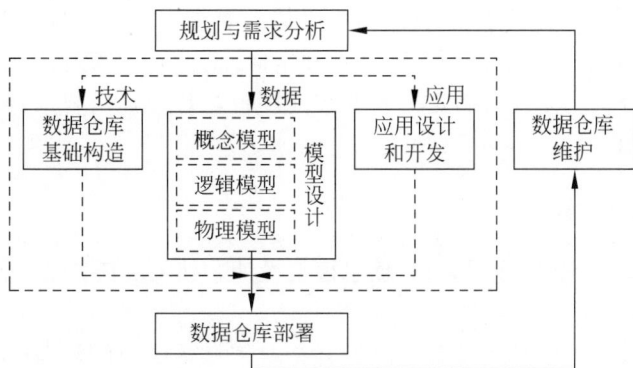

图 2.23　数据仓库建立的基本框架

1．规划与需求分析

数据仓库的规划主要包括建设数据仓库的策略规划,确定建立数据仓库的长期计划,并为每一建设阶段设定目标、范围和验证标准。数据仓库的策略规划包括:

(1)明确用户的战略远景、业务目标。

(2)确定建设数据仓库的目的和目标。

(3)定义清楚数据仓库的范围、优先顺序、主题和针对的业务。

(4)定义衡量数据仓库成功的要素。

(5)定义精简的体系结构、使用技术、配置、容量要求等。

(6)定义操作数据和外部数据源。

(7)确定建设所需要的工具。

(8)概要性地定义数据获取和质量控制的策略。

(9)数据仓库管理及安全。

其中非常重要的一条就是业务目标。建设数据仓库的目的就是通过集成不同的系统信息为企业提供统一的决策分析平台,帮助企业解决实际的业务问题。因此在规划数据仓库时要以应用驱动,充分考虑如何满足业务目标。

由于数据仓库是面向主题的,因此需求分析阶段必须紧紧围绕着主题来进行,主要包括主题分析、数据分析和环境需求分析。

(1)主题分析。主题分析是需求分析的中心工作。主题是由用户提出的分析决策的目标和需求,它有宏观和微观等多种形式。在此阶段要通过开发方与用户进行大量的沟通,把用户提出的需求进行梳理,归纳出主题并分解成若干需求层次,构成从宏观到微观、从综合到细化的主题层次结构。对于每个主题,需要进行详细的调研,确定要分析的指标和用户从哪些角度来分析数据集维度(包括维度层次),还要确定用户分析数据的细化或综合程度即粒度。

(2)数据分析。在确定了分析主题后,就需要从业务系统的数据源入手,进行数据的分析。数据分析包括数据源分析、数据数量分析和数据质量分析。数据源分析是分析目前存在哪些数据源,这些数据源能否支撑主题的需要,了解清楚这些数据源的结构、数据之间的关系,并给出详细的描述。数据数量分析是分析数据源的数据能否达到某些要求,如数据数量是否达到数据仓库的最低要求、数据密度是否达到要求。数据质量分析是分析数据源的数据质量,确定数据的正确性、一致性、规范性和全面性能否达到要求。

（3）环境需求分析。需要对满足需求的系统平台与环境提出要求,包括设备、网络、数据、接口、软件等要求。

2. 概念模型设计阶段

收集、分析和确认业务需求后,进行概念模型设计。其关键任务是分析和理解数据仓库中的主题,主要工作如下。

（1）确定主题域。主题是在较高层次上将企业信息系统中的数据进行综合、归类和分析利用的一个抽象概念,每个主题基本对应一个宏观的分析领域。在逻辑意义上,它是对应企业中某一宏观分析领域所涉及的分析对象。

主题域是对某个主题进行分析后确定的主题边界。确定主题边界实际上需要进一步理解业务关系,因此在设计好主题后,还需要对这些主题进行初步的细化才便于获取每个主题应该具有的边界。在设计数据仓库时,一般是先建立一个主题或企业全部主题中的一部分,因此在大多数数据仓库的设计过程中都有一个主题域的选择过程。主题域的确定必须由最终用户和数据仓库的设计人员共同完成。在确定系统所包含的主题域后,对每个主题域的内容进行较详细的描述,描述的内容包括主题域的公共码（键）、主题域之间的联系和代表主题的属性组。

例如,某商店的管理层可能需要分析的主题包括供应商、商品、客户和仓库等。其中,商品主题的内容包括记录超市商品的采购情况、商品的销售情况、商品的库存情况等;客户主题包括的内容可能有客户购买商品的情况;仓库主题包括仓库中商品的存储情况和仓库的管理情况等。确定主题域实际上是进一步理解业务关系,因此在确定分析主题后,还需要对这些主题进行细化以获取每一个主题应有的边界,例如,根据分析需求所确定的某商店主题域结构如图 2.24 所示。

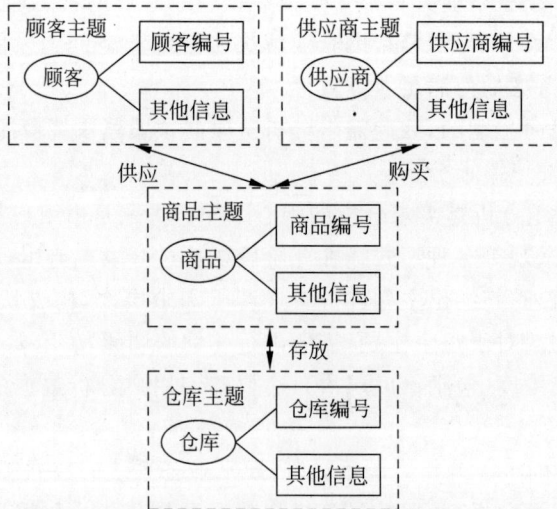

图 2.24　主题及主题域的划分示例

数据仓库的设计是一个不断改进、完善的螺旋式上升过程,在刚开始时,选择部分比较重要的主题作为数据仓库设计的起点是很有必要的。例如在上例中,经过需求分析后,认识到商品主题既是销售部门最基本的业务对象,又是进行决策分析的主要领域。通过商品主题的建立,经营者就可以对整个企业的经营状况有较全面的了解。通过将主题边界的划分应用到已经建立的关系模型上,即将主题域的划分和事务处理数据库中的表结合起来,便能形成初始的概念模型,如图 2.25 所示,商品主题可能涉及供应关系表、商品表、存放关系表和购买关系表。

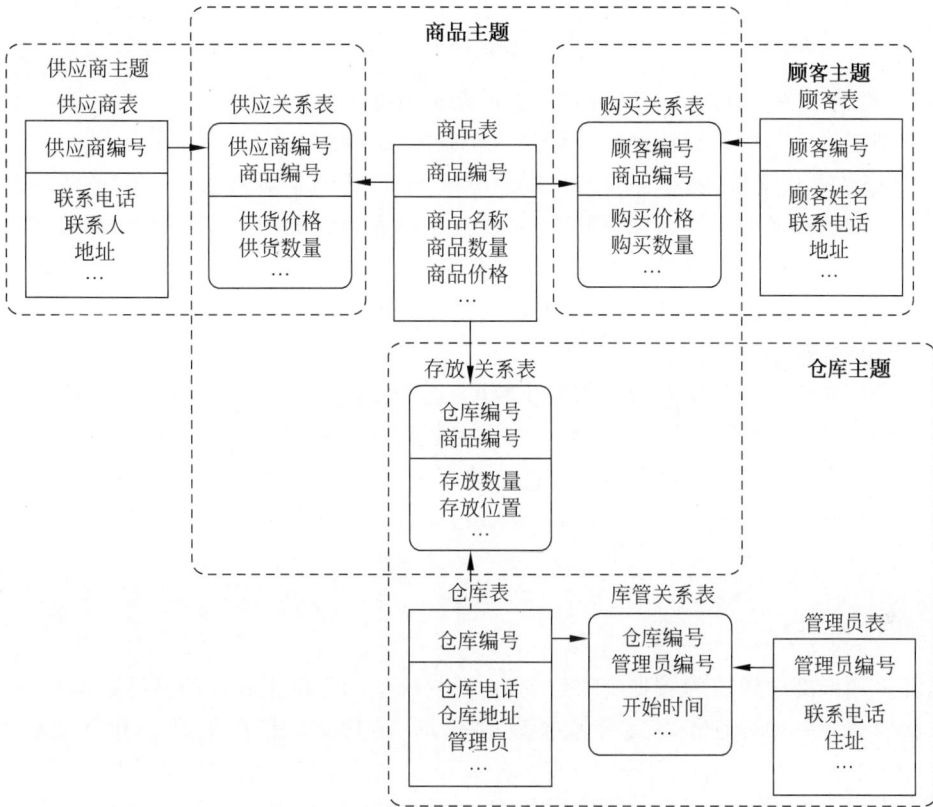

图 2.25 划分了主题域的初始概念模型示例

(2) 粒度设计。粒度问题是设计数据仓库的一个最重要的方面。粒度是指数据仓库的数据单位中保存数据的细化或综合程度的级别。细化程度越高,粒度级就越小;相反,细化程度越低,粒度级就越大。

在数据仓库中的数据分为 4 个级别:早期细节级、当前细节级、轻度综合级和高度综合级。源数据经过综合后,首先进入当前细节级,并根据具体需要进行进一步综合,从而进入轻度综合级乃至高度综合级,老化的数据将进入早期细节级。从图 2.26 中可以看出,数据仓库中存在着不同的综合级别,这就是"粒度"的直观表现。

在操作型数据库系统中,通常会选择最低粒度级。但在数据仓库环境中,对粒度并没有统一的规定,需要设计者根据实际情况来确定数据的粒度级别。粒度设计深深地影响存放在数据仓库中的数据量的大小,同时影响数据仓库的处理查询能力。例如,如果粒度设置太大,数据量可能比较少,得不到更详细的查询结果,如当数据仓库中仅存放顾客每月的销售

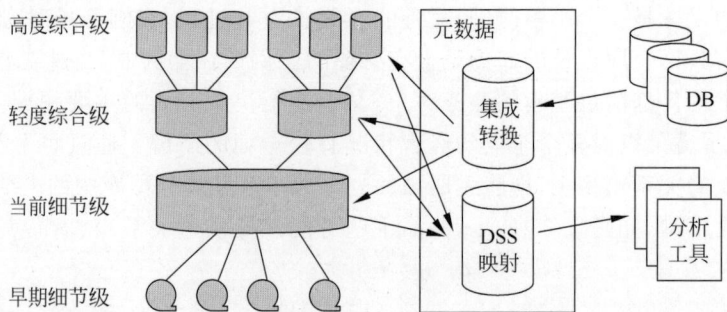

图 2.26 数据仓库的多粒度数据组织

汇总数据时,就不能按日期或星期分析顾客的购物情况。所以,粒度设计需要在数据量大小与查询详细程度之间进行权衡。粒度设计主要完成以下两个步骤。

① 粗略估算数据量,确定合适的粒度级的起点,即粗略估算数据仓库中将来的数据行数和所需的数据存储空间。例如,预估一年及五年内表中的最少行数和最多行数,并对每张表确定码(键)的长度和原始表中每条数据是否存在码(键)。

② 确定粒度的级别。在数据仓库中确定粒度的级别时,需要考虑分析需求类型、数据最低粒度和存储数据量。

数据仓库通常在同一模式中使用多重粒度,这是以数据仓库中所需的最低粒度级别为基础设置的。例如,当前数据的数据粒度和历史数据的数据粒度可以不同,形成双重粒度,即用低粒度数据保存近期的财务数据和汇总数据,对历史的财务数据只保留粒度较大的汇总数据。这样既可以对财务近况进行细节分析,又可以利用汇总数据对财务进行总体趋势分析。

3. 逻辑模型设计

通常采用维度建模法为数据仓库建模,主要内容是确定数据仓库的多维数据模型,包括上述星状模型、雪花模型和事实星座模型,在此基础上设计相应的维表和事实表,其在2.2.3 节中详细描述,从而得到数据仓库的逻辑模型。从使用的效率角度考虑,设计数据仓库时要考虑以下因素。

(1) 优先使用星状模型,如果采用雪花模型,还需要进一步规范化维表。

(2) 维表的设计应该符合通常意义上的范式约束,维表中不要出现无关的数据。

(3) 事实表中包含的数据应该具有必需的粒度。

(4) 对事实表和维表中的关键字必须创建索引。

(5) 保证数据的引用完整性,避免事实表中的某些数据行在聚集运算时没有参加进来。

在逻辑结构设计中,除维表和事实表设计外,还有一个比较重要的问题,就是数据分割。分割是指把逻辑上是统一整体的数据分割成较小的、可以独立管理的物理单元进行存储,以便能分别处理,从而提高数据处理的效率。数据分割为什么如此重要呢?因为在管理数据时小的物理单元比大的物理单元具有更大的灵活性,包括更容易重构、索引、顺序扫描、重组、恢复和监控等。如果是大块的数据,就达不到访问数据的灵活性要求。因而,对所有当前细节的数据仓库数据都要进行分割。分割可以时间、地区、业务类型等多种标准来进行,也可以自定义标准。在多数情况下,数据分割采用的标准不是单一的,而是多个标准的组合。选择适当的数据分割标准,一般要考虑以下几方面的因素。

（1）数据量大小。

（2）数据分析处理的实际情况。

（3）简单易行。

（4）与粒度的划分策略相统一。

4. 物理模型设计

数据仓库的物理模型是逻辑模型在数据仓库中的实现。构建数据仓库的物理模型与所选择的数据仓库开发工具密切相关。这个阶段所做的工作是确定数据的存储结构、索引策略和存储分配等。设计数据仓库的物理模型时,要求设计人员必须做到以下几方面。

（1）要全面了解所选用的数据仓库开发工具,特别是存储结构和存取方法。

（2）了解数据环境、数据的使用频度、使用方式、数据规模以及响应要求等,这是时间和空间效率进行平衡和优化的重要依据。

（3）了解外部存储设备的特性,如分块原则、块大小的规定、设备的输入/输出特性等。

一个数据仓库开发工具往往都提供多种存储结构供设计人员选择,不同的存储结构有不同的实现方式,各有各的适用范围和优缺点。设计人员在选择合适的存储结构时应该在数据存取时间、存储空间利用率和维护代价之间进行权衡。同一个主题的数据并不要求存放在相同的介质上。在物理设计时,常常要按照数据的重要程度、使用频率以及对响应时间的要求进行分类,并将不同类的数据分别存储在不同的存储设备中。重要程度高、经常存取并对响应时间要求高的数据就存放在高速存储设备上,如硬盘。存取频率低或对存取响应时间要求低的数据则可以存放在低速存储设备上,如磁盘或磁带。

数据仓库的数据量很大,因而需要对数据的存取路径进行设计和选择。由于数据仓库中的数据是不常更新的,因而可以设计多种多样的、专用的或者复杂的索引结构来提高数据存取效率。虽然建立这样的索引有一定的代价,可建立后,其维护索引的代价极小。

此外,在物理设计时,还可根据开发工具提供的一些存储分配参数进行物理优化处理,如数据块的大小、缓冲区的大小和个数等。

5. 数据仓库的部署与维护

数据仓库部署阶段的主要工作包括征得用户同意、初始装载、用户需要使用的工具安装以及用户培训。

只有在得到用户的认可后,才能进行数据仓库的部署。用户是否认可主要通过相关测试来确定,测试要点如下。

（1）在每个主题域或部门,让用户选择几个典型的查询和报表,执行查询并产生报表,最后与操作型系统生成的报表进行验证。

（2）测试预定义查询和报表。

（3）测试 OLAP 系统。让用户选择大约 5 个典型分析会话进行测试,并与操作型系统的结果比较。

（4）进行前端工具的可用性设计测试。

（5）如果数据仓库支持 Web,则需要进行 Web 特性测试。

（6）进行系统整体性能测试。

初始装载的主要任务是运行接口程序，将数据装入数据仓库中。初始装载的主要步骤如下。

（1）删除数据仓库关系表中的索引。因为初始装载数据量很大，建立索引会耗费大量的时间。

（2）可以限制关系完整性的检验。

（3）确保已经建立合适的检查点。为了防止在装载过程中失败而导致全部重新装载，必须建立检查点。

（4）装载维表和事实表。

（5）装载事实表。

（6）如果（1）中未建立索引，则此时建立索引。

（7）根据日志记录、设计等做整体数据检查。

维护数据仓库的工作主要是管理日常数据装入的工作，包括刷新数据仓库当前详细数据、将过时的数据转换成历史数据、清除不再使用的数据、管理元数据等，确保数据仓库的正常、高效运行。

第3章

数据预处理

数据是对客观世界中事物及其联系的一种符号或量化的描述和表示。随着科学技术的进步,可用的数据测量手段越来越多,同时,可以获得的数据也越来越多。然而,通过一定的测量和测试手段获得的数据通常是不完整的、有噪声的、数量庞大的,或者可能来自异种数据源。孔子曰:"凡事预则立,不预则废"。低质量的数据无论采用什么数据挖掘方法,都不可能得到高质量的规则或者知识。因此,数据预处理是数据挖掘过程的第一个,也是最关键的步骤。数据预处理的任务主要包括数据清洗、数据集成、数据变换和数据规约等。通过数据预处理,数据转换为可以直接进行挖掘处理的高质量数据。本章主要介绍数据预处理的必要性、步骤和常用方法。

3.1 认识数据

3.1.1 数据对象与数据属性

在对数据进行预处理之前,首先需要认识数据。数据集由数据对象组成,一个数据对象代表一个实体,数据对象又称为样本、实例、数据点或对象。例如,在学生数据库中,数据对象可以是学生、教师或课程;在销售数据库中,数据对象可以是顾客、商品或销售。如果数据对象存放在关系数据库中,则它们是元组,即一行对应一个数据对象。通常,数据对象由属性描述。属性是一个数据字段,表示数据对象的一个特征。通常情况下,属性、维、特征和变量是同一个意思,"属性"一般用在数据挖掘和数据库中,"维"一般用在数据仓库中,"特征"更倾向用于机器学习领域,而统计学中更愿意用"变量"。给定一个数据对象的一组属性称为属性向量,也称为特征向量。

一个属性的类型由该属性可能具有的值的集合决定。属性的性质不必与用来度量它的值的性质相同。属性可以是标称的、二元的、序数的或数值的等。下面介绍几种不同的数据属性类型。

1. 标称属性

标称意味"与名字相关"。标称属性(Nominal Attribute),又称为分类属性(Categorical Attribute),其值是一些符号或事物的名称,每个值代表某种类别、编码或状态,这些值不必是具有意义的序。例如,"头发颜色"是描述人物特征的一个属性,其取值可能为黑色、棕色、淡黄色和白色;"婚姻状态"也可以是人物特征的一个属性,其取值可以是未婚、已婚、离异和丧偶等。标称属性的值不仅可以用一些符号或事物的名称表示,还可以用数值表示。例如,对于"头发颜色",可以指定数值代码 0 表示黑色、1 表示棕色、2 表示淡黄色等。在标称属性上,数学运算毫无意义,只有等于或者不等于的比较运算。例如,头发颜色代码 2 减去 1 的结果等于 1,这是毫无意义的,即标称属性的值可以是整数,但不能被视为数值属性,因为它不具有定量的属性。

2. 二元属性

二元属性(Binary Attribute)是一种只有两个类别或状态的标称属性:0 或 1。其中,0 通常表示该属性不出现,1 表示出现。二元属性又称布尔属性,两种状态为 true 或 false。例如,描述患者是否抽烟的属性 smoker,1 表示患者抽烟,0 表示患者不抽烟;描述患者携带艾滋病病毒的医学化验结果的属性 m_test,1 表示化验结果为阳性,0 表示化验结果为阴性。

二元属性分为如下两种。

(1) 对称二元属性。它的两种状态具有同等价值并且携带相同的权重,即其取值为 1 还是 0 并无偏好,如患者是否抽烟属性、人物性别属性都是对称的二元属性。

(2) 非对称二元属性。它的两种状态的结果不是同等重要的,如患者携带艾滋病病毒医学化验阳性和阴性结果,阳性状态很稀有,是比较重要的。

3. 序数属性

序数属性(Ordinal Attribute)是一种其可能的值之间具有有序性,但是相继值之间的差是未知的属性。例如,教师的职称属性有教授、副教授、讲师和助教。对于无法客观度量的主观质量评估记录,序数属性是有用的。因此,序数属性通常用于等级评定调查。例如,在一项顾客满意度调查中,顾客的满意度有如下叙述类别:0 表示不满意,1 表示基本满意,2 表示满意,3 表示非常满意。序数属性也可以通过把数值量的值域划分成有限个有序类别,把数值属性离散化而得到。例如,学生成绩属性可以按照优[90,100]、良[80,90)、中[70,80)、及格[60,70)和不及格[0,60)评价。

以上标称、二元和序数属性都是定性描述,即描述对象的特征,而不提供数据对象的实际大小和数量。定性属性不具有数的大部分性质。即便使用整数表示,也应当像对待符号一样对待它们。

下面介绍数值属性,它提供数据对象的定量度量。

4. 数值属性

数值属性(Numeric Attribute)是定量的、可度量的量,用整数或实数表示。数值属性可以是区间标度的,也可以是比率标度的。

(1) 区间标度(Interval-scaled)属性是用相等的单位尺度度量。区间属性的值是有序的,可以为正、零或负,值之间的差是有意义的,即存在测量单位。例如,温度属性可以用摄氏温度或者华氏温度度量。假设每天测量室外温度,作为温度的一个对象值,把这些值排序,可以得到这些对象关于温度的评定(Rank),还可以量化不同值之间的差,如 20℃ 比 15℃ 高出 5℃。日历日期为数值属性,可以说 2022 年与 2020 年相差 2 年。以上这些属性没有真正的零点,即零摄氏度或者零华氏度都不表示"没有温度",零年也并不对应时间的开始。因此,虽然可以计算这些值之间的差和均值等,即加和减的操作都是有意义的,但计算一个值是另一个值的倍数是没有意义的,例如,不能说10℃比5℃温暖两倍。

（2）比率标度(Ratio-scaled)属性是具有固定零点的数值属性。比率标度属性可以说一个值是另一个值的几倍,乘和比率都是有意义的,即乘和除操作是有意义的。此外,这些值是有序的,因此,可以计算值之间的差、均值等,即加和减操作也是有意义的。例如,不同于摄氏温度和华氏温度,开氏温度是比例标度属性,它具有绝对零点,在该点构成物质的粒子具有零动能。比例标度属性的例子还包括字数和工龄等计数属性,以及度量值、高度、速度的属性。

5. 离散属性和连续属性

前面介绍的4种属性类型之间不是互斥的,还有许多其他方法来组织属性类型。机器学习领域的分类算法常把属性分为离散属性(Disrcrete Attribute)和连续属性(Continuous Attribute),不同类型有不同的处理方法。

离散属性具有有限或无限可数个数值。例如,学生成绩属性取优、良、中、差,二元属性取1和0,年龄属性取0～110。如果一个属性可能取值的集合是无限的,但可以建立一个与自然数的一一对应,则这个属性是无限可数的,如邮政编码,其实也是离散属性。如果属性不是离散的,则它是连续的,如工资属性。连续属性值是实数,而数值可以是整数或实数。有些文献把数值属性和连续属性等同。通常,标称和序数属性是离散的,而区间和比率属性是连续的。

6. 数据集

数据集可以看作数据对象的集合,其一般特性如下。

（1）维度(Dimensionality)。数据集中的对象具有的属性数目。分析高维数据时可能会陷入维灾难。

（2）稀疏性(Sparsity)。在具有非对称特征的数据集中,一个对象的大部分属性值都为零。稀疏数据一般更容易处理,因为通常只对非零值处理,而稀疏数据的非零值较少。

（3）分辨率(Resolution)。常常可以在不同的分辨率下得到数据,并且在不同的分辨率下数据的性质也不同。分辨率太高,模式可能看不清楚;分辨率太低,模式可能不出现。例如,地球表面在几米的分辨率下看上去很不平坦,但在数十千米的分辨率下却相对平坦。例如,每隔几小时记录一下气压变化可以反映出风暴等天气系统的移动;而在月的标度下,这些现象就检测不到。

与属性和属性值相同,数据集依据数据的来源、用途和组织方式等可以划分成许多类型。根据数据的组织方式和相对关系,数据集通常可以划分为如下三类。

（1）记录数据。这类数据由一条条的记录组成,每个记录(即数据对象)包含固定的数据字段(即属性)集,记录之间或数据字段之间没有明显的联系,如事务数据、矩阵数据和文档数据等。

① 事务数据或购物篮数据。这是一种特殊类型的记录数据,每个事务(即记录)涉及一个项的集合。例如,购物车数据中,商品是项。

　　② 矩阵数据。所有的数据对象都具有相同的数值属性集,则每个数据对象都能看作一个多维向量,每个维代表对象的一个属性。

　　③ 文档数据。文档数据是文档集合构成的数据集。在自然语言处理中"词袋模型"的假设下,将一个文档中词出现的次数作为文档的属性是常见的做法。

　　(2) 图数据。这是一类带有对象之间联系的数据,对象之间的联系通常携带重要的信息。图形可以捕获数据对象之间的联系;数据对象本身也可以用图形表示。通常数据对象被映射为图的结点,而对象之间的联系用链路和方向、权值等链属性表示,如万维网数据、化学分子结构数据等。

　　(3) 有序数据。有序数据是一种数据记录之间存在序关系的数据集,这种序关系体现在前后、时间或者空间上。例如时间序列数据,每个记录包含一个与之相关联的时间;序列数据是一个数据的集合,是各个实体的序列,除不带有时间戳外,与时序数据非常相似;空间和时空数据则由不同位置的时间序列组成。有序数据还应用在许多其他领域,如生物学中的基因序列、气象学中的气象指数的时空数据等属于有序数据的范畴。

　　图数据和有序数据在孤立数据的基础上增加了数据之间的关联性,因此具有比孤立数据更加丰富的信息。由于图数据和有序数据的组织形式的特殊性,通常称对图数据进行的数据挖掘为图挖掘(Graph Mining),称对序列数据进行的数据挖掘为序列挖掘(Sequence Mining)。

3.1.2　数据的基本统计描述

　　对于有效的数据预处理而言,把握数据的全貌是至关重要的。基本统计描述可以用来识别数据的性质,以此获得数据的总体印象,识别数据的典型特征,凸显哪些数据值应该视为噪声或离群点。本节主要讨论中心趋势度量、数据分布度量和数据基本统计描述的图形显示。

1. 中心趋势度量

　　假设有属性 X,它的 n 个测量或者观测值为 $x_1, x_2, \cdots, x_n$,这些值又称为 X 的数据集。中心趋势度量数据分布的中部或中心位置,即大部分数据值分布在何处。中心趋势度量常用算术平均值、中位数、众数和中列数。

　　(1) 算术平均值(Mean)。数据集中最常用的数值度量是算术平均。如属性 X 的 n 个观测或测量值集合的均值,常记作 μ,其计算方法为

$$\mu = \bar{x} = \frac{1}{n} \sum_{i=1}^{n} x_i \tag{3.1}$$

　　对于每一个 x_i,可以与一个权重 w_i 相关联。权重反映它们所依附的对应值的意义、重要性或出现的频率。这称为加权算术平均值或加权平均,其计算方法为

$$\bar{x} = \frac{\sum\limits_{i=1}^{n} w_i x_i}{\sum\limits_{i=1}^{n} w_i} \tag{3.2}$$

均值并非总是度量数据中心的最佳方法,它对于极端值(离群点)很敏感。例如,一名中学教师的工资收入和马云的收入取平均,也会是世界富豪,但是毫无意义。为了解决这一现象,应消除少数极端值的影响,可采用截尾均值(Trimmed Mean),即丢弃高、低极端值后的均值。

(2)中位数(Median)。对于倾斜(非对称)数据,数据中心的更好度量是中位数。中位数是有序数据值的中间值,它是把数据较高的一半与较低的一半分开的值。

在概率论与统计学中,中位数一般用于数值数据。这一概念还可推广到序数数据。属性 X 的 n 个值按照递增序排序。如果 n 是奇数,则中位数是该有序集的中间位置的数;如果 n 是偶数,则中位数不唯一,它是最中间的两个值和它们之间的任意值。在 X 是数值属性的情况下,根据约定,中位数取最中间两个值的平均值。

当观测数据数量很大时,中位数计算开销很大,对于数值属性,可以通过插值法计算近似值。

(3)众数(Mode)。数据集合中出现最频繁的值为数据集的众数。可以对定性和定量属性确定众数。最高频率可能对应多个不同值,因此可能有多个众数。具有 1 个、2 个、3 个众数的数据集合分别称为单峰的(Unimodal)、双峰的(Bimodal)、三峰的(Trimodal)。单峰的和双峰的数据集分布情况如图 3.1 所示。一般来讲,具有两个及以上更多众数的数据集是多峰的(Multimodal)。极端情况下,如果每个数据值仅出现一次,则它没有众数。

图 3.1 单峰的和双峰的数据集分布情况

(4)中列数(Midrange)。中列数是指数据集的最大值和最小值的算术平均值。中位数、众数和均值都是描述数据集中趋势的统计量,它们各有特点。例如,对于某种商品的各种售价,中位数处在中间的价格,大于和小于中位数的价格各为一半;众数为众多价格中出现频数最多的那个价格;而均值在大部分情况下,数值上不会等于其中的任何一个价格,然而,将所有的价格都放在数轴上,均值刚好位于平衡点,即在所有价格的重心上,该点两侧的力矩是相等的,恰好使数轴保持平衡。当数据为单峰的对称分布时,其中位数、众数与均值是相同的,如图 3.2(a)所示。但如果是单峰的偏态分布,则在均值的两侧,数据的个数不同。显然,中位数在数据个数较多的一侧;由于均值位于平衡点,两侧的力矩相等,则数据

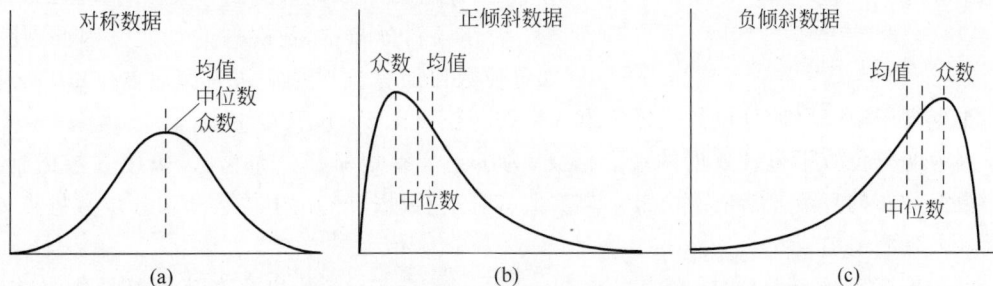

图 3.2 中位数、均值和众数的关系

个数较多的一侧,每个点相对于均值的力矩(即距离)要小一些。也就是说,数据较多的一侧分布在较小的区间里,更容易出现频数较大的数据(众数)。所以中位数和众数会出现在均值的同侧。

正倾斜分布又称正偏态分布(Positive Skewness Distribution),众数出现在小于中位数的值上,如图 3.2(b)所示。负倾斜分布又称负偏态分布(Negative Skewness Distribution),众数出现在大于中位数的值上,如图 3.2(c)所示。

2. 评估数值数据散布或发散的度量

除了估计数据集的中心趋势之外,如果还想了解数据的散布情况,需要考查数值数据散布或发散的度量。这些度量包括极差、分位数、百分位数和四分位数极差等。

(1) 极差(Range)。极差是指数据集的最大值和最小值之差,又称为范围误差。它是最直接也是最简单的评价一组数据离散度的方法,反映了数据值变动的最大范围。

(2) 百分位数(Percentile)。假设属性 X 的数据以数值递增排序,通过一些称为分位数的数据点把数据分布划分成大小基本相等的连续集。给定数据分布的第 k 个 q-分位数是值 x,使得小于 x 的数据值最多为 k/q,而大于 x 的数据值最多为 $(q-k)/q$,其中,k 是整数,使得 $0<k<q$。当 k 为 2 时,2-分位数也就是中位数,是一个数据点,它把数据分布划分成高低两部分。当 k 为 4 时,4-分位数就是 3 个数据点,它们把数据分布划分成 4 个相等的部分,使得每部分表示数据分布的四分之一,通常称为四分位数。100-分位数即百分位数,把数据分布划分成 100 个大小相等的联系集。百分位数是具有如下性质的值 x:$k\%$ 的数据项位于或低于 x。中位数就是第 50 个百分位数。四分位数的第一分位数记作 Q_1(25th Percentile),是第 25 个百分位数,它砍掉数据中最低的 25%。第二个四分位数就是中位数,记为 Q_2。第三个四分位数记为 Q_3(75th Percentile),是第 75% 个百分位数,它砍掉数据中最低的 75%(或最高的 25%)。

第 1 个和第 3 个四分位数之间的距离是散布的一种简单度量,表示数据分布的中间一半范围,称为四分位数极差(IQR),其定义为:$IQR = Q_3 - Q_1$。

(3) 五数概括(Five-number Summary)。对于描述倾斜数据分布,单个散布数值度量,如用四分位数极差都不是很有用,如图 3.3 所示。在对称分布中,中位数可以把数据划分成相同大小的两部分;而在倾斜分布中,情况并非如此。因此,使用四分位数更加有益。通常认为孤立点(Outlier)是落在至少高于第三个四分位数或低于第一个四分位数 $1.5 \times IQR$ 处的值。

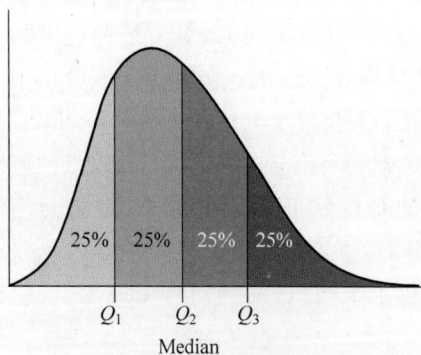

图 3.3　四分位数示意图

因为四分位数不包含数据的端点信息,为了更完整地概括分布形状,采用五数概括描述。数据分布的五数概括依次由最小观测值、四分位数据点 Q_1、中位数和四分位数据点 Q_3 以及最大观测值组成。

(4) 方差(Variance)和标准差(Standard Deviation)。方差和标准差都是数据散布度量,它们指出数据分布的散布程度。标准差意味着观测趋向非常接近平均值,高标准差意味着数据散布在一个大的值域中,往往是离数据集的平均值较远。

方差是各变量值与其均值离差平方的平均数,它是测算数值型数据离散程度的最重要的方法。标准差为方差的算术平方根,常用 σ 表示。方差相应的计算公式为

$$\sigma^2 = \frac{1}{n-1} \sum_{i=1}^{n} (x_i - \overline{x})^2 = \frac{1}{n-1} \left[\sum_{i=1}^{n} x_i^2 - \frac{1}{n} \left(\sum_{i=1}^{n} x_i \right)^2 \right] \tag{3.3}$$

其中,$\overline{x}$ 是观测的算术平均值。此处,采用统计学意义公式用 $n-1$ 来计算。数据个数 n 较大时,用 n 作分母,此为有偏估计;数据个数 n 较小时,用 $n-1$ 作分母,此为无偏估计。

标准差与方差不同的是,标准差和变量的计算单位相同,比方差清楚,因此很多分析更多使用的是标准差。而且一个观测一般不会远离均值超过标准差的数倍。

作为发散性的度量,标准差 σ 的性质如下。

① σ 度量是关于均值的度量,仅当选择均值作为中心度量时使用。

② 当数据分布不存在发散时,即当所有的观测值都具有相同值时,$\sigma=0$,否则 $\sigma>0$。

例 3.1　假设属性 X 表示 2020 年不同油田公司的天然气产量(数据来源于中国石油和天然气信息网),数据如表 3.1 所示。

表 3.1　2020 年不同油田公司的天然气产量　　　　　(单位:亿立方米)

产地	大庆油田	长庆油田	焦石油田	辽河油田	塔里木油田	塔里木盆地北部勘探区	渤海湾盆地油气勘探开发区	贺州油田	新疆油田
产量	27.8	68.4	10.14	9.09	40.58	1.96	25.99	7.26	76.9

由小到大排序后为 1.96,7.26,9.09,10.14,25.99,27.8,40.58,68.4,76.9。

则平均值为 $\overline{x} = \dfrac{27.8+68.4+10.14+9.09+40.58+1.96+25.99+7.26+76.9}{9} \approx$

29.79。

方差和标准差如下。

$$\sigma^2 = \frac{\sum_{i=1}^{9} (x_i - \overline{x})^2}{9-1}$$

$$= \frac{(27.8-29.79)^2 + (68.4-29.79)^2 + \cdots + (7.26-29.79)^2 + (76.9-29.79)^2}{8}$$

$$\approx \frac{3.96 + 1490.73 + \cdots + 507.60 + 2219.35}{8} \approx \frac{5941.63}{8} \approx 742.70$$

$$\sigma = \sqrt{\sigma^2} = \sqrt{742.70} \approx 27.25$$

经验法则(Empirical Rule),又叫 3-sigma 法则或者 68-95-99 原则,用于对已知平均数和标准差的正态分布数据进行快速推算。在统计学中,经验法则是在正态分布中,距平均值小于一个标准差、两个标准差、三个标准差以内的百分比,更精确的数字是 68.27%、95.45% 及 99.73%,如图 3.4 所示,其中,μ 为分布的平均值,而 σ 为标准差。

经验法则在统计中最常用于预测最后结果。在得到数据的标准差,并在可以收集到确切数据之前,该规则可作为一个对即将到来的数据结果的粗略估计。该概率特别适用于一些需要消耗大量时间去收集的数据,甚至是不可能获得的数据。

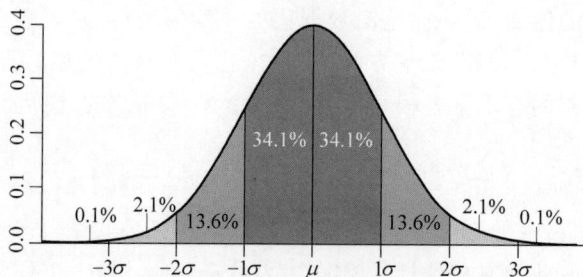

图 3.4　正态分布的标准差意义

3. 数据基本统计描述的图形显示

图形显示有助于可视化地审视数据,对于数据预处理是十分有用的。基本统计描述的图形显示包括盒图、分位数图、分位数-分位数图、直方图和散点图。

(1) 盒图(Box Plot)。盒图是一种流行的分布的直观表示。盒图体现了五数概括:

① 盒的端点在四分位数上,使得盒图的长度是 IQR。

② 中位数用盒内的线标记。

③ 盒外的两条线(称作胡须)延伸到最大、最小观测值。

当处理数量适中的观测值时,值得个别地绘出可能的离群点。在盒图中这样做:仅当最高和最低观测值超过四分位数不到 $1.5 \times$ IQR 时,胡须会扩展到它们;否则,胡须在出现在四分位数的 $1.5 \times$ IQR 之内的最极端的观测值处终止,剩下的情况个别地绘出。盒图可以用来比较若干可比较的数据集。

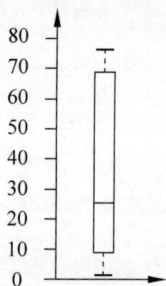

图 3.5　例 3.1 中天然气产量
属性数据的盒图

例如,图 3.5 给出了例 3.1 中天然气产量属性数据的盒图。对于各油田公司的天然气产量,可以看到产量的中位数是 25.99,Q_1 是 9.09,Q_3 是 68.4,IQR $= 59.31$,最大值为 76.9,最小值为 1.96。

盒图可以在 $O(n\log n)$ 时间内计算,而近似盒图的计算时间则依赖所要求的质量,有可能在线性或子线性时间内计算。

(2) 直方图(Histogram)。直方图又称质量分布图,是一种统计报告图,由一系列高度不等的纵向条纹或线段表示数据分布的情况。一般用横轴表示数据类型,纵轴表示分布情况。如果属性 X 是标称的,如汽车型号或商品类型,则对于 X 的每个已知值,画一个柱或竖直条。条的高度表示该 X 出现的频率或计数。此时的结果图更多地称作条形图(Bar Chart)。如果属性 X 是数值的,则更多使用术语直方图。X 的值域被划分成不相交的连续子域。子域称作桶(Bucket)或箱(Bin),是 X 的数据分布的不相交子集。桶的范围称作宽度。桶宽通常是相等的。例 3.1 中的天然气产量属性值可以划分成子域 $[0, 20)$,$[20, 40)$,$[40, 60)$,$[60, 80]$,可以画出如图 3.6 所示的直方图。

通过直方图,可以了解数据在各个区间的分布情况。相比于数据的均值和方差,直方图更直观地反映了数据的分布情况,通常在比较数据值在不同区间上的差异时会使用直方图。尽管直方图被广泛使用,但是对于比较单变量观测数据,它可能不如分位数图、QQ 图和盒图方法。

（3）分位数图（Quantile Plot）。分位数图是一种利用分位数信息观察单变量数据分布的简单有效方法，是反映在[0,1]区间上的分位数统计图形。其横轴为概率，通常为[0,1]区间；而纵轴为对应横轴的分位数。分位数图可以直观地看出中位数、上下四分位数等统计指标，也可以通过斜率看出数据的分布情况。在分位数图上，斜率越低的地方分布越集中。例 3.1 中天然气产量的分位数图如图 3.7 所示。

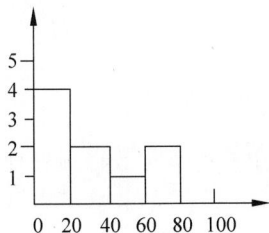

图 3.6　成绩分布的直方图

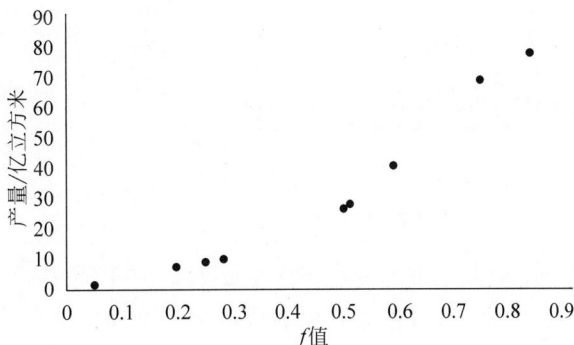

图 3.7　不同油田公司天然气产量分布的分位数图

QQ 图和散点图不是描述一个概率分布的统计图形，它们是描述两个分布之间的统计关联的图形。

（4）分位数-分位数图（Quantile-Quantile Plot），又称 QQ 图，是描述两个单变量分布的分位数的图。对于某序数或数值属性 X，设 $x_i(i=1,2,\cdots,n)$ 是按递增序排序的数据，其中，x_1 是最小的观测值，而 x_n 是最大的。每个观测值 x_i 与一个百分数 f_i 配对，表示大约 $f_i\times100\%$ 的数据小于值 x_i。这里的"大约"是因为可能没有一个精确的小数值 f_i，使得数据的 $f_i\times100\%$ 小于值 x_i。需要注意的是，百分比 0.25 对应四分位数 Q_1，百分比 0.50 对应中位数，而百分比 0.75 对应 Q_3。通过 QQ 图，可以比较容易地读出两个分布之间的偏移，它通常用于比较两个分布相似的情况，比如一个行业不同品牌的销售分布的比较、两门不同课程成绩的比较等场合。

（5）散点图（Scatter Plot）。散点图是一种用散点方式来描述数据在多个维度上分布的统计图形。通常用来通过在两个维度上将数据可视化表示，以揭示数据在这两个维度上存在的相关关系。两个属性 X 和 Y，如果一个属性蕴含另一个，则它们是相关的。如果标绘点的模式从左下到右上倾斜，则意味着 X 的值随 Y 的值增加而增加，暗示正相关。在散点图中，每个点对应一条数据记录，点对应的横纵坐标即对应数据在两个维度上的属性。图 3.8 展示了在两个维度有相关性时的散点图的例子，图 3.9 展示了两个维度不相关数据的散点图。

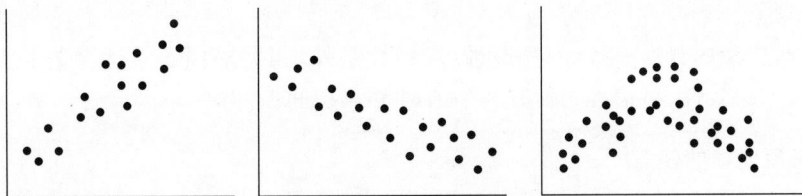

图 3.8　相关数据的散点图

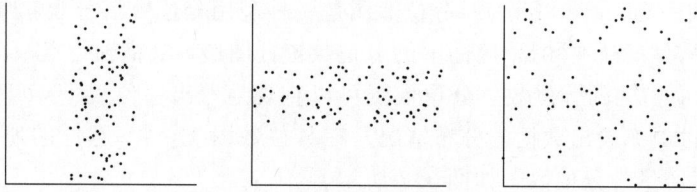

图 3.9　不相关数据的散点图

3.2　预处理的必要性

1. 数据预处理的必要性

目前,数据挖掘方面的工作主要集中在对算法的研究上,往往忽视了对数据预处理的深入探讨。然而,现实世界获取的数据质量通常无法满足数据挖掘的要求,如数据可能具有某些不良特性,或者不符合后续挖掘的需要,而且,一些成熟的算法对其处理的数据集合都有一定的要求,如数据的完整性好、冗余性小、属性的相关性小等。高质量的数据挖掘结果离不开高质量的数据来源。为了保证后续的数据挖掘可以更好地进行,对数据进行一些处理和变换,使得处理后的数据能够满足数据挖掘的需要。

一般来说,高质量的数据应该满足准确性、完整性和一致性的原则,即数据应该准确反映所描述的事实,数据的属性应该是完整的,数据的每个属性应当以一致的原则来表示。遗憾的是,现实世界中的数据往往不能够满足这些要求。现实世界中的数据有可能是不准确的,如温度、语音和图像等数据经常含有噪声,人工采集和录入的数据可能含有错误等。现实世界中的数据有可能是不完整的,数据的某个属性值可能是缺失的,数据可能没有所关心的某个属性。现实世界中的数据可能是不一致的,同一条数据的不同属性之间可能有着冲突的关系,如某个客户资料中显示他在 1998 年出生却在 1997 年获得博士学位;不同数据记录的同一属性可能具有不同的格式,如一部分学生的成绩可能是百分制分数,而另一部分学生的成绩却是以"优秀、良好、通过、不通过"的等级制来表示。

数据质量的高低也受到来自现实因素的影响。由于采集数据时的想法与分析数据时的想法不一定相同,数据的某些属性可能会缺失;采集数据的软硬件可能出现漏洞,致使某些属性值丢失;人工采集数据时可能出现人为错误,被调查用户可能不愿意透漏某些数据,这些原因都有可能导致数据的不完整性。同样,在数据的传输过程中可能没有采用无损的传输方式,在数据的采集过程中有可能没有很好地保存原始信息,这些都可能导致数据中含有噪声。当数据是从不同的源头进行采集时,不同时刻采集过程受到环境的影响,都可能产生数据不一致现象。

除以上所提及的数据一致性、完整性、准确性之外,数据挖掘通常还会关心其他一些数据质量问题,如时效性、可信性、价值、可解释性和可访问性等。

2. 数据预处理的任务

数据预处理(Data Preprocessing)是指在对数据进行数据挖掘的主要处理以前,先对原始数据进行必要的清理、集成、转换、离散和规约等一系列的处理工作,以达到挖掘算法要求的最低规范和标准。数据预处理是数据挖掘必不可少的重要一环,对数据挖掘十分重要。常见的数据预处理的主要步骤如图 3.10 所示,其主要任务包括数据清理、数据集成、数据变换、数据归约。

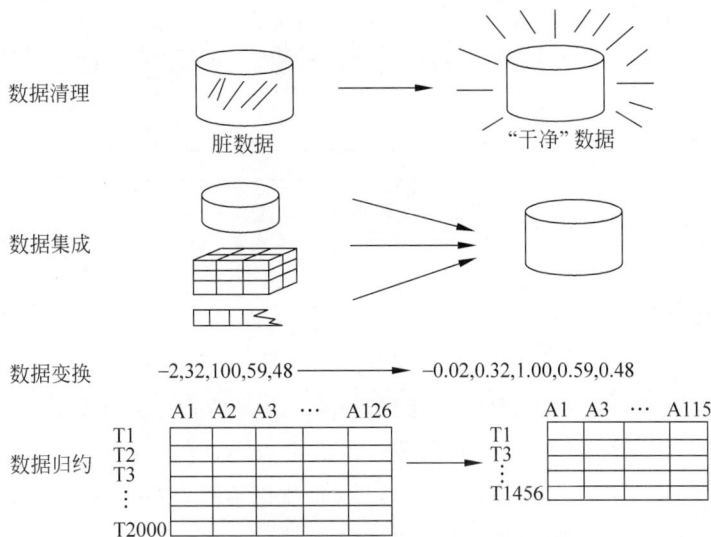

图 3.10　数据预处理的主要步骤

(1) 数据清理(Data Cleaning)。数据清理又称为数据清洗,是对"脏"数据进行处理并去除这些不良特性的过程。"脏"数据是指包含噪声、存在缺失值、存在错误或不一致性的数据。通常来说,数据清理的过程会填补缺失值、对有噪声的数据进行平滑处理、识别并移除数据中的离群点并解决数据的不一致性问题。

(2) 数据集成(Data Integration)。数据集成是将不同来源的数据集成到一起的过程,这些数据可能来自不同类型的数据库、数据报表和数据文件。数据集成需要解决数据在不同数据源中的格式和表示不同的问题,并整理其为形式统一的数据。

(3) 数据变换(Data Transformation)。数据变换是对数据的值进行转换的过程。在使用某些数据处理方法之前,如 K-均值聚类和贝叶斯分类,对数值进行转换非常必要。因为当数据的不同维度之间的数量级差别很大的时候,分类和聚类的结果会变得非常不稳定,这时通常会对数据进行规范化,对数据值进行统一的缩放。数据离散化是对连续数据值进行离散化的过程。数据的传输、存储和处理过程都只能对有限位的数据值进行,所以数据离散化是计算机处理数据所必经的一个步骤。对于数据挖掘而言,离散化与概念分层产生是强有力的工具,因为它们使得数据的挖掘可以在多个抽象层上进行,也是某种形式的数据变换。

(4) 数据归约(Data Reduction)。数据归约是在不影响挖掘结果的前提下,对数据的表示进行简化的技术。数据归约使得表示方式非常复杂的数据可以使用更加简化的方式来表示。数据归约可以使得数据处理在计算效率、存储效率上获得较大的提升,同时不会在挖掘分析性能上做出大的牺牲。

数据预处理的这些任务都服务于一个目的,即将不完整、不一致、不准确的数据造成的不利影响尽可能地消除,使得后续的数据挖掘工作得到高质量的结果。各种数据预处理方法,并不是相互独立的,而是相互关联的,如消除数据冗余既可以看成一种形式的数据清洗,也可以看成一种数据消减。数据预处理的流程如图 3.11 所示。

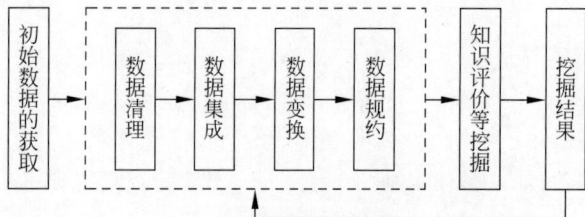

图 3.11　数据预处理流程

3.3　数据清理

数据清理,又称为数据清洗,是数据预处理中非常重要的一个环节,在这个环节中进行的任务包括填补数据中的缺失值,识别数据中的离群点,对有噪声数据进行平滑等。由于数据挖掘的质量很大程度上依赖数据本身的质量,而数据清理在提升数据质量方面具有相当大的作用,因此数据清理也是数据挖掘的重要步骤。

3.3.1　数据缺失的处理

由于很少能从现实世界中获得完美的数据,在数据预处理中,经常能够见到数据缺少某些属性值的情况。例如,在一项调研中,受访者有时会拒绝填写个人收入这样比较敏感的数据,这就造成了数据缺失的情况。数据缺失可能由各种原因导致,采集设备的故障可能会造成空白数据,一个属性可能与其他属性产生冲突而造成它被删除,数据在录入阶段可能出现误解而未能录入,在数据录入的时刻可能某个属性并不受重视而未被采集,采集数据的需求可能发生了变化造成数据属性集合的变化。这些理由均可能导致数据值的缺失,以至于需要对这些数据进行分析时,部分数据很可能缺少某些重要的属性。

数据清理分为有监督和无监督两类。有监督过程是在领域专家的指导下,分析收集的数据,去除明显错误的噪声数据和重复记录,填补默认数据值。无监督过程是用样本数据训练算法,使其获得一定的经验,并在以后的处理过程中自动采用这些经验完成数据清洗工作。

对于数据缺失值,可以使用下面的方法进行处理。

(1) 忽略元组。这是一种最简单的处理方法,许多时候是不得已而为之的策略。当缺失的属性值至关重要而且填补属性值的意义不大时,通常采取这个策略。例如,类别标签在有监督分类中是不可或缺的,当对一批数据进行有监督分类时,如果数据没有类别标签,这些数据就无法在训练或测试中使用,这时能够应对此类情况的最好策略就是丢弃这部分不完整的数据。但当每个属性缺失值的百分比变化很大时,它的性能就特别差。

(2) 人工填写缺失值。对于某些缺失的属性,用人工的方式进行填补。人工填补的前提是数据存在一定的冗余,其缺失属性可以通过其他属性进行推断。人工填补的方式,首先,受人的主观因素和知识背景的影响;其次,受到人工成本的限制,难以人工处理较大规模的数据；最后，当参与处理的人员过多时，难以保证填补的标准性。因此，此方法很费时，特别是当数据集很大、缺失值较多时，可操作性差。

（3）使用一个全局常量填充缺失值。这是一种最简单的自动填补方法，它将缺失的属性值用同一个常数（如 Unknown）替换，例如，对未填写收入的所有客户的收入属性全部填补为 0 元。许多数据库系统都提供了默认值的功能，可以自动对缺失属性填充统一的默认值。但使用统一的值进行填充有时会带来问题。例如，在统计消费者的收入水平、分析消费者的消费能力时，将缺失的收入属性统一填补为 0，就可能对统计结果造成偏差，对相关性的分析造成干扰。

（4）用属性的均值填充缺失值。例如，已知青岛市某高校教师的平均工资收入为 11 500 元，则使用该值替换教师工资收入中的缺失值，如图 3.12 所示。

教工编号	单位	职称	收入
990090	CS	教授	16000
200011	CS	讲师	?
100898	IS	副教授	11000
180820	IS	副教授	?
150731	MA	副教授	12000
210708	MA	讲师	8000

填补 →

教工编号	单位	职称	收入
990090	CS	教授	15000
200011	CS	讲师	11750
100898	IS	副教授	11000
180820	IS	副教授	11750
150731	MA	副教授	12000
210708	MA	讲师	8000

图 3.12　使用平均值填补缺失值

（5）用同类样本的属性均值填充缺失值。在图 3.12 中，不同职称的教师工资肯定不同，所以用总体属性平均值填补会低估教授的工资收入，高估讲师的工资收入，因此，就可以用不同职称的平均工资收入替换相应职称工资收入中的缺失值，如图 3.13 所示。

教工编号	单位	职称	收入
990090	CS	教授	16000
200011	CS	讲师	?
100898	IS	副教授	11000
180820	IS	副教授	?
150731	MA	副教授	12000
210708	MA	讲师	8000

填补 →

教工编号	单位	职称	收入
990090	CS	教授	16000
200011	CS	讲师	8000
100898	IS	副教授	11000
180820	IS	副教授	11500
150731	MA	副教授	12000
210708	MA	讲师	8000

图 3.13　使用同类样本数据平均值填补缺失值

（6）用智能的方式填充缺失值。将缺失值本身作为预测的对象，用回归、贝叶斯形式化等基于推理的模型工具或决策树归纳去确定缺失值。例如，利用数据集中教师的学历水平、职称、职位等其他属性，构造一棵决策树来预测总收入的缺失值。

需要注意的是，在某些情况下，缺失值并不意味着数据有错误。例如，在申请信用卡时可能要求申请人提供驾驶执照号，而没有驾驶执照的申请者该字段自然为空。表格应当允许填表者使用诸如“无效”等值，软件程序也可以用来发现其他空值，如“不知道”或“无”。理想情况下，每个属性都应当有一个或多个关于空值条件的规则。这些规则可以说明是否允许空值，并且说明这样的空值应当如何处理或转换。如果它们在商务处理的最后一步未提供值，相应属性值也可能故意留下空白。因此，尽管可以在得到数据后尽最大努力进行数据清理，但数据库和数据输入的良好设计将非常有助于在获取数据时就最小化缺失值或错误的数量。

3.3.2 噪声数据的处理

噪声(Noise)是指被测量变量的随机错误或偏差,许多原因可能导致这些错误与偏差。

(1) 数据采集中一些客观因素的制约带来噪声。数据采集设备可能具有缺陷和技术限制。例如,在数码相机中使用的 CCD(Charge Coupled Device,电荷耦合设备)图像传感器本身可能具有暗电流和热噪声,不可避免地造成图像中的噪声,在暗光条件下尤为突出。同时,数据采集过程中的人为错误也会引起噪声,如数据录入中的读数误差、对于数据的命名约定不一致等情况都会造成错误的数据值。

(2) 数据传输错误。数据传输中的信道一般是有失真的。例如,在模拟电视信号的传输中,像素的亮度等信息都是采用模拟方式调制的,这使得模拟电视信号容易出现色度损失、变形、抖动和串扰等情况。

给定一个数值属性,如成绩,怎样才能“平滑”数据去掉噪声?常见的噪声数据处理(数据平滑)技术包含如下几种。

1. 分箱

分箱(Binning)方法通过考查“邻居”(即周围的值)来平滑有序数据值。分箱方法首先排序数据,然后数据值被分布到一些“桶”或“箱”中。由于分箱方法是参考相邻的值,因此可进行局部平滑。通常使用的分箱方法如下。

(1) 统一权重:也称等深分箱法,按照数据样本点个数(记录行数)分箱,每箱具有相同的数据样本点数目,这种方法具有较好的可扩展性。

(2) 统一区间:也称等宽分箱法,按区间范围平均分布各箱。这种方法比较直观和容易操作,但是对于有尾分布的数据并不太友好,可能出现许多箱中没有样本点或者样本点较少的情况。

(3) 最小熵法:使在各区间分组内的记录具有最小的熵,数据集的熵越低说明数据之间的差异越小。

(4) 用户自定义区间:用户根据实际需要自定义区间。

将数据分箱后,可以使用箱的平均值、箱中值、箱的边界等对数据进行平滑,平滑可以在一定程度上削弱离群点对数据的影响。

例 3.2 对不同油田生产的原油产量排序后的值为 800,1000,1200,1500,1500,1800,2000,2300,2500,2800,3000,3500,4000,4500,4800,5000,共 16 个数据样本,可分别按照如下方法分箱。

(1) 统一权重(深度为 4)。

箱 1:800,1000,1200,1500

箱 2:1500,1800,2000,2300

箱 3:2500,2800,3000,3500

箱 4:4000,4500,4800,5000

(2) 统一区间,设定区间范围为 0~1000。

箱 1:800,1000,1200,1500,1500,1800

箱 2:2000,2300,2500,2800,3000

箱3：3500,4000,4500

箱4：4800,5000

（3）用户自定义：将原油产量划分为 1000 以下、1000～2000,2000～3000,3000～4000 和 4000 以上。

箱1：800

箱2：1000,1200,1500,1500,1800,2000

箱3：2300,2500,2800,3000

箱4：3500,4000

箱5：4500,4800,5000

假设采用第一种等深分箱法,用箱的平均值平滑,箱中每一个值被箱中的平均值替换,得到如下结果。

箱1：1125,1125,1125,1125

箱2：1900,1900,1900,1900

箱3：2950,2950,2950,2950

箱4：4575,4575,4575,4575

使用箱的边界进行平滑。箱中的最大值和最小值被视为箱边界。箱中的每一个值被最近的边界值替换,此处若距离两边边界距离相等,则选择左侧边界值(低值),结果如下。

箱1：800,800,1500,1500

箱2：1500,1500,2300,2300

箱3：2500,2500,2500,3500

箱4：4000,4000,5000,5000

2. 聚类

聚类(Clustering)通常用来发现数据中隐藏的结构,将相似的数据组织成群或“类”,将不相似的数据分开,使用聚类结果对数据进行处理。聚类分析可以用来检测离群点。直观地看,落在聚类集合之外的数据被视为离群点。因此,可通过舍弃离群点从而实现噪声数据处理,如图 3.14 所示。

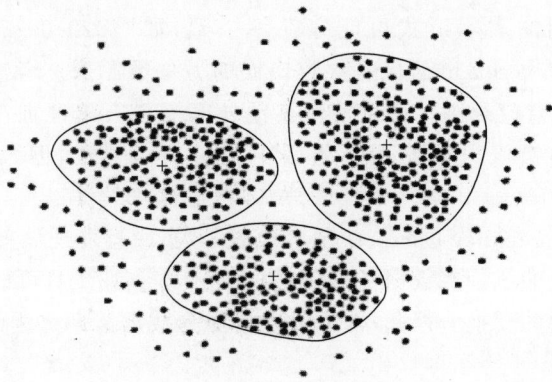

图 3.14 使用聚类检测孤立点

3. 回归分析

回归分析(Regression Analysis)是一种确定变量依赖的定量关系的分析方法。可以利用拟合函数(如回归函数)来进行预测从而实现噪声数据处理。例如,通过参数估计方法估计参数模型,建立一个一元线性回归模型,即适合两个变量的"最佳"直线。如果具有对数据的某种先验知识,使得模型符合数据的实际情况,并且参数估计是有效的,那么就能够利用这个模型依据一个变量预测另一个变量。如图 3.15 所示,可以使用回归分析的预测值 Y_1' 来代替数据的样本值 Y_1,以削弱数据中的噪声,并降低数据中离群点的影响。

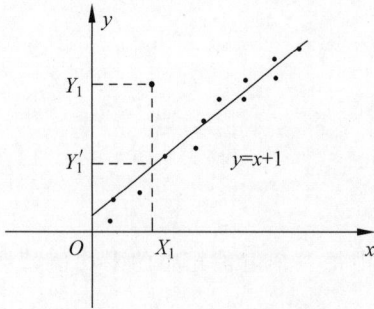

图 3.15　线性回归平滑数据

除上述三种方法外,还可采用计算机和人工检查结合的方法消除噪声数据,如通过计算机程序来检测可疑数据,然后对它们进行人工判断确定是否消除噪声。

许多平滑数据的方法也可用于数据离散化(一种数据变换形式)和数据归约,例如,分箱技术减少了每个属性的不同值的数量。概念分层是一种数据离散化形式,也可以用于数据平滑。例如,价格属性的概念分层可以把价格的值映射到便宜、适中和昂贵,从而减少了挖掘过程所处理的值的数量。

3.3.3　数据清理过程

数据清理可能是一项繁重的任务,其过程可包含如下两个步骤。

(1) 偏差检测(Discrepancy Detection)。在发现噪声、离群点和需要考查的不寻常的值时,可以利用已有的关于数据性质的知识。这种知识或称为"关于数据的数据"即为元数据。我们可以检查每个属性的定义域和数据类型、每个属性可接受的值、值的长度范围。同时,也要检查是否所有的值都落在期望的值域内,以及属性之间是否存在已知的依赖关系。还需要把握数据的趋势,并识别异常情况。例如,远离给定属性均值超过两个标准差的值可能被标记为潜在的离群点。另一种错误源是源代码编写时的不一致问题,以及数据表示的不一致问题。例如,日期的表示形式可能存在不一致,如"2022/09/25"和"25/09/2022"。另外,字段过载(Field Overloading)也是导致错误的另一类源头。考查数据还要遵循唯一性规则、连续性规则和空值规则。可以使用其他外部资料人工地加以更正某些不一致的数据,如数据输入时的错误可以使用纸质版本记录加以更正,但大部分错误需要数据变换。

(2) 偏差纠正(Discrepancy Correction)。也就是说,一旦发现偏差,通常需要定义并使用一系列变换来纠正它们。一些数据迁移和 ETL 工具等商业工具可以支持数据变换步骤,但这些工具只支持有限的变换。因此,常常可能选择为数据清理过程的这一步编写定制的程序。

偏差检测和偏差纠正这两步过程迭代执行。

3.4　数据集成和变换

3.4.1　数据集成

数据集成是将多个不同数据库、数据立方体或者文件等同构或异构数据源中的数据整合到一个一致的存储中的过程。通常,这个过程涉及的主要问题有实体识别问题、数据冗余问题、数据值冲突问题。

1. 实体识别问题

来自多个信息源的等价实体如何才能匹配,这涉及实体识别问题。例如,如何才能确定一个数据库中的 Customer_id 与另一个数据库中的 Cust_number 指的是相同的属性。

通常,数据库和数据仓库有元数据,即关于数据的数据。每个属性的元数据包括名字、含义、数据类型和属性的允许取值范围,以及处理空白、零或 NULL 值的空值规则。这样的元数据可以用来帮助避免模式集成的错误。元数据还可以用来帮助变化数据。例如,性别属性的数据编码在一个数据库中可以是"F"和"M",而在另一个库中使用"1"和"2"。

在集成期间,当一个数据库的属性与另一个数据库的属性匹配时,必须特别注意数据的结构。这旨在确保原系统中的函数依赖和参照约束与目标结构系统中的匹配。

2. 数据冗余问题

冗余是数据集成的另一个重要问题。一个属性(例如年收入)如果能由另一个或另一组属性导出,则这个属性可能是冗余的。属性或维命名的不一致也可能导致结果数据集中的冗余。有些冗余可以被相关分析检测到。例如,给定两个属性,根据可用的数据,这种分析可以度量一个属性能在多大程度上蕴含另一个。对于数值属性,可使用相关系数(Correlation Coefficient)和协方差(Covariance),它们都评估一个属性的值如何随另一个变化。对于标称数据(一般在有限的数据中取,而且只存在"是"和"否"两种不同的结果(一般用于分类)),可使用卡方检验。

(1) 协方差。在概率论和统计学中用于衡量两个变量的总体误差。而方差是协方差的一种特殊情况,即当两个变量是相同的情况。属性 A 和 B 之间的协方差也可以表示其相关性,计算方法如下。

$$\text{cov}(A,B) = \frac{1}{n}\sum_{i=1}^{n}(a_i - \overline{A})(b_i - \overline{B}) \qquad (3.4)$$

其中,n 是元组个数,a_i 和 b_i 分别是第 i 个元组在属性 A 和 B 上的取值,$\overline{A}$ 和 $\overline{B}$ 分别是属性 A 和 B 上的平均值。如果 A 和 B 两个属性(或变量)的变化趋势一致,也就是说,如果其中一个大于自身的期望值时,另外一个也大于自身的期望值,那么两个属性之间的协方差就是正值;如果两个属性的变化趋势相反,即其中一个属性大于自身的期望值时,另外一个却小于自身的期望值,那么两个属性之间的协方差就是负值。如果 A 与 B 是统计独立的,那么二者之间的协方差就是 0。

(2) 相关系数。又称为皮尔逊相关系数(Pearson's Product Moment Coefficient)。属

性 A 和 B 的相关系数记为 $r_{A,B}(-1 \leqslant r_{A,B} \leqslant 1)$，其计算方法如下。

$$r_{A,B} = \frac{E((A-E(A))(B-E(B)))}{\sigma_A \sigma_B} = \frac{\sum_{i=1}^{n}(a_i-\overline{A})(b_i-\overline{B})}{(n-1)\sigma_A \sigma_B} = \frac{\sum_{i=1}^{n}(a_i b_i)-n\overline{A}\,\overline{B}}{(n-1)\sigma_A \sigma_B}$$

$$(3.5)$$

其中，n 是元组个数，a_i 和 b_i 分别是第 i 个元组在属性 A 和 B 上的取值，$\overline{A}$ 和 $\overline{B}$ 分别是属性 A 和 B 上的平均值，σ_A 和 σ_B 分别是 A 和 B 的标准差，$\sum(a_i b_i)$ 是 A 和 B 的叉积之和（即对于每个元组 A 的值乘以该元组 B 的值）。

① 如果 $r_{A,B} > 0$，则表示属性 A 和 B 是正相关的，意味着 A 值随着 B 值的增加而增加，值越大相关程度越高，即每个属性蕴含另一个属性的可能性越大，因此表明其中一个可以作为冗余而被删除。

② 如果 $r_{A,B} = 0$，表示属性 A 和 B 是独立的，没有线性相关性。

③ 如果 $r_{A,B} < 0$，表示属性 A 和 B 是负相关的，意味着 A 值随着 B 值的减少而增加。

图 3.16 显示相关系数不同取值的数据分布情况。

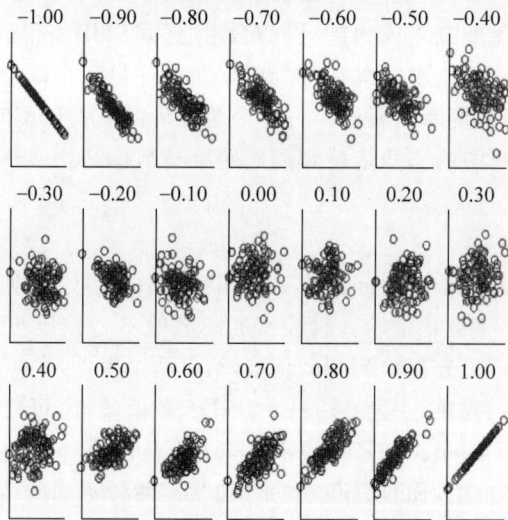

图 3.16　相关系数不同取值的数据分布

（3）卡方检验。对于标称数据，两个属性 A 和 B 之间的相关联系可以通过卡方检验发现。卡方检验假设 A 和 B 是相互独立的。假设属性 A 有 c 个不同值 $a_1, a_2, \cdots, a_c$，属性 B 有 r 个不同值 $b_1, b_2, \cdots, b_r$，用 A 和 B 描述的数据元组可以用一个相依表显示，如图 3.17 所示。

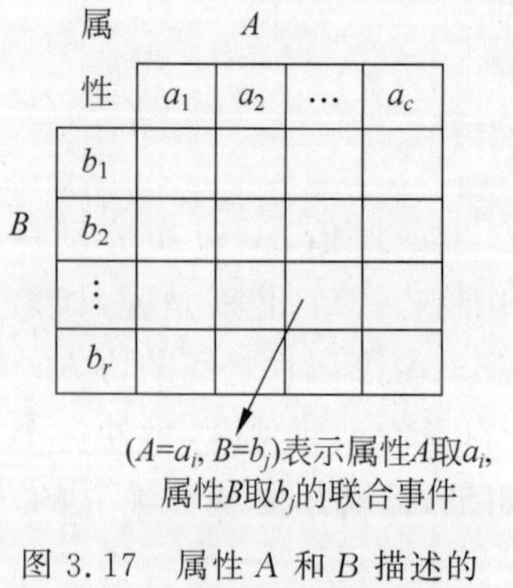

$(A=a_i, B=b_j)$表示属性A取a_i,
属性B取b_j的联合事件

图 3.17　属性 A 和 B 描述的数据元组相依表

卡方值 (χ^2) 可以用下面的公式计算。

$$\chi^2 = \sum_{i=1}^{c} \sum_{j=1}^{r} \frac{(\sigma_{ij}-e_{ij})^2}{e_{ij}}$$

$$(3.6)$$

其中，σ_{ij} 是联合事件 $(A=a_i, B=a_j)$ 的观测频度（实际计数），而 e_{ij} 是联合事件 $(A=a_i, B=a_j)$ 的期望频度，其计算公式如下。

$$e_{ij} = \frac{\text{count}(A = a_i) \times \text{count}(B = b_j)}{N} \tag{3.7}$$

其中，N 是数据元组的个数，$\text{count}(A = a_i)$ 是 A 上具有值 a_i 的元组个数。同理，$\text{count}(B = b_j)$ 是 B 上具有值 b_j 的元组个数。

例 3.3 使用卡方进行相关分析。喜欢下象棋和看小说有关吗？假设调查了 1500 个人，其中 300 个人下象棋，1200 个人不下象棋。然后其中调研 250 个人既下象棋又看小说，得到数据的 2×2 相依表，如表 3.2 所示。

表 3.2　例 3.3 的数据的 2×2 相依表

	下 象 棋	不 下 象 棋	行 总 计
看小说	250(90)	200(360)	450
不看小说	50(210)	1000(840)	1050
列总计	300	1200	1500

假设下象棋和不下象棋没有关系(不相关)，则人数比值为 300:1200 即 1:4。那么看小说共 450 人，则其中下象棋和不下象棋的比例也应该是 1:4，即应为 90:360，也就是表中括号中的数字，为期望值。其中，数字 90 的计算方式如下。

$$e_{11} = \frac{\text{count}(看小说) \times \text{count}(下象棋)}{N} = \frac{450 \times 300}{1500} = 90$$

再计算卡方值：

$$\chi^2 = \frac{(250-90)^2}{90} + \frac{(50-210)^2}{210} + \frac{(200-360)^2}{360} + \frac{(1000-840)^2}{840} = 507.93$$

表 3.2 为 2×2 相依表，自由度为 $(r-1) \times (c-1) = 1$，在 0.001 的置信水平下，拒绝假设的值为 10.828(查卡方分布表)。由于计算的卡方值大于 10.828，因此有足够的理由拒绝独立的假设，因此结果表明看小说和下象棋两个属性是相关的。

除了检测属性间的冗余外，还应当在元组级别检测重复。例如，对于给定的唯一数据实体，存在两个或多个相同的元组就是元组级别重复。去规范化表(Denormalized Table)的使用(通过避免连接操作来改善性能，形成宽表)是数据冗余的另一个来源。由于不正确的数据输入，或者在数据更新时只更新部分相关数据，未更新所有相关数据，将会在数据不同副本之间出现数据不一致现象。

3. 数据值冲突问题

数据集成还涉及数据值冲突的检测与处理。例如，对于现实世界中的同一实体，来自不同数据源的属性值可能不同。不同的数据表示，不同的度量单位等都可能导致属性值不同。例如，身高属性在一个系统中以米为单位存放值，而在另一个系统中以厘米为单位存放值；不同旅馆的价格不仅可能涉及不同的货币，而且可能涉及不同的服务(如免费早餐)和税。属性也可能在不同的抽象层，其中属性在一个系统中记录的抽象层可能比另一个系统中相同的属性低。例如，名为 total_sales 的属性在一个数据库中可能涉及某商店的一个分店，而另一个数据库中相同名字的属性可能表示一个给定地区的某商店所有分店的总销售量。这种数据的语义异质性，是数据集成面临的巨大挑战。将多个数据源中的数据集成起来，能够减少或避免结果数据集中数据的冗余和不一致性，这有助于提高其后挖掘的精度和速度。

此外,在数据集成中还应考虑数据类型的选择问题,如在值域范围内应尽量用 tinyint 代替 int,可大大减少字节数,对于大规模数据集来说将会大大减少系统开销。

3.4.2 　数据变换

数据变换是将数据转换或统一成适合于挖掘的形式。数据变换主要是找到数据的特征表示,对数据进行规格化处理,用维变换或转换方式减少有效变量的数目或找到数据的不变式,涉及以下方法。

(1) 平滑。即去除数据中的噪声。平滑技术在 3.3.2 节中已经介绍。

(2) 聚集。即对数据进行汇总。例如,可以聚集每日销售数据,计算月、季度或者年的销售量。通常,聚集用来从多个抽象层数据构建数据立方体。

(3) 数据泛化。又称为数据概化,使用概念分层,用高层概念替换底层或"原始"数据,即沿着概念分层向上汇总。例如,对于年龄属性,其"原始"数据可能包含 18、20、30、45、70等,可以将上述数据映射到较高的概念,如青年、中年和老年。

(4) 属性(特征)构造。通过现有属性构造新的属性,并添加到属性集中,以增加对高维数据的结构的理解和精确度,帮助挖掘过程,例如,由长和宽属性构造面积属性。属性构造可以减少使用判定树算法分类的分裂问题。通过组合属性,可以帮助发现所遗漏的属性间的相互关系,而这对于数据挖掘是十分重要的。

(5) 规范化。将数据按比例缩放,使其落入一个小的特定区间,如 [−1.0, 1.0] 或 [0.0, 1.0]。规范化可以消除数值型属性因大小不一而造成的挖掘结果偏差。在正式进行数据挖掘之前,尤其是使用基于对象距离的挖掘算法时,必须进行数据的规范化。例如,对于一个顾客信息数据库中的年龄属性或工资属性,由于工资属性的取值比年龄属性的取值要大得多,若不进行规范化处理,基于工资属性的距离计算值将远远超过基于年龄属性的计算值,这就意味着工资属性的作用在整个数据对象的距离计算中被错误放大。有许多数据规范化方法,常用的有三种:最小-最大规范化、z-score 规范化和小数定标规范化。

① 最小-最大规范化,是对原始数据进行线性变换,保持原始数据值之间的联系。假定 $\min_A$ 和 $\max_A$ 分别为属性 A 的最小值和最大值。最小-最大规范化的计算公式如下。

$$v' = \frac{v - \min_A}{\max_A - \min_A}(\text{new\_max}_A - \text{new\_min}_A) + \text{new\_min}_A \qquad (3.8)$$

将属性 A 的一个值 v 映射到 $v'[\text{new\_min}_A, \text{new\_max}_A]$。

例如,假定原油产量属性的最小值与最大值分别为 12 000t 和 98 000t,映射到区间 [0,1]。根据最小-最大规范化方法对属性值进行缩放,则产量值 73 600t 将变换为 $\frac{73\,600 - 12\,000}{98\,000 - 12\,000} \times (1.0 - 0) + 0 = 0.716$。

② z-score 规范化,又称为零-均值规范化,是根据属性 A 的平均值 $\overline{A}$ 和标准差 σ_A 进行规范化。A 的值 v 被规范化为 v',由式(3.9)计算。

$$v' = \frac{v - \overline{A}}{\sigma_A} \qquad (3.9)$$

当属性 A 的实际最小值和最大值未知,或离群点左右了最小-最大规范化时,该方法是有用性。

例如,假定原油产量属性的平均值和标准差分别为 54 000t 和 16 000t。使用 z-score 规范化方法,值 73 600t 被转换为 $\dfrac{73\,600-54\,000}{16\,000}=1.225$。

③ 小数定标规范化,通过移动属性 A 的小数点位置进行规范化。小数点的移动位数依赖 A 的最大绝对值。A 的值 v 被规范化为 v',由式(3.10)计算。

$$v' = \frac{v}{10^j} \tag{3.10}$$

其中,j 是使 $\max(|v'|) < 1$ 成立的最小整数。

例如,假定属性 A 的取值是从 -986 到 917。A 的最大绝对值为 986。为使用小数定标规范化,用 1000(即 $j=3$)除每一个值。这样,-986 被规范化为 -0.986。

注意,规范化将原来的数据改变很多,特别是用上述后两种方法。这样,有必要保留规范化参数(如平均值和标准差,使用 z-score 规范化),以便将来的数据可以用一致的方式进行规范化。

3.5 数据归约

在海量数据上进行复杂数据分析与挖掘需要很大的时空开销,这就催生了对数据进行归约的需求。数据归约(Data Reduction)是用更简化的方式来表示数据集,使得化简后的表示开销小得多,但可产生相同或几乎相同的挖掘结果。常用的归约策略有维归约、数据压缩、数值归约以及离散化和概念分层。在进行数据挖掘时,用于数据归约的时间不应当超过或"抵消"在归约后的数据上挖掘节省的时间,以防止得不偿失。

3.5.1 维归约

用于数据挖掘的数据集可能包含数以百计的属性,其中大部分属性与挖掘任务不相关或者冗余。例如,分析银行客户的信用度时,如客户的电话号码、家庭住址等属性就与该数据挖掘任务不相关。维归约(Dimensionality Reduction)通过减少所考虑的随机变量或属性的个数来达到减少数据集规模的目的。维规约方法包括小波变换、主成分分析和属性子集选择等。小波变换和主成分分析是把原数据变换或投影到较小的空间。属性子集选择,也称为特征选择,是通过删除不相干、弱相关或冗余的属性或维来减少数据量。下面介绍常用的属性子集选择方法。

属性子集选择方法的目标是找出最小属性集,使得在归约后的属性集上的数据类的概率分布尽可能接近原始属性集的概率分布。在归约后的属性集上进行数据挖掘,不仅减少了出现在发现模式上的属性的数目,而且使得模式更容易理解。如何找出原属性的一个"好的"子集? d 个属性有 2^d 个可能的子集。穷举搜索找出属性的最佳子集可能是不现实的,特别是当 d 和数据类的数目增加时更不现实。因此,对于属性子集选择,通常使用压缩搜索空间的启发式算法。通常,这些方法是典型的贪心算法,在搜索属性空间时,总是做看上去是最佳的选择。它们的策略是做局部最优选择,期望由此导致全局最优解。"最好的"或者"最差的"属性通常使用统计显著性检验来确定。这种检验假设属性是相互独立的。也可以使用一些其他属性评估度量,如使用信息增益度量(信息增益将在分类算法中介绍)。

属性子集选择的基本启发式方法包括以下几种。

(1) 逐步向前选择(逐步添加方法)。该过程由空属性集作为归约集的开始,选择原属性集中最好的属性,并将它加到归约集合中。在其后的每一次迭代中,将剩下的原属性集中最好的属性加到该集合中,例如遗传算法,一种基于生物进化论和分子遗传学的全局随机搜索算法。

(2) 逐步向后删除(逐步消减方法)。该过程由整个属性集开始。在每一步删除属性集中的最坏属性,直到无法选择出最坏属性或满足一定的阈值为止。该方法不需要先验知识,算法简单,易于操作,可有效地去除冗余属性,对于每个属性值域出现的冗余现象,也可用粗集理论删除,从而使条件属性的个数和取值得到化简。粗集理论是利用定义的数据集合 U 上的等价关系对 U 进行划分,对于数据表来说,这种等价关系可以是某个属性,或者几个属性的集合。因此,按照不同属性的组合就把数据表划分成不同的基本类,在这些基本类的基础上进一步求得最小约简集。

(3) 向前选择和向后删除的结合。可以将逐步向前选择和向后删除方法结合在一起,每一步选择一个最好的属性,并在剩余属性中删除一个最差的属性。

(4) 决策树归纳。决策树算法,如 ID3 和 C4.5 最初是用于分类的,也可用于构造属性子集。利用决策树的归纳方法对初始数据进行分类归纳学习,由给定的数据构造一个初始决策树。在每个结点,算法选择"最好的"属性,将数据划分成类。所有没出现在这个树上的属性均被认为是无关属性,删除无关属性之后,就可获得一个较优的属性子集。方法的结束条件可以不同,如可使用一个度量阈值来决定何时停止属性选择过程。

一些启发式方法示例在图 3.18 中给出。

向前选择	向后删除	决策树归纳
初始属性集: $\{A_1, A_2, A_3, A_4, A_5, A_6\}$	初始属性集: $\{A_1, A_2, A_3, A_4, A_5, A_6\}$	初始属性集: $\{A_1, A_2, A_3, A_4, A_5, A_6\}$
初始化归纳集: { } →$\{A_1\}$ →$\{A_1, A_4\}$ →归约后的属性集: $\{A_1, A_4, A_6\}$	$\{A_1, A_2, A_3, A_4, A_5, A_6\}$ →$\{A_1, A_4, A_5, A_6\}$ →归约后的属性集: $\{A_1, A_4, A_6\}$	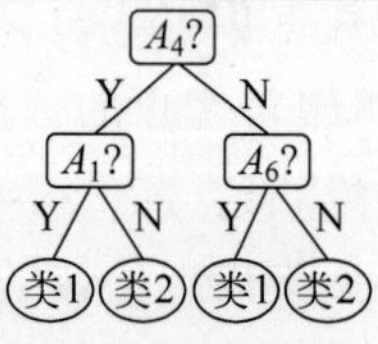 →归约后的属性集: $\{A_1, A_4, A_6\}$

图 3.18　属性子集选择的启发式方法举例

3.5.2　数据压缩

数据压缩(Data Compression)是在尽量保存原有数据中信息的基础上,使用数据编码或数据转换机制压缩数据集,用尽量少的空间表示原有的数据。数据压缩分为有损压缩和无损压缩,如图 3.19 所示。有损压缩是压缩后的数据信息量少于原有的数据,因而无法完全恢复成原有的数据,只能以近似的方式恢复。例如,音频或视频压缩通常是有损压缩,压缩精度可以递进选择,有时可以在不解压整体数据的情况下,重构某个片段。

无损压缩没有这一限制,压缩后的数据可以完全恢复原有数据。无损压缩一般用于字符串的压缩,被广泛应用在文本文件的压缩中。在信息论领域,这一问题在信源编码中得到了深入研究,如具有理论意义的 Huffman 编码是一种无损压缩方法。

一般而言,有损压缩的压缩比高于无损压缩的压缩比。两种有损数据压缩的方法是小波变换和主成分分析。

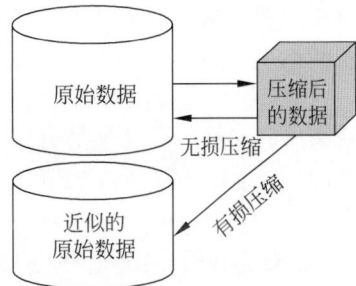

图 3.19　数据压缩示意图

1. 小波变换

离散小波变换(Discrete Wavelet Transformation, DWT)是一种线性信号处理技术,当用于数据向量 X 时,将它变换成数值上不同的小波系数向量 X',两个向量具有相同的长度。将小波变换用于数据压缩时,每个元组可看作一个 n 维数据向量 $X=(x_1,x_2,\cdots,x_n)$,用来描述 n 个数据库属性在元组上的 n 个测量值。小波变换后的数据可截短,仅存放一小部分最强的小波系数,就能保留近似的压缩数据。为提高数据运算处理的效率,可以保留超过用户指定阈值的小波系数,而将其他小波系数置 0。这样,结果数据表示非常稀疏,这使得在小波空间进行计算时,可以利用数据的稀疏特性,显著提高操作的计算速度。小波变换还能在保留数据主要特征的同时,去除数据中的噪声。给定一组系数,使用所有的 DWT 的逆,可以构造原数据的近似。

流行的小波变换包括 Haar(哈尔)-2、Daubechies-4 等。离散小波变换的一般过程使用一种层次金字塔算法,它在每次迭代时将数据减半,导致计算速度很快。该方法如下。

应用小波变换进行数据转换时,通常采用通用层次算法,过程如下。

(1) 设 L 为所输入数据向量的长度,它必须是 2 的整数幂。

(2) 每次变换使用两个函数,第一个负责初步平滑,第二个完成带权差值计算以获得数据的主要特征。

(3) 将数据向量一分为二,应用(2)中的两个函数分别处理低频、高频数据。

(4) 对所输入的向量循环使用(3)中的处理步骤,直到所有划分的子数据向量的长度均为 2 为止。

(5) 取出(3)和(4)步骤的处理结果便获得被转换数据向量的小波系数。

小波变换可以用于多维数据,如数据立方体,实现方法如下:首先对第一个维度进行变换,然后是第二个维度,以此类推。计算复杂性关于立方体中单元的个数是线性的。对于稀疏或倾斜数据和具有有序属性的数据,小波变换给出了很好的结果。小波变换有许多实际应用,包括指纹图像压缩、计算机视觉、时间序列数据分析和数据清理。

2. 主成分分析

主成分分析(Principal Components Analysis,PCA)又称 Karhunen-Loeve(或 K-L)方法,是一种统计方法,通过正交变换将一组可能存在相关性的变量转换为一组线性不相关的变量,转换后的这组变量叫作主成分。主成分分析首先是由 K. 皮尔森(Karl Pearson)对非随机变量引入的,而后 H. 霍特林将此方法推广到随机向量的情形。该方法搜索 k 个最能代表数据的 n 维正交向量,其中,$k \leqslant n$,这样原来的数据就投影到一个小得多的空间,实现维度归约。PCA 通过创建一个替换的、更小的变量集用于"组合"属性的基本要素,原数据可以投影到该较小的集合中。PCA常常用于揭示先前未曾察觉的联系,因此可以解释不寻常的结果,基本过程如下。

(1) 对输入数据规范化,使得每个属性都落入相同的区间。此步骤有助于确保具有较大定义域的属性不会支配具有较小定义域的属性。

(2) PCA计算k个标准正交向量,作为规范化输入数据的基。这些是单位向量,每一个方向都垂直于另一个,这些向量称为主成分,输入数据是主成分的线性组合。

(3) 对主成分按"重要性"或强度降序排列。主成分基本上充当数据的新坐标轴,提供关于方差的重要信息。也就是说,对坐标轴进行排序,使得第一个坐标轴显示数据的最大方差,第二个显示次大方差,如此下去。

(4) 主成分根据"重要性"降序排列,则可通过去掉较弱的成分(即方差较小)来归约数据的规模,使用最强的主成分,应当能够重构很好的近似原数据。

PCA计算开销低,可以用于有序和无序的属性,并且可以处理稀疏和倾斜数据。多维数据(维数大于2)可以通过将问题归约为二维问题来处理。主成分可以用作多元回归和聚类分析的输入,与小波变换相比,PCA能够更好地处理稀疏数据,而小波变换更适合高维数据。

3.5.3　数值归约

数值归约(Numerosity Reduction)也称为数据块消减,通过选择替代的、较小的数据表示形式来减少数据量。数值归约技术可以是有参数的,也可以是无参数的。对于参数方法,使用一个参数模型估计数据,一般只要存储模型参数即可,不用存储数据(除了可能的离群点)。常用的参数方法有线性回归方法、多元回归以及对数线性模型等。无参数方法是指存储利用直方图、聚类、采样或数据立方体聚集而获得的消减后的数据。

1. 回归和对数线性模型

回归和对数线性模型可以用来近似给定的数据。在线性回归中,对数据建模使之拟合到一条直线。例如,可以用以下公式,将随机变量y(称为响应变量)建模为另一随机变量x(称为预测变量)的线性函数$y=wx+b$,其中,假定y的方差是常量。在数据挖掘中,x和y是数值数据库属性。系数w和b称为回归系数,分别为直线的斜率和Y轴截距。系数可以用已知数据估计,通常采用最小二乘方法求解,它最小化分离数据的实际直线与直线估计之间的误差。多元线性回归是线性回归的扩充,允许响应变量y建模为两个及以上预测变量的线性函数。

对数线性模型(Logarithmic Linear Model)描述的是概率与协变量之间的关系,以及期望频数与协变量之间的关系,从而近似离散的多维概率分布。给定n维元组的集合,可以把每个元组看作n维空间的点。可以使用对数线性模型基于维组合的一个较小子集,估计离散化的属性集的多维空间中每个点的概率。这使得高维数据空间可以由较低维空间构造。因此,对数线性模型也可以用于维归约(由于低维空间的点通常比原来的数据点占据较少的空间)和数据平滑(因为与较高维空间的估计相比,较低维空间的聚集估计较少受采样方差的影响)。

回归和对数线性模型都可以用于稀疏数据,但是它们的应用可能是受限制的。虽然两种方法都可以处理倾斜数据,但是回归方法效果更好。当用于高维数据时,回归方法可能是计算密集的,而对数线性模型表现出很好的可伸缩性,数据可以扩展到十维左右。

2. 采样

采样(Sampling)也称为抽样,允许用比原数据集小得多的随机样本(子集)表示大型数据集,可以作为一种数据归约技术使用。假定大型数据集 D 包含 N 个元组,则常用的采样方法有以下 4 种。

(1) s 个样本无放回简单随机采样(Simple Random Sampling Without Replacement, SRSWOR)。由 D 的 N 个元组中抽取 s 个样本($s<N$),被抽取概率相同。

(2) s 个样本有放回简单随机采样(Simple Random Sampling With Replacement, SRSWR)。过程同上,只是元组被抽取后,将被回放,可能再次被抽取。

(3) 聚类采样。D 中的元组被分入 M 个互不相交的簇中,可在其中的 s 个簇上进行简单随机选择(SRS,$s<M$)。例如,数据库中的元组通常一次检索一页,这样每页就可以视为一个簇。也可以利用其他携带更丰富语义信息的聚类标准,如在空间数据库中,可以基于不同区域位置上的邻近程度定义簇。

(4) 分层采样。如果 D 被划分成互不相交的部分,称作"层",则通过对每一层的 SRS 就可以得到 D 的分层样本。特别是当数据倾斜时,可以帮助确保样本的代表性。

采用采样技术进行数据归约的优点是,得到样本的花费正比于样本集的大小 s,而不是数据集的大小 N。因此,采样的复杂度可能亚线性(Sublinear)于数据的大小。其他数据归约技术至少需要完全扫描 D。对于固定的样本大小,抽样的复杂度仅随数据的维数 n 线性地增加,而其他技术,如使用直方图,复杂度随着指数 n 而增长。

用于数据归约时,采样最常用来估计聚集查询的回答。在指定的误差范围内,可以确定(使用中心极限定理)估计一个给定的函数所需的样本大小。相对于 N,样本的大小 s 可能非常小。通过简单地增加样本大小即可对归约数据集逐步求精。

3.5.4　数据离散化和概念分层

计算机存储器无法存储无限精度的值,计算机处理器也不能对无限精度的数进行处理,因此在数据预处理中需要进行数据的离散化。另外,某些数据挖掘方法需要离散值的属性,这也催生了将数据离散化的需要。

离散化就是把无限空间中有限的个体映射到有限的空间中。数据离散化操作大多是针对连续数据进行的,处理之后的数据值域分布将从连续属性变为离散属性,这种属性一般包含两个或两个以上的值域。将数据离散化有以下好处。

(1) 节约计算资源,提高计算效率。

(2) 算法模型的计算需要。虽然很多模型,例如决策树可以支持输入连续型数据,但是决策树本身会先将连续型数据转换为离散型数据,离散化转换是一个必要步骤。

(3) 增强模型的稳定性和准确度。数据离散化之后,处于异常状态的数据不会明显地突出异常特征,而是会被划分为一个子集中的一部分。如 10 000 为异常值,可以划分为>100。因此异常数据对模型的影响会大大降低,尤其是基于距离计算的模型效果更明显。

（4）特定数据处理和分析的必要步骤，尤其是在图像处理方面应用广泛。大多数图像在做特征检测时，都需要先将图像做二值化处理，二值化也是离散化的一种。

（5）模型结果应用和部署的需要。如果原始数据的值域分布过多，或者值域划分不符合业务逻辑，那么模型结果将很难被业务理解并应用。例如，对银行信用卡评分，在用户填写表单时，不可能填写年收入为某个具体数字如 100 万，而是填写薪资位于哪个范围，这样从业务上来说才是可行的，也不涉及泄露个人隐私。

数值数据的离散化可以根据数据的离散化自动构造，常用方法有分箱、直方图分析、聚类、自顶向下拆分、自底向上合并等。使用分箱的数据离散化方法是通过先将属性值分箱，再将属性值替换为箱标签的离散化方法。直方图分析也是一种无监督离散化技术，把属性的值划分成不相交的区间，称作桶或箱，可以使用各种规则定义直方图实现离散化。使用聚类的数据离散化方法是通过先将属性值聚类，再使用类标签作为新的属性值的离散化方法。分箱和聚类在本章中都介绍过，这里不再赘述。下面介绍三种通过拆分和合并来进行数据离散化的方法：基于熵的离散化、基于卡方检验的离散化和基于自然分区的离散化。

1. 基于熵的离散化

熵是由 Claude Shannon 在信息论和信息增益概念的开创性工作中首次引进的。基于熵的离散化是一种监督的、自顶向下的分裂技术。它在计算和确定分裂点（划分属性区间的数据值）时利用类分布信息。为了离散数值属性 A，该方法选择 A 的具有最小熵的值作为分裂点，并递归地划分结果区间，得到分层离散化。这种离散化形成 A 的概念分层。

基于熵的离散化可以压缩数据量。与其他方法不同，基于熵的离散化使用类信息，有助于提高分类的准确性。

2. 基于卡方检验的离散化

这种离散化方法可采用自底向上的合并策略，递归地找出属性的最佳邻近区间，然后合并它们，形成较大的区间。如果两个邻近的区间具有非常类似的类分布，则这两个区间可以合并；否则，它们应当保持分开。初始，将数值属性 A 的每个不同值看作一个区间，对每对相邻区间进行卡方检验。具有最小卡方值的相邻区间合并在一起，因为低卡方值表明它们具有相似的类分布。该合并过程递归地进行，直到满足预先定义的终止条件。

3. 基于自然分区的离散化

在实际问题中有时也会采用一些经验性的方法，如自然分区法，即 3-4-5 规则。这种方法将数值型的数据分成相对一致、更自然的区间，规则的划分步骤如下。

（1）如果一个区间包含的不同值的数量的最高有效位是 3、6、7 或 9，则将该区间划分为 3 个等宽子区间。若为 7，则划分成 2∶3∶2 的宽度比例。

（2）如果最高有效位是 2、4 或 8，则将该区间划分为 4 个等宽子区间。

（3）如果最高有效位是 1、5 或 10，则将该区间划分为 5 个等宽子区间。

将该规则递归地应用于每个子区间，产生给定数值属性的概念分层。对于数据集中出现的最大值和最小值的极端分布，为了避免上述方法出现的结果扭曲，可以在顶层分段时，选用一个大部分的概率空间，如选择 5%～95% 的数据，再进行以上规则的划分。这种方法很难说有比较科学的依据,但是简便易行,可以作为实践的参考。

例 3.4 如某油田公司的原油产量增量为 $-189 \sim 389$,采用自然分区规则进行如下划分。

首先,取定一个整的左闭右开的区间。向下取整 -189 是 -200,向上取整 389 是 400,则区间规整为 $[-200, 400)$。

其次,最高位是百分位,最高有效位有 -2、-1、1、2、3、4 一共 6 个,分成 3 个等宽区间(注意 0 的情况):a1 $[-200, 0)$、a2 $[0, 200)$、a3 $[200, 400)$。

最后,划分每个区间的最高有效位是 2,子区间划分 4 个,划分结果如下。

a1 $[-200, 0)$:a11$[-200, -150)$、a12$[-150, -100)$、a13$[-100, -50)$、a14$[-50, 0)$。

a2 $[0, 200)$:a21$[0, 50)$、a22$[50, 100)$、a23$[100, 150)$、a24$[150, 200)$。

a3 $[200, 400)$:a31$[200, 250)$、a32$[250, 300)$、a33$[300, 350)$、a34$[350, 400)$。

即把 a1 划分为 a11、a12、a13 和 a14;a2 划分为 a21、a22、a23 和 a24;a3 划分为 a31、a32、a33 和 a34。

4. 标称数据的概念分层产生

标称数据是一种离散数据。一个分类属性具有有限个,但可能有很多不同值,值之间无序,如地理位置、工作分类和商品类型等。

概念分层是使用高层概念(如青年、中年或老年)替代底层的属性值(如实际年龄)来归约数据。人工进行概念分层是一项乏味耗时的工作。在实际数据挖掘操作中,可以发现很多分层蕴含在数据库的模式中,因而可以自动地产生概念分层,或者可以对数据的统计分析动态地加以提炼,产生概念分层。下面给出 4 种标称数据概念分层的产生方法。

(1)由用户或专家在模式级显式地说明属性的部分序。通常,分类属性或维的概念分层涉及一组属性。用户或专家在模式级通过说明属性的部分序或全序,可以很容易地定义概念分层。例如,关系数据库或数据仓库的地址维可能包含如下一组属性:街道、城市、省份或州、国家。可以在模式级说明一个全序,如街道<城市<省份或州<国家,来定义分层结构。

(2)通过显式数据分组说明分层结构的一部分。这本质上是人工定义概念分层结构的一部分。在大型数据库中,通过显式的值枚举定义整个概念分层是不现实的。然而,对于一小部分中间层数据,可以很容易显式说明分组。例如,在模式级说明了省份或州和国家形成一个分层后,可能想人工地添加某些中间层,如显式地定义"安徽,江苏,山东"属于"华东地区"。

(3)说明属性集,但不说明它们的偏序。用户可以简单将一组属性组织在一起,以便构成一个层次树,这就需要自动产生属性的序列,从而构造有意义的概念分层。一个较高层的概念通常包含若干从属的较低层概念,定义在高概念层的属性与定义在较低概念层的属性相比,通常包含较少数目的不同值。根据这一事实,可以根据给定属性集中每个属性不同值的个数,自动地产生概念分层。具有最多不同值的属性放在分层结构的最底层。一个属性的不同值个数越少,它在所产生的概念分层结构中所处的层越高。

例 3.5 假定用户对于地址维属性选定了属性集:街道,城市,省份或州、国家,但没有指出属性之间的层次序。地址的概念分层可以按如下步骤自动地产生,如图 3.20 所示。首先,根据每个属性的不同值个数,将属性按降序排列。其结果如下(每个属性的不同值数目在括号中):国家(15),省份或州(365),城市(3567),街道(674 339)。

其次,按照排好的次序,自顶向下产生分层,第一个属性在最顶层,最后一个属性在最底层。

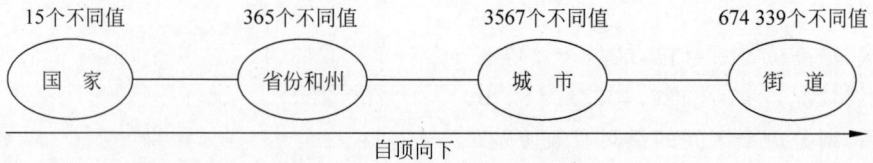

图 3.20　一个基于不同属性值个数的模式概念分层自动产生

最后,用户可以考查所产生的分层,如果有必要,继续修改,以反映期望属性应满足的联系。

注意,不能把启发式规则推向极端,因为显然有些情况并不遵循该规则。例如,在一个数据库中,时间维可能包含 20 个不同的年,12 个不同的月,每星期 7 个不同的天。然而,这并不意味着时间分层应当是"year < month < days_of_the_week",days_of_the_week 在分层结构的最顶层。

(4) 只说明部分属性集。在定义分层时,用户有时可能不小心没有说明全部属性,或者对于分层结构中应当包含什么是很模糊的。因此,在分层结构说明中只包含相关属性的一小部分。例如,用户可能没有包含位置的分层相关的所有属性,而只说明了街道和城市。为了处理这部分说明的分层结构,在数据库模式中嵌入数据语义,使得语义密切相关的属性能够捆在一起。这样,一个属性的说明可能触发整个语义密切相关的属性组被包含在分层结构中,形成一个完整的分层结构。必要时,用户可以选择忽略这一特性。

总之,模式和属性值计数信息都可以用来产生标称数据的概念分层。使用概念分层变化数据使得较高层的知识模式可以被发现。

尽管已经提出了许多数据预处理的方法,但由于数据不一致或脏数据的数量巨大,以及问题本身的复杂性,数据预处理仍然是一个活跃的研究领域。

第4章

数据可视化

4.1 数据可视化概论

本节介绍可视化对数据挖掘的意义与可视化模型,如何使用可视化方法提升数据挖掘的性能。

当今社会每时每刻都产生大量的数据,人类直接处理数据的能力远远落后于获取数据的能力。视觉是人类获取外部世界信息的最重要通道。人眼对视觉信号的并行处理带宽高达 $100MB/s$,且具有很强的模式识别能力。人类的智能对视觉信息的感知速度比对数字或文本快多个数量级,且大量的视觉信息处理发生在潜意识阶段。超过 50% 的人脑机能包括数十亿的神经元都用于视觉感知和基于这种感知的视觉智能,包括解码视觉信息、高层次信息处理和思考可视符号。人的视觉系统处理能力远超最新的人工智能系统。

可视化的一个简明定义是"通过数据的可视表达来利用人类的视觉智能,从而增强人们对数据的分析理解能力和效率"。从信息加工的角度看,丰富的信息消耗了大量的注意力,而人类的视觉记忆只能保持和处理几分钟的信息。可视化提供了对数据的某种外部内存,在人脑之外保存待处理信息,可补充人脑有限的记忆内存,有助于解决人脑的记忆内存和注意力的有限性的问题。同时,图形化符号可将用户的注意力引导到重要的目标,减少搜索时间(固定的潜意识搜索、空间索引的模式存储了"事实"和"规律"),支持感知推理(将推理转换为模式搜索)。表 4.1 列出 4 组不同的二维数据点集(安斯康姆四元数组),每组数据含有一系列的二元数据。传统的数据统计分析方法会利用均值、方差、相关系数等统计方法进行对数据的理解。但表 4.1 中 4 组数据的统计属性没有差异。使用可视化技术,如图 4.1 所示,可以迅速利用视觉智能寻找它们的不同模式和规律,不难发现,集合 C 和集合 D 线性回归后就是直线,如表 4.2 所示。

表 4.1 安斯康姆四元数组,均值、方差和相关系数均相同

集合 A		集合 B		集合 C		集合 D	
X	Y	X	Y	X	Y	X	Y
10	8.04	10	9.14	10	7.46	8	6.58
8	6.95	8	8.14	8	6.77	8	5.76
13	7.58	13	8.74	13	12.74	8	7.71
9	8.81	9	8.77	9	7.11	8	8.84
11	8.33	11	9.26	11	7.81	8	8.47

续表

集合 A		集合 B		集合 C		集合 D	
X	Y	X	Y	X	Y	X	Y
14	9.96	14	8.1	14	8.84	8	7.04
6	7.24	6	6.13	6	6.08	8	5.25
4	4.26	4	3.1	4	5.39	19	12.5
12	10.84	12	9.11	12	8.15	8	5.56
7	4.82	7	7.26	7	6.42	8	7.91
5	5.68	5	4.74	5	5.73	8	6.89

表 4.2　集合 C 与集合 D 关系表达式

统 计 信 息		线 性 回 归
$u_x=9.0$　$\sigma_x=3.317$		$Y=3+0.5X$
$u_y=7.5$　$\sigma_y=2.03$		$R^2=0.67$

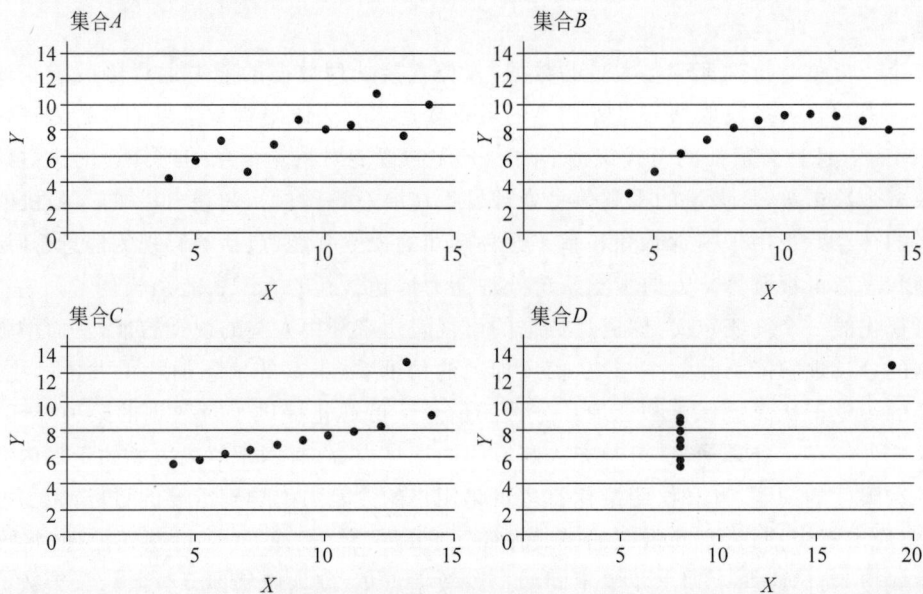

图 4.1　安斯康姆四元数组的散点图

根据信息传递方式,传统的可视化方法可以大致分为两大类:探索性可视化和解释性可视化。前者指在数据分析阶段,不清楚数据中包含的信息,希望通过可视化快速地发现特征、趋势与异常,这是一个将数据中的信息传递给可视化设计与分析人员的过程。后者指在视觉呈现阶段,依据已知的信息或知识,以可视的方式将它们传递给公众。

从应用的角度来看,可视化有多个目标:有效呈现重要特征、揭示客观规律、辅助理解事物概念和过程、对模拟和测量进行质量监控、提高科研开发效率、促进沟通交流和合作等。从宏观的角度看,可视化包括以下 4 个功能:信息记录、信息推理和分析、信息传播与协同、智能计算的解释和分析。

数据可视化将不可见现象转换为可见的图形符号,并从中发现规律和获取知识,其最终生成的画面需要达到真、善、美,以有效挖掘、传播与沟通数据中蕴含的信息、知识和思想,实现设计与功能之间的平衡。真，即真实性，指可视化是否正确地反映了数据的本质；善，即易感知，指可视化结果是否有利于公众认识数据背后所蕴含的现象和规律；美，即艺术性，指可视化结果的形式与内容是否和谐统一，是否有艺术美感，是否有创新和发现。

数据可视化依照所处理的数据对象分为科学可视化与信息可视化两个分支。由于数据分析的重要性，将可视化与分析结合，便形成了一个新的学科——可视分析学。广义上，科学可视化面向科学和工程领域数据，如含空间坐标和几何信息的三维空间测量数据、计算模拟数据和医学影像数据等，重点探索如何以几何、拓扑和形状特征来呈现数据中蕴含的规律。信息可视化的处理对象则是非结构化、非几何的抽象数据，如金融交易、社交网络和文本数据，其核心挑战是针对大尺度高维复杂数据如何减少视觉混淆对有用信息的干扰。

科学可视化根据数据类别可以分为标量场可视化、向量场可视化和张量场可视化。信息可视化的数据类别主要是数值数据、类别数据、序列数据、结构数据、空间数据和时间数据。可视分析学被定义为以可视交互界面为基础的分析推理科学。通过可视交互界面，形成人脑和机器智能双向转换，将人的智能，特别是"只可意会，不能言传"的人类知识和个性化经验可视地融入整个数据分析和推理决策过程中，使得数据的复杂度逐步降低到人脑和机器智能可处理的范围内。可视分析学可看成将可视化、人的因素和数据分析集成在内的一种新思路。

数据分析是统计分析的扩展，指用数理统计、数值计算、信息处理等方法分析数据，采用已知的模型分析数据，计算与数据匹配的模型参数。常规的数据分析包含三步。第一步，探索性数据分析。通过数据拟合、特征计算和作图造表等手段探索规律的可能形式，确定相适应的数据模型和数值解法。第二步，模型选定分析。在探索性数据分析的基础上计算若干类模型，通过进一步分析挑选模型。第三步，推断分析。使用数理统计等方法推断和评估选定模型的可靠性和精确度。

不同的数据分析任务各不相同。例如，关系图分析的 10 个任务是值检索、过滤、衍生值计算、极值的获取、排序、范围确定、异常检测、分布描述、聚类、相关性。数据挖掘指从数据中计算适合的数据模型，分析和挖掘大量数据背后的知识。它的目标是从大量的、不完全的、有噪声的、模糊的、随机的数据中，提取隐含在其中的、未知的、潜在有用的信息和知识。数据挖掘可发现多种类型的知识：有关同类事物共同性质的广义型知识、有关事物各方面特征的特征型知识、有关不同事物之间属性差别的差异型知识、有关事物和其他事物之间依赖或关联的关联型知识、根据历史和当前数据推测未来数据的预测型知识、揭示事物偏离常规出现异常现象的偏离型知识等。

数据可视化、数据分析与数据挖掘的目标都是从数据中获取信息与知识，但手段不同。二者已成为科学探索、工程实践与社会生活中不可缺少的数据处理和发布的手段。数据可视化将数据呈现为用户易于感知的图形符号，让用户通过交互的方式理解数据。而数据分析与数据挖掘通过计算机自动或半自动地获取数据隐藏的知识，并将获取的知识直接给予用户。数据挖掘领域注意到了可视化的重要性，提出了可视数据挖掘的方法。其核心是将原始数据和数据挖掘的结果用可视化方法予以呈现。这种方法融合了数据可视化的思想。但仍然是利用机器智能挖掘数据，与数据可视化基于视觉化信息的基本概念不同。

值得注意的是，数据挖掘与数据可视化是处理和分析数据的两种思路。数据可视化更擅长探索性数据分析。例如，用户不知道数据中包含什么样的信息和知识；对数据模型没有一个预先的探索假设；探寻数据中到底存在何种意义的信息。

4.2　视觉感知与认知

可视化技术用特别设定的数据表达模式，使人们获得的视觉信号能够快速而准确地与存储的知识相印证，从而实现对数据的高效理解。感知指客观实物通过人的感觉器官在人脑中形成的直接反映，而认知过程可以看成由信息的获取、分析、归纳、编码、存储、概念形成、提取和使用等一系列阶段组成的按一定程序进行信息加工的系统。大脑对于视觉信息的记忆效果和记忆速度要好于对语言的记忆效果和速度，这是可视化有助于信息表达的一个重要理论基础。低阶视觉与物体的物理性质相关，包括深度、形状、边界、表面材质等。高阶视觉包括对物体的认识和分类，属于人类的认知能力的重要组成部分。

4.2.1　格式塔理论

格式塔心理学认为整体不等于部分之和，意识不等于感觉元素的集合，行为不等于反射弧的循环。它的最基本法则是简单精练法则。它认为人们在进行观察时，倾向于将视觉感知内容理论理解为常规的、简单的、相连的、对称的或有序的结构。格式塔原则认为结构比元素重要，视觉形象首先作为统一的整体被认知。主要包括以下一些原则。

（1）贴近原则。当视觉元素在空间距离上相距较近时，人们通常倾向于将它们归为一组。如图 4.2 所示，点 X 在感知上更易于归于组（a）。

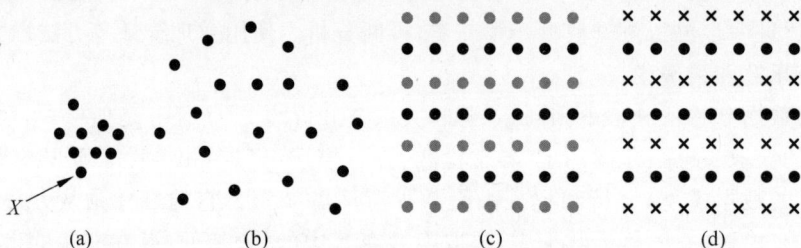

图 4.2　贴近原则与相似原则举例

（2）相似原则。人们在观察事物的时候，会自然地根据事物的相似性进行感知分组。如图 4.2(c)所示按照颜色分组，图 4.2(d)所示按照形状分组。

（3）连续原则。人们在观察事物的时候会很自然地沿着物体边界，将不连续的物体视为连续的整体。如图 4.3 所示散点图给人以线的感知。

图 4.3　连续原则与闭合原则举例

（4）闭合原则。虽然某些视觉映像中的物体可能是不完整的或者不闭合的，但是只要物体的形状足以表征物体本身，人们就会很容易感知整个物体而忽视未闭合的特征。如图 4.3 所示，人的感知会自动补全大熊猫的白色边界。

（5）共势原则。一组物体具有沿着相似的光滑路径运动趋势或具有相似的排列模式时将被识别为同一类物体。如图 4.4 所示，人眼可下意识地识别出具有相同布局的字。

图 4.4　共势原则举例

（6）好图原则。人眼通常会自动地将一组物体按照简单、规则、有序的元素排列方式识别。图 4.5 展示了对五环形状的两种识别。

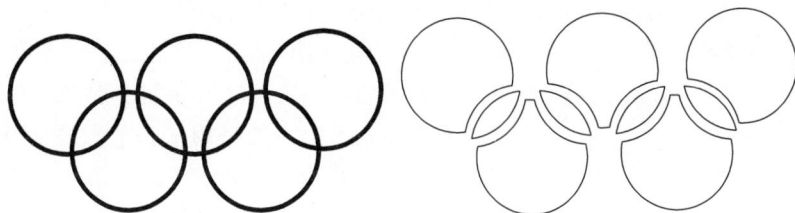

图 4.5　好图原则举例

（7）对称性原则。人的意识倾向于将物体识别为沿某点或某轴对称的形状，如图 4.6 所示。

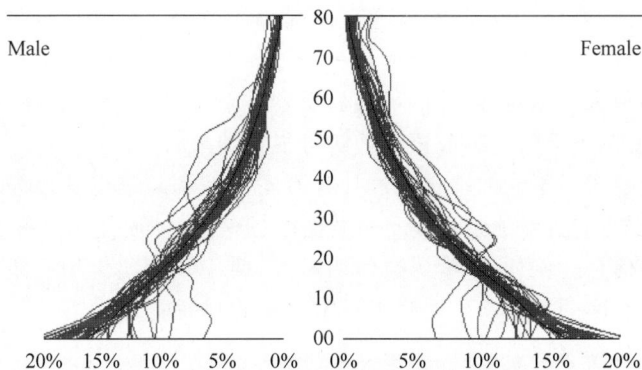

图 4.6　对称性原则举例

（8）经验原则。在某些情形下视觉感知与过去的经验有关。图 4.7 分别将同一形状放置在字母和数字之间，而识别的结果分别是字母 B 和数字 13。

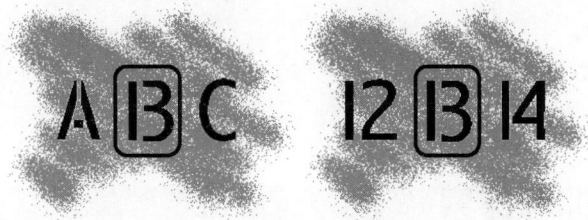

图 4.7　经验原则举例

4.2.2　视觉通道

可视化采用不同的视觉通道对数据属性进行编码。由于各个视觉通道特性的差异,当可视化结果呈现于用户时,用户获取信息的难度和所需要的时间不尽相同。人类感知系统在获取周围信息的时候,存在两种最基本的感知模式。第一种模式感知的信息是对象的本身特征和位置等,对应的视觉通道类型为定性或分类。第二种模式感知的信息是对象的某一属性的取值大小,对应的视觉通道类型为定量或定序。例如,形状是一种典型的定性视觉通道,人们通常会将形状辨认成圆、三角形或交叉形,而不是描述成大小或长短。反过来,长度则是典型的定量视觉通道,用户通常会直觉地用不同长度的直线描述同一数据属性的不同的值,而很少用它们描述不同的数据属性,因为长线、短线都是直线。

视觉通道的类型非常广泛,大致可以分为空间、标记、位置、尺寸、颜色、亮度、饱和度、色调、配色方案、透明度、方向、形状、纹理和动画共 14 个通道。其中,空间指的是放置所有可视化元素的容器,可以是一维、二维和三维空间;标记指的是用来映射数据的几何单元,如点、线、面、体。某些视觉通道被认为属于定性的视觉通道,如形状、颜色的色调或空间位置,而大部分的视觉通道更加适合于编码定量的信息,如直线长度、区域面积、空间体积、斜度、角度、颜色的饱和度和亮度等。

视觉通道的类型反映了可视化不同的数据时可能采用的视觉通道,而视觉通道的表现力和有效性则指导可视化设计者如何挑选合适的视觉通道实现对数据信息完整而具有目的性的展现。视觉通道的表现力要求视觉通道准确编码数据包含的所有信息。也就是说,视觉通道在对数据进行编码的时候,需要尽量忠于原始数据。例如,对于有序的数据,应使用定序的而非定性的视觉通道对数据进行编码,反之亦然。如果不加选择地使用视觉通道编码数据信息,可能使用户无法理解或错误理解可视化结果。

人类的感知系统对于不同的视觉通道具有不同的理解与信息获取能力,因此进行可视化时,应使用高表现力的视觉通道编码更重要的数据信息,从而使用户可以在较短的时间内精确地获取数据的信息。例如,在编码数值的时候,使用长度比使用面积更加合适,因为人们的感知系统对于长度的判断能力要强于对于面积的判断能力。

关于如何选择视觉通道,可采用下文的表现力判断标准。

(1)精确性:主要用于衡量人类感知系统对于可视化的判断结果和原始数据的吻合程度。

(2)可辨性:人们能够区分该视觉通道的两种或多种取值状态。

(3)可分离性:在同一个可视化结果中,一个视觉通道的存在可能会影响人们对其他视觉通道的正确感知。

(4)视觉突出:在很短的时间内(200~250ms),人们仅依赖感知的前注意力即可直接察觉某一对象和其他所有对象的不同。

4.3　数据分析与探索

了解数据的基本属性和基本处理分析方法是进行人工智能研究和应用的前提。本节将介绍数据的基本属性和特征,并从数据预探索、数据预处理、数据存储和数据分析 4 方面阐述数据处理分析的基本步骤和方法。最后描述可视化在其中的作用。图4.8展示了数据分析与探索的整个过程。

数据获取 → 数据初探 → 数据预处理 → 数据存储 → 数据分析

图 4.8　数据分析与探索

4.3.1　数据属性

现实生活中常见的数据集合包括各种表格、文本语料库和社会关系网络等。这些数据集合中包含以数据对象或数据记录的形式出现的多个数据实体。例如,某公司的全年销售记录相当于一个包含多条详细销售记录的数据集(表格),而每条详细销售记录则是一个数据对象。

数据对象往往包含一个或多个描述数据对象特征的量,即属性。例如,在销售记录实例中,每条销售记录包含多个字段,如型号、单价、数量和备注等,这些字段描述了一个数据对象(一笔交易)的总体特征,每个字段都是该数据对象的一个属性,代表数据对象某一方面的特征。对数据属性进行分类的依据是该属性取值的类型,分为类别型属性、序数型属性和数值型属性。

(1) 类别型属性是用于区分不同的数据对象的符号或名称,这些符号或名称没有顺序关系。类别型属性之间的比较关系只有"相同"和"不相同"两种。例如,某调查问卷中的国别信息可以认为是每个问卷对象中的一个类别型属性,因此每两张问卷之间的国别信息只有相同和相异两种关系。

(2) 序数型属性的属性值之间具有顺序关系,或者存在衡量属性值间顺序关系的法则。数据对象间的顺序关系是相对存在的,它们除了可进行"相同"或者"不相同"运算外,还可参与比较大小或先后的运算,但它们之间的差运算是没有意义的。例如,对公司服务质量的调查选项可设置为不满意、一般、基本满意、满意4种等级。

(3) 数值型属性使用定量方法表达属性值,通常使用整数或实数进行表征,例如,长度、重量、体积、温度等常见物理属性。数值型属性又可以分为区间型数值属性和比值型数值属性。区间型数值属性的初始值可在整个实数区间上取值,这种类型的数值可以进行差异运算,例如,相邻两月的销售额之差可以表达月销售额增长。

4.3.2　数据初探

数据前期探索的主要任务是进行数据质量分析和特征分析,检查数据中是否存在"脏数据",并分析数据的本质,描述数据的形态特征和解释数据的相关性等。通过前期探索,可以更好地开展后续的数据分析和探索工作。

1. 数据质量分析

由于各种原因,采集到的数据中可能存在测量误差、数据缺失等状况,因而数据不能很好地反映客观世界的属性,导致分析结果与真实情况之间存在较大的偏差,因此数据质量分析是数据探索和分析中的重要一环。

(1) 有效性。在数据实际语义对应时,会带有一定的约束条件。这些约束条件涉及数据类型以及数据类型相关的属性,目的是使数据有效地反映现实。例如,气温的范围一般固定在某个区间内(如某地的气温变化范围为$-10\sim30$℃),超出该范围的数据(如100℃)即视为"无效"数据。

(2) 准确性。当数据有效性得以保证后,数据是否准确地反映了现实情况也是数据质量考查的内容之一。有效的数据能够反映实际状况,但并不意味着能够达到准确客观。

(3) 完整性。数据完整性包含两个层面。从数据集角度讲,指采集后的数据集是否包含数据源中所有的数据点。例如,公司在进行财务审核之前必须确保所有收支数据都可用。对于单个数据样本而言,指每个样本的属性是否完整。例如,调查问卷中必填项目是否已填写完整。

(4) 一致性。整个数据集中的数据所适用的衡量标准应该一致。例如,公司的交易货币中可能包含多种货币单位。当公司处理交易金额时,所使用的货币单位必须统一。

(5) 时效性。时效性反映了数据在时间维度的特性。当数据不适合当下时间段内的分析任务时,这些数据就变成了"过时"数据,因而无法采用。

(6) 可信性。数据的可信度基于数据质量的其他属性,反映数据源中有多少数据是使用者信赖的数据。例如,气象站的某些气温传感器可能传送一些错误的数据。

2. 数据特征分析

数据特征分析的目的是形成对数据基本的了解,了解数据的规模、数据的类型、数据的概率分布等。常通过绘制图表、计算数据特征量等手段进行数据特征分析。常采用的特征分析方法有以下几种。

(1) 分布分析。揭示数据的分布特征和分布类型。对于定量数据,通过绘制频率分布直方图、茎叶图来表征数据的分布特征,了解其分布形式是对称的还是非对称的,发现某些特大或特小的可疑值等。

(2) 对比分析。把两个相互联系的指标进行比较分析,从数量上展示和说明研究对象的规模大小、水平高低、速度快慢,以及各种关系是否协调。它适用于两个指标间的横纵向比较和时间序列间的比较分析。

(3) 统计量分析。用统计指标对定量数据进行统计描述,常从集中趋势和离中趋势两方面进行分析。集中趋势度量反映了数据整体的平均水平,常使用的指标是均值、中位数和众数;离中趋势度量反映个体离开平均水平的变异程度,常使用的指标是标准差(方差)、极差、四分位间距和变异系数。

(4) 周期性分析。探索某个变量随着时间变化而呈现出的周期变化趋势。常见的周期性趋势有年度周期性趋势、季节性周期性趋势、月度周期性趋势、周度周期性趋势,以及时间尺度更短的天、小时周期性趋势。

(5) 相关性分析。分析连续变量之间线性相关程度的强弱,并用适当的统计指标来表示。常使用 Pearson 相关系数、Spearman 秩相关系数、判定系数等指标来判断变量之间的相关性。此外,散点图或散点图矩阵、平行坐标也常用于考查两个或者多个变量之间的相关性。

(6) 贡献度分析。依据帕累托法则(又称20/80定律),在任何一组东西中,最重要的东西只占约 20%,其余 80% 是次要的,因而同样的投入在不同的地方会产生不同的效益。数据前期探索中可通过绘制帕累托图找出数据中的关键属性。

4.3.3 数据预处理

现实世界采集到的数据大多是有噪声的、不完整的、不一致的,甚至包含错误,无法直接进行数据分析和可视化,或者分析结果差强人意。因此,从数据中提取有效信息之前,数据预处理是一个不可或缺的过程,它可提高数据分析的质量,降低实际分析所需的时间。

1. 数据清理

(1) 缺失值。数据缺失是数据使用者经常遇到的数据错误类型。对于缺失数据,经常使用的策略有删除错误数据记录、按照一定方法进行缺失数据填补两种。删除错误数据记录简单直接,代价与资源较小,并且易于实现。不过,直接删除记录将浪费该记录中被正确填充了的属性。例如,某份调查问卷缺失性别一项,但问卷中的其他信息仍然具备价值。特别地,当数据缺失问卷占总问卷数比例较大时,直接抛弃错误数据记录显然不可取。在这种情况下,填补缺失数据,使得记录完整是更好的数据清理策略选项。然而,使用何种方法进行数据填补是其中的核心问题。实际数据处理过程中常用的数据填充方式有使用常量代替缺失值、使用属性平均值填充、利用回归方法预测填充和人工填充。

(2) 噪声值。噪声值是被测量变量的随机误差或方差。测量手段的局限性使得数据记录中总是含有噪声值。这些记录值通常具有数据有效性,但并不准确。对于这种噪声数据,经常使用回归分析、离群点分析等方法来找出数据属性中的噪声值,如图 4.9 所示。

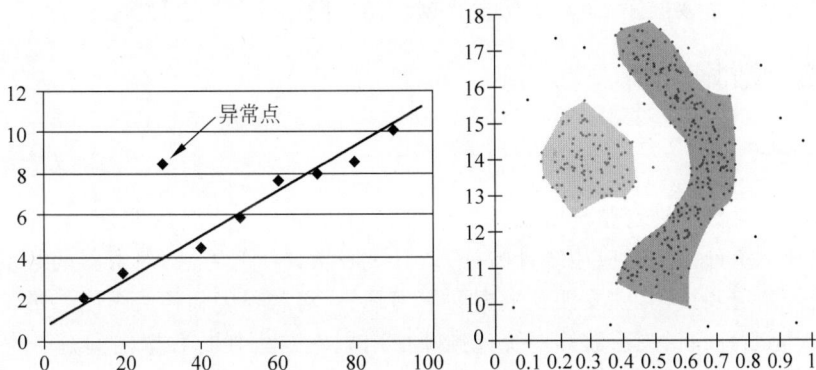

图 4.9 基于线性回归和基于聚类的异常点检测

(3) 不一致数据。真实数据库中常出现数据内容的不一致,某些数据不一致可手工修正,如数据输入时的录入错误,还有一类是同一属性在不同数据库中的取名不规范导致的不一致,需在数据集成时解决此类不一致问题。

2. 数据集成

在实际应用中,经常会遇到来自不同数据源的同类数据,且在用于分析之前需要进行合并操作,实施这种合并操作的步骤称为数据集成。

(1) 属性匹配。对于来自不同数据源的记录,首先要做的是确定不同数据源中数据属性间的对应关系。例如,不同数据源的记录的同一种属性可能有多种名称,需要定义统一的名称。

(2) 冗余去除。数据集成后产生的冗余包括两方面:数据记录的冗余,例如,Google街景车在拍摄街景照片时,不同的街景车可能有路线上的重复,这些重复路线上的照片数据在进行集成时便会造成数据冗余(同一段街区被不同车辆拍摄);因数据属性间的推导关系而造成数据属性冗余,例如,调查问卷的统计数据中,来自A地区人的问卷统计结果注明了总人数和男性受调查者人数,而来自B地区的统计结果注明了总人数和女性受调查者人数,当对两个地区的问卷统计数据进行集成时,需要保留"总人数"这个数据属性,而"男性受调查者人数"和"女性受调查者人数"这两个属性保留一个即可,因为两者中任一属性可由"总人数"与另一属性推出,从而避免了在集成过程中由于保留所有不同数据属性(即使仅出现在部分数据源中)而造成的属性冗余。

(3) 数据冲突检测与处理。来自不同数据源的数据记录在集成时因某种属性或约束上的冲突,导致集成过程无法进行。例如,当来自两个不同国家的销售商使用的交易货币不同时,无法将两份交易记录直接集成(涉及货币单位不同这一属性冲突)。

4.3.4　数据存储

数据预处理之后的重要步骤是数据存储,以供后续查询和分析。作为整个数据分析及数据可视化过程的基础,数据存储保证了后续过程中数据的正常访问。数据分析与可视化所涉及的数据存储组织形式主要包括文件存储与数据库存储两大类。基于文件的典型数据存储格式有电子表单格式(CSV)和结构化文件格式(XML)。现代数据库系统可大致分为关系数据库与非关系数据库,而对于海量数据存储一般选择数据仓库。

4.3.5　数据分析

1. 统计分析

统计分析指对数据进行整理归类并进行解释的过程。按功能标准分类,可分为统计描述和统计推断。统计描述指应用统计特征、统计表和统计图等方法,对资料的数量特征及其分布规律进行测定和描述,主要涉及数据的集中趋势、离散程度和相关强度。最常用的统计特征有均值、标准差和相关系数等。统计推断指用概率方法判断数据之间是否存在某种关系。它是用样本统计特征推测总体特征的一种重要的统计方法。在现实问题中,由于总体数据量可能很大,难以对总体逐一采集数据,需要通过随机采样的方法获取该总体的随机样本,再通过统计推断来定性或定量地分析所研究总体的特征值,因此,统计推断在现代统计学中的地位和作用越来越重要,已成为统计学的核心内容,是数据分析的重要方法。统计推断主要包括参数估计和假设检验。

2. 探索性数据分析

探索性数据分析指对已有的原始数据在尽量少的先验假定下,将统计方法与作图、制表、方程拟合和特征量计算等手段相结合,探索数据的结构和规律的一种数据分析方法。探索性数据分析主要应用于数据的初步分析,帮助用户辨析数据的模式和特点,并灵活地选择合适的分析模型,揭示数据相对于常见模型的种种偏离。在此基础上,再采用假设检验和区间估计等统计分析方法,可以科学地评估所观察到的模式。

传统统计方法通常先假定一个模型(如正态分布),再使用此模型进行拟合、分析及预测。现实中的多数数据并不满足假定的理论分布,因此统计结果常常并不令人满意。而探索性数据分析方法从原始数据出发,不拘泥于模型的假设,处理数据的方式灵活多样,更看重方法的稳定性,而不刻意追求概率意义上的精确性。传统的统计方法比较抽象和深奥,需要专家使用。探索性数据分析方法的分析工具简单直观,易于普及。它强调采用数据可视化工具揭示数据中隐含的有价值的信息,发现其遵循的普遍规律及与众不同的突出特点。

3. 数据挖掘

面对"堆积如山"的数据集合,传统的统计分析方法只能获得这些数据的表层信息,而不能获得数据属性的内在关系和隐含的信息。大量的数据被搁置,导致出现"数据爆炸但信息贫乏"的现象。

数据挖掘指从数据中发现知识的过程。数据挖掘的对象是大规模的高维数据,这些数据可能来自数据库、数据仓库或者其他数据源,可以是任何类型的数据,如数据流数据、有序数据、网页数据、多媒体数据、文本数据、空间数据等。数据挖掘与传统数据分析的本质区别在于数据挖掘是在没有明确假设的前提下去挖掘信息和发现知识。例如,将数据挖掘用于数据库的目的不是数据查询,而是发现新的数据模式,如根据顾客的收入、购物历史等预测顾客的购物爱好。数据挖掘也特别关注异常数据,如根据与以往年份商品销售情况的差异分析出顾客口味的变化,又如当数据挖掘用于网络数据时,可以根据消息流的异常检测发现网络入侵。

数据挖掘的常见功能可以分为预测、聚类分析、关联分析和异常分析等。

分类和回归是数据挖掘中预测问题的两种主要类型。分类将事物打上一个类别标签,预测的结果为离散值,如判断一幅图像中的动物是狗还是猫。回归模型则利用数学模型来预测一个数值,预测的结果是连续的,例如,通过地段、人口等因素预测一个地区的房价。常用的分类器有决策树、K-最近邻、SVM、神经网络等。

聚类指将数据集聚集成几个簇(类),使得同一个聚类中的数据集之间最大限度地相似,而不同聚类中的数据集最大限度地不同,利用分布规律从数据集中发现有用的规律。例如,市场营销中可以将客户聚集成几个不同的客户群,从而发现客户群及其相应的特征,由此对不同的客户群采用不同的营销策略。

聚类与分类的区别在于,聚类不依赖预先定义好的类,不需要训练集,因此通常作为其他算法(如特征和分类)的预处理步骤。常见的聚类方法有基于划分的方法、基于层次的方法、基于密度的方法、基于模型的方法和基于网格的方法等。K-means算法是其中应用最广泛的方法。K-means算法认为两个对象的距离越近,其相似度就越大。该算法认为聚类簇是由距离靠近的对象组成的,因此该算法的目标是获得紧凑且独立的簇。

当数据集中的属性取值之间存在某种规律时,则表明数据属性间存在某种关联。数据关联是数据集中的一类重要的可被发现的知识,反映了事件之间依赖或相关性的知识。最典型的关联规则例子是"尿布与啤酒"的故事:沃尔玛的超市管理人员在分析销售数据时发现了一个令人难以理解的现象,在某些特定的情况下,啤酒与尿布两种看上去毫无关系的商品会经常出现在同一个购物篮中。

关联分析是一种在大规模数据集中寻找有趣关联关系的非监督学习算法。这些关系有两种形式：频繁项集和关联规则。频繁项集是经常一起出现的物品的集合，关联规则暗示两种物品之间可能存在很强的关系。人们经常通过计算支持度和置信度来获得频繁项集和关联规则。

在海量数据中，有少量数据与通常数据的行为特征不一样，在数据的某些属性方面有很大的差异。它们是数据集中的异常子集，或称为离群点。通常，它们被认为是噪声，常规的数据处理试图将它们的影响最小化，或者删除这些数据。然而，这些异常数据可能是重要信息，包含潜在的知识。例如，信用卡欺诈探测中发现的异常数据可能隐藏欺诈行为；临床上异常的病理反应可能是重大的医学发现。

4.4　数据可视化流程

4.4.1　数据可视化流程

可视化不是一个单独的算法，而是一个流程。除了视觉映射外，也需要设计并实现其他关键环节，如前端的数据采集、处理和后端的用户交互。

可视化流程以数据流向为主线，其主要模块包括数据采集、数据处理和变换、可视化映射和用户感知。整个可视化过程可以看成数据流经一系列处理模块并得到转换的过程。用户通过可视化交互和其他模块互动，通过反馈提高可视化的效果。具体的可视化流程有很多种。图 4.10 为一个可视化流程的概念图。

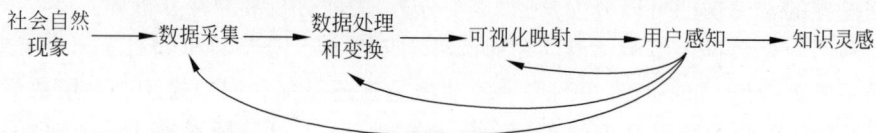

图 4.10　可视化流程概念图

1. 数据采集

数据是可视化的对象。数据可以通过仪器采样、调查记录、模拟计算等方式采集。数据的采集直接决定了数据的格式、维度、尺寸、分辨率和精确度等重要性质，并在很大程度上决定了可视化结果的质量。在设计一个可视化解决方案的过程中，了解数据的来源、采集方法以及数据的属性，才能有的放矢地解决问题。例如，在医学可视化中，了解 MRI 和 CT 数据的来源、成像原理和信噪比等有助于设计更有效的可视化方法。

2. 数据处理和变换

数据的处理和变换可以认为是可视化的前期处理。一方面，原始数据不可避免地含有噪声和误差；另一方面，数据的模式和特征往往被隐藏。可视化的目标就是将这些难以理解的原始数据转换成用户可以理解的模式和特征，并将其展示出来。这个过程包括去噪、数据清洗、提取特征等，为之后的可视化映射做准备。人工智能的兴起为数据变换和处理提供了丰富的工具。人工智能里研究的数据分割、分类、降维、投影等方法可以直接用于可视化前的数据处理,为可视化提供更易于人理解的数据。

3. 可视化映射

可视化映射是整个可视化流程的核心。该步骤将数据的数值、空间坐标、不同位置数据间的联系等映射为可视化视觉通道的不同元素,如标记、位置、形状、大小和颜色等。这种映射的最终目的是让用户通过可视化洞察数据和数据背后隐含的现象和规律。因此,可视化映射的设计不是一个孤立的过程,而是和数据、感知、人机交互等方面相互依托、共同实现的。在复杂的数据中,可视化映射往往也比较复杂,有时需要有专业知识的用户通过交互找到比较理想的映射方式。用户的交互过程往往费时费力,而人工智能可以用来学习用户建立的可视化映射方式,对其改进并推广到更多数据中去。

4. 用户感知

用户感知从数据的可视化结果中提取信息、知识和灵感。用户的目标任务可分成三类:生成假设、验证假设和视觉呈现。数据可视化可用于从数据中探索新的假设,也可证实相关假设与数据是否吻合,还可以帮助专家向公众展示数据中的信息。用户的作用除被动感知外,还包括与可视化其他模块的交互。交互在可视化辅助分析决策中发挥了重要作用。

以上几个可视化模块构成大多数可视化方法的核心流程。作为探索数据的工具,可视化有它的输入和输出。可视化的对象或者说研究的问题并非数据本身,而是数据背后的社会自然现象和过程。例如,基于医学图像研究疾病攻击人体组织的机理,气象数值模拟研究大气的运动变化、灾害天气的形成等。可视化的最终输出也不是显示在屏幕上的像素,而是用户通过可视化从数据中得来的知识和灵感。

图 4.10 中各模块之间的联系并不仅是顺序的线性联系,在任意两个模块之间都存在联系。图 4.10 中的顺序线性联系只是对这个过程的一个简化表示。例如,可视化交互是在可视化过程中,用户控制修改数据采集、数据处理和变换、可视化映射各模块而产生新的可视化结果,并反馈给用户的过程。

4.4.2 数据处理和数据变换

在可视化流程中,原始数据经过处理和变换后得到干净、简化、结构清晰的数据,并输出到可视化映射模块中。数据处理和变换直接影响到可视化映射的设计,对可视化的最终结果也有重要的影响。下面讨论一些在可视化中常用的数据处理和变换类型。

1. 数据滤波

很多噪声信号的频率比有效数据信号高(例如电视中的雪花噪声和视频画面),因此可以用低通滤波器有效地去除。这个操作可以在空间域(通常是采集信号的空间)或频域(即信号频率的取值空间)中进行。空间域的信号可以通过傅里叶变换与对应的频域信号相互转换。在频域中去高频很简单,即用一个方块滤波器设定频率阈值并截取阈值以下的信号,舍弃阈值以上的信号。在空间中这个操作是数据信号和给定滤波器的卷积。图 4.11 展示了正弦波动的曲线经过低通滤波后得到光滑曲线。

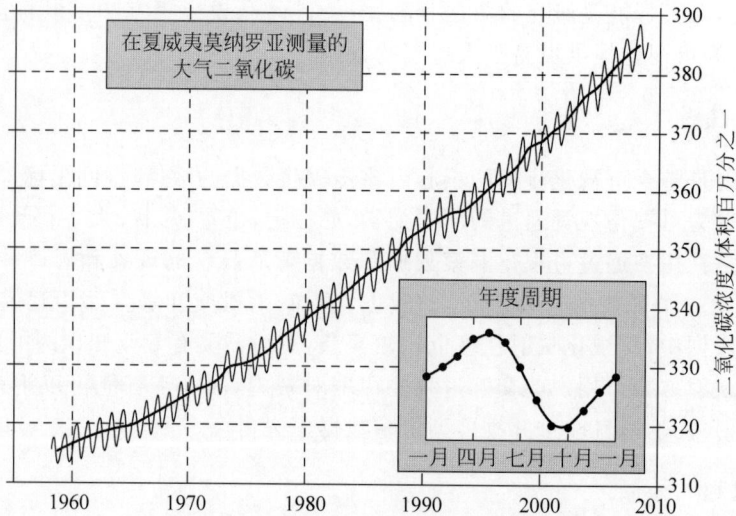

图 4.11　通过低通滤波后得到平滑曲线

2．数据降维

高于三维的数据超出了可视化可显示的维度，需要发展新的思路。高维数据的数据降维方法有多种，包括将高维数据压缩在低维可以显示的空间中；设计新的可视化空间；直观呈现不同维度的相似程度等。数据降维的方法分为线性和非线性两类，其目的都是在降低数据维度的同时尽量保持数据中的重要属性、重要结构或关联。线性方法包括多维尺度分析（Multidimensional Scaling，MDS）、主成分分析（Principal Components Analysis，PCA）和非负矩阵分解（Non-negative Matrix Factorization，NMF）。非线性方法的代表有等距特征映射（ISO metric feature MAPping，ISOMAP）、自组织映射（Self-organizing Mapping，SOM）、局部线性嵌入（Locally Linear Embedding，LLE）和 t-SNE 分布随机近邻嵌入（t-distributed Stochastic Neighbor Embedding，t-SNE）等。

3．数据采样

从可视化角度看，信息并非越多越好。通过数据简化，可以有选择地控制所显示数据的尺寸和复杂度，达到从数据中有效获得知识和灵感的目的。常见的数据采样方法包括随机采样、分层采样、聚类采样、重要性采样等。这些采样方法在可视化和机器学习领域都有广泛应用。机器学习方法经常应用在可视化映射之前的数据处理，相应的数据采样方法也就渗透到可视化结果中。

4．数据聚类和切分

高维、大尺度和多变量数据导致可视化时信息超载。通过聚类可以将数据中类似的采样点放在同一类中，在可视化中仅显示类别，而隐藏具体的数据点，以减少视觉干扰并展示数据中重要的结构。与简单的降维和插值不同，利用聚类和切分可以把数据中有相似特征的区域和相邻区域分开来，基于数据本身性质和特征实现数据的简化。

数据聚类的例子包括在社交网络里对不同人群的聚类，在生物领域对基因序列的聚类，在多媒体领域对文本、图像和视频的聚类等。很多复杂数据的可视化利用聚类来简化数据的复杂度，提取重要信息。

4.4.3 可视化编码

可视化映射是信息可视化的核心步骤，指将数据信息映射成可视化元素，映射结果通常具有表达直观、易于理解和记忆等特性。可视化元素由三方面组成：可视化空间、标记和视觉通道。数据的组织方式通常是属性和值，例如，在学生成绩数据中，"学号"属性对应了一个数字串，"姓名"属性对应了一个字符串，而"成绩"属性则对应了数字。与属性和值对应的可视化元素分别是标记和视觉通道，其中，标记是数据属性到可视化元素的映射，用以直观地代表数据的属性归类，视觉通道是数据属性的值到标记的视觉呈现参数的映射，用于展现数据属性的定量信息，两者的结合可以完整地将数据信息进行可视化表达，从而完成可视化映射这一过程。本节介绍基于图表的可视化。

1. 单变量数据

单变量数据的关注点是数据分布的总体形状、比例分布与密度。

1）直方图与柱状图

最常见的表示数据分布的图表是直方图与柱状图。直方图是对数据集的某个数据属性的频率统计，而柱状图的长度表示相应变量的数量、价值等。直方图的条与条之间无间隔，而柱状图有间隔；柱状图横轴上的数据是一个孤立的具体数据，而直方图横轴上的数据为一个连续的区间；柱状图用条形的高度表示统计值，而直方图是用条形的面积表示统计值。

2）饼图

用圆形及圆内扇形面积表示总体中各个组成部分所占的比例。

3）盒须图

一种用于显示一组数据分散情况资料的统计图，由一个盒子和两边各一条线组成，提供了一种用5个点对数据集做简单总结的方式，如图4.12(a)所示。盒子中间和上下边缘分别对应数据的中位数、上四分位数和下四分位数。上下两条线表示数据中除去异常值外的最大值和最小值。

2. 双变量数据

处理双变量数据集时主要关注两个变量之间是否存在某种关系以及这种关系的具体形式。

1）散点图

一种以笛卡儿坐标系中点的形式表示二维数据的方法。每个点的横、纵坐标代表该数据在该坐标轴所表示维度上的属性值大小。散点图在一定程度上表达了两个变量之间的关系，如图4.12(b)所示。通过观察散点图中点的分布趋势，可以初步判断两个变量之间的关联性。例如，如果数据点在散点图中呈现出近似直线的形状，那么可以认为存在线性关系。如果数据点在散点图中以曲线形状分布，那么可能存在非线性关系。然而，散点图的不足之处是难以从图上获得每个数据点的具体信息，但结合图标等手段可以在散点图上展示部分信息。

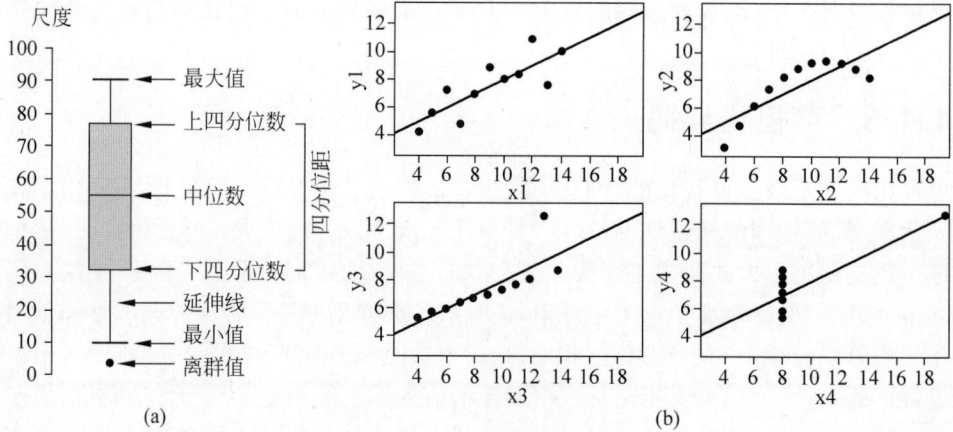

图 4.12　盒须图和散点图

2）线图

描述两个变量之间的关系最常用的方式是将一个变量随另一个变量变化的过程以折线段的方式绘制于笛卡儿直角坐标系中,这种方式称为线图。为了方便观察以指数速度变化的变量之间的关系,可以选择某个轴展示原始数值的对数值,这种图称为对数线图。它能有效呈现数据的大幅度变化,通过对数变换,乘法运算被转换成为加法运算,揭示了数据中的指数分布特征。两个坐标轴均使用对数值的图称为对数线图,只有一个坐标轴使用对数值的图称为半对数线图。图 4.13(a)展示了半对数线图,内容为 2009 年 H1N1 流感大流行的案例及死亡人数。其时间轴为线性的,但案例及死亡人数是对数尺度,以 2 为基底。

3. 多变量数据

当处理多变量数据时,绘图方法变得复杂,需要采用一些实用的可视化方法。

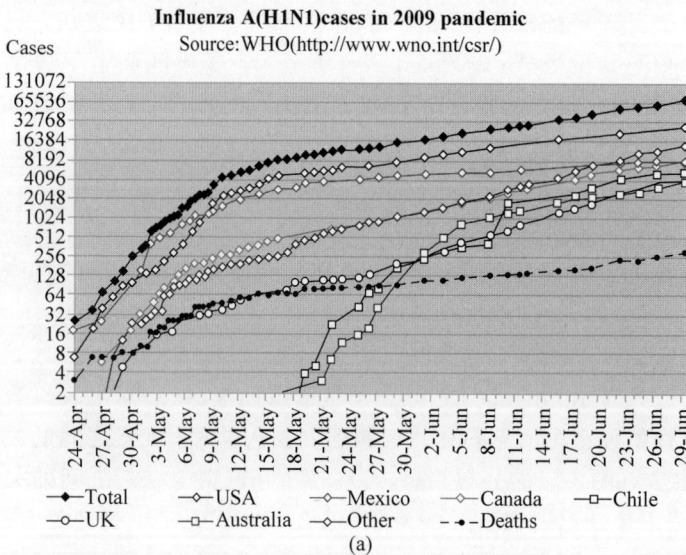

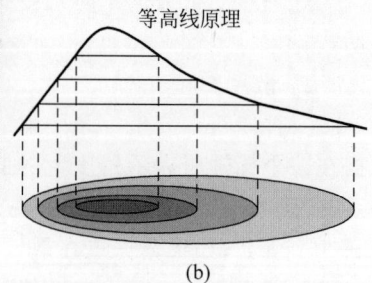

图 4.13　半对数线图、等高线图以及其绘制原理

1）等值线图

利用相等数值数据点的连线来表示数据的连续分布和变化规律。等值线图中的曲线是空间中具有相同数值(高度、深度等)的数据点在平面上的投影。典型的等值线图有平面地图上的地形等高线、等温线、等湿线等。图 4.13(b)是中学地理中常见的等高线图以及其绘制原理的展示。

2）热力图

热力图使用颜色来表达位置相关的二维数值大小。这些数据常以矩阵或方格形式整齐排列,或在地图上按一定的位置关系排列,由每个数据点的颜色表示数值的大小。绘制热力图的方法之一是使用多变量的核密度估计。核密度估计可以根据数据的位置分布情况,估计出每个位置的数值密度。然后,将这些数值密度转换为颜色,形成热力图的效果。通过核密度估计,热力图可以捕捉到数据的整体分布和聚集情况。

可视化方法众多,设计者面临很多选择。一方面这为实现不同风格的可视化设计提供了方便,另一方面也带来了寻求最佳设计的挑战。图 4.14 展示了根据分析需求得到理想可视化编码的过程。

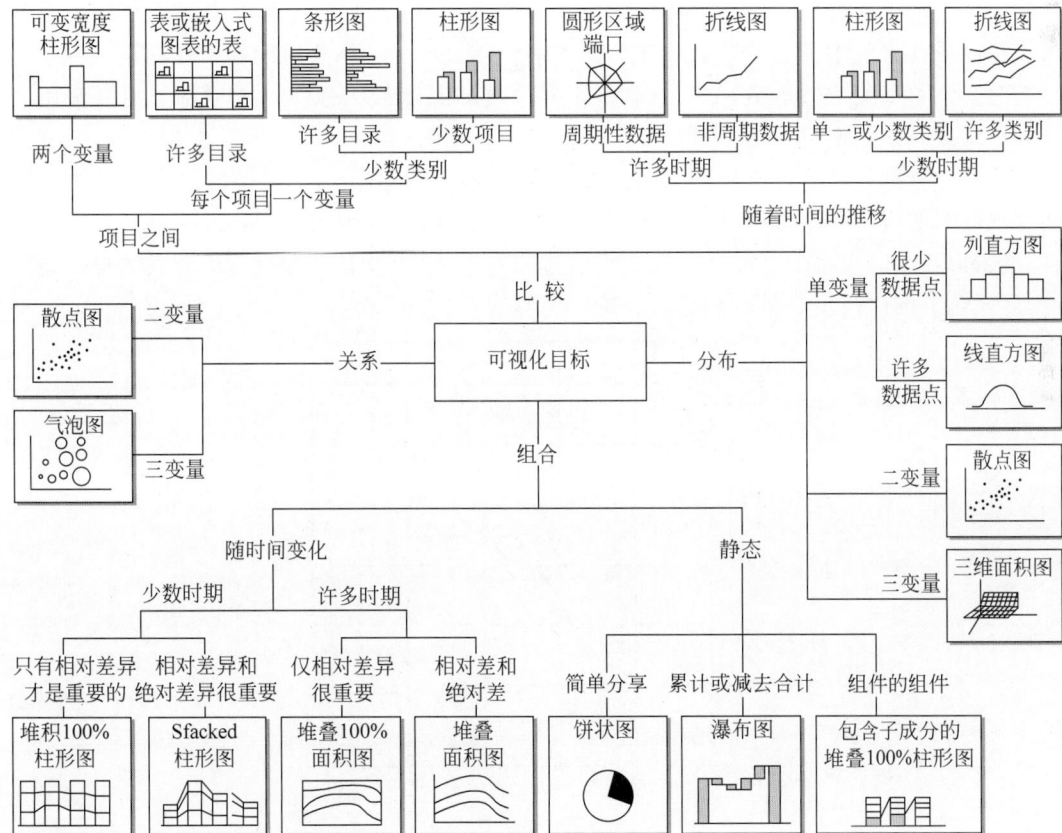

图 4.14　根据分析需求可采用的数据可视化方法

4.5　时空数据可视化

时空数据泛指在每个采样点具有空间和时间坐标的数据。一般地,带有时空坐标的数据是科学可视化的主要关注对象,如三维医学图像数据、气象遥感观测数据、流体力学模拟仿真得到的矢量场和张量场数据等。与之不同的是,移动互联网日志数据、文本、日常运营统计数据等没有确定的时空坐标,因此不属于时空数据。

根据采样点所在空间的维数进行划分,时空数据场可划分为一维空间、二维空间、三维空间以及它们对应的时间序列数据。在更高维空间采样的数据往往需要投影到三维或二维空间中显示。此外,根据每个采样点上的数据类型进行划分,时空数据又可分为标量、矢量、张量和混合数据类型的多变量数据。本章以标量数据为主介绍一维、二维和三维空间数据的可视化方法,最后介绍时序数据的可视化方法。

4.5.1　一维标量数据可视化

一维空间标量数据通常指沿着空间某路径采集的数据,如在河流两岸两点之间采集的河水深度或在大气中漂流的气象气球所采集的温度或压强。一维时间标量数据记载一个标量随时间推移而变化的取值,如气象站每小时采集的温度或压强。一维标量数据通常用二维坐标图或折线图来可视化。

通常一维标量数据用离散的点和折线表示。在特定情况下,把离散的点拟合成曲线更能体现数据的规律和趋势,如图 4.15 所示。曲线拟合有多种方式,包括分段折线、多项式拟合、高斯拟合等。很多拟合方法在让曲线经过或靠近离散点的同时,也考虑曲线本身的光滑性,因为光滑的曲线更容易找到趋势和特征。

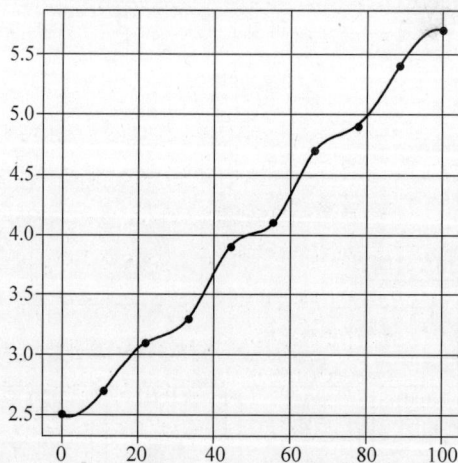

图 4.15　线性关系

4.5.2　二维标量数据可视化

二维标量数据比一维数据更为常见,例如,用于医学诊断的 X 光片、实测的地球表面温度、遥感观测的卫星影像等。从几何的角度看,二维数据的定义域分为两类:平面型,如常见的医学影像；曲面型，如三维空间中飞机机翼上的空气流速。严格地说，曲面是二维流形在三维空间中的嵌入。复杂的曲面往往需要在三维空间中可视化，相对简单的曲面可投影到二维平面上可视化，例如，将地球表面按经纬度坐标在二维平面上投影显示。本节介绍平面型二维数据的可视化方法。

1. 颜色映射法

颜色映射常用于二维标量数据可视化。使用颜色映射需建立一张将数值转换为颜色的颜色映射表，再将二维空间中的标量值转换为颜色映射表的索引值并显示对应的颜色。

第一步，建立颜色映射表。颜色映射表中含有一个序列的颜色值。例如，从黑色到白色的灰度映射表，或从蓝色到红色的彩色映射表。颜色映射表中的颜色可以是离散的，也可以是连续的。第二步，将标量数据转换为颜色表的索引值。如果颜色映射表是离散的，且含有 n 个颜色值，可将标量数据线性变换到 $[\min, \max]$ 的颜色区间上。

2. 等值线提取法

颜色映射反映了二维标量数据的整体信息，而等值线是另一种二维标量数据的可视化方法，通常用来提取二维标量数据中的某个特征，展示和分析特征的空间分布规律，如图4.16所示。等值线应用广泛，例如，地图上的等高线、天气预告中的等压线和等温线等。等值线上所有点的数值相同，称为等值，等值线将二维空间划分为等值线的内部和外部两个区域。

生成等值线需要确定等值，然后在数据中搜索等值所在的位置。用插值法可以得到等值在数据空间中的准确位置。线性插值简单、快速、应用广泛；而一些非线性插值方法精度更高，但计算复杂度也更高。

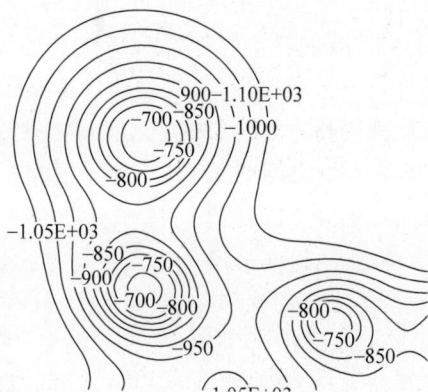

图 4.16　等值线图

3. 标记法

可视化二维标量数据的常用方法还有标记法。标记是离散的可视化元素，可采用标记的颜色、大小和形状等直接进行可视表达，而不需要对数据进行插值等操作，如图4.17所示。如果标记的布局稀疏，还可以设计背景图形来显示其他数据，并将标记和背景叠加在一个场景中，达到多变量可视化的目的。

按照区域订购

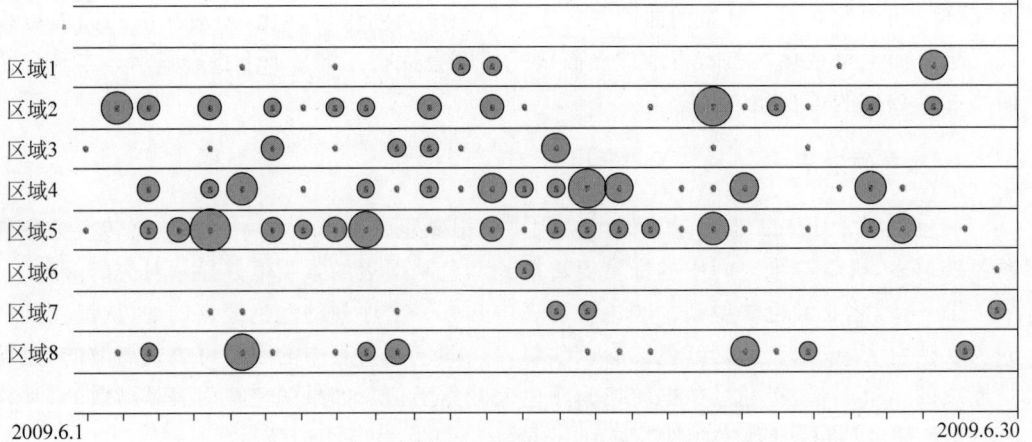

图 4.17　气泡标记法

4.5.3　三维标量数据可视化

类似二维数据可视化的等值线提取方法和颜色映射方法,三维数据可视化的方法最常用的有两类:等值面绘制方法和直接显示三维空间数据场的直接体绘制方法。这两类技术都能够帮助用户直观方便地理解三维空间场内部感兴趣的区域和信息。

1. 等值面绘制

等值面绘制是一种广泛应用于三维标量场数据可视化的方法。它利用等值面提取技术获得数据中的层面信息,并采用传统的图形硬件面绘制技术直观地展现数据的形状和拓扑信息。等值面是等值线在三维空间中的推广,对应移动四边形法,在三维上的等值面提取方法是移动立方体法。在三维规则网格中,空间被分成单元立方体,称为体素,每个立方体有8 个顶点。根据每个顶点和等值大小之间的关系,三维等值面在单元立方体中的结构可分为 256 种情形。类似移动四边形法,可以通过旋转和对称等变换将这 256 种情形归结为15 种基本情形,如图 4.18(a)所示。

2. 直接体绘制

直接体绘制不需要提取几何表示,而是直接呈现三维空间标量数据中的有用信息。它像 X 光一样穿透整个空间,以模拟光学原理的方式将物质分布、内部结构和信息的分布以半透明的方式表达;如图 4.18(b)所示。由于不需要几何表示,直接体绘制并不假设数据场中存在有意义的边界或层面。从算法流程上看,直接体绘制的本质是将三维数据投影到二维。

Levoy 在 1988 年提出了光线投射算法,其基本原理是:从屏幕上每一个像素点出发,沿着视线方向发射出一条光线,当这条光线穿过体数据时,沿着光线方向等距离采样,并利用插值计算出每个采样点的颜色值和不透明度。完成采样后,根据采样点的顺序,可以按照从前到后或从后到前的顺序对光线上的采样点进行合成,合成公式如下。

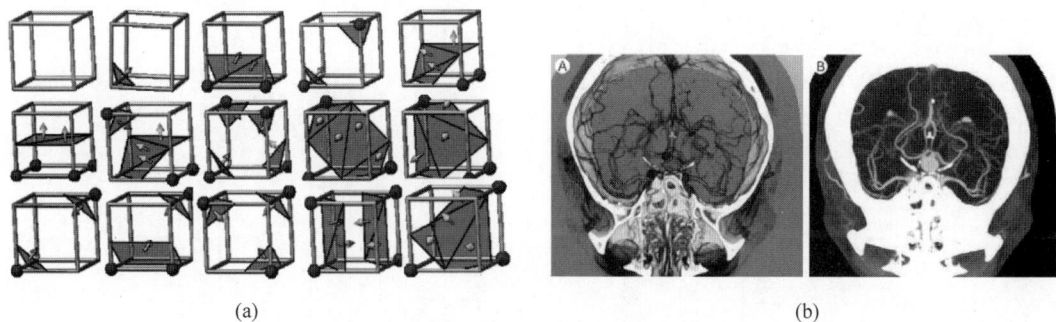

(a)

(b)

图 4.18 移动四边形的 15 种情况和直接体绘制

$$\begin{cases} C_{out} = C_{in} + (1 - \alpha_{in})\alpha_i C_i \\ \alpha_{out} = \alpha_{in} + (1 - \alpha_{in})\alpha_i \end{cases}$$

其中，C_{out} 和 α_{out} 分别表示最终的颜色值和不透明度，C_{in} 和 α_{in} 分别表示之前累积的颜色值和不透明度，C_i 和 α_i 分别表示当前采样点的颜色值和不透明度。

这样可以计算出这条光线对应的屏幕上像素点的颜色值。其原理如图 4.19 所示。

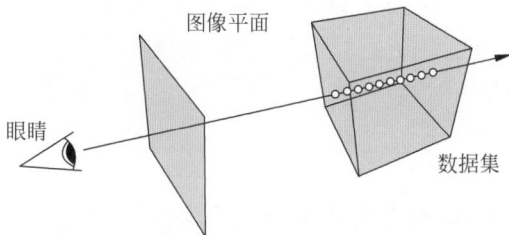

图 4.19 光线投射原理

该算法基于射线扫描过程，符合人类生活常识，容易理解且可以达到较好的绘制效果。因此光线投射是目前应用最为广泛的体绘制方法。然而当观察方向发生变化时，采样点的前后关系也必然变化，因此需要重新进行采样，计算量极为庞大。针对算法所存在的问题，人们提出了不少优化方法，如光线提前终止、利用空间数据结构来跳过无用的体素，如八叉树、金字塔、K-D 树等。

该算法的流程如图 4.20 所示。其中，数据的分类主要是将体数据的标量值映射为颜色和不透明度，这需要构造合适的转换函数。对体数据的采样需要进行坐标系的变换，因为发射光线起点和方向是在图像空间描述的，而采样则是在物体空间进行的。图像空间到物体空间的转换可以通过旋转和平移操作实现。将光线的描述转换到物体空间后，沿着光线等间隔采样，采样点的颜色和不透明度通过插值获得。最后需要沿着光线对所有采样点进行合成，得到光线对应的二维屏幕上像素点的颜色。

光线投射法通过不透明度的设置可以得到半透明的绘制效果，这样就能有效地反映出物体内部结构，这也是体绘制与面绘制的最大区别。光线投射法作为最为通用的体绘制方法，其绘图质量最高，但相应的问题就是绘制速度较低，难以实时化。

VTK(Visualization Toolkit)是一个开源的免费软件系统，主要用于三维计算机图形学、图像处理和可视化。以下流程和代码是采用 VTK 实现体绘制的示例。

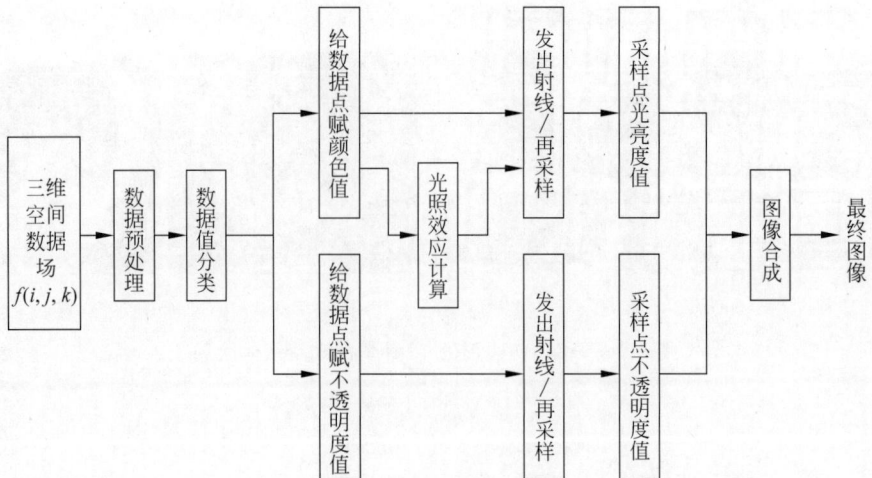

图 4.20　光线投射流程

（1）读取数据。

使用 vtkStructuredPointsReader 读取 geoeast.vtk 数据。

```
01 ♯读数据
02 reader = vtkStructuredPointsReader()
03 reader.SetFileName("geoeast.vtk")
```

（2）创建标准渲染器。

使用 vtkPiecewiseFunction 将不透明度映射为标量值。例如，通过 AddPoint（255，−120）将值域大于−120 的点的透明度映射为 255。

使用 vtkColorTransferFunction 将颜色映射为标量值。例如，通过 AddRGBPoint（−120.0，0.1，0.0，0.0）将值域大于−120 的点的颜色映射为 RGB（0.1，0.0，0.0）。

使用属性 vtkVolumeProperty 描述数据的外观，包括设置颜色、透明度及数据插值方式。

使用映射器 vtkFixedPointVolumeRayCastMapper 将不同的数据类型转换成图形数据。

使用 vtkVolume 来组合映射器（vtkFixedPointVolumeRayCastMapper）和属性（volumeProperty）。

```
01 ♯创建转换映射标量值到不透明度
02 opacityTransferFunction = vtkPiecewiseFunction()
03 opacityTransferFunction.AddPoint(255, −120)
04 opacityTransferFunction.AddPoint(255, 120)
05 ♯创建转换映射标量值到颜色
06 colorTransferFunction = vtkColorTransferFunction()
07 points = [[−120.0, 0.1, 0.0, 0.0], [−60.0, 0.3, 0.0, 0.0], [−50.0, 0.5, 0.0, 0.0],
   [−30.0, 0.6, 0.0, 0.0], [0.0, 1.01, 1.01, 1.01], [30.0, 0.8, 0.0, 0.0], [120.0, 1, 0.0, 0.0]]
08 for point in points:
09 colorTransferFunction.AddRGBPoint(point[0], point[1], point[2], point[3])
10 ♯描述数据的外观
11 volumeProperty = vtkVolumeProperty()
```

```
12 volumeProperty. SetColor(colorTransferFunction)
13 volumeProperty. SetScalarOpacity(opacityTransferFunction)
14 volumeProperty. ShadeOn()
15 volumeProperty. SetInterpolationTypeToLinear()        ♯线性插值
16 ♯映射器/光线投射函数指导如何渲染数据
17 volumeMapper = vtkFixedPointVolumeRayCastMapper()
18 volumeMapper. SetInputConnection(reader. GetOutputPort())
19 ♯volume 包含映射器和属性
20 ♯可用于定位/定向 volume
21 volume = vtkVolume()
22 volume. SetMapper(volumeMapper)
23 volume. SetProperty(volumeProperty)
```

（3）创建渲染窗口。

使用 vtkRenderer 创建渲染器：通过 AddVolume(vtkVolume)将图形与窗口连接起来，然后进行背景颜色以及相机视角的设置。

使用 vtkRenderWindow 创建渲染窗口。

```
01 ren1 = vtkRenderer()
02 ren1. AddVolume(volume)
03 colors = vtkNamedColors()
04 ren1. SetBackground(colors. GetColor3d("White"))
05 ren1. GetActiveCamera(). Azimuth(45)        ♯旋转相机
06 ren1. GetActiveCamera(). Elevation(30)       ♯旋转相机
07 ren1. ResetCameraClippingRange()
08 ren1. ResetCamera()
09 renWin = vtkRenderWindow()
10 renWin. AddRenderer(ren1)
11 renWin. SetSize(600, 600)
12 renWin. SetWindowName("SimpleRayCast")
13 renWin. Render()
```

（4）创建交互器。

使用 vtkRenderWindowInteractor 创建交互对象，使图形能够旋转和缩放。

```
01 iren = vtkRenderWindowInteractor()
02 iren. SetRenderWindow(renWin)
03 iren. Start()
```

渲染效果如图 4.21 所示。

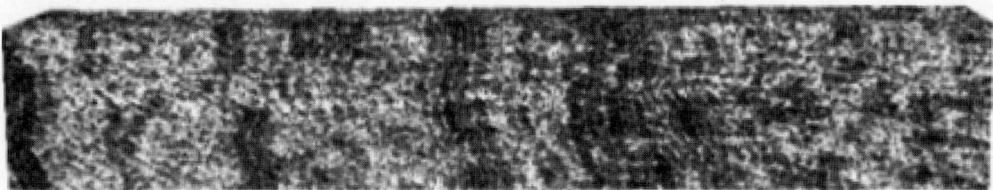

图 4.21　渲染效果图

geoeast. vtk 数据格式如图 4.22 所示。

```
# vtk DataFile Version 5.1
vtk output
ASCII
DATASET STRUCTURED_POINTS
DIMENSIONS 601 99 100
SPACING 1 1 1
ORIGIN 0 0 0
POINT_DATA 5949900
SCALARS scalars float
LOOKUP_TABLE default
1 1 1 1 4 7 12 17 20
20 16 8 -3 -17 -30 -39 -42 -38
-26 -9 9 27 41 47 46 37 23
6 -10 -23 -30 -32 -28 -19 -8 2
12 20 24 26 24 19 12 4 -5
-15 -24 -30 -34 -33 -27 -16 -2 12
25 35 38 35 26 11 -4 -20 -31
-37 -35 -28 -15 0 13 25 33 36
34 29 22 15 7 1 -4 -9 -12
-15 -17 -18 -19 -18 -16 -15 -14 -14
```

图 4.22　geoeast. vtk 数据示例图

4.6　层次和网络数据可视化

4.6.1　树和图与可视化

可以用图(网络数据)来表示的数据无所不在,而树状结构(层次数据)实际上也是一种特殊的图(即没有回路的连通图)。从数据的角度出发,现代科学技术的发展和人类社会的组织发展都离不开图的表达。如图 4.23(a)所示为几种不同的图结构实例。图和树状数据的可视化已经成为各个相关领域的重要需求。另外,随着图数据库和图挖掘等计算技术和工具的发展,图和树的可视化也拥有了更广泛的应用前景。特别需要指出的是,当前人工智能技术的核心就是不同模型的人工神经网络,而人类大脑的功能也能使用网络结构来表示。可视化技术能够帮助人们有效地理解和利用这些数据,促进人工智能领域技术的发展和应用。

层次和网络数据的可视化从几何拓扑上讲主要指树和网络数据结构的绘制方法,也就是图(Graph)的绘制方法,图的布局也是图绘领域最主要的内容,在超大规模集成电路设计、软件过程可视化、地理信息系统、生物化学等领域被广泛应用。

在具体介绍层次和网络数据可视化算法之前,首先简单回顾树、网络和图结构之间的关系。树、网络数据都可以用图论中的图结构表达,如图 4.23(b)所示。图 G 由有穷顶点集合 V 和一个边集合 E 组成。在图结构中,结点称为顶点,边是顶点的有序偶对,若两个顶点之间存在一条边,则它们具有相邻关系,表达为连接图 G 的两个顶点 i,j 的边 $e_{ij} = (i,j)$。结点和定义了权重的边构成了加权图,结点和定义了方向的边构成了有向图,反之则是无向图。对于无向图,与顶点 v 相关的边的条数称作顶点 v 的度;对于有向图,从顶点 v 出发的边的条数称为出度,反之为入度。如果平面上图的边可以不交叉,则称这个图具有平面性。如果图中任意两个顶点之间都存在连通的路径,则称该图为连通图。若一条路径的第一个顶点和最后一个顶点相同,则这条路径是一条回路。连通的、不存在回路的图称为树,即树

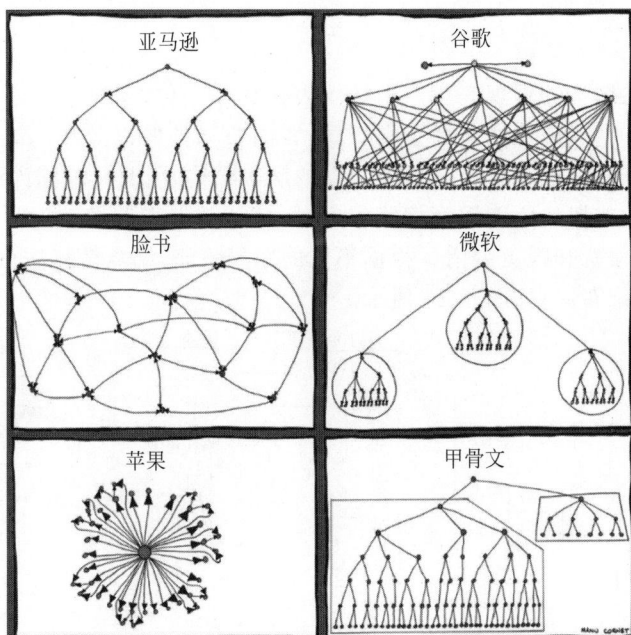

(a)

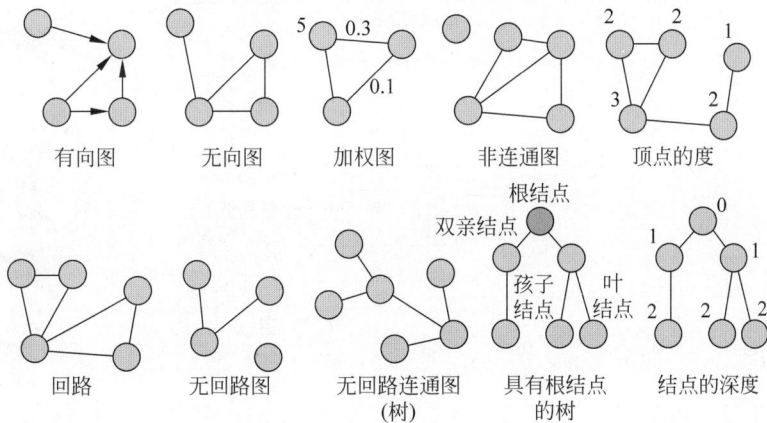

(b)

图 4.23 互联网公司的数据结构,使用结点链接图的结构表达

状结构,反之即为网络结构。树状结构和网络结构是层次和网络数据可视化的基本类型,边的方向和权重是可视编码的重要组成部分,结点的度、平面性、连通性是图结构的基本性质,对树、网络的挖掘至关重要。

4.6.2 层次数据可视化

层次数据表示事物之间的从属和包含关系,这种关系可以是事物本身固有的整体与局部的关系,也可以是人们在认识世界时赋予的类别与子类别的关系,或逻辑上的承接关系。典型的层次数据有企业的组织架构、生物物种遗传和变异关系、决策的逻辑层次关系等。

层次数据可视化的核心是如何表达层次关系的树状结构、如何表达树状结构中的父结点和子结点以及如何表现父子结点、具有相同父结点的兄弟结点之间的关系等。按布局策略,主流的层次数据可视化可分为结点链接法、空间填充法和混合型三种。

1．结点链接法

结点链接是树状结构的直观表达。用结点表达数据个体，父结点和子结点之间用链接（边）表达层次关系。结点链接法包括正交布局、径向布局的树以及在三维空间中布局的树等方法。由于结点链接法能够直观地展现数据的层次结构，因此又被称为结构清晰型方法。当树的结点分布不均或树的广度深度相差较大时，部分结点占位稀疏而另一部分结点密集分布，可能造成空间浪费和视觉混淆。根据不同的布局策略，结点链接法可以细分为正交布局、径向布局以及三维布局，如图 4.24 所示。

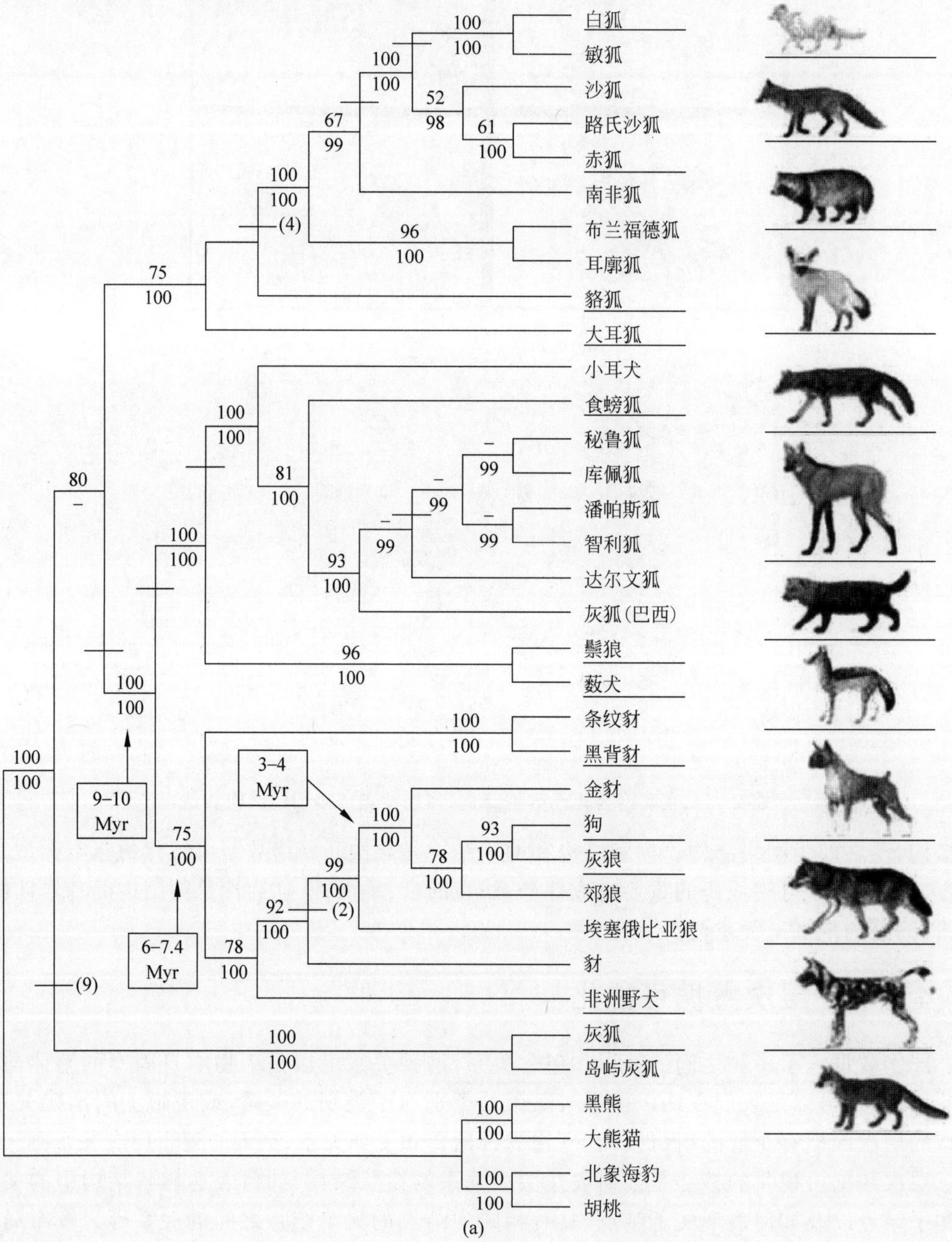

图 4.24　正交布局、径向布局以及三维布局

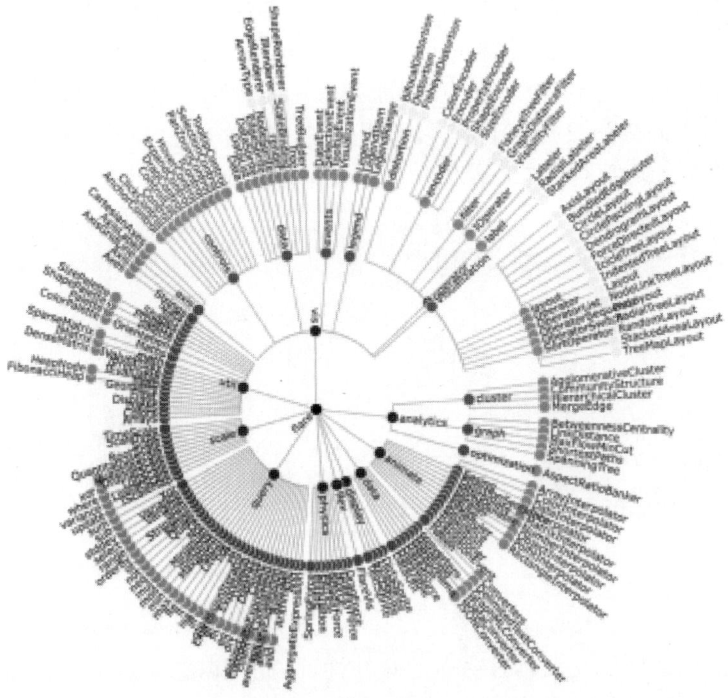

(b)

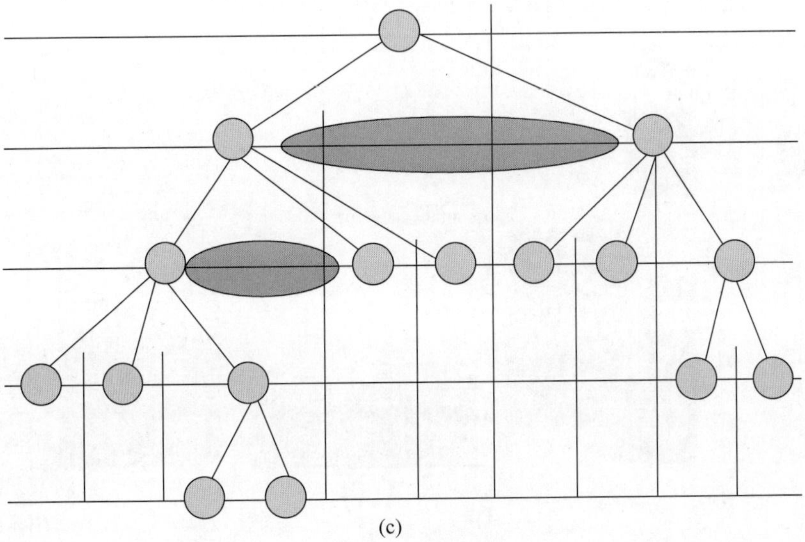

(c)

图 4.24 （续）

2. 空间填充法

空间填充法采用嵌套的方式表达树状结构,代表性方法有圆填充、树图、Voronoi 树图等。空间填充法能有效利用屏幕空间,因此也称为空间高效型方法。在数据层次信息表达上,空间填充法不如结点链接法结构清晰,处理层次复杂的数据时不易表现非兄弟结点之间的层次关系。下面以树图为重点介绍空间填充法。

树图算法弥补了圆填充法对空间利用不足的缺点。矩形代表层次结构中的结点，子结点按所给权重的面积比例填满父结点的矩形。如图4.25所示，根结点是树图中最大的矩形，被两个子结点纵向分割成两个小矩形，面积各占矩形的1/2；其中，子结点B被它的两个子结点按权重纵向分割成两个小矩形，如此递归。从图中可以看出，树图的布局算法是细分法，递归地把整个布局区域按子结点的权重比例分割成小的矩形。树图的可视化设计具有三个明显特点：①使用矩形可以更有效地利用空间；②用户可以使用矩形颜色和面积大小来展示它们所代表的数据属性；③用户更容易进行交互分析。

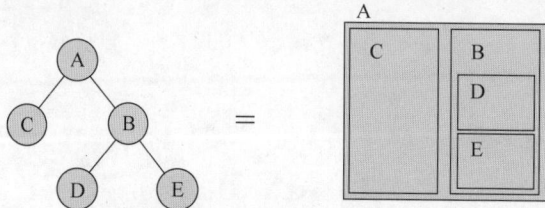

图4.25　结点链接图与树图

3. 混合型

结点链接法和空间填充法具有明显的互补性，因此可以针对数据特性而混合应用两种布局方法，在空间填充图中嵌入结点链接图，或是对结点链接的某些分支使用空间填充图。弹性层次图是混合布局的代表。图4.26展示了结合结点链接图与树图的弹性层次图。

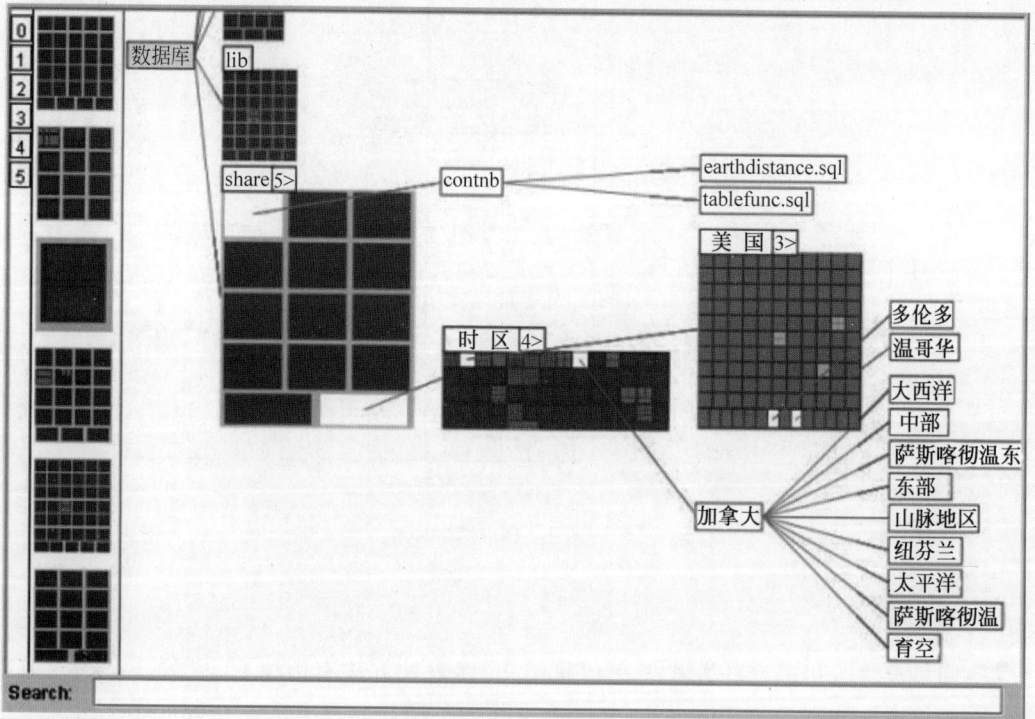

图4.26　结合结点链接图和树图的弹性层次图

4.6.3　网络数据可视化

层次结构是网络结构的一种特殊形式。层次数据反映个体之间或语义上的从属关系，网络数据(图结构)则表现更加自由、更加复杂的关系网络，如计算机网络中的路由关系、社交网络里的朋友关系、协作网络中的合作关系等。人工神经网络是一种典型的网络数据结构。此外，非同类的异构个体之间的关系也可表达为网络关系，例如，用户对电影打分而形成的用户-电影关系，从该关系中衍生的有相同兴趣爱好的用户-用户关系，受到相同用户喜欢的电影-电影关系。主流的网络数据可视化方法按布局策略分为结点链接法、相邻矩阵法和混合型三种。

1. 结点链接法

网络的结点链接法采用结点表达数据个体，链接(边)表达个体间的关系，易被用户理解和接受。由于关系数据的结点通常没有物理空间中的特定位置信息(空间坐标)，因此可视化中的结点布局是一个重要课题。通常网络数据可视化是把结点和边在二维空间(平面)中布局，来满足分析需求。核心问题是如何通过结点和边的颜色和几何属性(形状、宽度、曲率等)，以及它们的相互位置来帮助使用者理解它们所代表的数据。例如，结点的大小可以表示上文所述的中心性。在大多数应用中，结点的布局需要用来表达个体的相似性(也就是关系亲疏程度)，结点在二维空间上的距离应尽量体现结点之间的相似性。

图 4.27 展示了力引导布局和弧长链接图。力引导布局的核心思想是采用弹簧模型模拟多个结点的动态布局过程，使得最终布局中结点之间相互不遮挡，比较美观，同时能够反映数据点之间的亲疏关系和网络的重要拓扑属性。弧长链接图表达的 HTML 链接跳转图，从图中可以看出该网站的哪些网页点击率比较高，高点击率的网页可以从哪些网页跳转以及可以跳转到哪些网页。

2. 相邻矩阵法

相邻矩阵法采用大小为 $N \times N$ 的相邻矩阵表达 N 个结点之间的两两关系。矩阵行列均按结点顺序排列，位置(i, j)表达第 i 个结点和第 j 个结点之间的关系，位置(i, i)是第 i 个结点本身，可以记为 0 或标记其他属性(如结点的重要性)。无向网络位置(i, j)和位置(j, i)的值相等，矩阵对称；有向网络不对称。图 4.28(a)展示了相邻矩阵。

3. 混合型

结点链接法和相邻矩阵法具有明显的互补性。如图 4.28(b)所示，混合型兼取两家之长，针对数据子集的特性，对关系密集型采用相邻矩阵而关系稀疏型采用结点链接法，辅以有效的交互方式，可实现更好的可视化布局。对于规模较小的网络数据，网络可视化方法能清晰表达个体之间的链接关系和个体的属性，用户则可以通过交互方式观察识别这些特征。

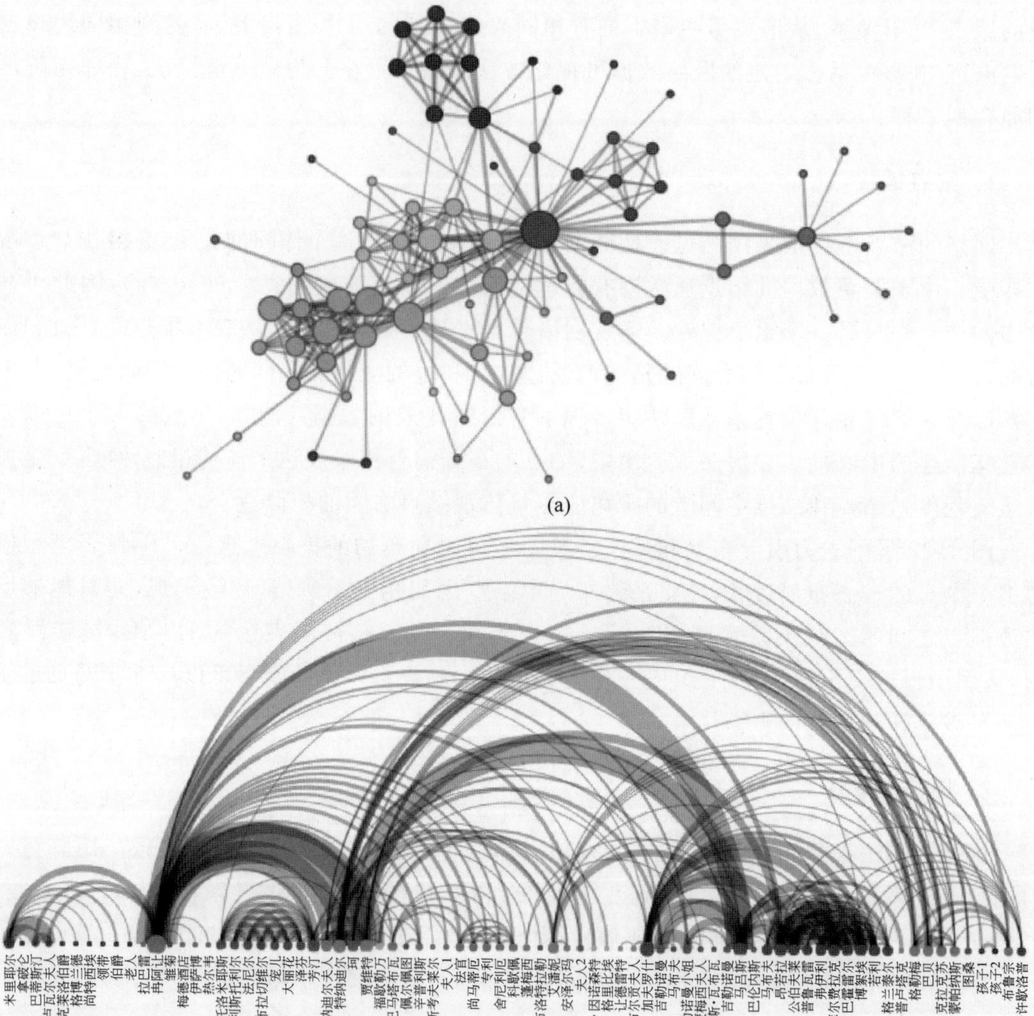

(a)

(b)

图 4.27　力引导布局和弧长链接图

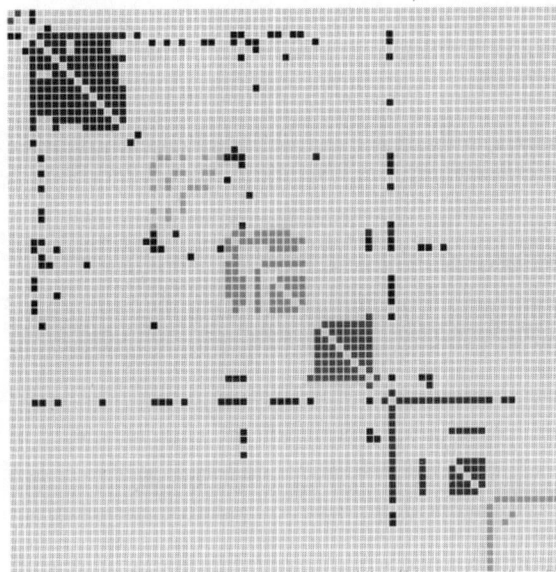

(a)

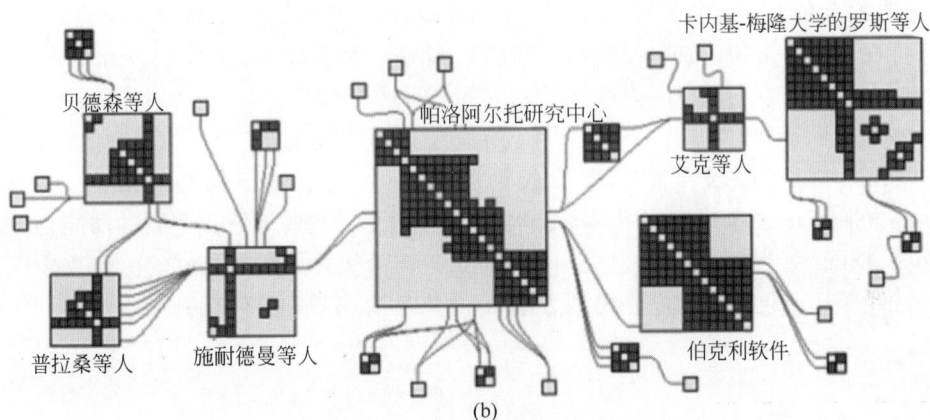

卡内基-梅隆大学的罗斯等人

贝德森等人

帕洛阿尔托研究中心

艾克等人

普拉桑等人 施耐德曼等人

伯克利软件

(b)

图 4.28 相邻矩阵和混合型可视化

4.7 可视化工具

可视化的研究、开发和应用领域广泛,相应的软件系统和工具也多种多样。它们在目标领域、用户技能、可视化效果等方面有不同程度的差别。采用合适的可视化软件可以使可视化开发变得更加快速有效。近年来,随着人工智能工具的不断发展、更新,人工智能技术日益紧密地结合到可视化领域中。越来越多的可视化软件和工具开始应用人工智能技术,将可视化变得更简单、精确、方便。以下仅列举了三种典型的工具。

1. Visualization Toolkit

Visualization Toolkit 简称 VTK,是一个开源、跨平台的可视化应用函数库。它的主要维护者 Kitware 公司,创造了 VTK、ITK、Cmake、ParaView 等众多开源软件系统。VTK 的设计目标是在三维图形绘制库 OpenGL 的基础上，采用面向对象的设计方法，构建可以应用于可视化程序的支撑环境。它屏蔽了在可视化开发过程中常用的算法，以 C++ 类库和众多的翻译接口层（如 Tcl/Tk、Java、Python 类）的形式提供可视化开发功能。VTK 广泛应用于科学数据的可视化，如建筑学、气象学、生物学或者航空航天等领域，其中，在医学影像领域的应用最为常见。包括 3DSlicer、Osirix、BioImageXD 等在内的众多优秀的医学图像处理和可视化软件都使用了 VTK。VTK 所属的 Kitware 公司出版了一系列 VTK 教程，可以作为学习可视化的辅助阅读。

2. D3.js

Data Driven Documents(D3)是一套面向 Web 的二维数据变换与可视化方法。它以轻量级的浏览器端应用为目标，具有良好的可移植性。D3.js 是基于 D3 规范的 JavaScript 库，基于 HTML、SVG（矢量图形）和 CSS 构建，前身是美国斯坦福大学研发的 Protovis（目前已停止更新）。D3 可以将任意数据绑定到一个 DOM（文档对象模型），并对文档实施基于数据的变换。例如，将一组数字生成为一个 HTML 表，或用相同的数据生成一个可交互的 SVG 条形图。

D3 的特点在于它提供了基于数据的文档高效操作，这既避免了面向不同类型和任务设计专有可视表达的负担，又能提供设计灵活性，同时发挥了 CSS3、HTML5 和 SVG 等 Web 标准的最大性能。自问世以来，D3 在学术界和工业界都被广泛使用，产生了很大影响。最新版本的 D3.js 5.0 发布于 2018 年 3 月。相对于之前的版本，该版本的最大改动在于开始使用 Promises 而不是异步回调来加载数据，从而简化了异步代码的结构。为了采用 Promises 机制，D3 现在开始使用 Fetch API，这一改变也同时支持许多新的功能，如流式响应。同时，D3 改变了配色方案，它应用 ColorBrewer 的优秀方案来完成配色函数接口，包括分类、发散、顺序单色调和顺序多色调方案，这些方案有离散和连续两种版本。

3. Python

Python 是一个近年来非常流行的通用编程语言，因为结构有逻辑性、易读、跨平台、开源等特点受到众多程序员的喜爱。Python 社区的开发者人数多，能力强，热情也高，因此 Python 的工具包开发也非常完善，其中包括各种可视化工具和人工智能工具。相比其他高层工具，Python 的学习周期比较长，但它的灵活性、可塑性和开发大型可视化软件的能力是难以替代的。

4.8 综合案例——气井产量预测分析

4.8.1 项目简介

气井产量预测是气田开发的一项重要任务。受开关井、加药等人工措施影响，准确预测气井产量仍面临一定挑战。具体来说，在实际生产中，气井产气量具有很强的随机波动性，当出现开关井、加药等情况时，会引起日产气量的波动，由于影响因素很多，气井实际产量具有很强的非线性。此外，间歇井较为频繁，关井时间长短将决定地层压力恢复的程度，进而影响产气量的急剧变化。因此,在分析气井生产数据时,需要注意到这些关键因素的影响,并对数据进行有效的处理和分析。为了有效、准确地对受人工措施因素影响的日产气量预测建模分析,数据预处理包括人工措施特征生成、训练集、数据集和验证集划分以及数据标准化等一系列步骤。

针对受地层水影响的东北某地区气田,本节将日产气量等数据分解,挖掘气井生产数据的变化趋势和上下文信息,对日产气量进行预测。本节专注于数据的处理和分析,忽略模型的选择和优化问题。即使如此,本节内容依旧是一个很好的特征列分析转换处理指南。重点介绍特征列分析转换处理。

4.8.2 数据集说明

根据机器学习的一般处理方法,本节采用的数据集主要包含两部分,一部分是 Train 训练集,另一部分是 Test 测试集。Test 测试集中没有日产气量(G_p)列,其余部分和 Train 一致,最终目标是预测 Test 测试集中气井日产气量结果。

本节所用数据集为东北某地区气田实际生产数据,包含 2000—2021 年共 22 年的数据。Train 训练集中主要包含的数据属性如表 4.3 所示。

表 4.3 数据集属性

字段名称	含　义	字段名称	含　义	字段名称	含　义
Date	日期	T_p	生产时间	WT	井口温度
D	气嘴直径	Close_Op	关井油压	Close_Cp	关井套压
P_{max}	最高油压	P_{min}	最低油压	P_{mid}	平均油压
C_{max}	最高套压	C_{min}	最低套压	C_{mid}	平均套压
EP	外输压力	W_p	日产水量	G_p	日产气量

采用以下代码导入数据。

```
01 #导入基本的库
02 import pandas as pd
03 import numpy as np
04 import matplotlib.pyplot as plt
05 import seaborn as sns
06 %matplotlib inline
07 from collections import Counter
08 #设置 sns 样式
09 sns.set(style='white', context='notebook', palette='deep',font="simhei")
10 #导入训练集以及测试集数据
11 train = pd.read_csv("./_static/data/titanic_train.csv")
12 test = pd.read_csv("./_static/data/titanic_test.csv")
```

检查空值和缺失值。

```
01 train = train.fillna(np.nan)      #首先把数据集所有空值和 NaN 统一填充为 NaN
02 train.isnull().sum()              #检测空值的总数
```

```
...
气嘴直径              279
最高油压             1353
最低油压             1353
平均油压             1353
...
关井原因             1425
措施类别             2997
测试类别             2980
备注                2851
Unnamed: 29   2999
dtype: int64
```

为了更加清晰地展示空值和缺失值的分布,使用 missingno 进行无效矩阵的数据密集显示,完成这一步之前需要安装程序包。

```
01 !pip install missingno
```

绘制缺失值图。

```
01 import missingno as msno
02 msno.matrix(train, labels=True)
```

由图 4.29 明显看出,关井原因、措施类别和测试类别这几列有比较多的缺失值,而外输压力、产水、生产时间、气嘴直径、平均油压、平均套压和日产气量这几列数据相对比较完整。

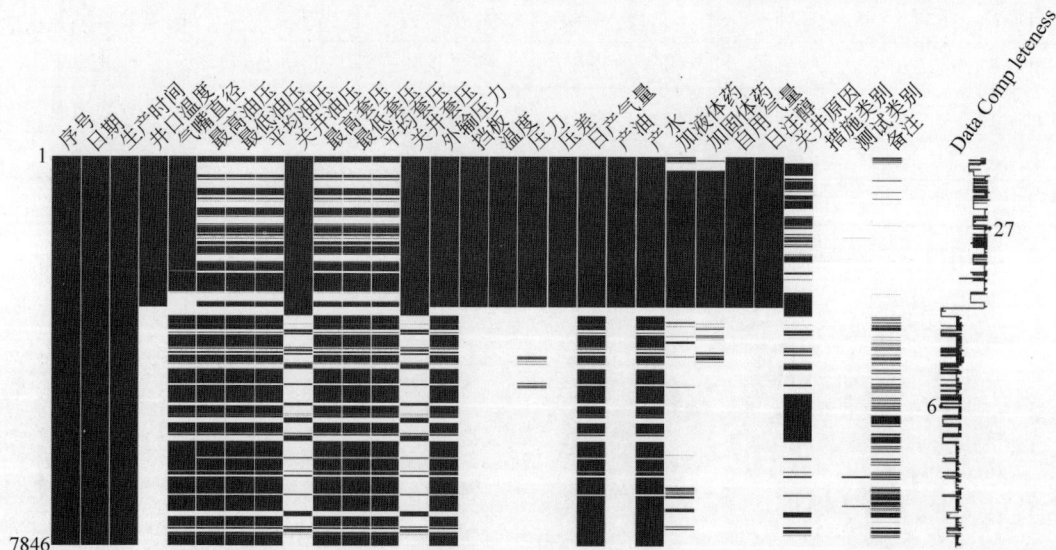

图 4.29　缺失值图

下面优先探究外输压力、产水、生产时间、气嘴直径、平均油压和平均套压与日产气量之间的关系。

4.8.3　数据整体分析

通过图表可以很直观地呈现不同列之间的相关性系数,一般相关系数越大,表明数据相关性越强,进而表示该列数据对预测结果的权重比较大。

利用热力图可以具体观察数值列(平均油压,平均套压,外输压力,产水)和日产气量之间的关系。

```
01 #利用热力图观察日产气量和平均油压、平均套压、外输压力、产水的关系
02 g = sns.heatmap(train[["日产气量","平均油压","平均套压","外输压力","产水"]].corr(),
                   annot=True, fmt=".2f", cmap="coolwarm")
```

分析图 4.30,表面上似乎只有外输压力、产水和日产气量具有一定的相关性,但是并不表明其他列没有用处。接下来具体分析每一列和日产气量之间的关系。

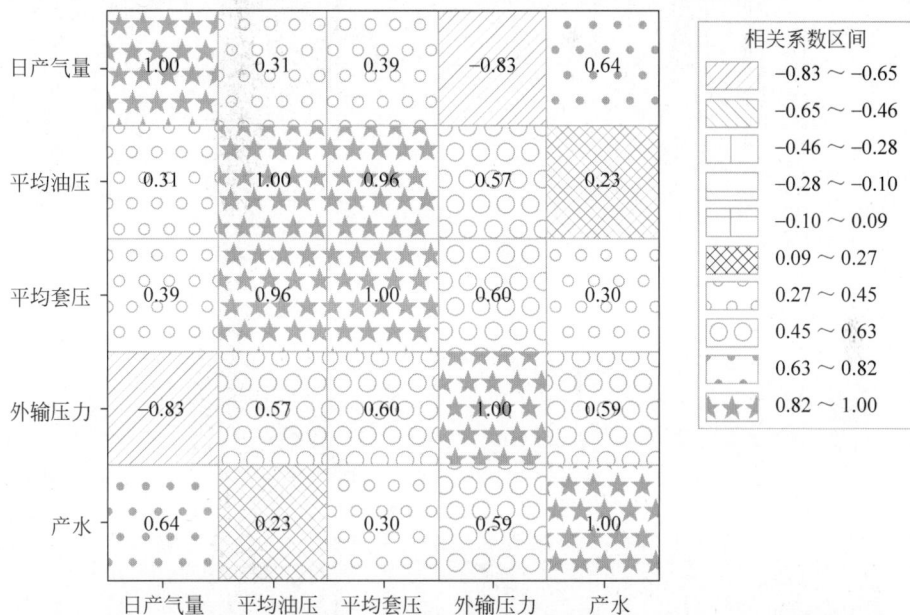

图 4.30 (平均油压,平均套压,外输压力,产水)和日产气量的关联关系

4.8.4 外输压力和日产气量关联分析

```
01 #利用直方图展示外输压力的分布情况
02 g = sns.distplot(dataset["外输压力"], color="m",
                   label="Skewness : %.2f"%(dataset["外输压力"].skew()))
03 g = g.legend(loc="best")
```

观察图 4.31,发现数据的分布很不均匀,大部分集中在 0~3MPa,可能是某一异常值导致了这样的分布,下面用散点图查看外输压力的分布情况。

```
01 #利用散点图展示外输压力的分布情况
02 sns.regplot(x="外输压力", y="日产气量", data=train, scatter_kws={'s': 1.5})
```

观察散点图 4.32,发现有两个离群点,分别在外输压力 4~5MPa 和 13~14MPa 的位置。为了判断这两个离群点的性质,继续查看外输压力一列的信息。

```
01 #查看外输压力的分布
02 train[['外输压力', '日产气量']].describe()
```

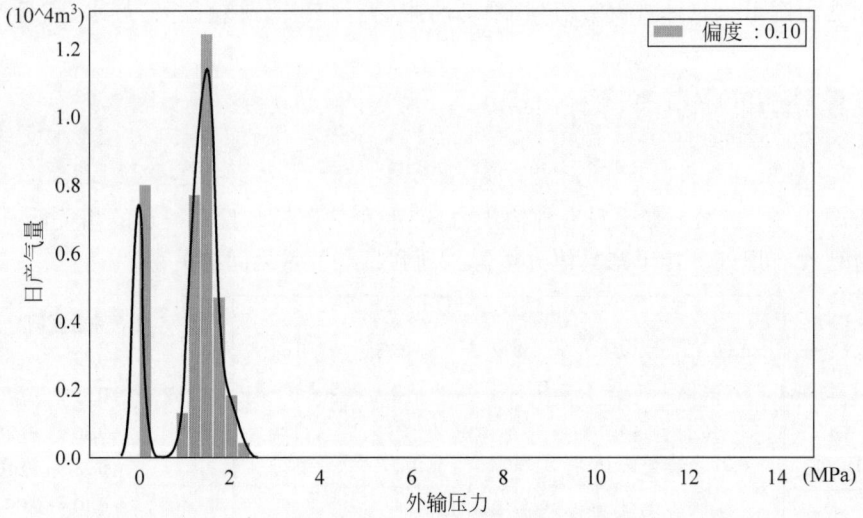

图 4.31   外输压力的直方图分布情况

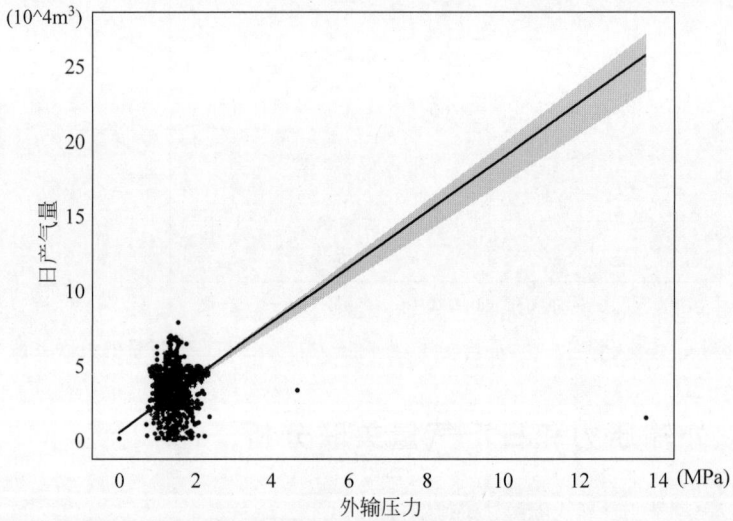

图 4.32   外输压力的散点图分布情况

	外输压力
count	6698.000000
mean	1.177852
std	0.684569
min	0.000000
25%	1.080000
50%	1.400000
75%	1.610000
max	13.700000

由上述信息了解到外输压力的分布情况和异常值等信息,可见外输压力的平均值为 1.177 852MPa,75%的四分位数为 1.610 000MPa,而最大值为 13.700 000MPa,由此可以初步判断前面提到的两个离群点为异常值。为了进一步验证上述想法,绘制外输压力的箱型图来可视化上述信息。

```
01  ♯将外输压力的分布进行可视化表示
02  cols = ['外输压力']
03  ♯绘制分布图和箱型图
04  fig, ax = plt.subplots(1,2, figsize=(12,6))
05  sns.histplot(train[cols[0]], kde=True, ax=ax[0])
06  sns.boxplot(x=train[cols[0]], orient='h', ax=ax[1])    ♯将箱型图改为横向
07  plt.show()
```

从图 4.33 整体分析可知,可以将外输压力 4~5MPa 和 13~14MPa 的两个离群点视为异常值并忽略,忽略之后再重新绘制直方图。

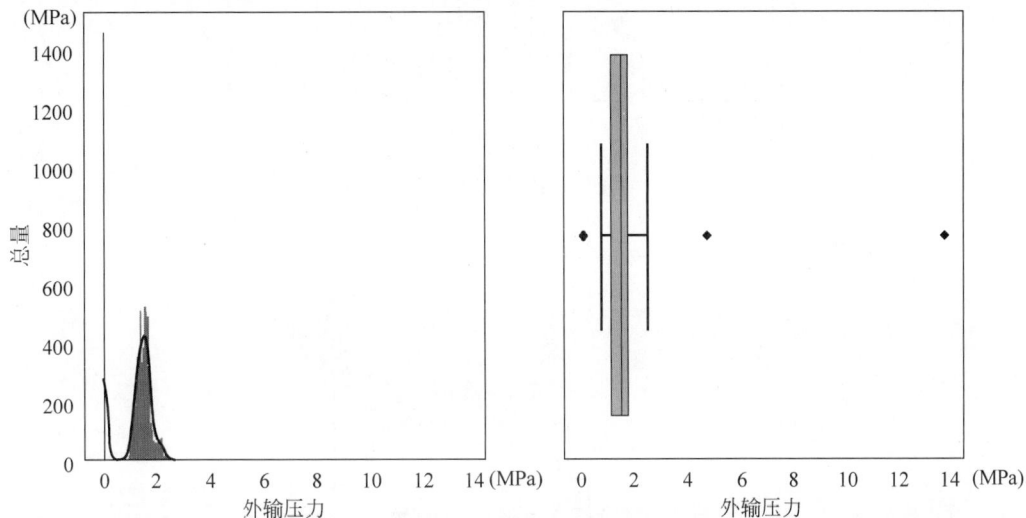

图 4.33 外输压力的直方图和箱型图分布情况

```
01  ♯对原始数据做切片,忽略外输压力小于 4 的部分,重新绘制直方图
02  train2 = train[(train['外输压力'] < 4) & (train['外输压力'] > 0.1)]
03  g = sns.distplot(train2["外输压力"], color="m",
                     label="Skewness : %.2f"%(train["外输压力"].skew()))
04  g = g.legend(loc="best")
```

观察图 4.34 发现外输压力集中在 1~2.5MPa,下面使用折线图探索外输压力和日产气量之间的关系。

```
01  ♯使用折线图探索外输压力和日产气量之间的关系
02  sns.lineplot(x="外输压力", y="日产气量", data=train2,ci=95)
```

由图 4.35 分析可以看出,外输压力在 0~0.75MPa 时,外输压力越高,对应的日产气量越大;外输压力在 0.75~2.5MPa 时,日产气量在 2.5~4.8×10^{4}m^3 波动,呈现先下降,后稳定,再上升,最后波动的趋势。

在气井产气过程中,外输压力对气井产量有重要的影响。通常来说,外输压力越高,气井产量通常会变得更低。但在一定范围内,外输压力的增加也可以提高气井产量。如图 4.35 所示,当外输压力略微增加时,它会促进天然气从沉积岩石中脱离出来并流向井筒。但随着外输压力继续增加,压力差变小,反而会抑制气体的流动,使气井产量下降。

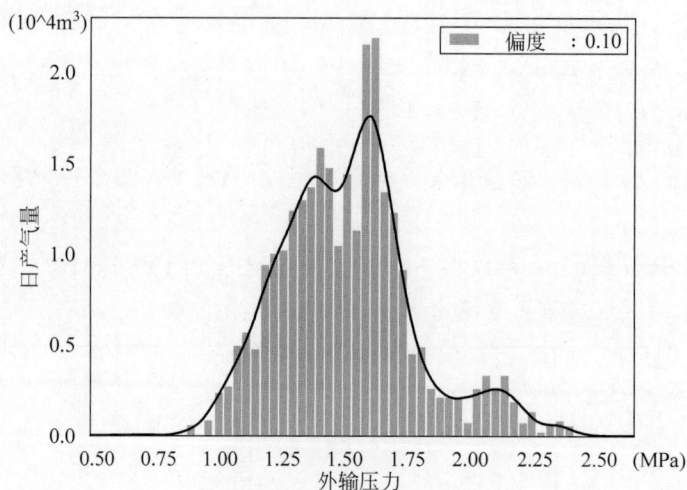

图 4.34　切片后外输压力的直方图分布情况

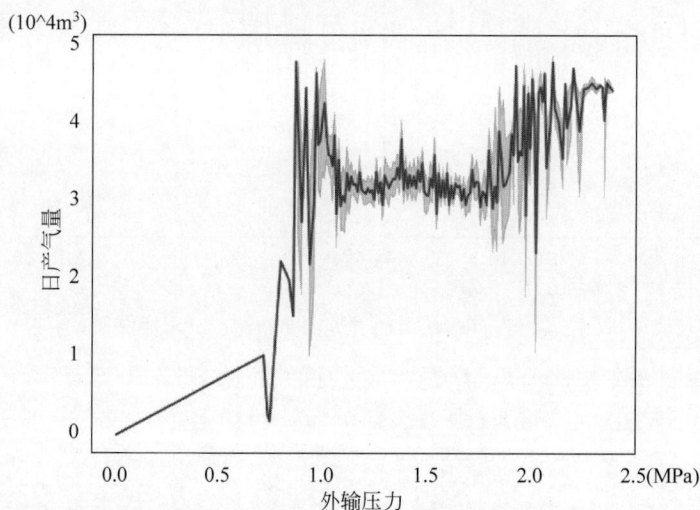

图 4.35　外输压力和日产气量的对应关系

4.8.5　产水量和日产气量的关联分析

```
01 ♯使用折线图探索产水量和日产气量之间的关系
02 sns.lineplot(x="产水",y="日产气量",data=train)
```

从图 4.36 分析可以看出,产水量在 0~5m³ 时,产水量越高,对应的日产气量越高,
但变化过程呈现剧烈波动的趋势;产水量在 5~23m³ 时,日产气量不再继续升高,呈现
上下波动的趋势。在实际生产过程中,产水量和产气量之间的关系主要取决于地层条
件、沉积环境、采气方式以及注水等因素,可能为正相关关系、负相关关系或者稳定关系。
从图 4.36 可以看出,对于这个数据集来说,产水量和产气量由正相关关系逐渐变为稳定
关系。

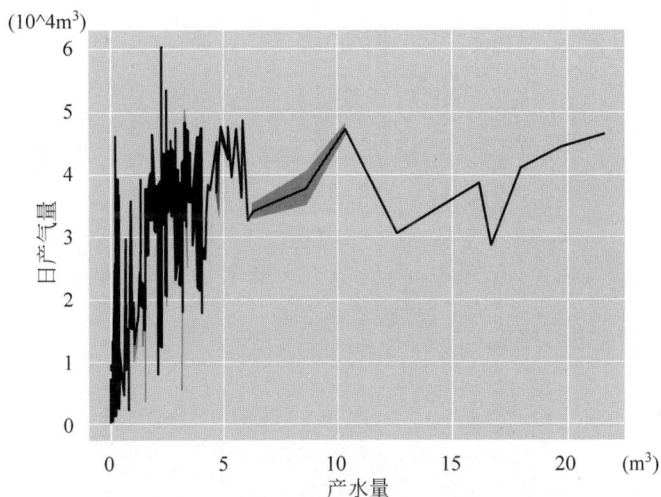

图 4.36 产水量和日产气量的对应关系

4.8.6 生产时间和日产气量的关联分析

```
01 #生产时间和日产气量之间的关系
02 sns.set(rc={"figure.figsize":(12,6)})
03 sns.set(rc={"lines.linewidth":2},font="simhei")
04 sns.lineplot(x="生产时间",y="日产气量",data=train.sort_values("生产时间"))
05 #plt.xticks(rotation=85)
06 plt.show()
```

从图 4.37 分析可以看出,总体趋势为日生产时间越长,日产气量越高。且随着生产时间的增加,气井的日产气量会先增加后减少。推测是在开始生产时,气井内部的压力相对较高,气体流动比较顺畅,生产速度也较快,此时日产气量随着生产时间的增加而增加。但随着生产时间的继续延长,气井内部的压力逐渐降低,导致气体的流动速度下降,生产效率降低,因此日产气量开始下降。

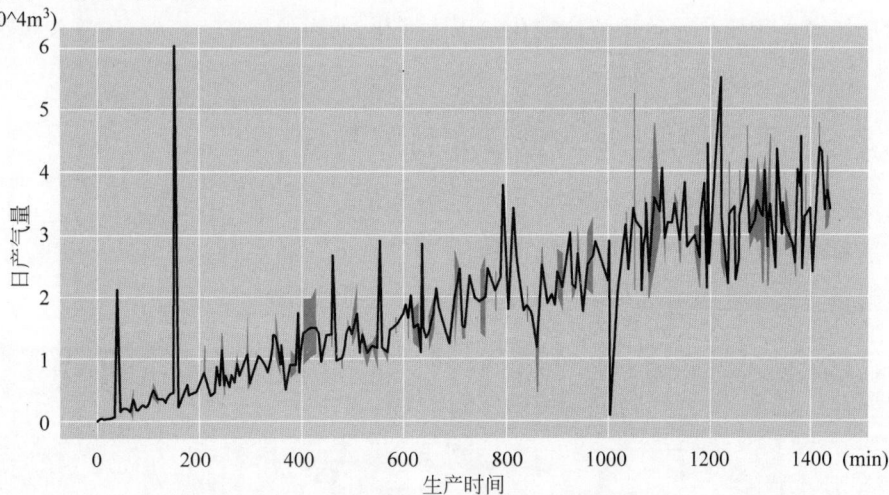

图 4.37 生产时间和日产气量的对应关系

4.8.7　气嘴直径和日产气量的关联分析

```
01 ♯使用柱状图探索气嘴直径和日产气量之间的关系
02 g＝sns.factorplot(x＝'气嘴直径',y＝'日产气量',data＝train,kind＝'bar',size＝6,palette＝'muted')
03 g.despine(left＝True)
```

从图 4.38 分析可以看出,气嘴直径为 5mm 或 7mm 时对应的日产气量较高,但气嘴直径为 7mm 时日产气量没有 5mm 时稳定,气嘴直径低于 5mm 或者高于 7mm 时日产气量均逐渐减少,气嘴直径为 6mm 时日产气量也较低。

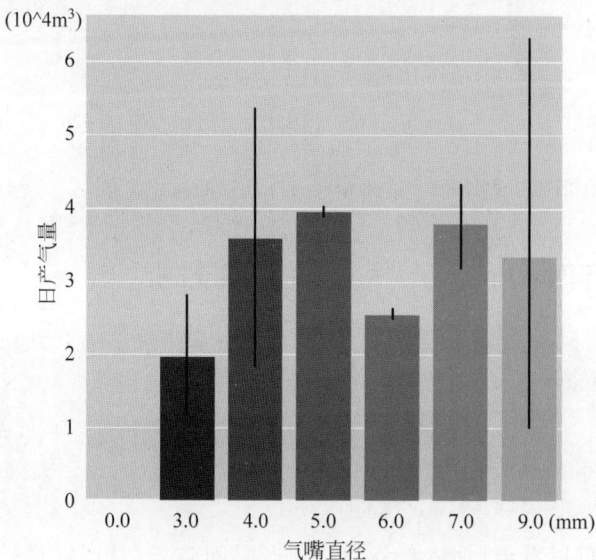

图 4.38　气嘴直径和日产气量的对应关系

气嘴直径是气井生产中的一个重要参数,它是指气井出口的气嘴内径大小。在其他条件相同的情况下,气嘴直径越大,气井的日产气量通常也会越大。但是图 4.38 中气嘴直径为 6mm 时日产气量却少于气嘴直径为 5mm 或者 7mm 时的日产气量。产生这个变化的原因可能是气嘴直径变化导致的流速变化和压力变化,如果地层压力不够,不管气嘴直径大小如何,都会影响气井的产气量。

4.8.8　平均油压、平均套压和日产气量

油压的适当提高能够增加气井产量,套压能够调节气井油气比例,油压与套压均与气井杂质含量和地层稳定性有关,为了更直观地查看平均油压和平均套压对日产气量的作用,将二者绘制在一个双 y 轴图中对比探究它们对日产气量的影响。

```
01 ♯平均油压、平均套压和日产气量之间的关系
02 sns.lineplot(x＝"平均油压", y＝"日产气量", data＝train.sort_values("平均油压"),
                                              label＝'平均油压')
03 sns.lineplot(x＝"平均套压", y＝"日产气量", data＝train.sort_values("平均套压"),
                                              label＝'平均套压')
04 ♯添加横轴标签
05 plt.xlabel('平均油压/平均套压')
```

```
06  # 显示图例
07  plt.legend()
08  plt.show()
```

由图 4.39 可以看出,随着平均油压和平均套压的升高,二者所对应的日产气量均呈现先上升后下降的趋势;平均油压控制在 11～11.5MPa 的范围内所对应的日产气量最高,平均套压控制在 13～13.5MPa 的范围内所对应的日产气量最高。

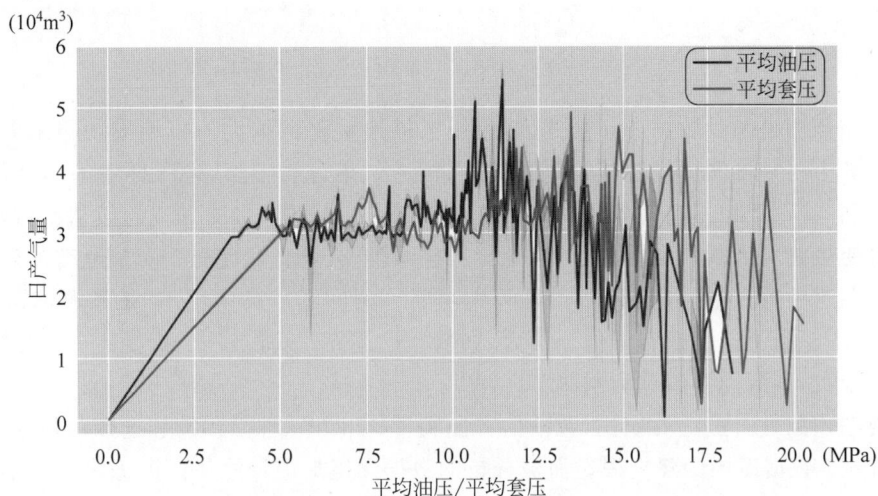

图 4.39　平均油压、平均套压和日产气量的对应关系

平均油压和平均套压都是气井生产中的重要参数,它们的适当升高能够提高气井的日产气量,但是继续升高反而会减少气井的产量,这是由于当平均油压较高时,会对气井内部的气体流动造成一定的阻力,从而减少气井的产量;而平均套压较高时,会增加气井套管和油管之间的摩擦阻力,从而影响气井的产量。

当平均油压和平均套压组合起来考虑时,它们对日产气量的影响不是简单地相加,而是相互作用的结果。具体来说,当平均油压和平均套压均较低时,气井的产量通常较高,因为这意味着气井内部没有太大的阻力和摩擦;当平均油压较高、平均套压较低时,气井的产量可能会减少,因为油液的排放会对气体的流动造成一定的阻力;当平均油压较低、平均套压较高时,气井的产量也可能会减少,因为套压的增加会增加气井套管和油管之间的摩擦阻力;当平均油压和平均套压同时较高时,气井的产量可能会受到更大的影响,因为这意味着气井内部存在较大的阻力和摩擦,并且气体流动受到了双重影响。

综上所述,平均油压和平均套压都是气井生产中非常重要的参数,它们对日产气量有着直接的影响。在实际操作中,需要根据具体的情况,合理调节这些参数,以达到最优的生产效果。

第5章

分类与预测

分类和预测是两种数据分析形式,可以用于描述重要数据类的模型或预测未来的数据趋势。分类主要是预测分类标号(离散属性),构造一个分类模型,输入样本的属性值,输出对应的类别,将每个样本映射到预先定义好的类别中。预测主要是建立连续值函数模型,预测给定自变量对应的因变量的值,评估无标号样本类,或评估给定样本可能具有的属性值或值区间。在这种观点下,分类和回归是两类主要预测问题。其中,分类是预测离散或标称值,而回归用于预测连续或有序值。然而,在数据挖掘界,一种被广泛接受的观点是"预测类标号称为分类,预测连续值称为预测"。

分类和预测具有广泛的应用,包括信誉证实、医疗诊断、性能预测和选择购物等。

训练集:数据库中为建立模型而被分析的数据元组形成训练集。训练集中的单个元组称为训练样本,每个训练样本有一个类别标记。一个具体样本的形式可为$(v_1, v_2, \cdots, v_n; c)$;其中,$v_i$ 表示属性值,c 表示类别。

测试集:用于评估分类模型的准确率。

5.1 分类的基本过程

数据分类是一个两步过程。

第一步,建立一个模型,描述预定的数据类或概念集。通过分析由属性描述的数据库元组来构造模型。假定每个元组属于一个预定义的类,由一个称作类标号属性的属性确定。对于分类,数据元组也称作样本、实例或对象。为建立模型而被分析的数据元组形成训练数据集。训练数据集中的单个元组称作训练样本,并随机地由样本群选取。由于提供了每个训练样本的类标号,该步也称作有指导的学习(即模型的学习在被告知每个训练样本属于哪个类的"指导"下进行)。它不同于无指导的学习/聚类,每个训练样本的类标号是未知的,要学习的类集合或数量也可能事先不知道。通常,学习模型以分类规则、判定树或数学公式的形式提供。例如,石油公司为岩石数据建立了一个数据库,可以学习分类规则,根据压入硬度、微钻钻速以及岩石等级来判断岩石的等级(见图 5.1(a))。该规则可以用来为以后的数据样本分类,也能为数据库的内容提供更好的理解。

第二步(见图 5.1(b)),使用模型进行分类。首先评估模型(分类法)的预测准确率。保持(Holdout)是一种使用类标号样本测试集的简单方法。这些样本随机选取,并独立于训练样本。模型在给定测试集上的准确率是被模型正确分类的测试样本的百分比。对于每个测试样本,将已知的类标号与学习模型预测的类标号做比较。注意,如果模型的准确率根据训练数据集评估,评估可能是乐观的,因为学习模型倾向于过度贴合训练数据的特征(即某些只存在于训练数据中的异常特征也会被学习到)。因此,需要使用测试集对模型进行评估。

如果认为模型的准确率可以接受,就可以用它对类标号未知的数据元组或对象进行分类(这种数据在机器学习中也称为"未知的"或"先前未见到的"数据)。例如,在图 5.1(a)通过分析岩石的等级学习到的分类规则可以用来预测新的岩石等级。

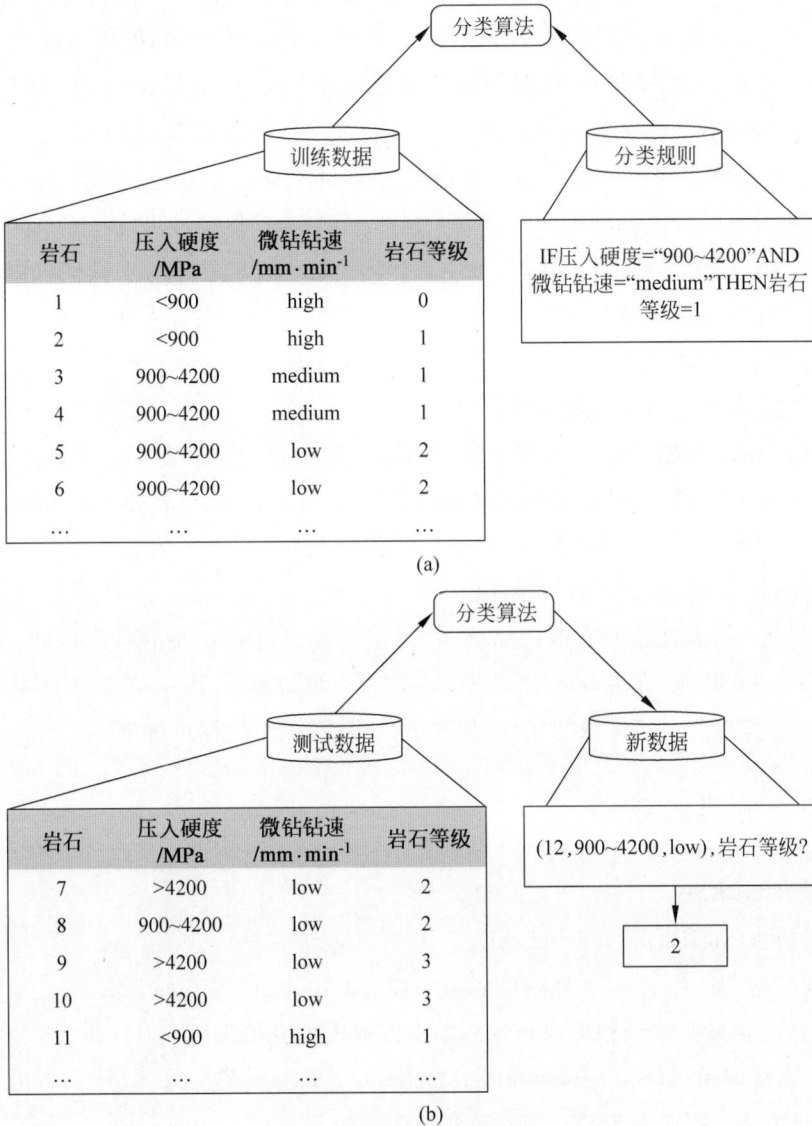

(a)

(b)

图 5.1 数据分类过程

（a）学习:用分类算法分析训练数据。这里,类标号属性是岩石等级,学习模型或分类法以分类规则形式提供。（b）分类:测试数据用于评估分类规则的准确率。如果准确率是可以接受的,则规则用于新的数据元组分类

5.2　分类模型的构造方法

5.2.1　数据准备

对数据使用下面的预处理,以便提高分类和预测过程的准确性、有效性和可规模性。

(1) 数据清理:旨在消除或减少数据噪声(如使用平滑技术)和处理遗漏值(如使用该属性最常出现的值,或根据统计,用最可能的值替换遗漏值)的数据预处理。尽管大部分分类算法都有处理噪声和遗漏值的机制,但该步骤有助于减少数据学习时的混乱。

(2) 相关性分析:数据中许多属性可能与分类和预测任务不相关。例如,记录银行贷款的签署时间可能与是否成功申请到贷款不相关。此外,其他属性可能是冗余的。因此,可以进行相关分析,删除学习过程中不相关或冗余的属性。在机器学习中,这一过程称为特征选择。包含这些属性将减慢和误导学习步骤。理想地,用在相关分析上的时间,加上从"压缩的"结果子集上学习的时间,应当少于由原来的数据集合上学习所花的时间。因此,这种分析可以帮助提高分类的有效性和可规模性。

(3) 数据变换:数据可以泛化到较高层概念。对于连续值属性,这一步非常有用。例如,属性"微钻钻速"的数值可以泛化为离散的区间,如 low、medium 和 high。类似地,标称值,如 street,可以泛化到高层概念,如 city。由于泛化压缩了原来的训练数据,学习时的输入/输出操作将减少,数据也可以规范化。

(4) 规范化:将属性的所有值按比例缩放,使得它们落入较小的指定区间,如−1.0~1.0 或 0.0~1.0。例如,在使用距离度量的方法中,可以防止具有较大初始域的属性(如 income)相对于具有较小初始域的属性(如二进位属性)赋予的权重过大。

5.2.2　分类方法

(1) 机器学习方法。

① 决策树法(如 ID3,C4.5,SLIQ)。

② 规则归纳(如 Aprior,CBA(Classification Based on Association)算法,LB(Large Bayes)算法是综合概率统计和关联规则的知识而提出的分类算法)。

③ 基于支持向量机(Support Vector Machine,SVM)分类。

(2) 统计方法:知识表示是判别函数和原型事例。

① 贝叶斯法。

② 非参数法(近邻学习或基于事例的学习)。

(3) 神经网络方法。

BP 算法(error BackPropagation,误差逆传播),模型表示是前馈神经网络模型。

(4) 粗糙集:知识表示是产生式规则。

5.2.3　方法评估标准

（1）预测准确率。

预测准确率描述模型正确预测未知对象类别的能力。例如，通过 10 折交叉验证方法评估。

（2）计算复杂度。

计算复杂度包括时间复杂度和空间复杂度。涉及生成和使用模型的计算成本。

（3）模型描述的简洁度（可理解性）。

模型描述的简洁度涉及学习模型提供的理解和洞察的层次。

（4）鲁棒性。

鲁棒性描述模型正确预测给定噪声数据或具有空缺值的数据的能力。

（5）可伸缩性。

可伸缩性涉及给定大量数据，有效地构造模型的能力。

5.3　基于决策树（判定树）的分类

从机器学习中引出的决策树（Decision Tree）算法是一种较为通用并被深入研究的函数逼近方法，目前已形成了多种决策树算法，如 CLS、ID3、CHAID、CART、C4.5 等。

决策树的起源是于 1962 年提出的 CLS（Concept Learning System），CLS 是由 Hunt、Marin 和 Stone 为了研究人类概念模型而得来的，该模型为很多决策树算法的发展奠定了很好的基础；1984 年，L. Breiman 等人提出了 CART（Classification and Regression Tree）算法，采用基尼指数作为属性分裂的标准；1979—1986 年，J. R. Quinlan 提出了 ID3 算法，但 ID3 算法无法处理连续型数据，且未考虑缺失值的处理；1993 年，J. R. Quinlan 又提出了 C4.5 算法，克服了 ID3 算法的一些不足；1996 年，M. Mehta 和 R. Agrawal 等人提出了一种高速可伸缩的有监督的寻找学习分类算法 SLIQ（Supervised Learning In Quest），破除了部分主存的限制；1996 年，J. Shafer 和 R. Agrawal 等人提出了可伸缩并行归纳决策树分类方法 SPRINT（Scalable PaRallelizable INduction of Decision Trees），真正意义上破除主存限制；1998 年，R. Rastogi 等人提出一种将建树和修剪相结合的分类算法 PUBLIC（A Decision Tree that Integrates Building and Pruning），是典型的预剪枝算法，也采用基尼指数作为属性分裂标准，可以说是 CART 的一种改进。此后还陆续涌现了许多改进决策树，如 C5.0、C&RT（Classification and Regression Tree）、QUEST（Quick Unbiased Efficient Statistical Tree）等。

决策树是一个类似流程图的树结构，其中树的每个内部结点代表对一个属性的测试，即形式为 $(a_i = v_i)$ 的逻辑判断，其中，a_i 是属性，v_i 是该属性的某个属性值，其分支就代表测试的每个结果，也就是每一种可能的值和一条边一一对应，叶子结点指定一个类别，代表类或类分布，树的最顶层结点是根结点。决策树分类方法采用自顶向下的递归方式。接 5.1 节中的例子，一棵典型的决策树如图 5.2 所示，它表示概念"岩石可钻性"，预测油气开采中岩石的钻探难易程度，在这里暂且将"微钻钻速"大于 $135\mathrm{mm} \cdot \min^{-1}$ 的称为高速，记为

high；$21\sim134\text{mm}\cdot\text{min}^{-1}$ 的称为中速，记为 medium；小于 $20\text{mm}\cdot\text{min}^{-1}$ 的称为低速，记为 low；"岩石可钻性"大于 $0.6\text{m}\cdot\text{h}^{-1}$ 的称为高可钻性（高），小于 $0.6\text{m}\cdot\text{h}^{-1}$ 的称为低可钻性（低）。内部结点用矩形表示，而树叶用椭圆表示。

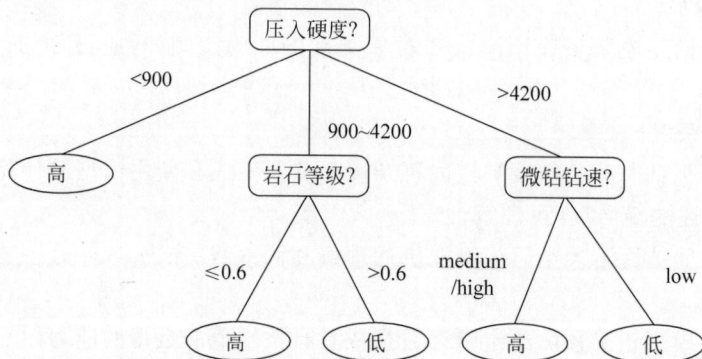

图 5.2 "岩石可钻性"的判定树

5.3.1 决策树分类步骤

使用决策树进行分类一般有两个主要步骤：①建立决策树，利用训练样本生成决策树模型；②修剪决策树。

建立决策树采用自上而下分而治之的方法。开始时，所有的数据都在根结点，所有记录用所选属性递归地进行分割，属性的选择基于一个启发式规则或者一个统计的度量。当满足以下两个条件之一时停止数据分割：①一个结点上的数据都是属于同一个类别；②不存在更多属性进行数据分割。

修剪决策树主要通过消除统计噪声或数据波动的影响来净化树。决策树的修剪就是使用一个叶子结点来替代一棵子树。若检测到某规则下的子树中的误分类率较高，则进行替换。

通常，建树阶段的耗时要比修剪阶段的大，因为建树阶段要对数据进行多次扫描，而修剪阶段只需访问生成的决策树。

5.3.2 决策树 ID3 算法

本节以 ID3 算法为例对决策树分类进行解释。ID3 与 C4.5 是 Quinlan 为了从数据中归纳分类模型而构造的算法。有以下特点：给定一个记录的集合，每个记录都有相同的结构，类别属性所取的值只限于 {true, false}，{success, failure}，{yes, no} 等离散值；决策树中每一个非叶子结点对应着一个非类别属性，树枝代表这个属性的值；一个叶子结点代表从树根到叶子结点之间的路径对应的记录所属的类别属性值；每个非叶子结点与具有最大信息量的非类别属性相关联。采用信息增益作为标准来选择能最有效分类样本的属性。

基本过程如下。

算法：**Generate_decision_tree**。由给定的训练数据产生一棵判定树。
输入：训练样本 samples，由离散属性值表示；候选属性的集合 attribute_list。
输出：一棵判定树。

步骤:

  (1) 创建结点 N;

  (2) **if** samples 都在同一个类 C **then**

  (3)   return N 作为叶子结点,以类 C 标记;

  (4) **if** attribute _list 为空 **then**

  (5)   return N 作为叶子结点,标记为 samples 中最普通的类;

  (6) 选择 attribute_list 中具有最高信息增益的属性 test_attribute;

  (7) 标记结点 N 为 test_attribute;

  (8) **for each** test_attribute 中的未知值 a_i

  (9)   由结点 N 长出一个条件为 test_attribute $= a_i$ 的分支;

  (10)   设 s_i 是 samples 中 test_attribute $= a_i$ 的样本的集合;

  (11)   **if** s_i 为空 **then**

  (12)   加上一个树叶,标记为 samples 中最普通的类;

  (13)   **else** 加上一个由 Generate_decision_tree(s_i, attribute_list-test_attribute)返回的结点。

基本策略如下。

- 树以代表训练样本的单个结点开始(步骤1)。
- 如果样本都在同一个类,则该结点成为树叶,并用该类标号(步骤2和3)。
- 否则,算法使用称为信息增益的基于熵的度量作为启发信息,选择能够最好地将样本分类的属性(步骤6)。该属性成为该结点的"测试"或"判定"属性(步骤7)。在算法的该版本中,所有的属性都是分类的,即离散值。连续属性必须离散化。
- 对测试属性的每个已知的值,创建一个分支,并据此划分样本(步骤8～10)。
- 算法使用同样的过程,递归地形成每个划分上的样本判定树。一旦一个属性出现在一个结点上,就不必在该结点的任何后代上考虑它(步骤13)。
- 递归划分步骤仅在以下任一条件成立时停止。

  a. 给定结点的所有样本属于同一类(步骤2和3)。

  b. 没有剩余属性可以用来进一步划分样本(步骤4)。在此情况下,使用多数表决(步骤5)。这涉及将给定的结点转换成树叶,并用样本中的多数所在的类标记它。

  c. 分支 test_attribute$=a_i$ 没有样本(步骤11)。在这种情况下,以 samples 中的多数类创建一个树叶(步骤12)。

5.3.3 属性选择方法

在决策树生成方法中,通常使用信息增益来帮助确定生成每个结点时所应采用的属性。选择具有最高信息增益的属性作为当前结点的测试属性。这种度量称作属性选择度量或分裂的优劣度量。该属性使得对结果划分中的样本分类所需的信息量最小,并反映划分的最小随机性或"不纯性"。这种信息理论方法使得对一个对象分类所需的期望测试数目最小,并确保找到一棵简单的(但不必是最简单的)树。

设 S 是 s 个数据样本的集合。假定类标号属性具有 m 个不同值,定义 m 个不同类 C_i ($i = 1,2,\cdots,m$)。设 s_i 是类 C_i 中的样本数。对一个给定的样本分类所需的期望信息由式(5.1)给出。

$$I(S_1,S_2,\cdots,S_m)=-\sum_{i=1}^{m}p_i\log_2(p_i) \tag{5.1}$$

其中，p_i 是任意样本属于 C_i 的概率，并用 $\dfrac{S_i}{S}$ 估计。注意，对数函数以 2 为底，因为信息用二进制编码。

设属性 A 具有 v 个不同值 $\{a_1,a_2,\cdots,a_v\}$。可以用属性 A 将 S 划分为 v 个子集 $\{S_1,S_2,\cdots,S_v\}$；其中，S_j 包含 S 中这样一些样本，它们在 A 上具有值 a_j。如果 A 选作测试属性（即最好的划分属性），则这些子集对应由包含集合 S 的结点生长出来的分支。设 s_{ij} 是子集 S_j 中类 C_i 的样本数。根据 A 划分子集的熵或期望信息由式(5.2)给出。

$$E(A)=\sum_{j=1}^{v}\frac{s_{1j}+s_{2j}+\cdots+s_{mj}}{s}I(s_{1j},s_{2j},\cdots,s_{mj}) \tag{5.2}$$

项 $\dfrac{s_{1j}+s_{2j}+\cdots+s_{mj}}{s}$ 充当第 j 个子集的权，并且等于子集（即 A 值为 a_j）中的样本个数除以 S 中的样本总数。熵值越小，子集划分的纯度越高。注意，对于给定的子集 S_j，有

$$I(s_{1j},s_{2j},\cdots,s_{mj})=-\sum_{i=1}^{m}P_{ij}\log_2(P_{ij}) \tag{5.3}$$

其中，$P_{ij}=\dfrac{S_{ij}}{|S_j|}$，是 S_j 中的样本属于 C_i 的概率。

在 A 上分支将获得的编码信息是

$$\mathrm{Gain}(A)=I(S_1,S_2,\cdots,S_m)-E(A) \tag{5.4}$$

换言之，$\mathrm{Gain}(A)$ 是由于知道属性 A 的值而导致的熵的期望压缩。

算法计算每个属性的信息增益。具有最高信息增益的属性选作给定集合 S 的测试属性。创建一个结点，并以该属性标记，对属性的每个值创建分支，并据此划分样本。

例 5.1　表 5.1 给出了取自百度百科的岩石可钻性数据元组。类标号属性"岩石可钻性"有两个不同值，即 {高，低}，因此有两个不同的类($m=2$)。设类 C_1 对应"高"，而类 C_2 对应"低"。"高"类有 9 个样本，"低"类有 5 个样本。为计算每个属性的信息增益，首先使用式(5.1)，计算对给定样本分类所需的期望信息：

$$I(s_1,s_2)=I(9,5)=-\frac{9}{14}\log_2\frac{9}{14}-\frac{5}{14}\log_2\frac{5}{14}=0.940$$

表 5.1　岩石可钻性数据元组

RID	压入硬度	微钻钻速	岩　石	岩　石　等　级	Class：岩石可钻性
1	＜900	high	no	0	yes
2	＜900	high	no	0	yes
3	900～4200	high	no	1	no
4	＞4200	medium	yes	2	yes
5	＞4200	low	yes	2	yes
6	＞4200	low	yes	3	no
7	900～4200	low	yes	1	no
8	＜900	high	no	0	yes

续表

RID	压入硬度	微钻钻速	岩 石	岩 石 等 级	Class：岩石可钻性
9	＜900	high	yes	1	yes
10	＞4200	medium	yes	2	yes
11	＜900	high	yes	0	yes
12	900～4200	medium	no	2	no
13	900～4200	high	yes	2	yes
14	＞4200	medium	yes	3	no

在实现时先确定程序所需环境和工程包(以 Python 实现为例)：

```
01 #- * - coding: UTF-8 - * -
02 from math import log
03 import operator
```

人工对数据集进行属性定义。

- 压入硬度：0 代表＜900,1 代表 900～4200,2 代表＞4200。
- 微钻钻速：0 代表 low,1 代表 medium,2 代表 high。
- 岩石：0 代表否(包括土、冰、煤等),1 代表是。
- 岩石等级：0 代表软岩石,1 代表中硬岩石,2 代表硬岩石,3 代表坚硬岩石。
- 类别(岩石可钻性)：yes 代表高,no 代表低。

```
01 """
02 函数说明：创建数据集
03 """
04 def createDataSet():
05     dataSet = [[0, 2, 0, 0, 'yes'], [0, 2, 0, 0, 'yes'],[1, 2, 0, 1, 'no'], [2, 1, 1, 2, 'yes'],
[2, 0, 1, 2, 'yes'], [2, 0, 1, 3, 'no'], [1, 0, 1, 1, 'no'], [0, 2, 0, 0, 'yes'],[0, 2, 1, 1, 'yes'],
[2, 1, 1, 2, 'yes'], [0, 2, 1, 0, 'yes'], [1, 1, 0, 2, 'no'], [1, 2, 1, 2, 'yes'], [2, 1, 1, 3, 'no']]
06     labels = ['压入硬度', '微钻钻速', '是岩石', '岩石等级']      #分类属性
07     return dataSet, labels                                      #返回数据集和分类属性
```

下一步需要计算每个属性的熵。从属性"压入硬度"开始。需要观察"压入硬度"的每个样本值的"高"和"低"分布。对每个分布计算期望信息,如表 5.2 所示。

表 5.2　根据压入硬度计算每个分布的期望信息

压 入 硬 度	可钻性高(yes)数量	可钻性低(no)数量	期望信息得分
＜900	$s_{11} = 5$	$s_{21} = 0$	$I(s_{11}, s_{21}) = 0$
900～4200	$s_{12} = 1$	$s_{22} = 3$	$I(s_{12}, s_{22}) = 0.811$
＞4200	$s_{13} = 3$	$s_{23} = 2$	$I(s_{13}, s_{23}) = 0.971$

使用式(5.2),如果样本按"压入硬度"划分,对一个给定的样本分类所需的期望信息为

$$E(压入硬度) = \frac{5}{14} I(s_{11}, s_{21}) + \frac{4}{14} I(s_{12}, s_{22}) + \frac{5}{14} I(s_{13}, s_{23}) = 0.579$$

```
01 """
02 函数说明：计算给定数据集的经验熵(香农熵)
03 Parameters:
04     dataSet -数据集
```

```
05 Returns:
06     shannonEnt -经验熵(香农熵)
07 """
08 def calcShannonEnt(dataSet):
09     numEntries= len(dataSet)                              # 返回数据集的行数
10     labelCounts = {}                                      # 保存每个标签(Label)出现次数的字典
11     for featVec in dataSet:                               # 对每组特征向量进行统计
12         currentLabel = featVec[−1]                        # 提取标签(Label)信息
13         if currentLabel not in labelCounts.keys():        # 如果标签(Label)没有放入统计次数的
                                                             # 字典,添加进去
14             labelCounts[currentLabel] = 0
15             labelCounts[currentLabel] += 1                # Label 计数
16     shannonEnt = 0.0                                      # 经验熵(香农熵)
17     for key in labelCounts:                               # 计算香农熵
18         prob = float(labelCounts[key]) / numEntires       # 选择该标签(Label)的概率
19         shannonEnt -= prob * log(prob, 2)
20     return shannonEnt                                     # 返回经验熵(香农熵)
```

因此,这种划分的信息增益为

$$\text{Gain}(压入硬度) = I(S_1, S_2) - E(压入硬度) = 0.361$$

类似地,可以计算 Gain(微钻钻速)、Gain(岩石)和 Gain(岩石等级)。

```
01 """
02 函数说明:按照给定特征划分数据集
03 Parameters:
04     dataSet - 待划分的数据集
05     axis - 划分数据集的特征
06     value - 需要返回的特征的值
07 """
08 def splitDataSet(dataSet, axis, value):
09     retDataSet = []                                       # 创建返回的数据集列表
10     for featVec in dataSet:                               # 遍历数据集
11         if featVec[axis] == value:
12             reducedFeatVec = featVec[:axis]               # 去掉 axis 特征
13             reducedFeatVec.extend(featVec[axis+1:])       # 将符合条件的添加到返回的数据集
14             retDataSet.append(reducedFeatVec)
15     return retDataSet                                     # 返回划分后的数据集
16 """
17 函数说明:选择最优特征
18 Parameters:
19     dataSet -数据集
20 Returns:
21     bestFeature -信息增益最大的(最优)特征的索引值
22 """
23 def chooseBestFeatureToSplit(dataSet):
24     numFeatures = len(dataSet[0]) − 1                     # 特征数量
25     baseEntropy = calcShannonEnt(dataSet)                 # 计算数据集的香农熵
26     bestInfoGain = 0.0                                    # 信息增益
27     bestFeature = −1                                      # 最优特征的索引值
28     for i in range(numFeatures):                          # 遍历所有特征
29         featList = [example[i] for example in dataSet]    # 获取 dataSet 的第 i 个特征
30         uniqueVals = set(featList)                        # 创建 set 集合{},元素不可重复
31         newEntropy = 0.0                                  # 经验条件熵
```

32	for value in uniqueVals:	#计算信息增益
33	subDataSet = splitDataSet(dataSet, i, value)	#subDataSet 划分后的子集
34	prob = len(subDataSet) / float(len(dataSet))	#计算子集的概率
35	newEntropy += prob * calcShannonEnt(subDataSet)	#根据公式计算经验条件熵
36	infoGain = baseEntropy - newEntropy	#信息增益
37	print("第%d个特征的增益为%.3f" % (i, infoGain))	#打印每个特征的信息增益
38	if (infoGain > bestInfoGain):	#计算信息增益
39	bestInfoGain = infoGain	#更新信息增益,找到最大 #的信息增益
40	bestFeature = i	#记录信息增益最大的特征 #的索引值
41	return bestFeature	#返回信息增益最大的特征 #的索引值

由于"压入硬度"在属性中具有最高信息增益,它被选作测试属性。创建一个结点,用"压入硬度"标记,并对于每个属性值引出一个分支。样本据此划分,如图 5.3 所示。注意,落在分区压入硬度"<900"的样本都属于同一类。由于它们都属于一类"高",因此要在该分支的端点创建一个树叶,并用"高"标记。算法返回的最终判定树如图 5.3 所示。

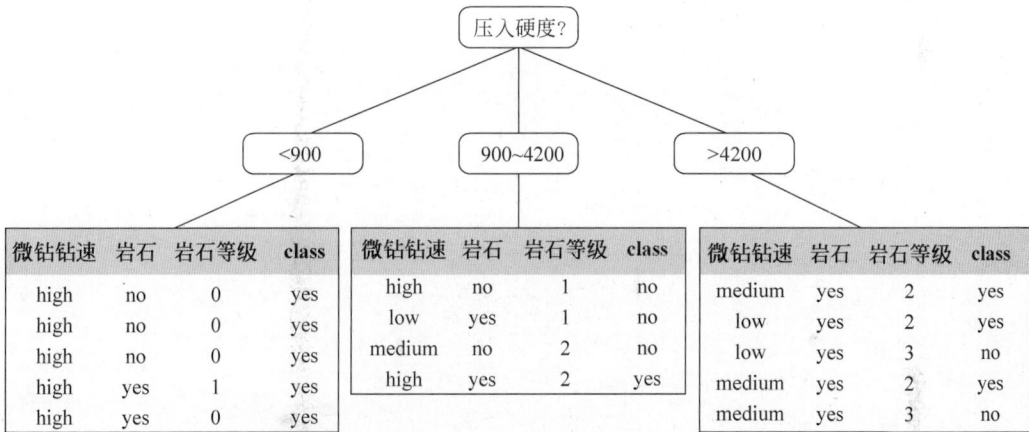

图 5.3 判定树

```
01 """
02 函数说明:统计 classList 中出现次数最多的元素(类标签)
03 Parameters:
04    classList -类标签列表
05 Returns:
06    sortedClassCount[0][0] -出现次数最多的元素(类标签)
07 """
08 def majorityCnt(classList):
09    classCount = {}
10    for vote in classList:                              #统计 classList 中每个元素出现的次数
11        if vote not in classCount.keys():
12            classCount[vote] = 0
13        classCount[vote] += 1
14    sortedClassCount = sorted(classCount.items(), key = operator.itemgetter(1), reverse = True)
                                                          #根据字典的值降序排序
15    return sortedClassCount[0][0]                       #返回 classList 中出现次数最多的元素
16 """
```

```
17 函数说明:递归构建决策树
18 Parameters:
19     dataSet -训练数据集
20     labels -分类属性标签
21     featLabels -存储选择的最优特征标签
22 Returns:
23     myTree -决策树
24 """
25 def createTree(dataSet, labels, featLabels):
26     classList = [example[-1] for example in dataSet]          #取分类标签(可钻性高低:yes
                                                                   # or no)
27     if classList.count(classList[0]) == len(classList):       #如果类别完全相同则停止划分
28         return classList[0]
29     if len(dataSet[0]) == 1:                                   #遍历完所有特征时返回出现次数
                                                                   #最多的类标签
30         return majorityCnt(classList)
31     bestFeat = chooseBestFeatureToSplit(dataSet)               #选择最优特征
32     bestFeatLabel = labels[bestFeat]                           #最优特征的标签
33     featLabels.append(bestFeatLabel)
34     myTree = {bestFeatLabel:{}}                                #根据最优特征的标签生成树
35     del(labels[bestFeat])                                      #删除已经使用的特征标签
36     featValues = [example[bestFeat] for example in dataSet]    #得到最优特征的属性值
37     uniqueVals = set(featValues)                               #去掉重复的属性值
38     for value in uniqueVals:
39         subLabels=labels[:]
40         myTree[bestFeatLabel][value] = createTree(splitDataSet(dataSet, bestFeat, value),
subLabels, featLabels)   #递归调用函数 createTree(),遍历特征,创建决策树
41     return myTree
```

构建决策树的目的是实现分类功能。

```
01 """
02 函数说明:使用决策树执行分类
03 Parameters:
04     inputTree -已经生成的决策树
05     featLabels -存储选择的最优特征标签
06     testVec -测试数据列表,顺序对应最优特征标签
07 Returns:
08     classLabel -分类结果
09 """
10 def classify(inputTree, featLabels, testVec):
11     firstStr = next(iter(inputTree))                  #获取决策树结点
12     secondDict = inputTree[firstStr]                  #下一个字典
13     featIndex = featLabels.index(firstStr)
14     for key in secondDict.keys():
15         if testVec[featIndex] == key:
16             if type(secondDict[key]).__name__ == 'dict':
17                 classLabel = classify(secondDict[key], featLabels, testVec)
18             else:
19                 classLabel = secondDict[key]
20     return classLabel
```

当决策树功能模块搭建好后,即可使用主函数调用完成分类。

```
01 if __name__ == '__main__':
02     dataSet, labels = createDataSet()
03     featLabels = []
04     myTree = createTree(dataSet, labels, featLabels)
05     print(myTree)
06     testVec = [0, 1]                          ＃测试数据
07     result = classify(myTree, featLabels, testVec)
08     if result == 'yes':
09         print('岩石可钻性高')
10     if result == 'no':
11         print('岩石可钻性低')
```

例 5.2 表 5.3 给出了不同天气情况下是否适合打高尔夫球的数据。类标号属性"适合打高尔夫"有两个不同值,即{yes，no}。类 yes 有 9 个样本,类 no 有 5 个样本。

表 5.3 高尔夫运动环境训练数据元组

天 气	温 度	湿 度	风 况	适合打高尔夫
晴	85	85	无	no
晴	80	90	有	no
多云	83	78	无	yes
雨	70	96	无	yes
雨	68	80	无	yes
雨	65	70	有	no
多云	64	65	有	yes
晴	72	95	无	no
晴	69	70	无	yes
雨	75	80	无	yes
晴	75	70	有	yes
多云	72	90	有	yes
多云	81	75	无	yes
雨	71	80	有	no

从属性"天气"开始,观察每个样本值的 yes 和 no 分布,对每个分布计算期望信息,如表 5.4 所示。

表 5.4 根据天气计算每个分布的期望

天 气	适合打高尔夫天数	不适合打高尔夫天数	期望信息得分
晴	$s_{11} = 2$	$s_{21} = 3$	$I(s_{11}, s_{21}) = 0.971$
多云	$s_{12} = 4$	$s_{22} = 0$	$I(s_{12}, s_{22}) = 0$
雨	$s_{13} = 3$	$s_{23} = 2$	$I(s_{13}, s_{23}) = 0.971$

接下来请读者自行计算。

5.3.4 基本决策树方法的改进

针对 ID3 算法的特点,可以从以下 4 方面进行改进:①连续属性的处理;②测试属性的改进;③属性的选择;④遗失数据的处理。

1. 连续属性的处理

ID3 要求所有的属性都必须是符号量或是无序的离散值。因此该算法首先需要改进以便容许可取连续值的属性。

可以从连续型数据入手,使用属性离散化技术使 ID3 能够利用连续型数据。最简单的策略是采用二分法对连续属性进行处理,这正是 C4.5 决策树算法中采用的机制。假设 c_i 有连续的属性值,先将其值排序为 $A_1, A_2, \cdots, A_m$,对每个值 $A_j(j=1,2,\cdots,m)$,将所有记录划分成两部分($\leqslant A_j$ 和 $> A_j$),针对每个划分分别计算信息增益,选择取最大增益值的值进行划分。

2. 测试属性的改进

基本的决策树归纳方法对一个测试属性的每个取值均产生一个相应分支,且划分相应的数据样本集。这样的划分会导致产生许多小的子集。随着子集被划分得越来越小,划分过程将会由于子集规模过小所造成的统计特征不充分而停止(如按 key 分类)。

可以将一个(取离散值)属性的若干值组合在一起,这样在测试该属性时,将是对属性的一组取值进行测试。

3. 属性的选择

信息增益选择方法有一个很大的缺陷,它总是会倾向于选择属性值多的属性,如果在表 5.3 的数据记录中加一个“姓名”属性,假设 14 条记录中的每个人姓名不同,那么信息增益就会选择“姓名”作为最佳属性,因为按“姓名”分裂后,每个组只包含一条记录,而每条记录只属于一类(要么购买计算机要么不购买),因此纯度最高,以“姓名”作为测试分裂的结点下面有 14 个分支。但是这样的分类没有意义,它没有任何泛化能力。

针对这一问题,人们也提出了许多方法,如 C4.5 决策树采用增益-比率(GainRatio)方法,将每个属性取值的概率考虑在内,衡量属性分裂数据的广度和均匀性。增益-比率首先将数据进行分割:

$$\text{SplitInfo}(S,A) = -\sum_{i=1}^{v} \frac{|S_i|}{|S|} \log_2 \frac{|S_i|}{|S|} \tag{5.5}$$

其中,$S_1 \sim S_v$ 是 v 个值的属性 A 分割 S 而形成的 v 个样本子集。SplitInfo 的值代表由训练集 S 划分成对于属性 A 测试的 v 个输出的 v 个分区产生的信息。v 越大,则 SplitInfo (S,A) 的取值通常会越大。在高尔夫的例子里 SplitInfo(S, 天气)为

$$-\frac{5}{14} \log_2 \frac{5}{14} - \frac{4}{14} \log_2 \frac{4}{14} - \frac{5}{14} \log_2 \frac{5}{14} = 1.58$$

通过分割信息重新计算信息增益:

$$\text{GainRatio}(S,A) = \frac{\text{Gain}(S,A)}{\text{SplitInfo}(S,A)} \tag{5.6}$$

增益率准则对可取值数目较少的属性有所偏好,因此增益-比率使用了一个启发式思想:先从候选划分属性中找出信息增益高于平均水平的属性,再从中选择增益率最高的。

```
01  """
02  函数说明:定义统计等值元素
03  """
04  equalNums = lambda x,y: 0 if x is None else x[x==y].size
05  """
06  函数说明:定义计算输入序列信息熵
07  Parameters:
08      equalNums -统计等值元素
09  Returns:
10      entropy -信息熵
11  """
12  def singleEntropy(x):                              #定义计算信息熵的函数
13      x = np.asarray(x)                              #转换为 NumPy 矩阵
14      xValues = set(x)                               #取所有不同值
15      entropy = 0                                    #计算熵值
16      for xValue in xValues:
17          p = equalNums(x, xValue) / x.size
18          entropy -= p * math.log(p, 2)
19      return entropy
20  """
21  函数说明:定义计算某特征 feature 条件下 y 的条件信息熵
22  Parameters:
23      feature -数据集中的特征
24  Returns:
25      entropy -条件信息熵
26  """
27  def conditionnalEntropy(feature, y):
28      feature = np.asarray(feature)                  #转换为 NumPy
29      y = np.asarray(y)
30      featureValues = set(feature)                   #取特征的不同值
31      entropy = 0                                    #计算熵值
32      for feat in featureValues:
33          #y[feature == feat]是取 y 中 feature 元素值等于 feat 的元素索引的 y 的元素的子集
34          p = equalNums(feature, feat) / feature.size
35          entropy += p * singleEntropy(y[feature == feat])
36      return entropy
37  """
38  函数说明:定义信息增益
39  Parameters:
40      feature -数据集中的特征
41  Returns:
42      Gain -某特征的信息增益
43  """
44  def infoGain(feature, y):
45      return singleEntropy(y) -conditionnalEntropy(feature, y)
46  """
47  函数说明:定义信息增益率
48  Parameters:
49      feature -数据集中的特征
50  Returns:
51      GainRatio -某特征的信息增益率
52  """
53  def infoGainRatio(feature, y):
54      return 0 if singleEntropy(feature) == 0 else infoGain(feature, y) / singleEntropy(feature)
```

CART 决策树使用 Gini Index(基尼指数)来选择划分属性。如果数据集 T 包含来自 n

个类的样本,则 Gini 指数定义为

$$\text{Gini}(T) = 1 - \sum_{j=1}^{n} p_j^2 \qquad (5.7)$$

其中,p_j 表示类 j 出现的频率。$\text{Gini}(T)$ 反映了从数据集 T 中随机抽取两个样本,其类别不一致的概率。因此,$\text{Gini}(T)$ 越小,则数据集 T 的纯度越高。如果一个划分将数据集 T 分成两个子集 S_1 和 S_2,则分割后的 $\text{Gini}_{\text{split}}$ 是

$$\text{Gini}_{\text{split}}(T) = \frac{n_1}{n}\text{Gini}(S_1) + \frac{n_2}{n}\text{Gini}(S_2) \qquad (5.8)$$

其中,n_1 和 n_2 表示子集 S_1 和 S_2 的数据量。最小 $\text{Gini}_{\text{split}}$ 就被选择作为数据分割的标准。

以例 5.1 中岩石可钻性数据为例,先用基尼指数估算一下整个样本 D 的不纯度:

$$\text{Gini}(D) = 1 - \left(\frac{9}{14}\right)^2 - \left(\frac{5}{14}\right)^2 = 0.459$$

为了找出 D 中元组的分裂准则,需要计算每个属性的基尼指数。从属性微钻钻速开始,微钻钻速有 3 个元素,子集有 8 个,考虑其真子集(6 个),存在 6 种形成数据集 D 的两个分区的可能方法。考虑微钻钻速的二元划分有{low,medium}和{high},{low,high}和{medium},{medium,high}和{low}。

对第一种划分有:属于{low,medium}的子集 S_1 中有 7 个样本,属于{high}的子集 S_2 中有 7 个样本,则:

$$\text{Gini}(S_1) = 1 - \left(\frac{3}{7}\right)^2 - \left(\frac{4}{7}\right)^2 = 0.490$$

$$\text{Gini}(S_2) = 1 - \left(\frac{6}{7}\right)^2 - \left(\frac{1}{7}\right)^2 = 0.245$$

$$\text{Gini}_{\{\text{low,medium}\}\text{和}\{\text{high}\}}(微钻钻速) = \frac{7}{14}\text{Gini}(S_1) + \frac{7}{14}\text{Gini}(S_2) = 0.367$$

同理可算出第二种划分的基尼指数为 0.443,第三种划分的基尼指数为 0.407。因此,微钻钻速属性的最好二元划分为第一种,即{low,medium}和{high}。

然后再考虑压入硬度,压入硬度根据其取值可分为{low,medium,high}。同理可以找出最好的分割点是{medium,high}和{low},基尼指数为 0.317。同理可求得属性岩石和岩石等级。

若只考虑属性"微钻钻速"和"压入硬度",最终,属性压入硬度和分裂子集产生最小的基尼指数,不纯度降低为 0.459-0.317=0.142;二元划分{medium,high}和{low}导致 D 中元组的不纯度降低最大,返回作为分裂准则,用结点 N 做标记,由它长出两个分支。

读者可以试试考虑所有 4 个属性的情况。

4. 遗失数据的处理

可以利用属性 A 中最常见的值来替代一个遗失或未知属性 A 的值。

5.3.5 树剪枝

当判定树创建时,由于数据中的噪声和局外者,许多分支反映的是训练数据中的异常。剪枝方法可用于处理这种过分适应数据问题。同时在模型学习中,为了尽可能正确地分类训练样本,结点划分过程将不断重复,有时会造成决策分支过多,这时就可能因训练样本学

得"太好"了,以至于把训练集自身的一些特点当作所有数据都具有的一般性质而导致过拟合。

树剪枝目标是选择尽可能小的决策树,通常使用统计度量,剪去最不可靠的分支,能够消除决策树过拟合,提高分类速度,提高树独立于测试数据正确分类的可靠性。

有以下两种常用的剪枝方法。

1. 事前修剪

事前修剪(Pre-pruning)又称为先剪枝、预剪枝,通过提前停止分支生成过程,即通过在当前结点上就判断是否需要继续划分该结点所含训练样本集来实现。一旦停止分支,当前结点就成为树叶。该树叶可能包含多个不同类别的训练样本。Public算法中采用的就是事前修剪方法。

在构造树时,可以利用统计意义下的x^2、信息增益等度量,用于评估分裂的优良性。先计算在一个结点划分对系统性能的增益,如果这个增益小于某个指定阈值,则划分将停止。

然而,选取一个适当的阈值是困难的。较高的阈值可能导致过分简化的树,而较低的阈值可能导致多余树枝无法修剪。在阈值选取方面有以下思路:决策树的产生过程是一个递归过程,不断递归分解相应的数据集合将会导致所分析的数据对象(数据子集)变得越来越小,因而从统计角度来看没有任何意义。有关的统计方法可以帮助决定最大的无意义数据子集的规模。可以引入意外阈值这一概念,即若一个给定子集的样本数小于这一阈值,就停止分解这一子集,产生一个叶子结点并标记为其中类别个数最多的类别;由于大规模数据库中数据的变化程度和规模都较大,因此假设一个叶子结点所含数据子集中的样本均属同一个类别是不太合理的,这时可以引入分类阈值来帮助解决这一问题。即若一个结点所含数据集中属于某一类别的样本数大于这一阈值,就可以停止分解这一子集。

2. 事后修剪

事后修剪(Post-pruning)又称为后剪枝,由"完全生长"的树剪去分支,通过删除结点的分支,剪掉树结点。在剪枝过程中,将一些子树删除而用叶子结点来代替,这个叶子结点所属的类用这棵子树中大多数实例所属的类代替,并且在相应叶子结点上标记出所属这个类的训练实例所占的比例。Sprint算法中采用的就是事后修剪方法。

一般情况下,后剪枝决策树的欠拟合风险很小,泛化性能往往优于预剪枝决策树。后剪枝过程是在生成完全决策树之后进行的,并且要自底向上地对树中的所有非叶子结点进行逐一考查,因此,其训练时间开销比未剪枝决策树和预剪枝决策树要大得多。后剪枝算法很多,如CART算法中采用的代价复杂性剪枝(Cost Complexity Pruning,CCP)、C4.5中采用的悲观错误剪枝(Pessimistic Error Pruning,PEP)、SLIQ算法中采用的最小描述长度(Minimal Description Length,MDL)剪枝。后剪枝一般依据两种剪枝标准:期望错误率最小原则,即对树中的内部结点计算其剪枝/不剪枝可能出现的期望错误率,比较后加以取舍,通过选择期望错误率最小的子树剪枝;最小描述长度原则,即依据"最简单地解释最期望的"思想,对决策树进行二进制位编码,编码所需二进制位最少的树即为"最佳剪枝树"。

1)代价复杂性剪枝

该方法把树的复杂度看作树中叶子结点的个数和树误分类的元组所占百分比,即错误率的函数。

对于树中每个非树叶子结点,算法计算出该结点被修剪后可能出现的期望错误率。同时,根据每个分支的分类错误率,以及每个分支权重(样本分布),计算对该结点剪枝的期望错误率。如果剪去该结点导致较高的期望错误率,则保留该子树;否则剪去该子树。在产生一组经过修剪的候选决策树之后,使用一个独立的测试集(剪枝集)评估每棵树的准确率,就能得到具有最小期望错误率的判定树。

2) 悲观剪枝

悲观剪枝(Pessimistic Pruning,PEP)是 Quinlan 在 1987 年提出的,也使用错误率评估,但不需要像 REP(错误率降低修剪)一样,需要用部分样本作为测试数据,而是完全使用训练数据来生成决策树,又用这些训练数据来完成剪枝。决策树生成和剪枝都使用训练集,所以会产生错误分类。

把一棵具有多个叶子结点的子树的分类用一个叶子结点来替代的话,误判率肯定是上升的。于是需要把子树的误判计算加上一个经验性的惩罚因子。对于一个叶子结点,它覆盖了 N 个样本,其中有 E 个错误,那么该叶子结点的错误率为 $\dfrac{E+0.5}{N}$。这个 0.5 就是惩罚因子,一棵子树,它有 L 个叶子结点,那么该子树的误判率估计为

$$e = \frac{\left(\sum\limits_{i=1}^{L} E_i + 0.5L\right)}{N_i} \tag{5.9}$$

可以看到一棵子树虽然具有多个叶子结点,但由于加上了惩罚因子,所以子树的误判率计算未必有显著的优势。剪枝后内部结点变成了叶子结点,其误判个数 J 也需要加上一个惩罚因子,变成 $J+0.5$。那么子树是否可以被剪枝就取决于剪枝后 $J+0.5$ 是否在标准误差内。简而言之,首先计算"剪枝前错误率 e",然后计算"剪枝前误判次数均值 $E=Ne$""剪枝前误判次数标准差 $\text{var}=\sqrt{Ne(1-e)}$"和"剪枝后的错误率 $e_后$""剪枝后误判次数均值 $E_后=Ne_后$";当 $(E-\text{var})>E_后$ 时表示剪枝成功。

3) 最小描述长度(MDL)剪枝

根据编码(如对树编码、对树的异常编码)所需的二进制位位数对树进行剪枝。"最佳"剪枝树是最小化编码二进制位位数的树。

这一原则遵循的理念是:最简单的就是最好的。

5.3.6　由决策树(判定树)提取分类规则

1. 表示形式

决策树所表示的分类知识可用 IF-THEN 形式表示。对从根到树叶的每条路径创建一个规则。沿着给定路径上的每个属性-值对形成规则前件(IF 部分)的一个合取项。叶子结点包含类预测,形成规则后件(THEN 部分)。特别是当给定的树很大时,IF-THEN 规则易于理解。

例 5.3　还是以概念岩石可钻性,预测油气开采中岩石的钻探难易程度的决策树为例,沿着由根结点到叶子结点的路径,图 5.2 的判定树可以转换成 IF-THEN 分类规则,如表 5.5 所示。

表 5.5 IF-THEN 分类规则

IF 压入硬度 = "<900"	THEN 岩石可钻性 = "yes"
IF 压入硬度 = "900～4200" AND 岩石等级 = "≤1"	THEN 岩石可钻性 = "yes"
IF 压入硬度 = "900～4200" AND 岩石等级 = ">1"	THEN 岩石可钻性 = "no"
IF 压入硬度 = ">4200" AND 微钻钻速 = "medium/high"	THEN 岩石可钻性 = "yes"
IF 压入硬度 = ">4200" AND 微钻钻速 = "low"	THEN 岩石可钻性 = "no"

所提取的每个规则之间蕴含着析取(逻辑 OR)关系,不可能存在规则冲突,且每种可能的属性-值组合都存在一个规则。

2. 规则准确率和覆盖率

对于给定的元组,如果规则前件中的条件都成立,则说规则前件被满足,并且规则覆盖了该元组。

规则 R 可用它的覆盖率和准确率来评估,给定类标记的数据集中的一个元组 X,设 n_{cover} 为规则 R 覆盖的元组数,$n_{correct}$ 为 R 正确分类的元组数,$|D|$ 是 D 中的元组数,则准确率 accuracy(R)和覆盖率 coverage(R)分别为

$$\text{accuracy}(R) = \frac{n_{cover}}{|D|} \tag{5.10}$$

$$\text{coverage}(R) = \frac{n_{correct}}{|D|} \tag{5.11}$$

5.3.7 决策树归纳的可扩展性

现有决策树算法,包括 ID3 和 C4.5 算法,其有效性已通过在多个小型数据集上的学习归纳得到验证。但当应用这些算法对大规模现实世界数据库进行数据挖掘时,算法的有效性和可扩展性就成为应用的关键。大多数决策树算法都局限于在计算机内存中处理整个数据集;而在数据挖掘应用领域,数据集通常都包含数以百万计的记录,现有决策树算法构造相应决策树时,会不断地进行内存与外存之间的数据交换,从而使数据挖掘性能变得很差,使得这类算法的可扩展性受到较大限制。

构建树过程所需要的内存大小,直接取决于学习样本集的大小。因此在执行构建过程之前,需对样本集进行容量估计。若所需内存小于可用内存,则直接将学习样本集调入内存进行树的构建;否则,需要采用优化算法(如 SLIQ、SPRINT 等)进行优化或借助数据库管理实现"内存扩充"来解决内存不足的问题。

SLIQ 使用若干驻留磁盘的属性表和单个驻留主存的类表。对于表 5.6 中的样本数据,SLIQ 产生的属性表和类表如图 5.4 所示。每一个属性具有一个属性表,在 RID(记录标识)建立索引。每个元组由一个从每个属性表的一个表目到类表的一个表目(存放给定元组的类标号)的链接表示。而类表表目链接到它在判定树中对应的叶子结点。类表驻留在主存,因为判定树在构造和剪枝时,经常访问它。类表的大小随训练集中元组数目成比例增长。当类表不能放在主存时,SLIQ 的性能下降。

表 5.6 类岩石可钻性元组的样本数据

RID	微钻钻速	压入硬度	岩石可钻性
1	high	880	yes
2	high	700	yes
3	medium	2600	no
4	low	5300	no

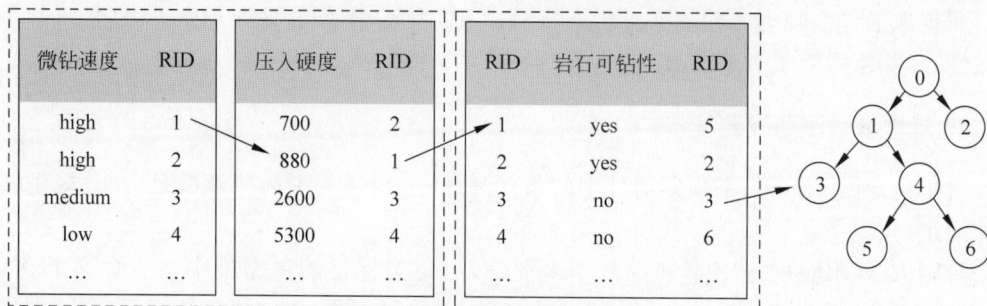

图 5.4 SLIQ 使用的属性表和类表

5.4 其他分类方法

根据分类思想可以将分类方法大致分为两类：基于距离的分类策略和基于统计的分类策略。其中，基于距离的分类策略的相似性用距离来表征，距离越近，相似性越大，距离越远，相似性越小。距离的计算方法有多种，最常用的是通过计算每个类的中心来完成，典型的有 KNN 等。

5.4.1 K-最邻近(近邻)分类

K-最邻近(K-Nearest Neighbor，KNN)分类算法，或者说邻近算法是数据挖掘分类技术中最简单的方法之一。所谓 K 最邻近，就是 K 个最近的邻居的意思，说的是每个样本都可以用它最接近的 K 个邻近值来代表。邻近算法就是将数据集合中每一个记录进行分类的方法。

基于类比学习，训练样本用 n 维数值属性描述。每个样本代表 n 维空间中的一个点。这样，所有的训练样本都存放在 n 维模式空间中。给定一个未知样本，K-最邻近分类法搜索模式空间，找出最接近未知样本的 K 个训练样本。这 K 个训练样本是未知样本的 K 个"近邻"。"邻近性"用欧几里得距离定义。其中，两个点 $X=(x_1,x_2,\cdots,x_n)$ 和 $Y=(y_1,y_2,\cdots,y_n)$ 的欧几里得距离是

$$d(X,Y) = \sqrt{\sum_{i=1}^{n}(x_i-y_i)^2} \tag{5.12}$$

未知样本被分配到 K 个最邻近者中最公共的类。当 $K=1$ 时，未知样本被指定到模式空间中与之最邻近的训练样本的类。

算法：KNN 分类算法。

输入： 训练数据 T；近邻数目 K；待分类的元组 t。

输出： 类别 c。

步骤：

(1) $N = \varnothing$；

(2) **FOR** each $d \in T$ **DO BEGIN**

... **THEN**

... d };

... hat $\text{sim}(t,u) < \text{sim}(t,d)$ **THEN BEGIN**

... ；

most $u \in N$。

... 解，易于实现，无须估计参数，无须训练，适合对稀有事件进行

... 如低于 0.5%，构造流失预测模型)，特别适合于多分类问题

... 如，根据基因特征来判断其功能分类，KNN 比 SVM 的表现

... 对测试样本分类时的计算量大，内存开销大，评分慢；同时可

... 样的规则。

... 类型共 10 个点的空间位置，判断点 (6.653,10.849) 属于哪

... 7 空间点坐标元组的样本数据

... 坐标	Y 轴坐标	类 别
	2.8	1
	3.7	1
	3.8	1
	7.9	1
	2.6	0
	7.8	1
	2.7	0
	22.7	0
	14.82	0
	17.16	0

... 算法，需要将新加入的点 (6.653,10.849) 与数据中包含的所有的点进行距离比较，然后选取前 K 个距离最近的点统计其所属的类别，从而推断点 (6.653,10.849) 所属的类别。

在实现时先确定程序所需环境和工程包(以 Python 实现为例)：

```
01 import numpy as np
02 import matplotlib.pyplot as plt
03 from collections import Counter
```

构建空间点数据集：

```
01 ♯定义训练集
02 X_train = np.array([[1.2,2.8], [1.9,3.7], [2.5,3.8], [4.8,7.9], [9.7,2.6],[5.6,7.8],
[10.8,2.7], [13.7,22.7], [5.48,14.82], [11.23,17.16]])
03 Y_train = np.array([1,1,1,1,0,1,0,0,0,0])
```

构建算法函数：

```
01 x = np.array([6.653,10.849])              ♯需判断的样本点
02 """
03 函数说明:排序并选出距离样本点 x 最小的 k 个点,算法关心的不是距离本身的大小,而是这 k 个
最小距离对应的是样本集中的哪 k 个样本,从而判断 k 个样本有多少属于 0 类,有多少属于 1 类
04 Parameters:
05      X_train -点的坐标
06 """
07 distance = []
08 for x_train in X_train:
09      d = np.sqrt(np.sum((x- x_train) ** 2))
10      distance.append(d)                   ♯计算样本点与各点间的距离
11 out = np.argsort(distance)                ♯对距离列表 distance 元素排序,选出最小的 k 个点
12 k = 5                                     ♯定义 k 值
13 """
14 函数说明:判断选出的前 k 个点判断属于哪一类
15 Parameters:
16      Y_train -点的标签(所属的类别)
17 """
18 topK_y = [Y_train[i] for i in out[:k]]
19 r = Counter(topK_y)
20 s = r.most_common(1)[0][0]
21 print(s)
```

因为数据集是涉及空间位置的点坐标,所以完成分类后将结果以图的形式显示出来。

```
01 """
02 函数说明:画图并显示
03 Parameters:
04      X_train -点的坐标
05      Y_train -点的标签(所属的类别)
06 """
07 plt.scatter(X_train[Y_train==0,0],X_train[Y_train==0,1],c='g')
08 plt.scatter(X_train[Y_train==1,0],X_train[Y_train==1,1],c='r')
09 plt.scatter(x[0],x[1],c='b')
10 plt.show()
```

5.4.2　基于统计的分类策略

基于统计的分类方法中最经典的就是朴素贝叶斯分类器(Naive Bayes Classifier,NBC),本节以 NBC 为例介绍基于统计的分类策略。NBC 可以预测类隶属关系的概率,如一个给定的元组属于一个特定类的概率。可以与判定树和神经网络分类算法相媲美。当被用于大型数据库时,贝叶斯分类也已表现出高准确率与高速度。假定一个属性值对给定类的影响独立于其他属性的值(类条件独立性,属性条件独立性假设),预测未知样本的类别为

后验概率最大的那个类别。

设 X 是类标号未知的数据样本,设 H 为某种假定,例如,数据样本 X 属于某特定的类 C。对于分类问题,我们希望确定 $P(H|X)$——给定观测数据样本 X,假定 H 成立的概率。$P(H|X)$ 是后验概率,即条件 X 发生的情况下 H 发生的后验概率。例如,假定数据样本由水果组成,用它们的颜色和形状描述。假定 X 表示"红色和圆形",H 表示"X 是苹果",则 $P(H|X)$ 反映当我们看到 X 是红色并是圆形时,对 X 是苹果的确信程度。$P(H)$ 是先验概率,或 H 的先验概率。对于我们的例子,它是任意给定的数据样本为苹果的概率,而不管数据样本看上去如何。与先验概率 $P(H)$ 相比,后验概率 $P(H|X)$ 基于更多的信息(如背景知识)。类似地,$P(X|H)$ 是在假设 H 成立(即"X 是苹果")的条件下,观察到的 X(红色且圆形)的概率。$P(X)$ 是 X 的先验概率。

贝叶斯定理提供了一种由 $P(X)$、$P(H)$ 和 $P(X|H)$ 计算后验概率 $P(H|X)$ 的方法:

$$P(H \mid X) = \frac{P(X \mid H)P(H)}{P(X)} \tag{5.13}$$

其中,$P(X)$ 表示 X 的先验概率,$P(H)$ 表示 H 的先验概率,$P(X|H)$ 表示条件 H 下 X 的后验概率,$P(H|X)$ 表示条件 X 下 H 的后验概率。

用贝叶斯定理来估计后验概率 $P(H|X)$ 的困难在于 $P(X|H)$ 是所有属性上的联合概率,难以从有限的训练样本直接估计而得。为避开这个障碍,朴素贝叶斯分类器采用了属性条件独立性假设,即每个属性独立地对分类结果发生影响。则式(5.13)可重写为

$$P(H \mid X) = \frac{P(X \mid H)P(H)}{P(X)} = \frac{P(H)}{P(X)} \prod_{i=1}^{d} P(x_i \mid H) \tag{5.14}$$

其中,d 为属性数目,x_i 为 X 在第 i 个属性上的取值。

基本工作步骤如下。

(1) 每个数据样本用一个 n 维特征向量 $\boldsymbol{X} = \{x_1, x_2, \cdots, x_n\}$ 表示,描述由属性 A_1, $A_2, \cdots, A_n$ 对样本的 n 个度量。

(2) 假定有 m 个类 $C_1, C_2, \cdots, C_m$,给定一个未知的没有类标号的数据样本 X,分类法将预测 X 属于具有最高后验概率(条件 X 下)的类。即朴素贝叶斯分类将未知的样本分配给类 C_i,当且仅当

$$P(C_i \mid X) > P(C_j \mid X), \quad 1 \leqslant j \leqslant m, j \neq i \tag{5.15}$$

最大化 $P(C_i \mid X)$,其最大的类 C_i 称为最大后验假定。根据贝叶斯定理,即式(5.13),有

$$P(C_i \mid X) = \frac{P(X \mid C_i)P(C_i)}{P(X)} \tag{5.16}$$

由于 $P(X)$ 对于所有类为常数,只需要最大化 $P(X|C_i)P(C_i)$ 即可。如果类的先验概率未知,则通常假定这些类是等概率的,即 $P(C_1) = P(C_2) = \cdots = P(C_m)$。并据此对 $P(C_i|X)$ 最大化。注意,类的先验概率可以用 $P(C_i) = \frac{s_i}{s}$ 估算;其中,s_i 是类 C 中的训练样本数,而 s 是训练样本总数。

给定具有许多属性的数据集,计算 $P(X|C_i)$ 的开销可能非常大。为降低开销,可以做类条件独立的朴素假定。给定样本的类标号,假定属性值条件相互独立,即在属性间不存在

依赖关系。这样：

$$P(X \mid C_i) = \prod_{k=1}^{n} P(x_k \mid C_i) \tag{5.17}$$

概率 $P(x_k \mid C_i)$ 可以由训练样本估值。

（3）为对未知样本 X 分类，对每个类 C_i，计算 $P(X \mid C_i)P(C_i)$。样本 X 被指派到类 C_i，当且仅当

$$P(X \mid C_i)P(C_i) > P(X \mid C_j)P(C_j), \quad 1 \leqslant j \leqslant m, j \neq i \tag{5.18}$$

即 X 被指派到其 $P(X \mid C_i)P(C_i)$ 最大的类 C_i。

以伯努利朴素贝叶斯为例，伯努利朴素贝叶斯分类适用于离散数据，且设计用于二进制/布尔特征，即假定样本特征的条件概率分布服从二项分布，即"0-1 分布"。

例 5.5　根据表 5.8 中近 10 天天气数据预测无风、不潮湿、不闷热但是多云的天气会不会下雨。

表 5.8　天气元组的样本数据

时　间	有　风	潮　湿	多　云	闷　热	是否下雨
第 1 天	No	Yes	No	Yes	Yes
第 2 天	Yes	Yes	Yes	Yes	Yes
第 3 天	Yes	Yes	Yes	No	Yes
第 4 天	No	Yes	Yes	No	Yes
第 5 天	No	Yes	No	No	No
第 6 天	No	Yes	No	Yes	Yes
第 7 天	Yes	Yes	No	Yes	No
第 8 天	Yes	No	No	Yes	Yes
第 9 天	Yes	Yes	No	Yes	Yes
第 10 天	No	No	No	No	No

将各种属性和是否下雨中 No 用 0 标识，Yes 用 1 标识，则表 5.8 中 10 天以来下雨的情况就是[1,1,1,1,0,1,0,1,1,0]。首先构建数据集，设 x 表示一天当中的 4 种天气属性，y 表示当天的标签，即是否下雨。

```
01 import numpy as np
02 """
03 函数说明:根据表格构建数据集
04 """
05 x = np.array([[0,1,0,1],[1,1,1,1],[1,1,1,0],[0,1,1,0],[0,1,0,0],[0,1,0,1],
06               [1,1,0,1],[1,0,0,1],[1,1,0,1],[0,0,0,0]])
07 y = np.array([1,1,1,1,0,1,0,1,1,0])
```

构建基础贝叶斯，此处以 Scikit-learn 中的朴素贝叶斯包为例。

```
01 import warnings
02 from abc import ABCMeta, abstractmethod
03 import numpy as np
04 from scipy.special import logsumexp
05 """
06 调包说明:调取 sklearn 的数据处理包
07 """
```

```
08 from sklearn.base import BaseEstimator, ClassifierMixin
09 from sklearn.preprocessing import binarize
10 from sklearn.preprocessing import LabelBinarizer
11 from sklearn.preprocessing import label_binarize
12 from sklearn.utils import deprecated
13 from sklearn.utils.extmath import safe_sparse_dot
14 from sklearn.utils.multiclass import _check_partial_fit_first_call
15 from sklearn.utils.validation import check_is_fitted, check_non_negative
16 from sklearn.utils.validation import _check_sample_weight
17 __all__ = [
18     "BernoulliNB",
19     ]
20 class _BaseNB(ClassifierMixin, BaseEstimator, metaclass=ABCMeta):
21     @abstractmethod
22 """
23 函数说明：计算 X 的非归一化后验对数概率，predict、predict_proba 和 predict_log_proba 将通过_
check_X 输入并将其交给_joint_log_likelihood
24 """
25     def _joint_log_likelihood(self, X):
26 @abstractmethod
27 """
28 函数说明：在子类中被实际检查覆盖.仅用于 predict * 方法
29 """
30     def _check_X(self, X):
31 """
32 函数说明：对一组测试向量 X 执行分类
33 Parameters:
34     X -输入样本
35     Return:
36         C -X 的预测目标值
37 """
38     def predict(self, X):
39         check_is_fitted(self)
40         X = self._check_X(X)
41         jll = self._joint_log_likelihood(X)
42         return self.classes_[np.argmax(jll, axis=1)]
43 """
44 函数说明：返回测试向量 X 的对数概率估计
45 Parameters:
46     X -输入样本
47     Return:
48         C -返回模型中每个类的样本的对数概率.这些列对应于按排序顺序排列的类
49 """
50     def predict_log_proba(self, X):
51         check_is_fitted(self)
52         X = self._check_X(X)
53         jll = self._joint_log_likelihood(X)
54         # normalize by P(x) = P(f_1, ..., f_n)
55         log_prob_x = logsumexp(jll, axis=1)
56         return jll - np.atleast_2d(log_prob_x).T
57 """
58 函数说明：返回测试向量 X 的概率估计
59 Parameters:
60     X -输入样本
```

```
61          Return:
62              C -返回模型中每个类的样本的对数概率.这些列对应于按排序顺序排列的类
63     """
64     def predict_proba(self, X):
65         return np.exp(self.predict_log_proba(X))
```

构建伯努利贝叶斯的类。

```
01 """
02 Parameters:
03     alpha -定义是否附加(拉普拉斯/利德斯通)平滑参数.如果为 0,则不附加
04     binarize -定义样本特征的二值化(映射到布尔值)阈值.如果没有,则假定输入已包含二进制
    向量
05     fit_prior -定义是否学习类别的先验概率.如果否,则使用统一的先验概率
06     class_prior -定义类别的先验概率.如果指定,则不根据数据调整先验概率
07 """
08 class BernoulliNB(_BaseDiscreteNB):
09     def __init__(self, *, alpha=1.0, binarize=0.0, fit_prior=True, class_prior=None):
10         self.alpha = alpha
11         self.binarize = binarize
12         self.fit_prior = fit_prior
13         self.class_prior = class_prior
14     def _check_X(self, X):
15         """Validate X, used only in predict * methods."""
16         X = super()._check_X(X)
17         if self.binarize is not None:
18             X = binarize(X, threshold=self.binarize)
19         return X
20     def _check_X_y(self, X, y, reset=True):
21         X, y = super()._check_X_y(X, y, reset=reset)
22         if self.binarize is not None:
23             X = binarize(X, threshold=self.binarize)
24         return X, y
25     """
26     函数说明:计数和平滑特征
27     """
28     def _count(self, X, Y):
29         self.feature_count_ += safe_sparse_dot(Y.T, X)
30         self.class_count_ += Y.sum(axis=0)
31     """
32     函数说明:对原始计数应用平滑并重新计算对数概率
33     """
34     def _update_feature_log_prob(self, alpha):
35         smoothed_fc = self.feature_count_ + alpha
36         smoothed_cc = self.class_count_ + alpha * 2
37         self.feature_log_prob_ = np.log(smoothed_fc) - np.log(
38             smoothed_cc.reshape(-1, 1) )
39     """
40     函数说明:计算样本 X 的后验对数概率
41     """
42     def _joint_log_likelihood(self, X):
43         n_features = self.feature_log_prob_.shape[1]
44         n_features_X = X.shape[1]
```

```
45        if n_features_X != n_features:
46            raise ValueError(
47                % (n_features, n_features_X))
48        neg_prob = np.log(1 - np.exp(self.feature_log_prob_))
49        jll = safe_sparse_dot(X, (self.feature_log_prob_ - neg_prob).T)
50        jll += self.class_log_prior_ + neg_prob.sum(axis=1)
51        return jll
```

调用伯努利朴素贝叶斯类完成天气预测。

```
01 bnb = BernoulliNB()
02 bnb.fit(x, y)
03 day_pre=[[0,0,1,0]]
04 pre = bnb.predict(day_pre)
05 print("预测结果如下\n:", ' * ' * 50)
06 print('结果为:', pre)
07 print(' * ' * 50)
08 """
09     函数说明:进一步查看概率分布
10 """
11 pre_pro = bnb.predict_proba(day_pre)
12 print("不下雨的概率为: ", pre_pro[0][0], "\n下雨的概率为", pre_pro[0][1])
```

第6章

聚类分析

聚类(Clustering)所说的类不是事先给定的,而是根据数据的相似性和距离来划分的,聚类的数目和结构都没有事先假定。簇(Cluster)表示一个数据对象的集合,在同一个类中,对象之间具有相似性;不同类的对象之间是相异的。

一个好的聚类方法要能产生高质量的聚类结果——簇,包括高的簇内相似性和低的簇间相似性。

6.1 聚类分析的概念

6.1.1 基本概念

聚类分析,又称为群分析、簇群分析,是在没有给定划分类别的情况下,根据数据相似度进行样本分组的一种方法。与分类模型需要使用有类标记样本构成的训练数据不同,聚类模型可以建立在无类标记的数据上,是一种非监督的学习算法。聚类的输入是一组未被标记的样本,聚类根据数据自身的距离或相似度将它们划分为若干组,划分的原则是组内距离最小化,而组间距离最大化。

聚类分析是人类活动中的一个重要内容,例如,在医学领域,聚类需求包括在解剖学研究中,希望能依据骨骼的形状、大小等特征将人类从猿到人分为几个不同的阶段;在临床诊治中,希望能根据耳朵的特征,把正常耳朵划分为几个类别,为临床修复耳缺损时提供参考;在卫生管理学中,希望能根据医院的诊治水平、工作效率等众多指标将医院分成几个类别;在营养学研究中,如何能根据各种运动的耗糖量和耗能量将十几种运动按耗糖量和耗能量进行分类,使营养学家既能对运动员适当地补充能量,又不增加体重。

6.1.2 聚类分析原理

聚类方法的目的是寻找数据中潜在的自然分组和数据中感兴趣的关系。

1. 潜在的自然分组结构

例 6.1 有三种原油,如图 6.1 所示可以按照处理方式进行分组,每组里原油处理方式相似,组与组之间方式相异;或按照提炼工艺分组,每组里原油提炼工艺相同;或按照原油类型分组,每组原油类型相同。

分组的意义在于如何定义并度量"相似性",因此衍生出一系列度量相似性的算法。

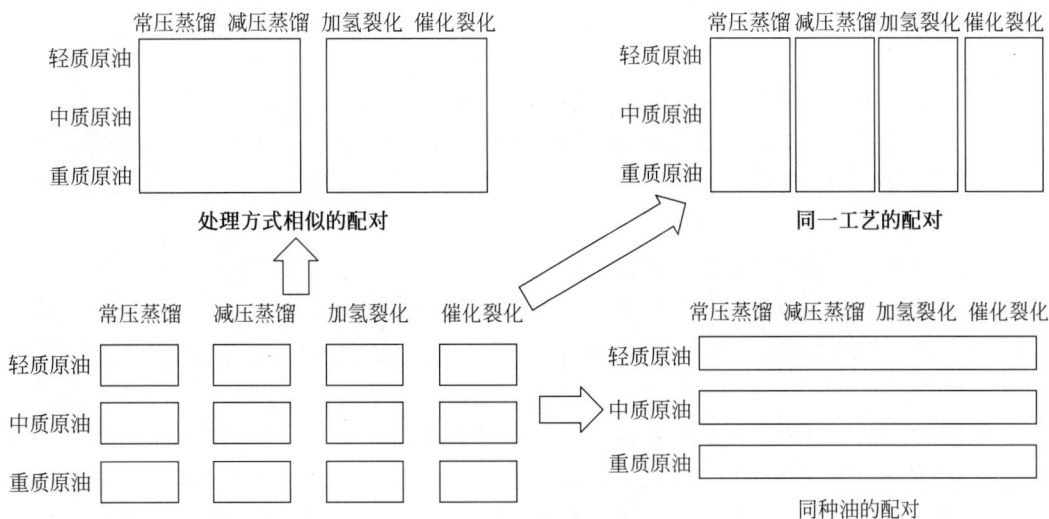

图 6.1　原油生产自然分组

2. 感兴趣的关系

除了发现潜在自然分组结构以外,还可以通过聚类分析数据的分布、了解各数据类的特征等找出同类数据之间的关系。

6.1.3　聚类的主要应用

聚类在数据挖掘中可以作为其他算法的预处理步骤,获得数据的基本概况,在此基础上进行特征抽取或分类就可以提高精确度和挖掘效率,或将聚类结果用于进一步关联分析,以获得进一步的有用信息;也可以作为一个独立的工具来获得数据的分布情况。例如,在商业上聚类分析可以帮助市场分析人员从客户基本资料数据库中发现不同的客户群,并且用购买模式来刻画不同的客户群的特征。通过观察聚类得到的每个簇的特点,可以集中对特定的某些簇做进一步分析,这在诸如市场细分、目标顾客定位、业绩评估、生物种群划分等方面具有广阔的应用前景。聚类还可以用于孤立点挖掘,即识别数据中的异常值或离群点。虽然许多数据挖掘算法试图使孤立点影响最小化或者排除它们,但有时孤立点本身可能包含非常有用的信息。例如,在欺诈探测中,孤立点可能预示着欺诈行为的存在。

根据潜在的各项应用,数据挖掘对聚类分析方法提出了不同要求。典型要求可以通过以下几方面来刻画。

- **可伸缩性**。指聚类算法无论对于小数据集还是对于大数据集,都应当是有效的。在很多聚类算法当中,对于数据对象小于几百个的小数据集合,算法的鲁棒性很好,而对于包含上万个数据对象的大规模数据库进行聚类时,将会导致不同的偏差结果。
- **能够处理不同类型属性的能力**。指既可以处理数值型数据,又可以处理非数值型数据,既可以处理离散数据,又可以处理连续域内的数据,如布尔型、序数型、枚举型或这些数据类型的混合。
- **能发现任意形状的簇**。许多聚类算法经常使用欧几里得距离来作为相似性度量方法,但基于这样的距离度量的算法趋向于发现具有相近密度和尺寸的球状簇。对于一个可能是任意形状的簇的情况,提出能发现任意形状簇的算法是很重要的。

- **在决定输入参数的时候,尽量不需要特定的领域知识**。在聚类分析当中,许多聚类算法要求用户输入一定的参数,如希望得到的簇的数目等。聚类结果对于输入的参数很敏感,通常参数较难确定,尤其是对于含有高维对象的数据集更是如此。要求人工输入参数不但加重了用户的负担,也使得聚类质量难以控制。一个好的聚类算法应该对领域知识是弱依赖性的。
- **能够处理噪声和异常**。在现实应用中,绝大多数的数据都包含孤立点、空缺、未知数据或者错误的数据。如果聚类算法对于这样的数据敏感,将会导致质量较低的聚类结果。
- **对输入数据对象的顺序不敏感**。一些聚类算法对于输入数据的顺序是敏感的。例如,对于同一个数据集合,以不同的顺序提交给同一个算法时,可能产生差别很大的聚类结果。因此研究和开发对数据输入顺序不敏感的算法具有重要的意义。
- **能处理高维数据**。既可以处理属性较少的数据,又能处理属性较多的数据。很多聚类算法擅长处理低维数据,一般只涉及二维到三维,人类对二三维数据的聚类结果很容易直观地判断聚类的质量。但是,高维数据聚类结果的判断就不那样直观了。数据对象在高维空间的聚类是非常具有挑战性的,尤其是考虑到这样的数据可能高度偏斜并且非常稀疏。
- **能产生一个好的、能满足用户指定约束的聚类结果**。在实际应用当中可能需要在各种约束条件下进行聚类。找到既要满足特定的约束,又要具有良好聚类特性的数据分组是一项具有挑战性的任务。
- **结果是可解释的、可理解的和可用的**。

6.2　聚类分析算法分类

6.2.1　按照聚类标准

1. 统计聚类算法

统计聚类算法基于对象之间的几何距离进行聚类。统计聚类分析包括系统聚类法、分解法、加入法、动态聚类法、有序样品聚类、有重叠聚类和模糊聚类。这种聚类算法是一种基于全局比较的聚类,它需要考查所有的个体才能决定类的划分。因此,它要求所有的数据必须预先给定,而不能动态地增加新的数据对象。

2. 概念聚类算法

概念聚类算法基于对象具有的概念进行聚类。这里的距离不再是传统方法中的几何距离,而是根据概念的描述来确定的。典型的概念聚类或形成方法有 COBWEB 和基于列联表的算法。

6.2.2 按照聚类算法所处理的数据类型

1. 数值型数据聚类算法

数值型数据聚类算法所分析的数据的属性为数值数据,因此可对所处理的数据直接比较大小。目前,大多数聚类算法都是基于数值型数据的。

2. 离散型数据聚类算法

由于数据挖掘的内容经常含有非数值的离散数据,近年来,人们在离散型数据聚类算法方面做了许多研究,提出了一些基于此类数据的聚类算法,如 K 模(K-modes)、ROCK、CACTUS、STIRR 等。

3. 混合型数据聚类算法

混合型数据聚类算法是能同时处理数值型数据和离散型数据的聚类算法,这类聚类算法通常功能强大,但性能往往不尽如人意。混合型数据聚类算法的典型算法为 K 原型(K-prototypes)算法。

6.2.3 按照聚类的尺度

1. 基于距离的聚类算法

距离是聚类分析常用的分类统计量。常用的距离定义有欧氏距离和马氏距离。许多聚类算法都是用各式各样的距离来衡量数据对象之间的相似度,如 K-means、K-medoids、BIRCH、CURE 等算法。算法通常需要给定聚类数目 k,或区分两个类的最小距离。基于距离的算法聚类标准易于确定、容易理解、对数据维度具有伸缩性,但只适用于欧几里得空间和曼哈坦空间,对孤立点敏感,只能发现圆形类。为克服这些缺点,提高算法性能,K 中心点、BIRCH、CURE 等算法采取了一些特殊的措施。如 CURE 算法使用固定数目的多个数据点作为类代表,这样可提高算法处理不规则聚类的能力,降低对孤立点的敏感度。

2. 基于密度的聚类算法

从广义上说,基于密度和基于网格的算法都可算作基于密度的算法。此类算法通常需要规定最小密度门限值。算法同样适用于欧几里得空间和曼哈坦空间,对噪声数据不敏感,可以发现不规则的类,但当类或子类的粒度小于密度计算单位时,会被遗漏。

3. 基于互连性的聚类算法

基于互连性(Linkage Based)的聚类算法通常基于图或超图模型。它们通常将数据集映像为图或超图,满足连接条件的数据对象之间画一条边,高度连通的数据聚为一类。属于此类的算法有 ROCK、CHAMELEON、ARHP、STIRR、CACTUS 等。此类算法可适用于任意形状的度量空间,聚类的质量取决于链或边的定义,不适合处理太大的数据集。当数据量大时,通常忽略权重小的边,使图变稀疏,以提高效率,但会影响聚类质量。

6.2.4　按照聚类算法的思路

1. 层次法

层次法(Hierarchical Methods)对给定数据对象集合进行层次的分解。根据层次的分解方法,层次法又可以分为凝聚的和分裂的。凝聚的方法也称为自底向上的方法,一开始就将每个对象作为单独的一个簇,然后相继地合并相近的对象或簇,直到所有的簇合并为一个,或者达到终止条件,如 AGNES 算法属于此类。分裂的方法也称为自顶向下的方法,一开始将所有的对象置于一个簇中,在迭代的每一步中,一个簇被分裂成更小的簇,直到每个对象在一个单独的簇中,或者达到一个终止条件,如 DIANA 算法属于此类。层次法一旦一个步骤(合并或分裂)完成就不能被撤销,因此不能更正错误的决定。

2. 划分法

划分法(Partitioning Methods)给定一个含有 n 个对象或者元组的数据库,划分方法为构建数据的 k 个划分,每个划分表示一个簇,并且 $k \leqslant n$。也就是说,它将数据划分为 k 个组,同时满足如下要求:每个组至少包含一个对象;每个对象必须属于且只能属于一个组。划分法在数据集上进行一层划分。对于一个给定的 k,算法首先给出一个初始的分组方法,然后通过反复迭代的方法改变分组,使得每一次改进之后的分组方案都较前一次好。属于该类的聚类算法有 K-means、K-medoids、K-modes、K-prototypes、PAM、CLARA、CLARANS 等。

3. 基于密度的算法

基于密度的算法(Density Based Methods)与其他方法的一个根本区别是:它不是用各式各样的距离作为分类统计量,而是看数据对象是否属于相连的密度域,属于相连密度域的数据对象归为一类。基于密度的算法能够克服基于距离的算法只能发现"类圆形"聚类的缺点。其主要思想是:只要邻近区域的密度超过某个阈值,就继续聚类。通过不断地寻找被低密度分割的高密度区域来达到聚类的目的。该算法可以用于消除数据中的噪声,发现任意形状的簇。如 DBSCAN 属于密度聚类算法。

4. 基于网格的算法

基于网格的算法(Grid Based Methods)首先将数据空间划分成有限个单元(Cell)的网格结构,所有的处理都是以单个单元为对象的。这样处理的一个突出优点是处理速度快,通常与目标数据库中记录的个数无关,只与划分数据空间的单元数有关。但此算法处理方法较粗放,往往影响聚类质量。代表算法有 STING、CLIQUE、WaveCluster、DBCLASD、OptiGrid 算法。

5. 基于模型的算法

基于模型的算法(Model Based Methods)给每一个簇假定一个模型,然后去寻找能够很好地满足这个模型的数据集。这样一个模型可能是数据点在空间中的密度分布函数或者其他函数。它的一个潜在的假定是：目标数据集是由一系列的概率分布所决定的。通常有两种尝试方案：统计的方案和神经网络的方案。基于统计学模型的算法有 COBWEB、Autoclass,基于神经网络模型的算法有 SOM。

6.3 聚类分析中的数据类型

6.3.1 基本的数据结构

许多基于内存的聚类算法选择两种具有代表性的数据结构：数据矩阵、相异度矩阵。数据矩阵是一个"对象-属性"结构,由 n 个对象组成,如"人";每个对象利用 p 个属性加以描述,如年龄、身高、体重等。数据矩阵采用关系表形式或 $n \times p$ 矩阵来表示：

$$\begin{bmatrix} x_{11} & \cdots & x_{1p} \\ \vdots & \ddots & \vdots \\ x_{n1} & \cdots & x_{np} \end{bmatrix}$$

常称为样本数据矩阵。其中,第 i 个样品 p 个变量的观测值可以记为向量 $x_i = (x_{i1}, x_{i2}, \cdots, x_{ip})^T$。数据矩阵通常称为双模矩阵,行和列分别表示不同的实体。

相异度矩阵(差异矩阵)是一个"对象-对象"结构,存放 n 个对象两两之间的近似性(差异性),采用 $n \times n$ 的矩阵形式表示：

$$\begin{bmatrix} 0 & & & & \\ d(2,1) & 0 & & & \\ d(3,1) & d(3,2) & 0 & & \\ \vdots & \vdots & & \ddots & \\ d(n,1) & d(n,2) & \cdots & \cdots & 0 \end{bmatrix}$$

其中, $d(i,j)$ 表示对象 i 和对象 j 之间的差异(或不相似程度)。

通常 $d(i,j)$ 为一个非负数,当对象 i 和对象 j 非常相似或彼此"接近"时, $d(i,j)$ 数值接近 0。该数值越大,就表示对象 i 和对象 j 越不相似。由于有 $d(i,j) = d(j,i)$ 且 $d(i,i) = 0$,所以矩阵呈现出上三角或下三角的形式。相异度矩阵常被称为单模矩阵,行和列表示同一实体。

许多聚类算法都是以相异度矩阵为基础计算的,所以如果数据是以数据矩阵的形式给出的,则需要首先转换为相异度矩阵,才可以利用聚类算法来处理。

6.3.2 标准化

聚类分析主要基于分类对象之间的距离进行分类,容易受到聚类变量的测量单位的影响。数量级越大,对距离计算结果的影响就越大,在聚类过程中也就会占据主导地位,从而掩盖了其他数量级小的变量,导致聚类结果的偏差。

例 6.2 假设 A、B、C 三种岩石在摆球硬度统计中的弹次、钻进时效指标中的金刚石钻进两个变量上的值如表 6.1 所示。钻进时效指标有"m · h^{-1}"和"mm · h^{-1}"两种单位。

表 6.1　A、B、C 三种岩石情况表

案　例	摆球弹次/次	钻进指标/m·h⁻¹	钻进指标/mm·h⁻¹
A	35	3.10	3100
B	42	3.00	3000
C	30	2.90	2900

　　表 6.2 给出了基于摆球弹次和钻进指标的两种单位,使用简单欧氏距离方法进行相似性测度的结果,距离越小的个案,说明相似程度越高,越可能聚为一类。当单位为"m·h⁻¹"时,A-C 之间的距离最小,说明两者的相似性最高,其次为 A-B、B-C;再结合三个个案的摆球弹次分布,可以发现个案之间的相似性,与它们摆球弹次的差异存在很大关联,摆球弹次差异最小的 A-C,相似性最高,摆球弹次差异最大的 B-C,相似性最小。即当以单位"m·h⁻¹"计算距离时,摆球弹次变量在聚类中起到了主导作用。而若以单位"mm·h⁻¹"进行测量,那A-C 之间的相似性就变为最低的,A-B、B-C 的相似性近似,这意味着钻进指标在聚类中起主导作用。

表 6.2　A、B、C 三种岩石间相似度欧氏距离

案　例	以钻进指标 m·h⁻¹ 为基准	以钻进指标 mm·h⁻¹ 为基准
A-B	7.00	100.24
A-C	5.49	200.06
B-C	12.00	100.72

　　从例子中可以看到,测量单位的差异,会产生差异甚大的聚类结果。因此,在聚类分析前,需要对数据进行处理,将原始数据转换为无量纲的数据,让变量或者个案在同一标准下进行比较。

　　常用的标准化手段有标准差标准化、极差标准化、极差正规化。

1. 标准差标准化

　　最常见的标准化方法就是 Z 标准化,也叫标准差标准化,这种方法给予原始数据的均值(Mean)和标准差(Standard Deviation)进行数据的标准化。

　　计算分为以下两步。

　　(1) 计算绝对偏差均值 s_j。

$$s_j = \frac{1}{n} \sum_{i=1}^{n} |x_{ij} - \bar{x}_j| \tag{6.1}$$

其中,$x_{1j}, x_{2j}, \cdots, x_{nj}$ 是变量 j 的 n 个测量值,$\bar{x}_j$ 是变量 j 的均值,即

$$\bar{x}_j = \frac{1}{n} \sum_{i=1}^{n} x_{ij} \tag{6.2}$$

　　(2) 计算标准化测量值,即 z-分量(z-score)。

$$z_{ij} = \begin{cases} \dfrac{x_{ij} - \bar{x}_j}{s_j}, & s_j \neq 0 \\ 0, & s_j = 0 \end{cases} \tag{6.3}$$

　　经过处理的数据符合标准正态分布,即均值为 0,标准差为 1,消去了量纲的影响;当抽

样样本改变时,它仍能保持相对稳定性。

2. 极差标准化

极差又称范围误差或全距(Range),以 R 表示,用来表示统计数据中的变异量数(Measures of Variation),它是最大值与最小值之间的差距,即最大值减最小值后所得数据。

计算分为以下两步。

(1) 计算数据极差 R_j。

$$R_j = \max(x_{ij}) - \min(x_{ij}), \quad 1 \leqslant i \leqslant n \tag{6.4}$$

(2) 极差标准化变换。

$$x'_{ij} = \begin{cases} \dfrac{x_{ij} - \bar{x}_j}{R_j}, & R_j \neq 0 \\ x_{ij}, & R_j = 0 \end{cases} \tag{6.5}$$

变换后,变量的均值为 0,极差为 1,且 $|x'_{ij}| < 1$,消去了量纲的影响;在以后的分析计算中可以减少误差的产生。

3. 极差正规化

与极差标准化类似,极差正规化使用最小值而不是均值。

$$x'_{ij} = \begin{cases} \dfrac{x_{ij} - \min(x_{ij})}{R_j}, & R_j \neq 0 \\ 0.5, & R_j = 0 \end{cases} \tag{6.6}$$

变换后的数据最小为 0,最大为 1,其余在区间 [0,1] 内,极差为 1,无量纲。

6.3.3 数值型数据的相异性度量

在标准化之后,或在无须标准化的特定应用中,由数值所描述对象之间的差异(或相似)程度可以通过计算相应两个对象之间的距离来确定。最常用的距离计算公式就是欧氏距离(Euclidean distance):

$$d(i,j) = \sqrt{\left(|x_{i1} - x_{j1}|^2 + |x_{i2} - x_{j2}|^2 + \cdots + |x_{ip} - x_{jp}|^2\right)} \tag{6.7}$$

其中,$i = (x_{i1}, x_{i2}, \cdots, x_{ip})$、$j = (x_{j1}, x_{j2}, \cdots, x_{jp})$,它们分别表示一个 p 维数据对象。

另一个常用的距离计算方法就是 Manhattan 距离,它的具体计算公式定义如下。

$$d(i,j) = |x_{i1} - x_{j1}| + |x_{i2} - x_{j2}| + \cdots + |x_{ip} - x_{jp}| \tag{6.8}$$

欧氏距离和 Manhattan 距离均满足距离函数的有关数学性质(要求)。

- **非负性**: $d(i,j) \geqslant 0$,表示对象之间距离为非负数的一个数值。
- **同一性**: $d(i,j) = 0$,当且仅当 $i = j$,表示对象自身之间距离为零。
- **对称性**: $d(i,j) = d(j,i)$,表示对象之间距离是对称函数。
- **直递性**: $d(i,j) \leqslant d(i,h) + d(h,j)$,表示对象自身之间距离满足"两边之和不小于第三边"的性质。

Minkowski 距离是欧氏距离和 Manhattan 距离的一个推广,计算公式如下。

$$d(i,j) = \left(|x_{i1} - x_{j1}|^q + |x_{i2} - x_{j2}|^q + \cdots + |x_{ip} - x_{jp}|^q\right)^{\frac{1}{q}} \tag{6.9}$$

其中，q 为一个正整数，当 $q=1$ 时，它代表 Manhattan 距离计算公式；当 $q=2$ 时，它代表欧氏距离计算公式。

若每个变量均可被赋予一个权值，以表示其所代表属性的重要性。那么带权的欧氏距离计算公式就是

$$d(i,j)=\sqrt{(w_1\,|\,x_{i1}-x_{j1}\,|^2+w_2\,|\,x_{i2}-x_{j2}\,|^2+\cdots+w_p\,|\,x_{ip}-x_{jp}\,|^2)} \qquad (6.10)$$

同样，Manhattan 距离和 Minkowski 距离也可以引入权值进行计算。还有契比雪夫距离（$q\rightarrow\infty$）等。

除计算距离外，还有相似系数法比较数据相异性，两个对象间的相似系数也可以有多种定义形式，如夹角余弦法、相关系数法。

夹角余弦法将两变量 x_i 和 x_j 的夹角余弦定义为

$$c_{ij}(1)=\frac{\sum\limits_{k=1}^{n}x_{ki}x_{kj}}{\left[\left(\sum\limits_{k=1}^{n}x_{ki}^2\right)\left(\sum\limits_{k=1}^{n}x_{kj}^2\right)\right]^{1/2}} \qquad (6.11)$$

它是 $\mathbf{R}^n$ 中变量 x_i 的观测向量 $(x_{1i},x_{2i},\cdots,x_{ni})$ 与变量 x_j 的观测向量 $(x_{1j},x_{2j},\cdots,x_{nj})$ 之间夹角 θ_{ij} 的余弦函数，即 $c_{ij}(1)=\cos\theta_{ij}$。

两变量的相关系数定义为

$$c_{ij}(2)=\frac{\sum\limits_{k=1}^{n}(x_{ki}-\overline{x}_i)(x_{kj}-\overline{x}_j)}{\left\{\left[\sum\limits_{k=1}^{n}(x_{ki}-\overline{x}_i)^2\right]\left[\sum\limits_{k=1}^{n}(x_{kj}-\overline{x}_j)^2\right]\right\}^{1/2}} \qquad (6.12)$$

如果变量 x_i 与 x_j 是已标准化了的，则它们间的夹角余弦就是相关系数。

6.3.4　其他类型的变量相似性值

1. 二值变量（二元变量）

一个二值变量仅取 0 或 1 值，其中，0 代表（变量所表示的）状态不存在；而 1 则代表相应的状态存在。给定变量 stone，它描述了一个矿物是否为岩石的情况，若 stone=1 就表示是岩石；而若 stone=0，就表示不是岩石。如果按照间隔数值变量对二值变量进行处理，常常会导致错误的聚类分析结果产生。因此采用特定方法计算二值变量所描述对象间的差异（程度）是非常必要的。

		对象 j		
		1	0	合计
对象 i	1	q	r	$q+r$
	0	s	t	$s+t$
	合计	$q+s$	$r+t$	p

图 6.2　二元属性的列联表

一种差异计算方法就是根据二值数据计算差异矩阵。如果认为所有的二值变量的权值均相同，那么就能得到一个 2×2 的条件表，如图 6.2 所示。

表中 q 表示对象 i 和对象 j 中均取 1 的属性数；r 表示在对象 i 中取 1 而在对象 j 中取 0 的属性数；s 表示在对象 i 中取 0 而在对象 j 中取 1 的属性数；t 表示对象 i 和对象 j 中均取 0 的属性数。属性的总个数为 p，那么就有 $p=q+r+s+t$。

如果一个二值变量取 0 或 1 所表示的内容同样重要，那么该二值变量就是对称的。如

smoker 就是对称变量,因为它究竟是用 0 还是用 1 来(编码)表示一个病人的吸烟状态并不重要;属性"性别"有两个值"女性"和"男性",两个取值都没有优先权。同样地基于对称二值变量所计算相应的相似(或差异)性就称为不变相似性(Invariant Similarity),因为无论如何对相应二值变量进行编码并不影响到它们相似(或差异)性的计算结果。基于对称二元变量的相似度,称为恒定的相似度。对恒定相似度而言,评价量对象 i 和 j 间相异度的最著名的系数是简单匹配系数:

$$d(i,j) = \frac{r+s}{q+r+s+t} \tag{6.13}$$

如果一个二值变量取 0 或 1 所表示的内容重要性是不一样的,那么该二值变量就是非对称的。如一个疾病 disease 的测试结果是 positive 或 negative,显然这两个测试结果的重要性是不一样的。通常将比较重要的输出结果编码为 1(如 positive);而将另一结果编码为 0(如 negative)。给定一个二元变量,如果认为取 1 值比取 0 值所表示的情况更重要,则这样的二元变量被认为是单性的(好像只有一个状态)。基于这样的二元变量的相似度被称为非恒定的相似度。对非恒定相似度,最常见的描述对象 i 和 j 间差异度的公式为

$$d(i,j) = \frac{r+s}{q+r+s} \tag{6.14}$$

在计算过程中,负匹配的数目 t 被认为是不重要的,因此被忽略。

若一个数据集中既包括对称二元变量,又包含不对称二元变量,可以用混合变量方法来处理。

例 6.3 假设一个油气田岩石可钻分级测试记录表如表 6.3 所示,表中所描述的属性(变量)分别为:name,回次长度/m>1,可钻性/m·h⁻¹<1,test-1,test-2,test-3 和 test-4。其中,name 作为(岩石)对象的标识,其他变量均为非对称二元变量。

表 6.3 包含二值属性的关系数据表示意描述

name	回次长度/m>1	可钻性/m·h⁻¹<1	test-1	test-2	test-3	test-4
泥灰岩	Y(1)	N(0)	P(1)	N(0)	N(0)	N(0)
火山凝灰岩	Y(1)	N(0)	P(1)	N(0)	P(1)	N(0)
辉长岩	Y(1)	Y(1)	N(0)	N(0)	N(0)	N(0)
…	…	…	…	…	…	…

对于非对称属性(变量)值,将 Y 和 P 设为 1,N 设为 0。根据非对称属性(变量)计算不同对象(岩石)之间的距离(差异性),就可利用计算公式(6.14)进行,计算结果如下。

$$d(泥灰岩,火山凝灰岩) = \frac{0+1}{2+0+1} = 0.33$$

$$d(泥灰岩,辉长岩) = \frac{1+1}{1+1+1} = 0.67$$

$$d(辉长岩,火山凝灰岩) = \frac{1+2}{1+1+2} = 0.75$$

由于辉长岩和火山凝灰岩之间的距离最大,因此不大可能是同一可钻等级的岩石,而泥灰岩和火山凝灰岩之间的距离最小,因此可能是同一可钻等级的岩石。

2. 符号变量(标称变量)

符号变量是二值变量的一个推广。符号变量可以对两个以上的状态进行描述。例如,

颜色变量 color 就是一种符号变量,可以表示红、橙、黄、绿、蓝等。

设一个符号变量所取的状态个数为 M,其中的状态可以用字母、符号,或一个整数集合来表示,如 $1,2,\cdots,M$。此处的整数仅是为方便数据处理而采用的,并不代表任何特定的顺序。对于符号变量,最常用的计算对象 i 和对象 j 之间差异(程度)的方法就是简单匹配方法,具体描述定义如下。

$$d(i,j) = \frac{p-m}{p} \tag{6.15}$$

其中,m 表示对象 i 和对象 j 中取同样状态的符号变量个数(匹配数),p 为所有的符号变量个数。

为增强 m 的作用,可以给它赋予一定的权值;而对于拥有许多状态的符号变量,也可以相应赋予更大的权值。

通过为符号变量的每个状态创建一个新二值变量,能够将符号变量表示为非对称的二值变量。对于具有给定状态的一个对象,代表一个状态的二值变量置为 1;而其他二值变量置为 0。例如,要用二值变量表示颜色 color 符号变量,就需要上面所介绍的 5 种颜色分别创建一个二值变量。而对一个颜色为黄色的对象,就要将代表黄色状态的二值变量设为 1;而将其他二值变量设为 0。采用这种(二值变量)表达方式的对象间差异(程度)就可以使用二值变量进行计算了。

3. 顺序变量(序数型变量)

一个离散的顺序变量类似符号变量,但不同的是顺序变量的 M 个状态是以有意义的顺序进行排列的。顺序变量在描述无法用客观方法表示的主观质量评估时是非常有用的,如专业等级是一个顺序变量,是按照助教、讲师、副教授和教授的顺序排列的。一个连续顺序变量看上去就像一组未知范围的连续数据,但值的相对位置要比它的实际数值有意义得多,如某个比赛的相对排名(金牌、银牌和铜牌)可能比实际得分更重要。

顺序变量的数值常常是通过对数值(变量)的离散化而获得的,也就是通过将取值范围分为有限个组而得到的。一个顺序变量可以映射到一个等级集合上,如一个顺序变量 f 包含 M_f 个状态,那么这些有序的状态就映射为 $1,2,\cdots,M_f$ 的等级。

在计算对象间差异程度时,顺序变量的处理方法与间隔数值变量的处理方法类似。假设变量 f 是用于描述 n 个对象的一组顺序属性之一。关于变量 f 的差异程度计算如下。

(1) 第 i 个对象的 f 变量值标记为 x_{if},变量 f 有 M_f 个有序状态,可以利用等级 $1,2,\cdots,M_f$ 替换相应的 x_{if},得到相应的 r_{if},r_{if} 属于 $\{1,2,\cdots,M_f\}$。

(2) 通常将每个顺序变量的取值范围映射到 [0,1] 区间,以便使每个变量的权值相同。可以通过将第 i 个对象中的第 f 个变量的 r_{if} 用以下所计算得到的值来替换实现数据规格化:

$$z_{if} = \frac{r_{if}-1}{M_f-1} \tag{6.16}$$

(3) 这时可以利用所介绍有关数值变量的任一个距离计算公式,来计算用顺序变量描述的对象间距离,其中,用 z_{if} 来替换第 i 个对象中的变量 f 值。

4. 混合类型属性

在实际数据库中,数据对象往往是用复合数据类型来描述的,常常包括以下 6 种数据类型:区间标度变量、对称二元变量、不对称二元变量、符号类型、顺序类型和比例数值类型。一种方法是将变量按类型分组,对每种类型的变量单独进行挖掘分析,如果分析得到兼容的结果,这种方法可行,但实际中往往不可行。

一种更可取的方法是将所有属性类型一起处理,只进行一次分析。将不同类型的变量组合在单个相异度矩阵中,把所有有意义的变量转换到共同的值域区间 $[0,1]$ 上。

假设一个数据集包含 p 个组合类型变量,则对象 i 和对象 j 之间的距离 $d(i,j)$ 可以定义为

$$d(i,j) = \frac{\sum_{f=1}^{p} \delta_{ij}^{(f)} d_{ij}^{(f)}}{\sum_{f=1}^{p} \delta_{ij}^{(f)}} \tag{6.17}$$

其中,如果 x_{if} 或 x_{jf} 数据不存在(对象 i、对象 j 的变量无 f 测量值)或 $x_{if}=x_{jf}=0$,且变量 f 为非对称二值变量,则标记 $\delta_{ij}^{(f)}=0$,否则 $\delta_{ij}^{(f)}=1$。$\delta_{ij}^{(f)}$ 表示变量 f 对对象 i 和对象 j 之间差异程度(距离)的贡献。$d_{ij}^{(f)}$ 可以根据其具体变量类型进行相应计算。

(1) 若变量 f 为二值变量或符号变量,如果 $x_{if}=x_{jf}$,那么 $d_{ij}^{(f)}=0$,否则 $d_{ij}^{(f)}=1$。

(2) 若变量 f 为数值变量,则 $d_{ij}^{(f)} = \dfrac{|x_{if}-x_{jf}|}{\max\limits_{h} x_{hf} - \min\limits_{h} x_{hf}}$,其中,$h$ 为变量 f 的所有可能对象。

(3) 若变量 f 为顺序变量,则计算顺序 r_{if} 和 $z_{if} = \dfrac{r_{if}-1}{M_f-1}$,并将 z_{if} 作为数值属性对待。

综上所述,即使对象是由不同类型变量(一起)描述时,也能够计算相应每两个对象间的距离。

6.4　主要聚类方法

根据应用所涉及的数据类型、聚类的目的以及具体应用要求来选择合适的聚类算法。如果利用聚类分析作为描述性或探索性的工具,那么就可以使用若干聚类算法对同一个数据集进行处理以观察可能获得的有关(数据特征)描述。

通常聚类分析算法可以划分为以下几大类:层次方法、划分方法、基于密度的聚类方法、基于网格的聚类方法、基于模型的方法、模糊聚类算法 FCM。

6.4.1　层次方法

层次方法是通过将数据组织为若干组并形成一个组的树来进行聚类的。层次方法又可以分为自顶而下和自下而上层次聚类两种。一个完全层次聚类的质量由于无法对已经做的

合并或分解进行调整而受到影响。目前的研究都强调将自下而上层次聚类与循环再定位方法相结合,如图 6.3 所示。

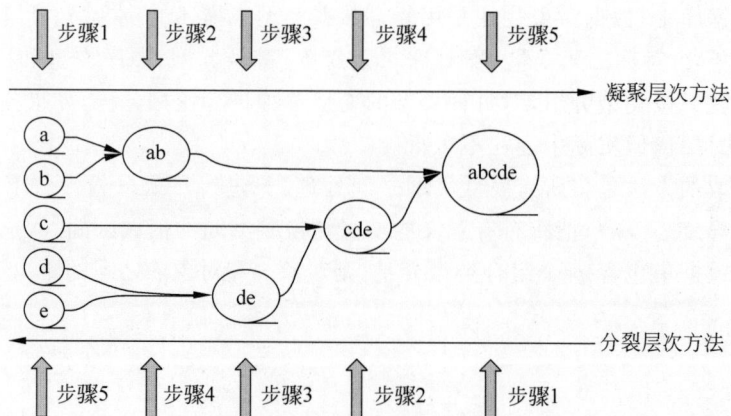

图 6.3　凝聚层次方法和分裂层次方法

(1) 凝聚层次方法:也称自底向上方法,一开始将每个对象作为单独的一组,然后相继地合并相近的对象或组,直到所有的组合并为一个,或达到某个终止条件。代表:AGNES 算法。

(2) 分裂层次方法:也称自顶向下方法,一开始所有对象置于一个簇中,在迭代的每一步,一个簇被分裂为更小的簇,直到最终每个对象单独为一个簇,或达到某个终止条件。代表:DIANA 算法。

常用的计算聚类间距离的方式包括最短距离法、最长距离法、中间距离法、类平均距离法、重心法、离差平方和法。

(1) 最短距离法:又称单连接法或最近邻连接法,如图 6.4 所示,定义了类与类之间的距离为两类最近样本间的距离。

$$D_{KL} = \min_{i \in G_K, j \in G_L} d_{ij} \tag{6.18}$$

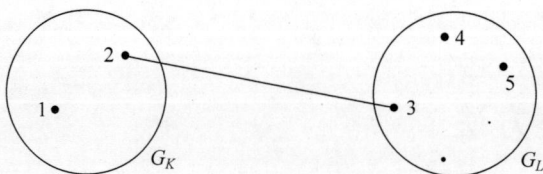

图 6.4　最短距离法

在实现时先确定程序所需环境和工程包(以 Python 实现为例):

```
01 import numpy as np
02 import data_helper
```

首先构建数据集,这里使用 random 函数随机生成数据集,也可以载入已构建好的数据集。

```
01 """
02 函数说明:创建数据集
03 Parameters:
```

```
04 x -点的 X 轴坐标值
05 y -点的 Y 轴坐标值
06 Returns:
07     _groups -数据集矩阵
08 """
09 np.random.seed(1)
10 def get_raw_data(n):
11 _data=np.random.rand(n,2)         #随机初始化矩阵的值,生成数据的格式是 n 个(x,y)
12     _groups={idx:[[x,y]] for idx,(x,y) in enumerate(_data)}
13     return _groups
14 """
15 函数说明:计算两簇中最近样本之间的距离
16 Parameters:
17 cluster1 -第 1 个簇的数据集矩阵
18 cluster2 -第 2 个簇的数据集矩阵
19 Returns:
20     _ distance -簇间最小距离
21 """
22 def cal_distance(cluster1,cluster2):
23     _min_distance=10000                    #采用最小距离作为聚类标准
24     for x1,y1 in cluster1:
25         for x2,y2 in cluster2:
26             _distance=(x1-x2)**2+(y1-y2)**2
27             if _distance<_min_distance:
28                 _min_distance=_distance
29     return _distance
30 groups=get_raw_data(10)
31 count=0
32 while len(groups)!=1:                     #判断所有的数据是否归为同一类
33     min_distance=10000
34     len_groups=len(groups)
35     for i in groups.keys():
36         for j in groups.keys():
37             if i>=j:
38                 continue
39             distance=cal_distance(groups[i],groups[j])
40             if distance<min_distance:
41                 min_distance=distance
42                 min_i=i
43                 min_j=j
44     groups[min_i].extend(groups.pop(min_j)) #这里的 j>i
45     data_helper.draw_data(groups)           #一共 n 个簇,共迭代 n-1 次
```

例 6.4　假定 5 个对象间的距离如图 6.5 所示,试用最短距离法的凝聚层次聚类,并画出树状图(Dengrogram)。

先将 5 个对象都分别看成一个类,可看出最靠近的两个类是 2 和 5,将 2 和 5 合并成一个新类{2,5},再分别求{2,5}和 1、3、4 之间的距离。

$$d_{\{2,5\}1}=\min\{d_{21},d_{51}\}=\min\{6,7\}=6$$
$$d_{\{2,5\}3}=\min\{d_{23},d_{53}\}=\min\{4,5\}=4$$
$$d_{\{2,5\}4}=\min\{d_{24},d_{54}\}=\min\{4,5\}=4$$

在这 4 个类中,最靠近的两个类是 1 和 3,合并成{1,3},再求{1,3}到{2,5}的距离。

$d_{\{1,3\}\{2,5\}} = \min\{d_{1\{2,5\}}, d_{3\{2,5\}}\} = 4$

再求$\{1,3\}$到 4 的距离。

$d_{\{1,3\}4} = \min\{d_{14}, d_{34}\} = 3$

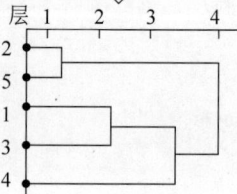

图 6.5　最短距离法聚类

（2）**最长距离法**：又称完全连接法或最远紧邻连接法，如图 6.6 所示，类与类之间的距离定义为两类最远样本间的距离。

$$D_{KL} = \max_{i \in G_K, j \in G_L} d_{ij} \tag{6.19}$$

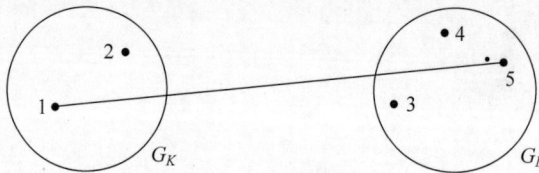

图 6.6　最长距离法

最长距离法容易被异常值严重地扭曲，一个有效的方法是将这些异常值单独拿出来后再进行聚类。

例 6.5　假定 5 个对象间的距离如图 6.7 所示，试用最长距离法聚类并画出树状图。

先将 5 个对象都分别看成一个类，可看出最靠近的两个类是 2 和 5，将 2 和 5 合并成一个新类$\{2,5\}$，再分别求$\{2,5\}$和 1、3、4 之间的距离。

$d_{\{2,5\}1} = \max\{d_{21}, d_{51}\} = \max\{6,7\} = 7$

$d_{\{2,5\}3} = \max\{d_{23}, d_{53}\} = \max\{4,5\} = 5$

$d_{\{2,5\}4} = \max\{d_{24}, d_{54}\} = \max\{4,5\} = 5$

在这 4 个类中，最靠近的两个类是 1 和 3，合并成$\{1,3\}$，再求$\{1,3\}$到$\{2,5\}$的距离。

$d_{\{1,3\}\{2,5\}} = \max\{d_{1\{2,5\}}, d_{3\{2,5\}}\} = 7$

再求$\{1,3\}$到 4 的距离。

$d_{\{1,3\}4} = \max\{d_{14}, d_{34}\} = 5$

此时由于 $d_{\{1,3\}4}$ 和 $d_{\{2,5\}4}$ 两个距离都为 5,可合并 $\{1,3\}$ 和 4 为 $\{1,3,4\}$,也可合并 $\{2,5\}$ 和 4 为 $\{2,5,4\}$。

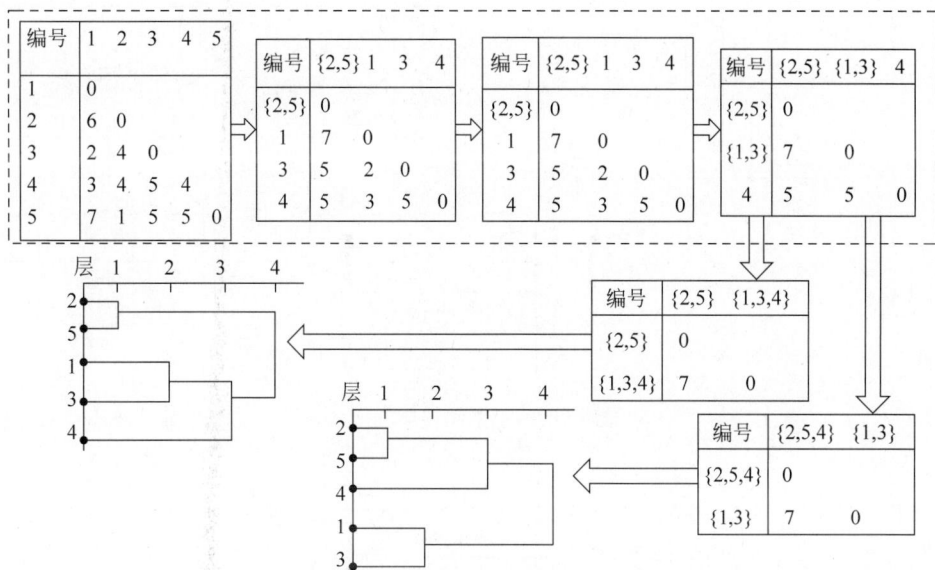

图 6.7 最长距离法聚类

(3)中间距离法:如假定在聚类的过程中两个类 G_1 和 G_2 合并成一个新类 $G_N = (G_1, G_2)$,则 G_N 和其他任一类 G_3 的距离可定义为 $G_1 G_2 G_3$ 三角形中线的平方,如图 6.8 所示。

中间距离进行聚类时,一般都采用距离的平方。类间距离定义为

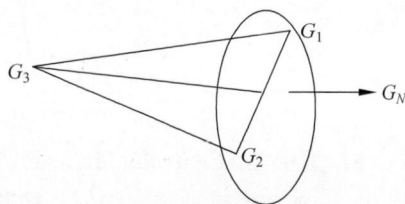

图 6.8 中间距离法

$$d(G_3, G_N)^2 = \frac{1}{2}\left[d(G_3, G_1)^2 + d(G_3, G_2)^2\right] - \frac{1}{2}d(G_1, G_2)^2 \quad (6.20)$$

例 6.6 假定 5 个对象间的距离如图 6.9 所示,试用中间距离法聚类并画出树状图。

先将 $\{2,5\}$ 合并,然后分别计算 $\{2,5\}$ 和 1、3、4 的距离平方 $d(\{2,5\},1)^2 = 42.25$,$d(\{2,5\},3)^2 = 20.25$,$d(\{2,5\},4)^2 = 20.25$。

1,3 最近,把它们合成一类,并计算到 $\{2,5\}$ 和 4 的距离。

$$d(\{1,3\}, \{2,5\})^2 = \frac{1}{2}\left[d(1,\{2,5\})^2 + d(3,\{2,5\})^2\right] - \frac{1}{2}d(1,3)^2 = 30.25$$

$$d(\{1,3\}, 4)^2 = \frac{1}{2}\left[d(1,4)^2 + d(3,4)^2\right] - \frac{1}{2}d(1,3)^2 = 16$$

再把 1,3,4 合并成一类,计算它们到 $\{2,5\}$ 类的距离。

$$d(\{1,3,4\}, \{2,5\})^2 = \frac{1}{2}\left[d(\{1,3\}, \{2,5\})^2 + d(4, \{2,5\})^2\right] - \frac{1}{2}d(\{1,3\}, 4)^2 = 21.25$$

(4)类平均距离法(Average Linkage Method):计算类间所有样本点的平均距离,如图 6.10 所示,该方法利用了所有样本的信息,被认为是较好的系统聚类法。

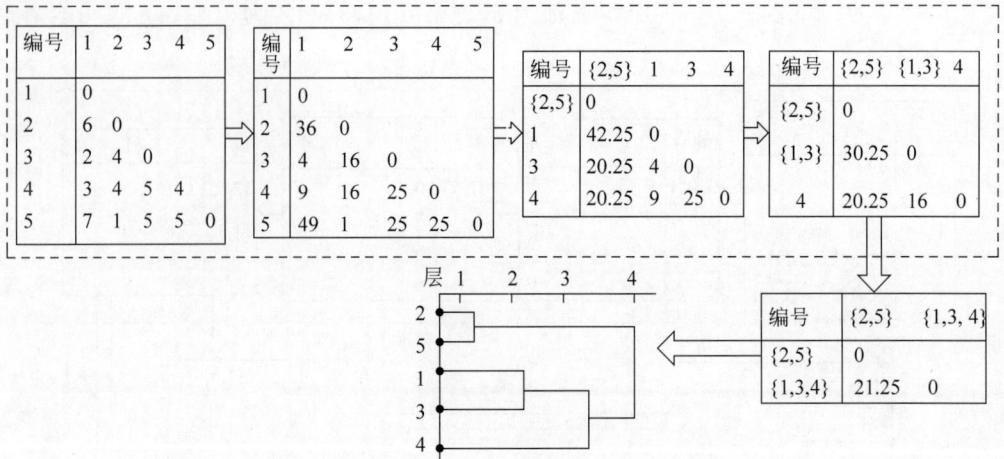

编号	1	2	3	4	5
1	0				
2	6	0			
3	2	4	0		
4	3	4	5	4	
5	7	1	5	5	0

编号	1	2	3	4	5
1	0				
2	36	0			
3	4	16	0		
4	9	16	25	0	
5	49	1	25	25	0

编号	{2,5}	1	3	4
{2,5}	0			
1	42.25	0		
3	20.25	4	0	
4	20.25	9	25	0

编号	{2,5}	{1,3}	4
{2,5}	0		
{1,3}	30.25	0	
4	20.25	16	0

编号	{2,5}	{1,3,4}
{2,5}	0	
{1,3,4}	21.25	0

图 6.9   中间距离法聚类

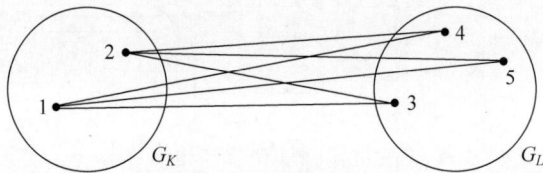

图 6.10   类平均距离法

$$D_{KL} = \frac{d(1,3) + d(1,4) + d(1,5) + d(2,3) + d(2,4) + d(2,5)}{6} \tag{6.21}$$

（5）**重心法（Centroid Method）**：类与类间的距离用各自重心间的欧氏距离表示,如图 6.11 所示。优点是对异常值不敏感,结果更稳定。

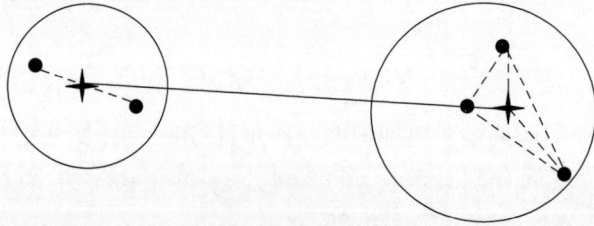

图 6.11   重心法

（6）**离差平方和法（Ward's Method）**：类内离差平方和(类中各样品到类重心(均值)的平方欧氏距离之和)最小,类间离差平方和最大,如图 6.12 所示。聚类过程中使小类内离差平方和增加最小的两小类应首先合并为一类。特点是对异常值很敏感,对较大的类倾向产生较大的距离,从而不易合并,较符合实际需要。

层次聚类有较明显的缺陷,一旦一个步骤(合并或分裂)完成,就不能被撤销或修正,因此产生了改进的层次聚类方法,如 BRICH、CURE、ROCK、Chameleon。

BIRCH(Balanced Iterative Reducing and Clustering using Hierarchies)使用聚类特征(Clustering Feature,CF)树的多阶段聚类,是为大量数值数据聚类设计的。它使用聚类特征来概括一个类,使用聚类特征树来表示聚类的层次结构。

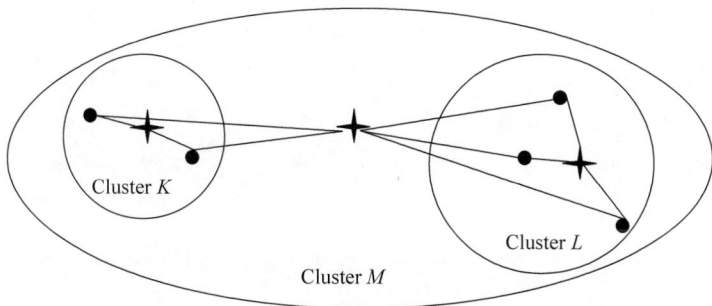

图 6.12 离差平方和法

CURE(Clustering Using Representatives)方法是针对大型数据库的一种新颖的层次聚类算法,该算法选择基于重心和基于代表对象方法之间的中间策略。

Sudipno Guha 等人于 1999 年提出一个著名的面向分类属性数据的凝聚层次聚类算法ROCK(RObust Clustering using linKs),其突出贡献是采用公共近邻(链接)数的全局信息作为评价数据点间相关性的度量标准,而不是传统的基于两点间距离的局部度量函数。

Chameleon(变色龙)是一种层次聚类算法,采用动态建模来确定一对簇之间的相似度。簇的相似度由如下两项评估:① 簇中对象的连接情况;② 簇的邻近性。也就是说,如果两个簇的互连性都很高并且它们之间又靠得很近就将其合并。

6.4.2 划分方法

给定包含 n 个数据对象的数据库和所要形成的聚类个数 k,划分算法将对象集合划分为 k 份($k \leqslant n$),其中每个划分均代表一个聚类。所形成的聚类将使得一个客观划分标准(常称为相似函数,如距离)最优化,从而使得一个聚类中的对象是"相似"的;而不同聚类中的对象是"不相似"的。遵循的是全局最优原则,需要穷举所有可能的划分。最常用也是最知名的划分方法就是 K-means 算法和 K-medoids 算法,以及它们的变体(版本)。

1. K-means 算法

K-means 聚类又称为 K-平均算法,是 Mac Queen 提出的一种无监督的聚类算法,它在最小化误差函数的基础上将样本集划分为预定的类数 k。

算法:根据聚类中的均值进行聚类划分的 K-means 算法。

输入:聚类个数 k,以及包含 n 个数据对象的数据库。

输出:k 个聚类。

步骤:

(1) 从 n 个数据对象中任意选择 k 个对象作为初始聚类中心。

(2) 循环(3)、(4)直到每个聚类不再发生变化为止。

(3) 根据每个聚类对象的均值(中心对象),计算每个对象与这些中心对象的距离,并根据最小距离重新对相应对象进行划分。

(4) 重新计算每个(有变化)聚类的均值(中心对象)。

例 6.7 假设空间数据对象分布如图 6.13(a)所示,设 $k=3$,也就是需要将数据集划分为三个簇(聚类)。

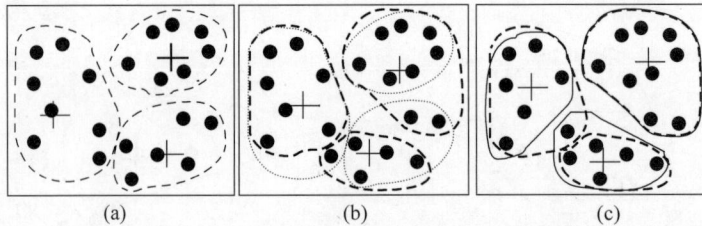

图 6.13　K-means 算法聚类过程示意描述

从数据集中任意选择三个对象作为初始聚类中心(图 6.13(a)中这些对象被标上了"+"),其余对象则根据与这三个聚类中心(对象)的距离和最近距离原则,逐个分别聚类到这三个聚类中心所代表的(三个)聚类中,由此获得了如图 6.13(a)所示的三个聚类(以虚线圈出)。

在完成第一轮聚类之后,各聚类中心发生了变化。继而更新三个聚类的聚类中心(图 6.13(b)中这些对象被标上了"+"),也就是分别根据各聚类中的对象重新计算相应聚类的(对象)均值。

根据所获得的三个新聚类中心,以及各对象与这三个聚类中心的距离,(根据最近距离原则)对所有对象进行重新归类。有关变化情况如图 6.13(b)所示(已用粗虚线圈出)。

再次重复上述过程就可获得如图 6.13(c)所示的聚类结果(已用实线圈出),这时由于各聚类中的对象(归属)已不再变化,整个聚类结束。

在实现时先确定程序所需环境和工程包(以 Python 实现为例):

```
01 import random
02 import pandas as pd
03 import numpy as np
04 import matplotlib.pyplot as plt
05 """
06 函数说明:创建数据集
07 """
08 def createDataSet():
09     return [[1, 1], [1, 2], [2, 1], [6, 4], [6, 3], [5, 4]]
10 """
11 函数说明:计算欧氏距离
12 Parameters:
13     dataSet -数据集
14     centroids -质心
15     k -聚类数量
16 Returns:
17     clalist -点到质心的欧氏距离
18 """
19 def calcDis(dataSet, centroids, k):
20     clalist=[]
21     for data in dataSet:
22         diff = np.tile(data, (k, 1)) - centroids
23 #相减    (np.tile(a,(2,1)))就是把 a 先沿 x 轴复制 1 倍,即没有复制,仍然是[0,1,2].再把结果
   沿 y 方向复制 2 倍得到 array([[0,1,2],[0,1,2]]))
24         squaredDiff = diff ** 2                          #平方
25         squaredDist = np.sum(squaredDiff, axis=1)    #和(axis=1 表示行)
26         distance = squaredDist ** 0.5                  #开根号
```

```
27              clalist.append(distance)
28      clalist = np.array(clalist)
29      return clalist        ♯返回一个每个点到质心的距离 len(dateSet) * k 的数组
30 """
31 函数说明:计算质心
32 Parameters:
33      dataSet -数据集
34      centroids -初始质心
35      k -簇数量
36 Returns:
37      changed -质心变化量
38      newCentroids -更新后的质心
39 """
40 def classify(dataSet, centroids, k):
41      clalist = calcDis(dataSet, centroids, k)          ♯计算样本到质心的距离
            ♯分组并计算新的质心
42      minDistIndices = np.argmin(clalist, axis=1)
43      ♯axis=1 表示求出每行的最小值的下标
44      newCentroids = pd.DataFrame(dataSet).groupby(minDistIndices).mean()
        ♯DataFrame(dataSet)对 DataSet 分组,groupby(min)按照 min 进行统计分类,mean()对分类结果
        ♯求均值
45      newCentroids = newCentroids.values
46      changed = newCentroids - centroids          ♯计算变化量
47      return changed, newCentroids
```

构建 K-means 函数实现聚类(以 Python 实现为例):

```
01 """
02 函数说明:使用 K-means 聚类
03 Parameters:
04      dataSet -数据集
05      k -聚类数量
06 Returns:
07      centroids -最终质心
08      cluster -簇
09 """
10 def kmeans(dataSet, k):
11      centroids = random.sample(dataSet, k)          ♯随机取质心
12      ♯更新质心,直到变化量全为 0
13      changed, newCentroids = classify(dataSet, centroids, k)
14      while np.any(changed != 0):
15          changed, newCentroids = classify(dataSet, newCentroids, k)
16      centroids = sorted(newCentroids.tolist())          ♯tolist()将矩阵转换成列表 sorted()排序
17      ♯根据质心计算每个簇
18      cluster = []
19      clalist = calcDis(dataSet, centroids, k)          ♯调用欧氏距离
20      minDistIndices = np.argmin(clalist, axis=1)
21      for i in range(k):
22          cluster.append([])
23      for i, j in enumerate(minDistIndices):          ♯enumerate()可同时遍历索引和遍历元素
24          cluster[j].append(dataSet[i])
25      return centroids, cluster
```

功能模块搭建好后,使用主函数调用完成聚类(以 Python 实现为例):

```
01 if __name__ == '__main__':
02     dataset = createDataSet()
03     centroids, cluster = kmeans(dataset, 2)
04     print('质心为: %s' % centroids)
05     print('集群为: %s' % cluster)
06     for i in range(len(dataset)):
07         plt.scatter(dataset[i][0], dataset[i][1], marker='o', color='green', s=40, label=
'原始点')       # 设置"记号形状""颜色""点的大小",设置标签
08         for j in range(len(centroids)):
09             plt.scatter(centroids[j][0], centroids[j][1], marker='x', color='red', s=50,
label='质心')
10             plt.show()
```

K-means 算法是解决聚类问题的一种经典算法,算法简单、快速。在处理大数据集时,该算法是相对可伸缩的和高效率的,因为它的复杂度大约是 $O(nkt)$,其中,n 是所有对象的数目,k 是簇的数目,t 是迭代的次数。通常 $k \ll n$。这个算法经常以局部最优结束,同时算法尝试找出使平方误差函数值最小的 k 个划分。当簇是密集的、球状或团状的,而簇与簇之间区别明显时,它的聚类效果较好。

但是对于初始中心的每种选择,最后都会得到不同的簇配置。这是 K-means 算法的通病,也就是说,尽管算法能确保样本实例聚类到一个稳定的状态,但不能保证样本实例聚类的最佳稳定性。不适合于发现非凸面形状的簇,或者大小差别很大的簇。对于"噪声"和孤立点数据敏感,少量的该类数据能够对平均值产生极大影响。

K-means 算法还有一些变化(版本)。它们主要在初始 k 个聚类中心的选择、差异程度计算和聚类均值的计算方法等方面有所不同。一个常常有助于获得好的结果的策略就是首先应用自下而上层次算法来获得聚类数目,并发现初始分类,然后再应用循环再定位(聚类方法)来帮助改进分类结果。

K-modes 是 K-means 算法的一种变种。该算法通过用模来替换聚类均值、采用新差异性计算方法来处理符号量,以及利用基于频率对各聚类模进行更新方法,从而将 K-means 算法的应用范围从数值量扩展到符号量。将 K-means 算法和 K-modes 算法结合到一起,就可以对采用数值量和符号量描述的对象进行聚类分析,从而构成了 K-prototypes 算法。K-prototypes 算法的聚类中心由数值型数据的聚类中心和离散数据的聚类中心两部分加权组成。其中,数值型属性的聚类中心和 K-means 算法类似,通过计算数值型属性的平均值得到。而离散属性的中心采用类似 K-modes 算法聚类中心的更新方式,通过计算可分类属性值出现的频率确定。

2. K-medoids 算法

由于一个异常数据的取值可能会很大,从而会影响对数据分布的估计(K-means 算法中的各聚类均值计算),因此 K-means 算法对异常数据很敏感。为此就设想利用 medoids 来作为一个参考点代替 K-means 算法中的各聚类的均值作为聚类中心,从而可以根据各对象与各参考点之间的距离(差异性)之和最小化的原则继续应用划分方法。这就构成了 K-medoids 算法。

这里介绍 PAM(Partitioning Around Medoids)算法,它是 K-medoids 算法的一种流行实现。从一个初始划分开始,循环利用 non-medoids 替换 medoids,看看是否能够提高聚类

质量。PAM 处理小数据集合时非常有效,但是处理大数据集合时却并不是很有效。

其基本策略是首先为每个簇随意选择一个代表对象,称为中心点,剩余的对象根据其与中心点间的距离分配给最近的簇 C_i。然后用非中心点对象来替代中心对象,看是否能够提高聚类质量,提高则替换。尝试所有可能的替换,继续用其他对象替换中心点对象的迭代过程,直到结果聚类的质量不可能被任何替换提高。聚类结果的质量用一个代价函数来估算,该函数度量对象 p 与其簇 C_j 中代表对象 o_i 之间的平均相异度(绝对误差平方和)E。

$$E = \sum_{i=0}^{k} \sum_{p \in C_j} \text{dist}(p, o_i) = \sum_{i=0}^{k} \sum_{p \in C_j} (|p - o_i|^2) \tag{6.22}$$

设 $o_1, o_2, \cdots, o_k$ 为当前代表对象的集合。为了确定任一个非聚类代表对象 o_{random} 是否可以替换当前一个聚类代表 o_j,需要根据以下 4 种情况对其他非中心点对象 p 进行检查。

(1)若对象 p 当前属于 o_j 所代表的聚类,且如果用 o_{random} 替换 o_j 作为新聚类代表,而 p 更接近其他 $o_i(i \neq j)$,则将 p 归类到 o_i 所代表的聚类中,如图 6.14 所示。

其代价函数表示为

$$E(p, o_j) = d(o_i, p) - d(o_j, p)$$

其中,$d(o_i, p)$、$d(o_j, p)$ 表示 p 与 o_i、o_j 的距离。

(2)若对象 p 当前属于 o_j 所代表的聚类,且如果用 o_{random} 替换 o_j 作为新聚类代表,而 p 就更接近 o_{random},那么就将 p 归类到 o_{random} 所代表的聚类中,如图 6.15 所示。

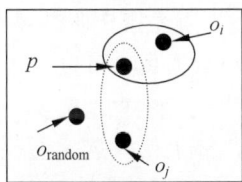

图 6.14 重新分配到 o_i　　　　图 6.15 重新分配到 o_{random}

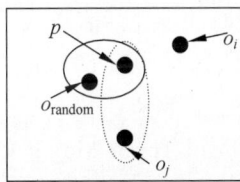

其代价函数表示为

$$E(p, o_j) = d(o_{random}, p) - d(o_j, p)$$

其中,$d(o_{random}, p)$ 表示 p 与 o_{random} 的距离。

(3)若对象 p 当前属于 o_i 所代表的聚类($i \neq j$),且如果用 o_{random} 替换 o_j 作为新聚类代表,而 p 仍最接近 o_i,那么 p 的归类不发生变化,如图 6.16 所示。

(4)若对象 p 当前属于 o_i 所代表的聚类($i \neq j$),且如果用 o_{random} 替换 o_j 作为新聚类代表,而 p 就更接近 o_{random},那么就将 p 归类到 o_{random} 所代表的聚类中,如图 6.17 所示。

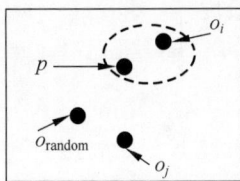

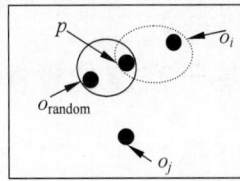

图 6.16 不发生变化　　　　图 6.17 重新分配到 o_{random}

其代价函数表示为

$$E(p, o_j) = d(o_{random}, p) - d(o_i, p)$$

每次对对象进行重新归类,都会使得构成代价函数的方差发生变化。因此,代价函数能够计算出聚类代表替换前后的方差变化。通过替换不合适的代表来使距离方差发生变化的累计就构成了代价函数的输出值。

替换分为以下两种情况:若整个输出成本为负值,那么就用 o_{random} 替换 o_j,以便能够减少实际的方差 E;若整个输出成本为正值,那么就认为当前的 o_j 是可接受的,本次循环就无须变动。一个基本的 K-medoids 聚类算法如下。

算法:根据聚类的中心对象(聚类代表)进行聚类划分的 K-medoids 算法。

输入:聚类个数 k,以及包含 n 个数据对象的数据库。

输出:满足基于各聚类中心对象的方差最小标准的 k 个聚类。

步骤:

(1) n 个数据对象中任意选择 k 个对象作为初始聚类(中心)代表。

(2) 循环(3)~(5)直到每个聚类不再发生变化为止。

(3) 依据每个聚类的中心代表对象,以及各对象与这些中心对象间的距离,并根据最小距离重新对相应对象进行划分。

(4) 任意选择一个非中心对象 o_{random},计算其与中心对象 o_j 交换的整个成本 S。

(5) 若 S 为负值则交换 o_{random} 与 o_j 以构成新聚类的 k 个中心对象。

K-medoids 聚类算法比 K-means 聚类算法在处理异常数据和噪声数据方面更为鲁棒,因为与聚类均值相比,一个聚类中心的代表对象要较少受到异常数据或极端数据的影响。但是前者的处理时间要比后者更大。两个算法都需要用户事先指定所需聚类个数 k。

像 PAM 方法这样典型的 K-medoids 聚类算法,在小数据集上可以工作得很好,但是对于大数据库则处理效果并不理想。可以利用一些基于采样的聚类方法如 CLARA(Clustering LARge Application)、CLARANS(Clustering Large Application based upon RANdomized Search)等来有效处理大规模数据。其中,CLARA 无须考虑整个数据集,而只要取其中一小部分数据作为其代表,然后利用 PAM 方法从这个样本集中选出中心对象。如果样本数据是随机选择的,那么它就应该近似代表原来的数据集。从这种样本集所选出来的聚类中心对象可能就很接近从整个数据集中所选择出来的聚类中心(对象)。CLARA 算法分别取若干样本集,然后对每个样本数据集应用 PAM 方法,然后将其中最好的聚类(结果)输出。但是 CLARA 的有效性取决于样本的大小,如果样本发生偏斜,基于样本的好的聚类不一定代表整个数据集合的一个好的聚类。CLARANS 将采样方法与 PAM 方法结合起来,动态地从近邻中抽取样本,聚类的过程可以被描述为对一个图的搜索,图中的每一个结点都是一个潜在的解,随机选取 k 个中心点的集合,如果发现局部最优,CLARANS 从新的任意选择的结点开始寻找新的局部最优。

6.4.3　基于密度的聚类方法

基于密度的聚类方法能够帮助发现具有任意形状的聚类。一般在一个数据空间中,高密度的对象区域被低密度(稀疏)的对象区域(通常认为是噪声数据)所分割。该类方法把簇看作数据空间中被低密度区域分割开的高密度对象区域。基于密度的簇是密度相连的点的集合。只需一次扫描即可完成聚类,但是需要密度参数作为终结条件。代表算法有 DBSCAN、OPTICS、DENCLUE、CLIQUE 等。

本类方法包含如下概念。

- **ε-近邻**：一个给定对象的 ε 半径内的近邻就称为该对象的 ε-近邻。
- **对象阈值**：一个对象的 ε-近邻中的数据对象阈值。
- **核对象**：若一个对象的 ε-近邻至少包含一定数目（MinPts）的对象，该对象就称为核对象。
- **直接密度可达**：给定一组对象集，若对象为另一个对象的 ε-近邻且为核对象，那么称它们之间存在"直接密度可达"的关系。
- **密度可达**：对于一个 ε 而言，一个对象 p 是从对象 q "密度可达"；一组对象集有 MinPts 个对象；若有一系列对象 $p_1, p_2, \cdots, p_n$，其中，$p_1 = q$ 且 $p_n = p$，从而使得（对于 ε 和 MinPts 来讲）p_{i+1} 是从 p_i "直接密度可达"。其中有 $p_i \in D, 1 < i < n$，如图 6.18 所示。
- **密度相连**：对于 ε 和 MinPts 来讲，若存在一个对象 $o(o \in D)$，使得 o "密度可达"对象 p 和对象 q，对象 p 是"密度相连"对象 q，如图 6.19 所示。

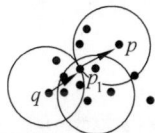

图 6.18 密度可达示意　　　　图 6.19 密度相连示意

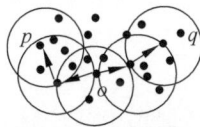

密度可达是密度相连的一个传递闭包，这种关系是非对称的。仅有核对象是相互"密度可达"的，而密度相连是对称的。

DBSCAN 是一个基于高密度连接区域的密度聚类方法，该算法将具有足够高密度的区域划分为簇，并进一步定义簇为密度相连的点的最大集合。DBSCAN 通过检查数据库中每个点的 ε-近邻，不断生长足够高密度区域来寻找聚类，能够在带有"噪声"的空间数据库中发现任意形状的聚类，算法过程如下。

算法：DBSCAN 算法。

输入：数据集 D，邻域半径 ε，邻域中数据对象数目阈值 MinPts。

输出：密度连通类。

步骤：

(1) 任意选取一个点 p。

(2) 在参数 ε 和 MinPts 的条件下，检索所有密度可达 p 的数据对象。

(3) 如果 p 是中心点，则形成一个聚类。

(4) 如果 p 是边界点，且没有密度可达 p 的数据对象，算法访问数据库中下一个数据对象。

(5) 循环直到所有的点都被访问过为止。

6.4.4 基于网格的聚类方法

基于网格的聚类方法利用多维网格数据结构，将空间划分为有限数目的单元，构成一个可以进行聚类分析的网格结构。这种方法的主要特点就是处理时间与数据对象数目无关，仅依赖量化空间中每一维上的单元数目，因此基于网格的聚类方法处理时间很短。代表算法包括基于网格的多分辨率聚类技术 STING、采用小波变换方法的多分辨率聚类算法

WaveCluster,以及综合基于密度和基于网格的聚类方法 CLIQUE。

1. STING

STING 将空间划分为方形单元。不同层次的方形单元对应不同层次的分辨率。这些单元构成了一个层次结构:高层次单元被分解形成一组低层次单元。有关各网格单元属性的统计信息(如均值、最大值、最小值)可以事先运算和存储,而这些信息将在查询处理环节中用到。

与其他聚类方法相比,该方法具有以下几个优点。

(1)适用范围广。描述网格单元数据统计信息是存储在相应单元中的,与查询要求无关。

(2)计算可并行。该方法生成的网格结构有助于实现并行运算和增量更新。

(3)计算复杂度低。通过仅扫描一遍数据库就能获得全部单元的统计信息,因此该方法产生聚类的时间复杂度为 $O(n)$,其中,n 为所有对象数。而在产生聚类后进行查询的实际复杂度为 $O(g)$,其中,g 为在最底层的所有网格数,它通常比 n 要小许多。

2. CLIQUE

由于大规模多维数据集中的数据点通常并不是均匀分布的,这种分布不均匀性带来了聚类上的挑战。通过设计一种聚类方法用于识别"稀疏"和"拥挤"的空间区域(unit),可以有效把握数据集在整个数据空间中的分布情况。具体地,若一个 unit 所包含数据点中的一部分超过了输入模型参数规定阈值,那么这个 unit 就是密集的。进一步地,在该方法中一个聚类被定义为连接的密集的最大集合。

CLIQUE 方法能自动发现最高维中所存在的密集聚类。该方法对输入数据元组顺序不敏感,也不需要假设(数据集中存在)任何特定的数据分布,与输入数据大小呈线性关系,并当数据维数增加时具有较好的可扩展性。但是该方法在具有运算简单优势的同时往往难以保证聚类的准确性。

6.4.5　基于模型的聚类方法

基于模型的聚类方法试图将给定数据与某个数学模型达成最佳拟合。这类方法通常假定数据具备特定的概率分布,并通过优化给定的数据,使其适应某些数学模型,并基于此产生聚类。基于模型的聚类方法主要有两种:统计方法和神经网络方法。

1. 统计方法

机器学习中的概念聚类就是一种基于模型的聚类方法。给定一组无标记数据对象,该方法根据这些对象产生一个分类模式。与传统聚类不同,传统聚类主要识别相似的对象;而概念聚类则更进一步地发现每组的特征描述,其中每一组均代表一个概念或聚类类别。因此概念聚类过程主要有两个步骤:完成聚类与特征描述。该方法不仅求解得到了类别划分的判据,还保证了所获特征描述的普遍性和简单性。目前大多数概念聚类都采用了统计方法,即利用概率参数来帮助确定概念或聚类类别,其中所获得的每个聚类类别通常都是由概率描述表示的。

2．神经网络方法

神经网络方法是将每个聚类描述成一个例证，每个例证作为聚类的一个"典型"，不必与一个实例或对象相对应。该方法可以根据新对象与哪个例证最相似（基于某种距离计算方法）而将它分派到相应的聚类中，也可以通过聚类的例证来预测分派到该聚类的一个对象的属性。

神经网络聚类大致分为两种主要方法。第一种是竞争学习（Competitive Learning）方法，第二种是自组织特征图（Self-Organizing feature Maps，SOMs）方法。上述两种方法都涉及神经单元的竞争。

竞争学习方法包含一个由若干单元组成的层次结构。这些单元以"赢者通吃"方式对所提供给系统的对象进行竞争。

在自组织特征图方法中，聚类过程也是通过若干单元对当前对象的竞争来完成的。具体地，与当前对象权值向量最接近的单元成为赢家或激活单元。为了变得与输入对象更接近，获胜单元以及最近的邻居调整它们的权值。该方法假设在输入对象中有一些布局和次序，通过利用这些空间结构形成了一个特征图。这被认为与人脑中的处理过程类似。

6.4.6 模糊聚类算法 FCM

以上介绍的几种聚类方法为"确定性分类"，也就是说，一个数据点或者属于某一个类，或者不属于某一个类，不存在重叠的情况。

在一些没有确定支持的情况中，聚类可以引入模糊逻辑概念。对于模糊集来说，一个数据点以一定程度属于某个类，也可以同时以不同的程度属于几个类。常用的模糊聚类算法是 1973 年提出的模糊 C 均值（Fuzzy C-Means，FCM）聚类算法，常用于模式识别。该算法采用误差平方和函数作为聚类准则函数，即试图最小化误差的平方和。

例 6.8 Iris 鸢尾花数据集是常用的分类实验数据集，其中包含三类，分别为山鸢尾（Iris-setosa）、变色鸢尾（Iris-versicolor）和维吉尼亚鸢尾（Iris-virginica），共 150 条记录。每类各 50 个数据，每条记录都有 4 项特征：萼片长度、萼片宽度、花瓣长度、花瓣宽度，以上 4 项特征的单位都是厘米（cm），如表 6.4 所示。使用 FCM 算法对鸢尾花数据集进行聚类分析。

表 6.4 鸢尾花数据集 （单位：cm）

序　号	sepallength（萼片长度）	sepalwidth（萼片宽度）	petallength（花瓣长度）	petalwidth（花瓣宽度）
1	5.1	3.5	1.4	0.2
2	4.9	3.0	1.4	0.2
3	4.7	3.2	1.3	0.2
4	4.6	3.1	1.5	0.2
5	5.0	3.6	1.4	0.2
⋮	⋮	⋮	⋮	⋮
146	6.7	3.0	5.2	2.3
147	6.3	2.5	5.0	1.9

续表

序　号	sepallength （萼片长度）	sepalwidth （萼片宽度）	petallength （花瓣长度）	petalwidth （花瓣宽度）
148	6.5	3.0	5.2	2.0
149	6.2	3.4	5.4	2.3
150	5.9	3.0	5.1	1.8

首先进行数据准备，由于数据集较小，可以先将数据集可视化，并定义结果展示。

在实现时先确定程序所需环境和工程包（以 Python 实现为例）：

```
01 #-*- coding: utf-8 -*-
02 import matplotlib.pyplot as plt
03 import numpy as np
04 import random
05 from scipy.stats import multivariate_normal
```

随机初始的鸢尾花萼片平面坐标绘制：

```
01 def plot_random_init_iris_sepal(df_full):
02     sepal_df = df_full.iloc[:,0:2]
03     sepal_df = np.array(sepal_df)
04     m1 = random.choice(sepal_df)
05     m2 = random.choice(sepal_df)
06     m3 = random.choice(sepal_df)
07     cov1 = np.cov(np.transpose(sepal_df))
08     cov2 = np.cov(np.transpose(sepal_df))
09     cov3 = np.cov(np.transpose(sepal_df))
10     x1 = np.linspace(4,8,150)
11     x2 = np.linspace(1.5,4.5,150)
12     X, Y = np.meshgrid(x1,x2)
13     Z1 = multivariate_normal(m1, cov1)
14     Z2 = multivariate_normal(m2, cov2)
15     Z3 = multivariate_normal(m3, cov3)
16     pos = np.empty(X.shape + (2,))
17     pos[:, :, 0] = X; pos[:, :, 1] = Y          #给定形状和类型的新数组,不初始化条目
18     plt.figure(figsize=(10,10))
19     plt.scatter(sepal_df[:,0], sepal_df[:,1], marker='o')
20     plt.contour(X, Y, Z1.pdf(pos), colors="r", alpha = 0.5)
21     plt.contour(X, Y, Z2.pdf(pos), colors="b", alpha = 0.5)
22     plt.contour(X, Y, Z3.pdf(pos), colors="g", alpha = 0.5)
23     plt.axis('equal')
24     plt.xlabel('Sepal Length', fontsize=16)
25     plt.ylabel('Sepal Width', fontsize=16)
26     plt.title('Initial Random Clusters(Sepal)', fontsize=22)
27     plt.grid()
28     plt.show()
```

随机初始的鸢尾花花瓣平面坐标绘制：

```
01 def plot_random_init_iris_petal(df_full):
02     petal_df = df_full.iloc[:,2:4]
03     petal_df = np.array(petal_df)
04     m1 = random.choice(petal_df)
```

```
05    m2 = random.choice(petal_df)
06    m3 = random.choice(petal_df)
07    cov1 = np.cov(np.transpose(petal_df))
08    cov2 = np.cov(np.transpose(petal_df))
09    cov3 = np.cov(np.transpose(petal_df))
10    x1 = np.linspace(-1,7,150)
11    x2 = np.linspace(-1,4,150)
12    X, Y = np.meshgrid(x1,x2)
13    Z1 = multivariate_normal(m1, cov1)
14    Z2 = multivariate_normal(m2, cov2)
15    Z3 = multivariate_normal(m3, cov3)
16    pos = np.empty(X.shape + (2,))
17    pos[:, :, 0] = X; pos[:, :, 1] = Y
18    plt.figure(figsize=(10,10))
19    plt.scatter(petal_df[:,0], petal_df[:,1], marker='o')
20    plt.contour(X, Y, Z1.pdf(pos), colors="r", alpha = 0.5)
21    plt.contour(X, Y, Z2.pdf(pos), colors="b", alpha = 0.5)
22    plt.contour(X, Y, Z3.pdf(pos), colors="g", alpha = 0.5)
23    plt.axis('equal')
24    plt.xlabel('Petal Length', fontsize=16)
25    plt.ylabel('Petal Width', fontsize=16)
26    plt.title('Initial Random Clusters(Petal)', fontsize=22)
27    plt.grid()
28    plt.show()
```

萼片平面坐标绘制：

```
01 def plot_cluster_iris_sepal (df_full, labels, centers):
02     seto = max(set(labels[0:50]), key=labels[0:50].count)      #2
03     vers = max(set(labels[50:100]), key=labels[50:100].count)   #1
04     virg = max(set(labels[100:]), key=labels[100:].count)       #0
05     values = np.array(labels)
06     searchval_seto = seto
07     searchval_vers = vers
08     searchval_virg = virg
09     ii_seto = np.where(values == searchval_seto)[0]
10     ii_vers = np.where(values == searchval_vers)[0]
11     ii_virg = np.where(values == searchval_virg)[0]
12     ind_seto = list(ii_seto)
13     ind_vers = list(ii_vers)
14     ind_virg = list(ii_virg)
15     p_mean_clus1 = np.array([centers[seto][2],centers[seto][3]])
16     p_mean_clus2 = np.array([centers[vers][2],centers[vers][3]])
17     p_mean_clus3 = np.array([centers[virg][2],centers[virg][3]])
18     sepal_df = df_full.iloc[:,0:2]
19     seto_df = sepal_df[sepal_df.index.isin(ind_seto)]
20     vers_df = sepal_df[sepal_df.index.isin(ind_vers)]
21     virg_df = sepal_df[sepal_df.index.isin(ind_virg)]
22     cov_seto = np.cov(np.transpose(np.array(seto_df)))
23     cov_vers = np.cov(np.transpose(np.array(vers_df)))
24     cov_virg = np.cov(np.transpose(np.array(virg_df)))
25     sepal_df = np.array(sepal_df)
26     x1 = np.linspace(4,8,150)
27     x2 = np.linspace(1.5,4.5,150)
```

```
28      X, Y = np.meshgrid(x1,x2)
29      Z1 = multivariate_normal(p_mean_clus1, cov_seto)
30      Z2 = multivariate_normal(p_mean_clus2, cov_vers)
31      Z3 = multivariate_normal(p_mean_clus3, cov_virg)
32      pos = np.empty(X.shape + (2,))
33      pos[:, :, 0] = X; pos[:, :, 1] = Y
34      plt.figure(figsize=(10,10))
35      plt.scatter(sepal_df[:,0], sepal_df[:,1], marker='o')
36      plt.contour(X, Y, Z1.pdf(pos), colors="r",alpha = 0.5)
37      plt.contour(X, Y, Z2.pdf(pos), colors="b",alpha = 0.5)
38      plt.contour(X, Y, Z3.pdf(pos), colors="g",alpha = 0.5)
39      plt.axis('equal')
40      plt.xlabel('Sepal Length', fontsize=16)
41      plt.ylabel('Sepal Width', fontsize=16)
42      plt.title('Final Clusters(Sepal)', fontsize=22)
43      plt.grid()
44      plt.show()
```

花瓣平面坐标绘制：

```
01 def plot_cluster_iris_petal(df_full, labels, centers):
02      seto = max(set(labels[0:50]), key=labels[0:50].count)      #2
03      vers = max(set(labels[50:100]), key=labels[50:100].count)   #1
04      virg = max(set(labels[100:]), key=labels[100:].count)       #0
05      values = np.array(labels)
06      searchval_seto = seto
07      searchval_vers = vers
08      searchval_virg = virg
09      ii_seto = np.where(values == searchval_seto)[0]
10      ii_vers = np.where(values == searchval_vers)[0]
11      ii_virg = np.where(values == searchval_virg)[0]
12      ind_seto = list(ii_seto)
13      ind_vers = list(ii_vers)
14      ind_virg = list(ii_virg)
15      p_mean_clus1 = np.array([centers[seto][2],centers[seto][3]])
16      p_mean_clus2 = np.array([centers[vers][2],centers[vers][3]])
17      p_mean_clus3 = np.array([centers[virg][2],centers[virg][3]])
18      petal_df = df_full.iloc[:,2:4]
19      seto_df = petal_df[petal_df.index.isin(ind_seto)]
20      vers_df = petal_df[petal_df.index.isin(ind_vers)]
21      virg_df = petal_df[petal_df.index.isin(ind_virg)]
22      cov_seto = np.cov(np.transpose(np.array(seto_df)))
23      cov_vers = np.cov(np.transpose(np.array(vers_df)))
24      cov_virg = np.cov(np.transpose(np.array(virg_df)))
25      petal_df = np.array(petal_df)
26      x1 = np.linspace(0.5,7,150)
27      x2 = np.linspace(-1,4,150)
28      X, Y = np.meshgrid(x1,x2)
29      Z1 = multivariate_normal(p_mean_clus1, cov_seto)
30      Z2 = multivariate_normal(p_mean_clus2, cov_vers)
31      Z3 = multivariate_normal(p_mean_clus3, cov_virg)
32      pos = np.empty(X.shape + (2,))
33      pos[:, :, 0] = X; pos[:, :, 1] = Y
34      plt.figure(figsize=(10,10))
```

```
35      plt.scatter(petal_df[:,0], petal_df[:,1], marker='o')
36      plt.contour(X, Y, Z1.pdf(pos), colors="r",alpha = 0.5)
37      plt.contour(X, Y, Z2.pdf(pos), colors="b",alpha = 0.5)
38      plt.contour(X, Y, Z3.pdf(pos), colors="g",alpha = 0.5)
39      plt.axis('equal')
40      plt.xlabel('Petal Length', fontsize=16)
41      plt.ylabel('Petal Width', fontsize=16)
42      plt.title('Final Clusters(Petal)', fontsize=22)
43      plt.grid()
44      plt.show()
```

对预处理后的数据集进行 FCM 聚类(以 Python 实现为例):

```
01  #-*- coding: utf-8 -*-
02  import os
03  import pandas as pd
04  import numpy as np
05  import random
06  import operator
07  import math
08  from copy import deepcopy
09  import matplotlib.pyplot as plt
10  """
11  函数说明:将网格线置于曲线之下,便于观察
12  """
13  ##将网格线置于曲线之下
14  #plt.rcParams['axes.axisbelow'] = False
15  plt.style.use('fivethirtyeight') #'ggplot'
16  """
17  调包说明:调取刚定义好的数据可视化包
18  """
19  from PlotFunctions import plot_random_init_iris_sepal, plot_random_init_iris_petal, plot_cluster_
    iris_sepal, plot_cluster_iris_petal
20  """
21  调包说明:调取鸢尾花数据集
22  """
23  from sklearn.datasets import load_iris
24  """
25  函数说明:加载鸢尾花数据集
26  Return:
27      df_full -数据集全部信息
28      df -数据集的特征集,不包含标签列
29      class_labels -花的标签列
30      target_dicts -以数据集标签为标准构建的字典
31  """
32  def load_iris_data():
33      data = load_iris()
34      features = data['data']                           #iris 数据集的特征列
35      target = data['target']                           #iris 数据集的标签
36      target = target[:, np.newaxis]                    #增加维度 1,用于拼接
37      target_names = data['target_names']
38      target_dicts = dict(zip(np.unique(target), target_names))
39      feature_names = data['feature_names']
40      feature_names = data['feature_names'].copy() #deepcopy(data['feature_names'])
```

```
41        feature_names.append('label')
42        df_full = pd.DataFrame(data = np.concatenate([features, target], axis=1),
43                               columns=feature_names)        #浅复制,防止原地修改
44        df_full.to_csv(str(os.getcwd()) + '/iris_data.csv', index=None)
45        columns = list(df_full.columns)                      #保存数据集
46        features = columns[:len(columns)−1]
47        class_labels = list(df_full[columns[−1]])
48        df = df_full[features]
49        return df_full, df, class_labels, target_dicts
```

初始化隶属度矩阵:

```
01 """
02 Parameters:
03     n_sample -样本数量
04     c -聚类数量
05 Return:
06     fuzzy_matrix -隶属度矩阵
07 """
08 def init_fuzzy_matrix(n_sample, c):
09     fuzzy_matrix = []
10     #针对数据集中所有样本的隶属度矩阵,shape = [n_sample, c]
11     for i in range(n_sample):
12         random_list = [random.random() for i in range(c)]
13         #生成 c 个随机数列表
14         sum_of_random = sum(random_list)
15         norm_random_list = [x/sum_of_random for x in random_list]
16         #单个样本的模糊隶属度列表
17         one_of_random_index = norm_random_list.index(max(norm_random_list))
18         #选择随机参数列表中最大的数的索引
19         for j in range(0, len(norm_random_list)):
20             if(j == one_of_random_index):
21                 norm_random_list[j] = 1
22             else:
23                 norm_random_list[j] = 0
24         fuzzy_matrix.append(norm_random_list)
25     return fuzzy_matrix
```

计算 FCM 的聚类中心:

```
01 """
02 Parameters:
03     df -数据集的特征集,不包含标签列
04     fuzzy_matrix -隶属度矩阵
05     c -聚类簇数量
06     m -加权指数
07 Return:
08     cluster_centers -各簇聚类中心
09 """
10 def cal_cluster_centers(df, fuzzy_matrix, n_sample, c, m):
11     fuzzy_mat_ravel = list(zip( * fuzzy_matrix))
12     # * 字符称为解包运算符
13     #zip( * fuzzy_amtrix)相当于将 fuzzy_matrix 按列展开并拼接,但并不合并
14     cluster_centers = []
15     for j in range(c):                                   #遍历聚类数量次
```

```
16        fuzzy_one_dim_list = list(fuzzy_mat_ravel[j])
17        # 取出属于某一类的所有样本的隶属度列表(隶属度矩阵的一列)
18        m_fuzzy_one_dim_list = [p ** m for p in fuzzy_one_dim_list]
19        # 计算隶属度的 m 次方
20        denominator = sum(m_fuzzy_one_dim_list)
21        # 隶属度求和,求解聚类中心公式中的分母
22        numerator_list = []
23        for i in range(n_sample):                    # 遍历所有样本,求分子
24            sample = list(df.iloc[i])                # 取出一个样本
25            mul_sample_fuzzy = [m_fuzzy_one_dim_list[i] * val for val in sample]
26            # 聚类簇中心的分子部分,样本与对应的隶属度的 m 次方相乘
27            numerator_list.append(mul_sample_fuzzy)
28        numerator = map(sum, list(zip( * numerator_list)))    # 计算分子,求和
29        cluster_center = [val/denominator for val in numerator]
30        cluster_centers.append(cluster_center)
31    return cluster_centers
```

隶属度矩阵更新:

```
01 """
02 Parameters:
03     df -数据集的特征集,不包含标签列
04     fuzzy_matrix -隶属度矩阵
05     c -聚类簇数量
06     m -加权指数
07     n_sample -样本数量
08 Return:
09     cluster_centers -各簇聚类中心
10 """
11 def update_fuzzy_matrix(df, fuzzy_matrix, n_sample, c, m, cluster_centers):
12     order = float(2 / (m - 1))                        # 分母的指数项
13     for i in range(n_sample):                         # 遍历样本
14         sample = list(df.iloc[i])                     # 单个样本
15         # 计算更新公式的分母:样本减去聚类中心
16         distances = [np.linalg.norm( np.array(list( map(operator.sub, sample, cluster_centers[j]) )) ) \\
17                     for j in range(c)]
18         for j in range(c):
19             denominator = sum([math.pow(float(distances[j]/distances[val]), order) for val in range(c)])    # 更新公式的分母
20             fuzzy_matrix[i][j] = float(1 / denominator)
21     return fuzzy_matrix
22 """
23 函数说明:获取聚类中心
24 Parameters:
25     df -数据集的特征集,不包含标签列
26     fuzzy_matrix -隶属度矩阵
27     c -聚类簇数量
28     m -加权指数
29     n_sample -样本数量
30 Return:
31     cluster_labels -聚类中心所属维度
32 """
33 def get_clusters(fuzzy_matrix, n_sample):
```

```
34        cluster_labels = []
35        for i in range(n_sample):
36            max_val, idx = max( (val, idx) for (idx, val) in enumerate(fuzzy_matrix[i]) )
37            cluster_labels.append(idx)        #隶属度最大的那一个维度作为最终的聚类结果
38        return cluster_labels
```

使用模糊 C 均值（FCM）聚类算法：

```
01"""
02 Parameters:
03     df -数据集的特征集,不包含标签列
04     fuzzy_matrix -隶属度矩阵
05     c -聚类簇数量
06     m -加权指数
07     n_sample -样本数量
08     init_random -聚类中心的初始化方法
09     random -从样本中随机选择 c 个作为聚类中心
10     multi_normal -多元高斯分布采样
11 Return:
12     cluster_centers -聚类中心
13     cluster_labels -聚类中心所属维度
14     max_iter_cluster_labels -每个样本的聚类标签
15 """
16 #模糊 C 均值聚类算法
17 def fuzzy_c_means(df, fuzzy_matrix, n_sample, c, m, max_iter, init_method='random'):
18     n_features = df.shape[-1]                      #样本特征数量
19     fuzzy_matrix = init_fuzzy_matrix(n_sample, c)  #初始化隶属度矩阵
20     current_iter = 0                               #初始化迭代次数
21     init_cluster_centers = []
22     cluster_centers = []                           #初始化聚类中心
23     max_iter_cluster_labels = []
24     #初始化样本聚类标签的列表,每次迭代都需要保存每个样本的聚类
25     if init_method == 'multi_normal':              #选择初始化方法
26         mean = [0] * n_features                    #均值列表
27         cov = np.identity(n_features)
28         for i in range(0, c):
29             init_cluster_centers.append( list( np.random.multivariate_normal(mean, cov) ) )
                                                       #多元高斯分布的协方差矩阵,对角阵
30     #else:
31     #init_cluster_centers = [[0.1] * n_features] * c
32     print(init_cluster_centers)
33     while current_iter < max_iter:
34         if current_iter == 0 and init_method == 'multi_normal':
35             cluster_centers = init_cluster_centers
36         else:
37             cluster_centers = cal_cluster_centers(df, fuzzy_matrix, n_sample, c, m)
38         fuzzy_matrix = update_fuzzy_matrix(df, fuzzy_matrix, n_sample, c, m, cluster_centers)
39         cluster_labels = get_clusters(fuzzy_matrix, n_sample)
40         max_iter_cluster_labels.append(cluster_labels)
41         current_iter += 1
42         print('-' * 32)
43         print("Fuzzy Matrix U:\n")
44         print(np.array(fuzzy_matrix))
```

```
45        return cluster_centers, cluster_labels, max_iter_cluster_labels
46  if __name__ == '__main__':
47        df_full, df, class_labels, target_dicts = load_iris_data()
48        c = 3                                    ♯簇数量,鸢尾花数据集有三个品种
49        max_iter = 20                            ♯最大迭代次数,防止无限循环
50        n_sample = len(df)                       ♯规定采样数据量
51        m = 1.7                                  ♯加权指数 m,建议取值为[1.5, 2.5]
52        fuzzy_matrix = init_fuzzy_matrix(n_sample, c)
53        centers, labels, acc = fuzzy_c_means(df, fuzzy_matrix, n_sample, c, m, max_iter, init_
    method='multi_normal')
54        ♯可以选择"multi_normal"或"random"
55        plot_random_init_iris_sepal(df_full)
56        plot_random_init_iris_petal(df_full)
57        plot_cluster_iris_sepal(df_full, labels, centers)
58        plot_cluster_iris_petal(df_full, labels, centers)
```

第7章

关联规则挖掘

任何事物都同它周围的事物相互联系着,这种联系表明它们彼此存在着一致性、共同性,从而在此基础上形成不同事物特性的统一形式,即表现为一定的关系。世界上的许多事物、现象以及它们的特性是复杂的、无限多样的,事物之间的关系也是如此。不同事物及其特性,按各种不同类型的关系彼此联系在一起。例如,空间与时间的关系、整体与部分的关系、原因与结果的关系、内容与形式的关系、遗传关系、函数相依关系、内部关系与外部关系等。关联规则挖掘(Association Rule Mining)是2018年全国科学技术名词审定委员会公布的计算机科学技术名词,是数据挖掘领域中研究最为广泛也最为活跃的方法之一,是指从数据库中发现频繁出现的多个相关联数据项的过程。本章将介绍关联规则挖掘的经典方法。

7.1 基本概念

7.1.1 购物篮问题分析

关联规则最早是由 Agrawal 等于 1993 年提出的。该方法最初是针对购物篮分析(Basket Analysis)问题提出的(图 7.1),其目的是发现交易数据库(Transaction Database)中不同商品之间的联系规则,通过发现顾客选择的不同商品之间的关系分析顾客的购买习惯。

啤酒与尿布的故事是一个典型案例。据说是美国沃尔玛连锁店超市的真实案例,并一直为商家所津津乐道。美国的妇女们经常会嘱咐她们的丈夫下班以后要为孩子买尿布,而丈夫在买完尿布之后又要顺手买回自己爱喝的啤酒,因此啤酒和尿布在一起购买的机会很多。是什么让沃尔玛发现了尿布和啤酒之间的关系呢?正是商家通过对超市一年多原始交易数据进行详细的分析,才发现了这对神奇的组合。分析结果可以用于营销规划、广告策划等。例如,沃尔玛超市可以将啤酒与尿布放在相近的位置,方便顾客购买,提高其销售额;另一种策略是把啤酒与尿布放在超市的两端,引导买啤酒和尿布的顾客一路挑选其他商品。购物篮分析结果还可以帮助规划商品促销策略,如顾客趋向于同时购买啤酒和尿布,则尿布的降价出售可能既促使购买尿布,又促使购买啤酒。此外,作为商家的主管,通过了解什么商品会被经常性地购买,从而预测进货的数量等。

如果把商店中所有销售商品设为一个集合,则每种商品(Item)可看成一个布尔变量,表示该商品是否被购买。每次购物可用一个布尔向量表示。这样就可以通过分析布尔向量,得到反映商品频繁关联或同时购买的购买模式。这些模式可以用关联规则(Association Rule)的形式表示。首先,介绍项目、项目集和事务数据库的概念。

设 $I=\{i_1,i_2,\cdots,i_m\}$ 是数据项(项目)的集合,即项目集,简称项集(Itemset)。

D 是事务数据库,其中每个事务 T 是数据项 I 的子集,即 $T\subset I$。每一个事务有一个标识符,称作 TID,即 D 可以表示为 $\{T_1,T_2,T_3,\cdots\}$。

k-项集是指集合中包含 k 个项的项集,如集合{肥皂,毛巾}是一个 2-项集。

例 7.1 购物篮的例子。 假设某商店里有商品 $I=\{$牛奶,面包,鸡蛋,牙膏,肥皂,酸奶$\}$,并有以下购物记录,如表 7.1 所示。

表 7.1 某商店的事务数据

TID	商 品
T1	牛奶,面包,鸡蛋
T2	牛奶,面包,牙膏,肥皂
T3	牙膏,面包,肥皂
T4	牙膏,肥皂
T5	牛奶,面包,鸡蛋,酸奶
T6	牛奶,面包,牙膏

这些购物记录组成一个事务数据库 $D=\{$T1,T2,T3,T4,T5,T6$\}$,该库有 6 个事务,每个事务是 I 的子集。其中,T1$=\{$牛奶,面包,鸡蛋$\}$是一个 3-项集。

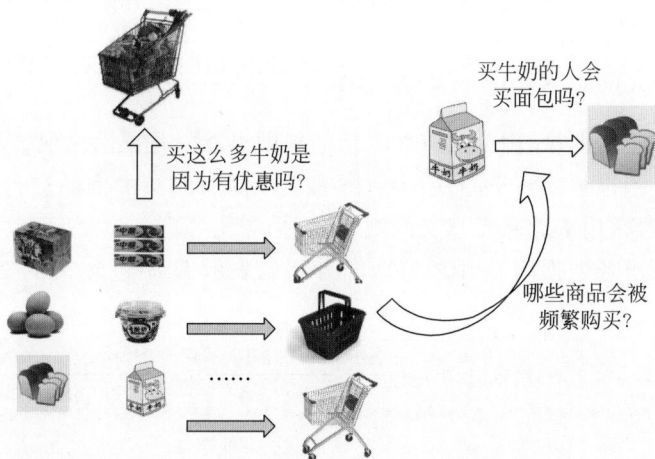

图 7.1 购物篮

7.1.2 频繁项集和关联规则

项集的支持计数或计数项集(表示为 Support_count(X))是指项集 X 的出现频率,即包含项集 X 的事务数,也称为绝对支持度。

项集的支持度是指项集 X 在库 D 中出现的次数占 D 中总事务的百分比,即相对支持度,表示为

$$\mathrm{Support}(X)=\frac{\mathrm{Support\_count}(X)}{|D|} \tag{7.1}$$

其中，$|D|$ 表示 D 中事务的个数。

例如，在例 7.1 的购物篮中，项集 $X=\{$牛奶，面包$\}$，则 X 的支持计数即 Support_count$(X)=4$。X 的支持度即 Support$(X)=4/6=66.6\%$。

如果项集的支持度超过（包括等于）用户或领域专家设定的最小支持度阈值，则该项集称为**频繁项集**（Frequency Itemsets）或大项集（Large Itemsets），这里的"大"是指经常出现的意思。频繁模式是指频繁出现在数据集中的模式，这些模式包括项集、子序列和子结构等。在事务数据库中，找出频繁模式即找到频繁项集。**最 大 频 繁 项 集**（Maximum Frequency Itemsets）或最大项集是指在频繁项集中挑选出所有不被其他元素包含的频繁项目集。

关联规则反映一个事务与其他事务之间的相互依存性和关联性。如果两个或者多个事务之间存在一定的关联关系，那么，其中一个事务就能够通过其他事务预测到。研究频繁模式的目的是得到关联规则和其他的联系，并在实际中应用这些规则和联系。

关联规则是形如 $X \Rightarrow Y[s\%, c\%]$ 的逻辑蕴含式，其中，$X \subset I$，$Y \subset I$，且 $X \cap Y = \varnothing$。其中，$s\%$ 和 $c\%$ 分别是规则的支持度（Support）和置信度（Confidence），用来度量规则的兴趣度。X 被称为规则的前件，Y 被称为规则的后件。首先介绍规则的支持度和置信度的概念。

规则 $X \Rightarrow Y$ 在事务数据库 D 中成立，有 $s\%$ 的事务包含 $X \cup Y$（即项集 X 和 Y 的并），即 D 中事务包含 $X \cup Y$ 的百分比，则称关联规则 $X \Rightarrow Y$ 的支持度为 $s\%$，也就是支持度是一个概率值。

$$\text{Support}(X \Rightarrow Y) = P(X \cup Y) = \frac{\text{Support\_count}(X \cup Y)}{|D|} \tag{7.2}$$

支持度是一种重要度量，因为支持度很低的规则可能只是偶然出现。从商务角度来看，低支持度的规则多半也是无意义的，因为对顾客很少同时购买的商品进行促销可能并无益处。因此，支持度通常用来删除无意义的规则。

规则 $X \Rightarrow Y$ 在事务数据库 D 中的置信度为 $c\%$，表示 D 中包含 X 的事务同时也包含 Y 事务的百分比，也就是条件概率 $P(Y \mid X)$。

$$\text{Confidence}(X \Rightarrow Y) = P(Y \mid X) = \frac{\text{Support}(X \cup Y)}{\text{Support}(X)} = \frac{\text{Support\_count}(X \cup Y)}{\text{Support\_count}(X)}$$
$$\tag{7.3}$$

例 7.2　规则度量。在例 7.1 购物篮中求出关联规则$\{$牛奶$\} \Rightarrow \{$面包$\}$，常写为规则$\{$牛奶$\Rightarrow$面包$\}$和规则 $\{$面包$\Rightarrow$牛奶$\}$的支持度与置信度，如图 7.2 所示。

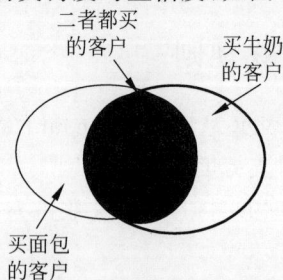

图 7.2　计算规则$\{$牛奶$\} \Rightarrow \{$面包$\}$的支持度和置信度示意图

$$\text{Support}(\text{牛奶}\Rightarrow\text{面包})=P(\text{牛奶}\cup\text{面包})=\frac{4}{6}=66.6\%$$

$$\text{Support}(\text{面包}\Rightarrow\text{牛奶})=P(\text{面包}\cup\text{牛奶})=\frac{4}{6}=66.6\%$$

$$\text{Confidence}(\text{牛奶}\Rightarrow\text{面包})=P(\text{面包}\mid\text{牛奶})=\frac{P(\text{牛奶}\cup\text{面包})}{P(\text{牛奶})}=\frac{4}{4}=100\%$$

$$\text{Confidence}(\text{面包}\Rightarrow\text{牛奶})=P(\text{牛奶}\mid\text{面包})=\frac{P(\text{牛奶}\cup\text{面包})}{P(\text{面包})}=\frac{4}{5}=80\%$$

即两个关联规则形式化表示为

$$\text{牛奶}\Rightarrow\text{面包}[66.6\%,100\%]$$
$$\text{面包}\Rightarrow\text{牛奶}[66.6\%,80\%]$$

支持度是对关联规则重要性的度量,说明这条规则在所有的事务中有多大代表性。显然支持度越大,关联规则越重要,应用范围就越广。有些关联规则置信度虽然很高,但支持度却很低,说明该关联规则实用的机会很少,因此也不重要。

期望置信度描述了在没有物品 X 的作用下,物品集 Y 本身的支持度。作用度描述了物品集 X 对物品集 Y 的影响。一般情况下,有用的关联规则的作用度都应该大于1,只有关联规则的可信度大于期望置信度,才说明 X 的出现对 Y 有促进,也说明它们之间某种程度的相关性。

对于指定的最小支持度 Minsupport 和最小置信度 Minconfidence,使得 Support($X\Rightarrow Y$)≥Minsupport 且 Confidence($X\Rightarrow Y$)≥Minconfidence,则称关联规则 $X\Rightarrow Y$ 为**强关联规则(Strong Association Rule)**,简称强规则,否则为弱关联规则。

假设最小支持度阈值为 40%,最小置信度阈值为 70%。则例 7.2 中关联规则:牛奶⇒面包[66.6%,100%]的支持度和置信度都满足条件,则该规则为强规则。

通常意义上,关联规则挖掘的就是事务集 D 中的强规则。但强规则不一定就是有趣的。一般来说,只有支持度和置信度均较高的关联规则才是用户感兴趣的、有用的关联规则。

7.1.3 关联规则挖掘的应用

通过对领域数据的关联性进行分析,关联规则挖掘得到的结果在相关的决策制定过程中具有重要的参考价值,已经应用于各种各样的应用领域,如商业领域、医疗诊断、Web挖掘、网络安全等。

关联规则挖掘广泛应用于商业领域。通过关联分析可以获得隐藏在各种数据中的有利信息,从而帮助商家进一步调整营销策略。例如,在消费市场价格分析中,能够很快地求出各种产品之间的价格关系和它们之间的影响。通过关联分析,市场人员可以瞄准目标客户,采用个人股票行市、最新信息、特殊的市场推广活动或其他一些特殊的信息手段,从而极大地减少广告预算、增加营业额。如典型的顾客购物分析,通过关联分析找出物品和物品之间的关联关系,可以在是否追加销售、商品货架设计、仓储规划等决策方面提供有力帮助。

关联规则挖掘应用于金融行业。如各银行在自己的ATM上捆绑了顾客可能感兴趣的本行产品信息,供使用本行ATM的用户了解。如果数据库中显示某高信用限额的客户更换了地址,该客户很可能最近购买了一栋大住宅,因此可能需要更高信用限额、更高端的新信用卡,或者需要一个住房改善贷款,这些产品都可以通过信用卡账单邮寄给客户。当客户打电话咨询的时候,数据库可以有力地帮助电话销售代表。销售代表可以看到该客户的特点、会对什么产品感兴趣等信息,从而能够成功预测银行客户需求,改善营销策略。

关联规则挖掘应用于网络安全领域。早期中大型的计算机系统中都收集了审计信息来建立跟踪档案,这些审计跟踪的主要目的是性能测试或者计费,因此对攻击检测提供的有用信息比较少。它通过模式学习和训练可以发现网络用户的异常行为模式,使基于关联规则的网络入侵检测系统可以快速发现用户的行为模式,快速锁定攻击者,提高检查性能。

关联规则挖掘应用于 Web 挖掘。例如,绝大部分的互联网用户都会在线阅读新闻,因此资讯类网站的用户覆盖面很广。如果能够更好地挖掘用户的潜在兴趣并进行相应的新闻推荐,就能够产生更大的社会和经济价值。研究发现,同一个用户浏览的不同新闻的内容之间会存在一定的相似性和关联,物理世界完全不相关的用户也有可能拥有类似的新闻浏览兴趣。此外,用户浏览新闻的兴趣也会随着时间变化。因此,可通过对带有时间标记的用户浏览行为和新闻文本内容进行分析,挖掘用户的新闻浏览模式和变化规律,实现实时新闻推荐。

关联规则挖掘应用于辅助医疗诊断中。关联规则分析可通过对大量历史诊断数据进行分析和挖掘,有助于医生对病人的病情进行有效的判断。例如,全基因组关联分析(Genome-Wide Association Study,GWAS)是应用基因组中数以百万计的单核苷酸多态性(Single Nucleotide Ploymorphism,SNP)为分子遗传标记,进行全基因组水平上的对照分析或相关性分析,通过比较发现影响复杂性状的基因变异的新策略。随着基因组学研究以及基因芯片技术的发展,人们已通过 GWAS 方法发现并鉴定了大量与复杂性状相关联的遗传变异。近年来,这种方法已被应用于筛查和鉴定农业动物重要经济性状的主效基因。

7.1.4　关联规则挖掘分类

随着关联规则的不断发展,不同的关联规则挖掘方法所能处理的数据类型、数据维度以及数据层次都有不同。根据不同的分类划分标准,通常将关联规则挖掘方法进行如下划分。

1. 根据规则中所处理值的类型划分

关联规则处理的变量可以分为布尔型和数值型。布尔型关联规则处理的值都是离散的、种类化的,它显示了这些变量之间的关系。而数值型关联规则可以和多维关联或多层关联规则结合起来,对数值型字段进行处理,将其进行动态的分割,或者直接对原始的数据进行处理。当然,数值型关联规则中也可以包含种类变量。

(1) 布尔关联规则(Boolean Association Rule)。规则考虑的关联是项的在与不在。例如,规则 Buys(X, 'computer') $\Rightarrow$ Buys(X, 'financial software')[Support＝2％,Confidence＝60％],表示的是同时购买 computer 和 financial software 的概率只有 2％,但是购买 computer 的人有 60％ 都购买了 financial software,即是否购买 computer 和是否购买 financial software 之间的关联性。

(2) 量化关联规则(Quantitative Association Rule)。规则描述的是量化的项或属性之间的关联。在这种规则中,项或属性的量化值被划分为区间。例如,规则 age(X,'30…39') ∧ income(X,'42k…48k') ⇒buys(X,'computer')[20%,60%],表示的是年龄属性、收入属性以及是否购买计算机三个属性之间的关联性。此处假设量化属性 age 和 income 已离散化。

2. 根据规则中涉及的数据维数划分

关联规则中的数据可以分为单维的和多维的。

(1) 单维关联规则。又称维内关联规则,其所处理的数据只涉及一个数据维。例如,规则 Buys(X,'计算机') ⇒buys(X,'财务软件')[support=2%,confidence=60%]是一个单维关联规则,只处理客户购买的商品(buys)这一维数据的一些关系。

(2) 多维关联规则。又称维间关联规则,其所处理的数据涉及两个或多个维。例如,规则 age(X,'30…39') ∧income(X,'42k…48k') ⇒buys(X,'computer')[20%,60%]是一个多维关联规则,涉及三个维:age,income 和 buys,处理这三个维间的某些关系。

3. 根据规则集涉及的抽象层划分

基于规则中数据的抽象层次,可以分为单层关联规则和多层关联规则。有些挖掘关联规则的方法可以在不同的抽象层发现规则。

(1) 单层关联规则。规则所涉及的所有变量或属性的数据是同一层抽象层。例如,规则 age(X,'30…39') ⇒buys(X,'notebook_computer'),是一个细节数据上的单层关联规则。

(2) 多层关联规则。规则涉及的所有变量或属性的数据来自不同抽象层。例如,规则 age(X,'30…39') ⇒buys(X,'computer'),是一个较高层次和细节层次之间的多层关联规则。

此外,还可以根据挖掘选择性模式的约束或标准将规则分为基于约束的(即满足用户指定的约束)、近似的、压缩的、近似匹配的(即与接近或几乎匹配的项集的支持度计数相匹配)、top-k(即满足用户指定的 k 值的前 k 个最频繁项集)、感知冗余的 top-k(即相似的或排除冗余模式的 top-k 模式)等。

关联挖掘可以扩充到相关分析,可以识别项是否相关,还可以扩充到挖掘最大模式(即最大的频繁模式)和频繁闭项集。最大模式是频繁模式 p,使得 p 的任何真超模式都不是频繁的。频繁闭项集是一个频繁的、闭的项集;其中,项集 c 是闭的,如果不存在 c 的真超集 c',使得每个包含 c 的事务也包含 c'。使用最大模式和频繁闭项集可以显著地压缩挖掘所产生的频繁项集数。

7.2 关联规则挖掘方法

7.2.1 关联规则挖掘基本过程

一般而言,给定一个事务数据集 D,关联规则挖掘问题就是通过用户指定最小支持度和最小置信度来寻找强关联规则的过程,可以划分为以下两个子问题。

第 1 个子问题：频繁项集的产生。根据用户指定的最小支持度阈值 Minsupport，找出事务数据集 D 中的所有频繁项集，即满足支持度不小于 Minsupport 的所有项目子集。找出所有的频繁项集是形成关联规则的基础。

第 2 个子问题：关联规则的产生。根据用户指定的最小置信度阈值 Minconfidence，在所有频繁项集中找出置信度不小于 Minconfidence 的关联规则。

一般来说，一个含有 k 个项的数据集可能产生不包括空集在内的 $2^k - 1$ 个频繁项集。在实际应用中，常数 k 可能非常大，需要探查的项集可能是指数规模的。因此，第 1 个问题的计算开销远大于第 2 个问题的计算开销，因此，挖掘关联规则的总体性能由第 1 个问题决定，也是近年来关联规则挖掘算法研究的重点。

7.2.2　Apriori 算法

由事务数据集挖掘单维布尔关联规则的代表算法是 Apriori 算法。该算法是由 R. Agrawal 等在 1994 年提出的，是一种最有影响的、原创性的挖掘布尔关联规则频繁项集的算法。通常，Apriori 算法分为以下两步进行。

(1) 找出所有频繁数据项集，即找出所有支持度超过指定阈值的数据项集。

(2) 利用频繁数据项集，生成候选关联规则，并验证其置信度。如果置信度超过指定阈值，则该候选关联规则为要找的关联规则。

在介绍 Apriori 算法前，先介绍一种称为 Apriori 先验性质的重要理论，这是一种不用计算支持度值而删除某些候选项集的有效方法。

Apriori 先验性质：频繁项集的任何子集也一定是频繁的。如果项集 I 不满足最小支持度阈值 Minsupport，则 I 不是频繁的，即 $P(I) <$ Minsupport。如果项 A 添加到 I，则结果项集 $(A \cup I)$ 不可能比 I 更频繁出现，因此，$(A \cup I)$ 也不是频繁的，即 $P(A \cup I) <$ Minsupport。

例如，项集 $\{A, C\}$ 是频繁项集，则 $\{A\}$ 和 $\{C\}$ 也为频繁项集。

该性质有一种反单调性的性质。如果一个集合不能通过测试，则它的所有超集也都不能通过相同的测试，即非频繁项集的超集一定是非频繁的。例如，若项集 $\{D\}$ 不是频繁项集，则 $\{A, D\}$ 和 $\{C, D\}$ 也不是频繁项集。

Apriori 使用一种称作**逐层搜索的迭代方法**，利用 k-项集来产生 $(k+1)$-项集。首先，通过扫描数据库，累计每个项的个数，并收集满足最小支持度的项，找出频繁 1-项集的集合。该集合记作 L_1。然后利用 L_1 找频繁 2-项集的集合 L_2，如此循环下去，直到不能再找到频繁 k-项集。每挖掘一层 L_k，就需要扫描整个数据库。因此，Apriori 的实现过程由连接步和剪枝步两步组成。

1. 连接步

为找 L_k，通过 L_{k-1} 与自己连接产生候选 k-项集的集合。该候选项集的集合记作 C_k。

设 l_1 和 l_2 是 L_{k-1} 中的两个项集。记号 $l_i(j)$ 表示 l_i 的第 j 项。为便于实现，假定事务或者项集中的项已按字典次序排序。按字典次序排序，意味对于 $(k-1)$-项集 l_i，项 $l_i[1] <$

$l_i[2] < \cdots < l_i[k-1]$。把 L_{k-1} 的连接操作记为 $L_{k-1} \oplus L_{k-1}$。如果 L_{k-1} 的前 $(k-2)$ 项相同 $(k \geqslant 2)$，则 L_{k-1} 中的项是可连接的。即 L_{k-1} 中的两个项集 l_1 和 l_2，如果 $(l_1[1] = l_2[1]) \wedge (l_1[2] = l_2[2]) \wedge \cdots \wedge (l_1[k-2] = l_2[k-2]) \wedge (l_1[k-1] < l_2[k-1])$，则 $l_1 \oplus l_2 = \{l_1[1], l_1[2], \cdots, l_1[k-2], l_1[k-1], l_2[k-1]\}$。

2．剪枝步（删除）

C_k 是 L_k 的超集，即其中的各元素不一定都是频繁项集，但所有的频繁 k-项集都包含在其中，也就是说，$L_k \subseteq C_k$。扫描数据库，可以确定 C_k 中每个候选项集的支持度（或计数），从而确定 L_k 中各元素（频繁 k-项集，即所有支持度不小于最小支持度阈值）。为压缩 C_k，使用 Apriori 先验知识，如果一个候选 k-项集的 $(k-1)$-子集不属于 L_{k-1}，则该候选不可能成为频繁 k-项集 L_k 的元素，从而可以删除。

Apriori 算法流程如图 7.3 所示。

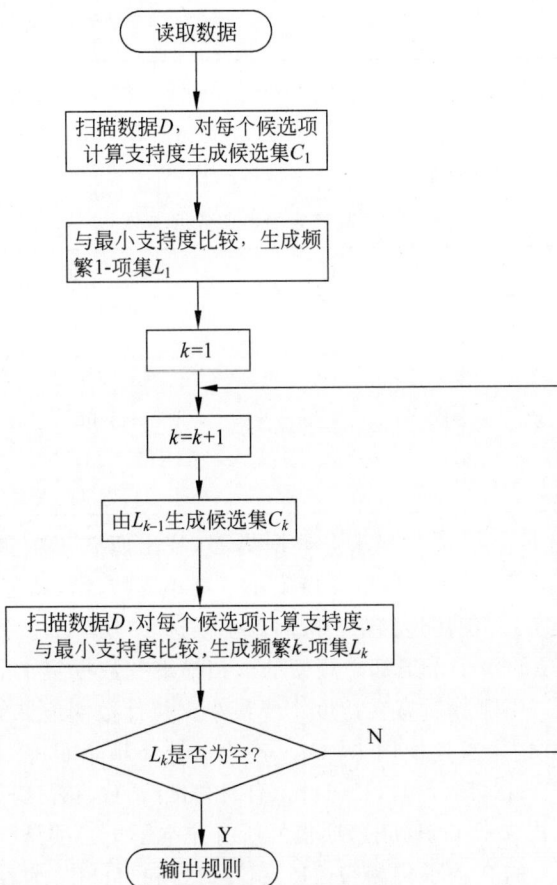

图 7.3　Apriori 算法流程

Apriori 算法找出频繁项集的伪代码描述如下。

算法：Apriori。
输入：项集 I，事务数据库 D，最小支持度计数阈值 Minsupport。
输出：D 中的所有频繁项集的集合 Result。

1　Result：＝{ }；

2　k：＝1；

3　C_1：＝所有的 1-项集

4　While （C_k） do

5　　为 C_k 中的每一个项集生成一个计数器；

6　　　　for （i＝1；i＜＝$|D|$；i++）　／＊所有 D 中的 T_i＊／

7　　　　　　对第 i 个记录 T_i 支持的每一个 C_k 中的项集，其计数器加 1；

8　　　　End for；

9　　L_k：＝ C_k 中满足大于 Minsupport 的全体项集；

10　保留 L_k 的支持度；

11　Result：＝ Result$\bigcup L_k$

12　C_{k+1}：＝所有的 $(k+1)$-项集中满足其非空 k 项子集都在 L_k 中；

13　k：＝$k+1$

14 End while；

　　例 7.3　Apriori 算法。为后面书写方便和说明问题，将例 7.1 中商品集 I 简记为 $I=$ {I1,I2,I3,I4,I5,I6}，有 6 个事务，即 $|D|＝6$，如表 7.2 所示。假设最小支持计数阈值为 2，相当于最小支持度阈值为 2/9＝22%。

表 7.2　某商店的事务数据集 D

TID	商　品
T1	I1,I2,I3
T2	I1,I2,I4,I5
T3	I2,I4,I5
T4	I4，I5
T5	I1,I2,I3,I6
T6	I1,I2,I4

　　（1）求频繁 1-项集 L_1。首先扫描事务数据集 D，找出所有 1-项集，并统计其支持计数作为候选 1-项集 C_1。在 C_1 中删除所有支持度小于最小支持计数阈值 2 的项集生成 L_1。

　　（2）求频繁 2-项集 L_2。使用连接 $L_1 \oplus L_1$ 产生候选 2-项集 C_2。注意，在这一步没有剪枝操作，因为这些候选项的每个子集都是频繁的。扫描事务数据集 D，统计 C_2 中每个候选项集的支持计数。在 C_2 中删除所有支持度小于最小支持计数阈值 2 的项集生成 L_2。

　　（3）求频繁 3-项集 L_3。首先使用 $L_2 \oplus L_2$ 产生候选 3-项集 C_3。

　　$C_3 = L_2 \oplus L_2 =$ {{I1,I2,I3},{I1,I2,I4},{I1,I3,I4},{I2,I3,I4},{I2,I3,I5},{I2,I4,I5}}。在这一步需要利用先验知识(频繁项集的所有非空子集必须是频繁的)进行剪枝。

　　如 3-项集{I1,I2,I3}的 2 项子集为{I1,I2}、{I2,I3}和{I1,I3}均在 L_2 中，因此{I1,I2,I3}保留在 C_3 中；3-项集{I1,I3,I4}的 2 项子集为{I1,I3}、{I1,I4}和{I3,I4}，其中{I3,I4}不在 L_2 中，即不是频繁的，因此从 C_3 中删除{I1,I3,I4}。以此类推，判断 C_3 中的每一个项是否被剪枝。C_3 经过剪枝后，仅包含三个项，即 $C_3 =$ {{I1,I2,I3},{I1,I2,I4},{I2,I4,I5}}。扫描事务数据集 D，统计 C_3 中每个候选项集的支持计数。在 C_3 中删除所有支持度小于最小支持计数阈值 2 的项集生成 L_3。

　　（4）继续使用算法生成候选项集 $C_4 = L_3 \oplus L_3 =$ {{I1,I2,I3,I4}}。C_4 中只有一个元

素,利用先验知识,发现其非空三项子集{I2,I3,I4}不是频繁的,这个项集被剪去。这样 $C_4=\varnothing$,因此算法结束,最终产生的频繁 1-项集、频繁 2-项集和频繁 3-项集分别为 L_1、L_2 和 L_3。所有的频繁项集为 $L_1 \bigcup L_2 \bigcup L_3=\{\{I1\},\{I2\},\{I3\},\{I4\},\{5\},\{I1,I2\},\{I1,I3\},\{I1,I4\},\{I2,I3\},\{I2,I4\},\{I2,I5\},\{I4,I5\},\{I1,I2,I3\},\{I1,I2,I4\},\{I2,I4,I5\}\}$。整个算法频繁项集产生过程如图 7.4 所示。

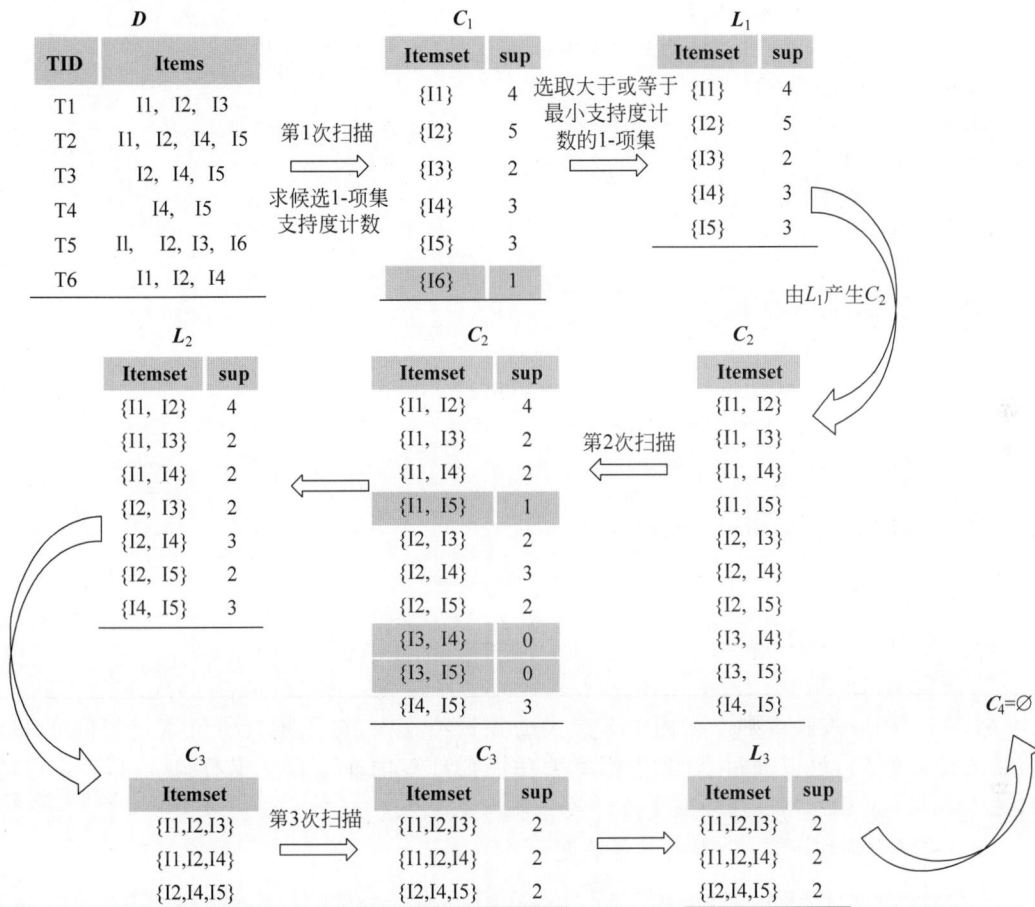

图 7.4 Apriori 算法频繁项集的产生

7.2.3 由频繁项集产生关联规则

根据事务数据库 D 中找出的频繁项集,可以很容易产生强关联规则。关联规则的生成过程包括以下两个步骤。

(1) 对于 L 中的每个频繁项集 X,产生 X 的所有非空真子集 Y。

(2) 对于 X 中的每一个非空真子集 Y,如果 $\dfrac{\text{Support\_count}(X)}{\text{Support\_count}(Y)}\geqslant\text{Minconfidence}$,则构造关联规则 $Y\Rightarrow(X-Y)$。

由于规则是通过频繁项集直接产生的,因此关联规则涉及的所有项集都自动满足最小支持度。这样生成的规则满足最小支持度和最小置信度,为强规则。

关联规则产生的伪代码描述如下。在规则产生时,不必再次扫描事务数据集来计算候选规则的置信度,而是使用在频繁项集产生时计算的支持计数来确定每个规则的置信度。

算法:Apriori 算法中的规则产生
输入:所有频繁项集的集合 L。
输出:规则的集合。
1 for L 中每一个频繁 k-项集 $X,K \geq 2$
2    $H_1 = \{i \mid i \in X\}$; //H_1 表示规则的 1-项后件
3   apri-gen-rules(X, H_1);
4 end for;
apri-gen-rules(X, H_m)
1 $k = |X|$; //频繁项集 X 的大小
2 $m = H_m$; //规则后件的大小
3 if $k > m+1$ then
4   由 H_m 连接、剪枝产生 H_{m+1}
5   for 每个 $h_{m+1} \in H_{m+1}$
6   Confidence = Support_count(X)/Support_count$(x - h_{m+1})$;
7   if Confidence >= Minconfidence then
8   输出规则:$X - h_{m+1} \Rightarrow h_{m+1}$;
9   else
10   删除 h_{m+1}(在 H_{m+1} 中);
11   end if;
12   end for;
13   apri-gen-rules(X, H_{m+1});
14 end if;

例 7.4　生成关联规则。在例 7.3 产生的频繁项集中,对于频繁项集 $X = \{I1, I2, I3\}$(支持度计数为 2),可以通过 X 产生哪些关联规则?X 的非空真子集有 $\{I1\}$、$\{I2\}$、$\{I3\}$、$\{I1, I2\}$、$\{I1, I3\}$、$\{I2, I3\}$,其频繁支持计数分别为 4、5、2、4、2、2。

结果关联规则如下,每个都列出置信度。

$I1 \Rightarrow \{I2, I3\}$, confidence = 2/4 = 50%

$I2 \Rightarrow \{I1, I3\}$, confidence = 2/5 = 40%

$I3 \Rightarrow \{I1, I2\}$, confidence = 2/2 = 100%

$\{I1, I2\} \Rightarrow I3$, confidence = 2/4 = 50%

$\{I1, I3\} \Rightarrow I2$, confidence = 2/2 = 100%

$\{I2, I3\} \Rightarrow I1$, confidence = 2/2 = 100%

如果最小置信度阈值为 70%,则规则 $I3 \Rightarrow \{I1, I2\}$、$\{I1, I3\} \Rightarrow I2$、$\{I2, I3\} \Rightarrow I1$ 满足条件,即强关联规则。

7.2.4　Apriori 算法的改进思路

Apriori 算法作为数据挖掘十大算法之一,算法简单,易于理解,在数据挖掘领域里具有里程碑的作用。该方法具有如下特点。

(1) Apriori 算法是一个迭代算法。

（2）数据按照⟨事务编号,项目集⟩的形式组织。

（3）可以利用 Apriori 先验性质进行优化。

（4）适合事务型数据集的关联规则挖掘。

（5）适合稀疏数据集,也就是频繁项集长度稍小的数据集。

但随着应用研究的深入,其缺点也随之显现,主要有以下两点。

（1）多次扫描事务数据集 D,需要很大的 I/O 负载。每求一个 L_k,都需要扫描一次事务数据集 D 累计支持计数,来验证 C_k 中的候选项是否能加入 L_k 中。假如一个项集包含 10 个项,那么至少需要扫描事务数据集 10 次。如果数据集 D 较大,在有限的内存容量下系统 I/O 负载会增大,每次扫描数据库的时间就会很长,这样效率就会非常低。

（2）可能产生巨大数量的候选项集。Apriori 算法由 L_{k-1} 产生 k-项集 C_k,其结果是呈指数增长的。例如,10^4 个频繁 1-项集就有可能产生接近 10^7 个元素的候选 2-项集。如此大的候选集对执行时间和内存容量都是一种挑战。

针对 Apriori 算法的不足,研究人员对其提出了很多的改进,以提高算法的效率。

1. 散列（Hash）技术（散列项集计数）

1995 年,Park 等提出了一种基于散列（Hash）技术产生频繁项集的算法。这种方法把扫描的项集散列到不同的 Hash 桶中,每个频繁项集最多只可能放在一个特定的桶里,帮助有效压缩候选 k-项集 $C_k(k>1)$ 所占用的空间。

例 7.5 基于散列技术的桶分配。 对于表 7.2 给出的事务数据集 D,当扫描数据集中每个事务时,由候选 1-项集 C_1 产生频繁 1-项集 L_1 时,可以对每个事务产生所有的 2-项集,将它们散列（即映射）到散列表结构的不同桶（栏目）中,并对每个桶内的项集进行计数,即增加对应的桶计数。假设使用散列函数 $h(x,y)=(10x+y)\bmod 7$ 创建散列列表 H_2,结果如表 7.3 所示,其中,x 和 y 分别是 2-项集中第 1 项和第 2 项的序。在创建散列表时,根据 L_1 中删除的非频繁项集,将含有 I6 的 2-项集剪枝掉。

表 7.3　2-项集桶分配示例 H_2

桶地址	0	1	2	3	4	5	6
桶计数	2	1	2	6	2	4	2
桶内容	{I1,I4} {I1,I4}	{I1,I5}	{I2,I3} {I2,I3}	{I2,I4} {I4,I5} {I2,I4} {I4,I5} {I4,I5} {I2,I4}	{I2,I5} {I2,I5}	{I1,I2} {I1,I2} {I1,I2} {I1,I2}	{I1,I3} {I1,I3}

在散列表中对应的桶计数低于支持度阈值的 2-项集不可能是频繁 2-项集,因而应当在候选项集中删除。假设最小支持度计数为 2,根据表 7.3,{I1,I5}不可能是频繁 2-项集。这种基于散列的技术可以大大压缩要考查的 k-项集（特别是当 $k=2$ 时）。

2. 事务压缩

事务压缩是指压缩未来迭代扫描的事务数,减少在后面的循环中所需要扫描的交易记录数。由于不包含任何频繁 k-项集的事务是不可能包含任何频繁 $(k+1)$-项集的。这样，这种事务出现时，可以加上标记或删除，因为以后产生 j-项集$(j>k)$，扫描数据集时不再需要它们。

3. 数据划分

数据划分方法的基本思想是先把大容量数据集从逻辑上分成多个互不相交的部分(也称为块、分区)，每次单独考虑一个分块并对其应用挖掘算法(如 Apriori 算法)生成所有的局部频繁项集。然后把这些局部的频繁项集合并生成 D 的全局候选项集，通过计算它们的支持度得到最终的全局频繁项集。此方法只需要两次扫描数据集，其算法思想如图 7.5 所示。

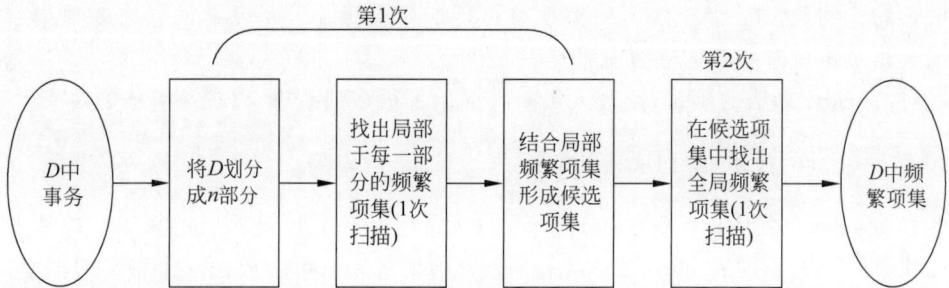

图 7.5　数据划分方法找频繁项集

划分的每部分数据大小，即块大小的选择是要使每个分块可放入内存。基于数据划分的方法高度并行，可以把每一块数据分别分配给某一个处理器生成频繁项集。产生频繁项集的每一个循环结束后，处理器之间通过通信产生全局项集。该方法执行时间的主要瓶颈是通信过程，此外，每个独立处理器生成频繁项集的时间也是一个瓶颈。

4. 采样

基于采样的方法是 Toivonen 于 1996 年提出的。该方法的基本思想是选取给定数据库 D 的随机样本 S，然后，在 S 而不是在 D 中搜索频繁项集，即在给定数据集 D 的一个子集 S 上挖掘。这种方法是在 S 而不是在 D 中搜索频繁项集，可能丢失一些 D 中的频繁项集。所以这种方法是通过牺牲精度来换取有效性的。选取的样本 S 的大小通常是可以一次性放入内存的，这样只需要扫描一次 S 中的事务。

为了提高算法精度，使用比最小支持度低的支持度阈值来找出局部于 S 的频繁项集 L_s。然后，数据集的其余部分用于计算 L_s 中每个项集的实际频率。使用一种机制来确定是否所有的频繁项集都包含在 L_s 中，如果 L_s 实际包含 D 中的所有频繁项集，则只需扫描一次 D。否则，可以进行第 2 次扫描来找出第 1 次扫描时遗漏的频繁项集。该方法适合重视效率的计算密集型应用。

5. 动态项集计数

动态项集计数将数据库划分为用开始点标记的块，在扫描的不同点添加候选项集。与 Apriori 算法先在每次完整的数据库扫描前确定新的候选项集不同，它可以在任何开始点添加新的候选项集。在添加一个新的候选项集之前,先估计一下是不是该候选项集的所有子集都是频繁的。如果迄今为止的计数满足最小支持度,则该项集添加到频繁项集的集合中,并且可以用来产生更长的候选项集。可以明显得出,该算法找出所有频繁项集需要的数据库扫描比 Apriori 算法少。

7.3 挖掘频繁项集的模式增长方法

Apriori 算法虽然在多数情况下能够很好地解决关联规则挖掘的问题,并且性能表现良好,但它具有产生大量的候选项集和需要重复多遍扫描数据库的缺点。是否可以设计一种方法能够挖掘全部频繁项集而不产生候选项集呢? J. Han 等于 2000 年提出了一种完全不同的算法来发现频繁项集。该算法不同于 Apriori 算法的"产生-测试"范型,不会产生候选项集,而是使用一种称作 FP-tree 的紧凑数据结构组织数据,并直接从该结构中提取频繁项集,称为频繁模式增长(Frequent Pattern-growth,FP-growth)算法。

7.3.1 FP-tree 的构建

FP-growth 算法采用分治策略。首先,将提供频繁项集的数据库压缩到一棵频繁模式树(FP-tree),该树仍保留项集的关联信息。然后,将压缩后的数据库划分成一组条件数据库,每个数据库关联一个频繁项集或"模式段",并分别挖掘每个条件数据库。对于每个"模式段",只需要考查与它相关联的数据集。因此,随着被考查模式的"增长",这种方法可以显著地压缩被搜索的数据集的大小。FP-tree 构建算法伪代码描述如下。

算法:FP-tree 构建。

输入:D 事务数据库。

　　　最小支持度阈值 Minsupport。

输出:FP-tree 树。

1 扫描事务数据库 D 一次,得到频繁项集合 F 及它们的支持度,将 F 按支持度降序排列成 L,L 是频繁项列表。

2 创建 FP-tree 的根结点,标注其为 NULL。对 D 中的每个事务 T,进行以下操作。

　选择 T 中的频繁项,根据 L 中的次序进行排序,排序后的频繁项标记为$[p|P]$,其中,p 表示第一个元素,P 是剩余元素的列表。调用 insert_tree($[p|P]$,T)将此元组对应的信息加入 T 中。

构建 FP-tree 的核心是对数据库的一个候选项集的处理,它对排序后的一个项集的项进行递归式的处理直到项集为空,这通过调用 insert_tree 过程实现。其中,算法 insert_tree($[p|P]$,T)伪代码如下。

算法:insert_tree($[p|P]$,T)。

1 if (T 有一个子女 N 使得 N.item-name= p.item-name) then

2　　N 的计数加 1

3 else

4　　创建一个新结点 N,将其计数设为 1,链接到它的父结点 T,并通过结点链结构将其链接到具有相同项名的结点。

5　如果 p 非空,递归地调用 insert_tree(P,N)。

为了更好地理解 FP-tree 的构建,下面用例 7.6 对算法进行说明。

例 7.6　构建 FP-tree 示例。对于一个给定的事务数据库,如图 7.6 左侧表所示,扫描一次数据库,确定每个 1-项集的支持度计数,去掉非频繁项集(本例中假设最小支持度阈值为 20%,支持度计数为 2),如图 7.6 所示。并将频繁 1-项集按照支持度计数降序排列,如图 7.7 所示。

初始,FP-tree 仅包含一个根结点,用符号 null 标记。随后,用如下方法扩充 FP-tree。

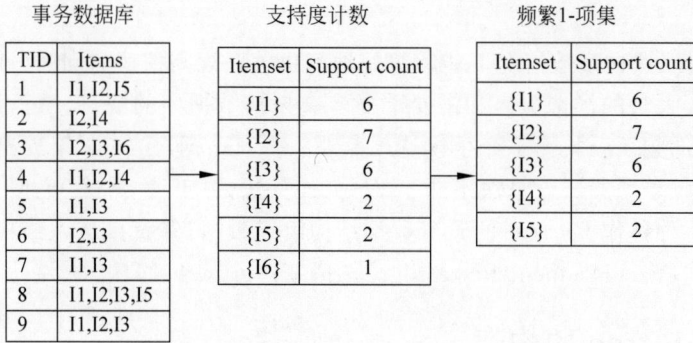

事务数据库

TID	Items
1	I1,I2,I5
2	I2,I4
3	I2,I3,I6
4	I1,I2,I4
5	I1,I3
6	I2,I3
7	I1,I3
8	I1,I2,I3,I5
9	I1,I2,I3

支持度计数

Itemset	Support count
{I1}	6
{I2}	7
{I3}	6
{I4}	2
{I5}	2
{I6}	1

频繁1-项集

Itemset	Support count
{I1}	6
{I2}	7
{I3}	6
{I4}	2
{I5}	2

图 7.6　构建 FP-tree,第一次扫描事务数据库

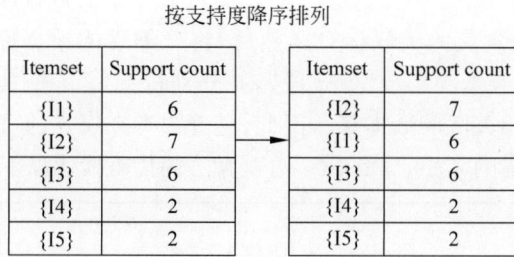

按支持度降序排列

Itemset	Support count		Itemset	Support count
{I1}	6		{I2}	7
{I2}	7		{I1}	6
{I3}	6		{I3}	6
{I4}	2		{I4}	2
{I5}	2		{I5}	2

图 7.7　构建 FP-tree,降序排列频繁 1-项集

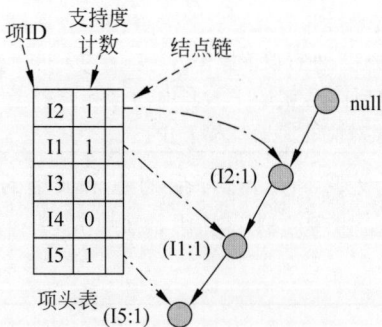

图 7.8　扫描第一个事务后构建的 FP-tree

第二次扫描数据库,每个事务中的项都按照图 7.7 中项排序后的次序处理,即按递减支持度计数排序,并为每个事务创建一个分支。首先读入第一个事务 $T_1\{I1, I2, I5\}$,包含三个项,按照次序处理为 I2,I1,I5。按照项的顺序创建标记为 I2,I1 和 I5 的结点。然后形成 null→I2→I1→I5 路径,标注项及其计数。该路径上的所有结点的频度计数为 1。为方便树的遍历,创建一个项头表,使每项通过一个结点链指向它在树中的位置,用虚线表示。此外,为方便快速地访问树中的项,相同项的结点也用指针连接。扫描第一个事务后构建的 FP-tree 如图 7.8 所示。

读入第二个事务 $T_2\{I2,I4\}$ 之后,按照降序排列的处理次序为 I2,I4。因这个事务与第一个事务有一个共同前缀项 I2,所以路径 null→I2→I1→I5 和路径 null→I2→I4 有部分重叠。因为它们的路径重叠,所以结点 I2 的频度计数增加为 2,无须为 I2 创建新结点。为项 I4 创建新的结点,结点的频度计数为 1,构建的 FP-tree 如图 7.9 所示。

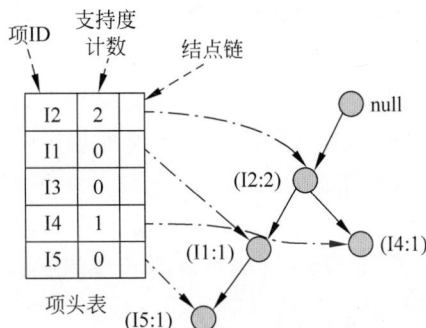

图 7.9　读入第二个事务后构建的 FP-tree

继续该过程,直到每个事务都映射到 FP-tree 的一条路径。读入所有的事务后形成的 FP-tree 如图 7.10 所示。这样,事务数据库频繁模式的挖掘问题就转换成挖掘 FP-tree 的问题。

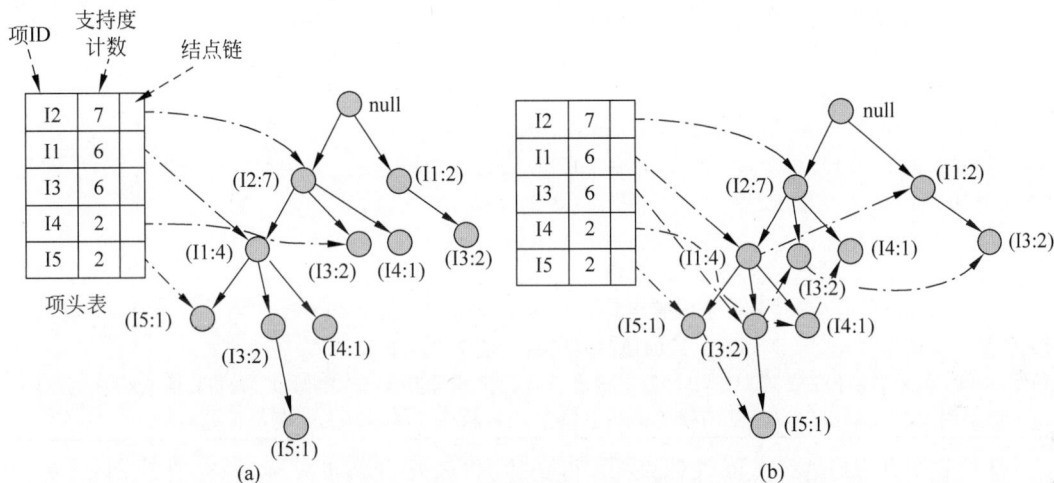

图 7.10　第二次扫描后构建的 FP-tree

通常,FP-tree 的大小比未压缩的数据小,因为购物篮数据的事务常常共享一些共同项。在最好的情况下,所有的事务都具有相同的项集,FP-tree 只包含一条结点路径。当每个事务都具有唯一项集时,最坏情况将会发生,由于事务不包含任何共同项,FP-tree 的大小实际上与原数据的大小一样,然而,由于需要附加的空间为每个项存放结点间的指针和计数,FP-tree 的存储需求增大。FP-tree 的大小也取决于项的排序方式,即项按照支持度由小到大排列,则会生成另一棵 FP-tree。当数据库很大时,构造基于内存的 FP-tree 有时是不现实的。此时,可以选择将数据库划分成投影数据库的集合,然后在每个投影数据库上构造 FP-tree 并在每个投影数据库中挖掘。如果投影数据库的 FP-tree 还不能放入主存,该过程可以递归地用于投影数据库。

7.3.2　FP-Growth 算法

通过自底向上的方式探索 FP-tree 产生频繁项集的算法,即 FP 增长(FP-Growth)算法。挖掘 FP-tree 由长度为 1 的频繁模式开始,构造它的条件模式基(一个"子数据库",由

FP-tree 中与该后缀模式一起出现的前缀路径集组成，也就是同一个频繁项在 FP-tree 中的所有结点的前缀路径的集合。例如，I3 在 FP-tree 中一共出现了三次，其祖先路径分别是 {I2,I1：2(频度为 2)}，{I2：2} 和 {I1：2}。这三个前缀路径的集合就是频繁项 I3 的条件模式基)。然后，构建它的条件 FP-tree(将条件模式基按照 FP-tree 的构造原则形成一棵新的 FP-tree)，并递归地在该树上进行挖掘。对每个新创建的条件 FP-tree 重复上述过程，直至结果 FP-tree 为空，或者它仅包含一个单一路径。该路径将生成其所有的子路径的组合，每个组合都是一个频繁模式。FP-Growth 算法将发现长频繁模式的问题转换成在较小的条件数据库中递归地搜索一些较短模式，然后通过后缀模式与条件 FP-tree 产生的频繁模式连接实现。算法 FP-Growth 显著地降低了搜索开销，伪代码描述如下。

算法：FP-Growth(Tree, a)。

输入：构造好的 FP-tree，事务数据库 D，最小支持度阈值 Minsupport。

输出：频繁项集。

1 if （ Tree 含单个路径 P）then
2   for   路径 P 中结点的每个组合(记作 b)
3   产生模式 $b \bigcup a$，其支持度 Support $= b$ 中结点的最小支持度
4 else erdfor; for each a_i 在 Tree 的头部（按照支持度由低到高顺序进行扫描）
5   产生一个模式 $b = a_i \bigcup a$，其支持度 support $= a_i$. Support；
6   构造 b 的条件模式基，然后构造 b 的条件 FP-tree Treeb；
7   endfor；
8 if Treeb 不为空 then
9   调用 FP_Growth (Treeb, b)；

/ ＊ FP-Growth 函数的输入：tree 是指原始的 FP-tree 或者是某个模式的条件 FP-tree，a 是指模式的后缀(在第一次调用时 a＝NULL，在之后的递归调用中 a 是模式后缀)。

FP-Growth 函数的输出：在递归调用过程中输出所有的模式及其支持度(如 {I1,I2,I3} 的支持度为 2)。每一次调用 FP-Growth 输出结果的模式中一定包含 FP-Growth 函数输入的模式后缀。＊/

通过 FP-Growth 算法，可以对例 7.6 得到的 FP-tree 进一步分析，得到挖掘 FP-tree 的过程，得到的支持度大于或等于 2 的频繁模式如表 7.4 所示。

表 7.4   挖掘 FP-tree 产生频繁项集的过程

项	条件模式基	条件 FP-tree	生成的频繁模式
I5	{(I2,I1:1),(I2, I1, I3:1)}	< I2:2, I1:2 >	(I2, I5:2), (I1, I5:2), (I2, I1, I5:2)
I4	{(I2,I1:1),(I2:1)}	< I2:2 >	(I2, I4:2)
I3	{(I2, I1:2),(I2:2),(I1:2)}	< I2:4, I1:2 >, < I1:2 >	(I2, I3:4), (I1, I3:4), (I2, I1, I3:2)
I1	{(I2:4)}	< I2:4 >	(I2, I1:4)

首先考虑 I5，它是降序排列后的处理次序的最后一项。从图 7.10 的 FP-tree 中观察到，I5 出现在两个分支中，这两个分支形成的路径是 I2→I1→I5 和 I2→I1→I3→I5。以 I5 为后缀，它的两个对应前缀路径为 I2→I1 和 I2→I1→I3，记为(I2，I1:1)和(I2，I1，I3:1)，它们形成了 I5 的条件模式基。使用这些条件模式基作为事务数据库，构造 I5 的条件 FP-tree，如图 7.11 所示，它只包含单个路径< I2:2，I1:2 >。I3 的支持度计数为 1，小于最小支持度计数阈值，因此该条件 FP-tree 不包含 I3。该单个

null

(I2:2)

(I1:2)

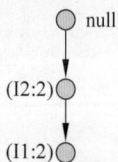

图 7.11   I5 的条件 FP-tree

路径产生的频繁模式的所有组合为(I2，I5:2)，(I1，I5:2)，(I2，I1，I5:2)。

对于I4，从图7.10中得知，它的两个前缀形成条件模式基{(I2,I1:1),(I2:1)}，产生一个单结点的条件FP-tree<I2:2>，由此产生的频繁模式为(I2，I4:2)。类似分析其他项，从而得出表7.4。

FP-Growth算法使用的是分治方法。每一次递归，都要通过更新前缀路径中的支持度计数和删除非频繁项来构建条件FP-tree。由于子问题是不相交的，因此FP-Growth不会产生任何重复的项集。此外，与结点相关联的支持度计数允许算法在产生相同的后缀项时进行支持度计数。同时，FP-Growth是一个有趣的算法，它展示了如何使用事务数据集（库）的压缩表示来有效地产生频繁项集。此外，对于某些事务数据集，FP-Growth算法比Apriori算法要快几个数量级。FP-Growth算法的运行性能依赖所构造的FP-tree对数据集的压缩情况。如果生成的条件FP-tree非常茂盛（在最坏情况下，是一棵满前缀树），则算法的性能显著下降，因为算法必须产生大量的子问题，并且需要合并每个子问题返回的结果。

7.4 多种关联规则挖掘

本节关注在多层、多维空间中的挖掘方法。

7.4.1 多层关联规则挖掘

对于很多应用来说，由于数据分布的分散性，在低或原始抽象层，数据可能有太多的零散模式，其支持度往往也较低，因此很难在数据项之间找出强关联规则。在较高的概念层发现的强关联规则可能提供普遍意义的知识，但是对于一个用户来说是普通的信息，对于另一个用户却未必如此。因此，事务数据库中的数据也是根据维和概念分层进行存储的，数据挖掘系统应关注如何开发在多个抽象层，以足够的灵活性挖掘模式，并易于在不同的抽象层转换的有效方法。

例7.7 多层关联规则挖掘。假设表7.5中的任务相关数据集 D 是 AllElectronics 商店的销售数据，每个事务的项显示了购买的商品。

表7.5 AllElectronics 商店的事务数据集 D

TID	Items
T1	Lenovo desktop computer，Sony b/w printer
T2	Microsoft educational software，Microsoft financial management software
T3	Logitech mouse computer accessory，Ergoway wrist pad computer accessory
T4	Lenovo desktop computer，Microsoft financial management software
T5	Lenovo desktop computer
…	…

关于购买的商品的多层概念树如图7.12所示，该树表示的商品的概念分层定义了由底层概念集到高层、更一般的概念集的映像序列。表7.5中的商品在图7.12的概念分层的最底层，在这种原始层数据很难找出有趣的购买模式。例如，"Lenovo desktop computer"和

"Sony b/w printer"都在很少一部分事务中出现,可能很难找到涉及它们的强关联规则。很少有人同时购买它们,使得"{Lenovo desktop computer,Sony b/w printer}"不太可能满足最小支持度阈值。然而,若将"Sony b/w printer"概化到"b/w printer",则在"Lenovo desktop computer"和"b/w printer"之间比在"Lenovo desktop computer"和"Sony b/w printer"之间更容易发现强关联。类似地,许多人同时购买"computer"和"printer",不是同时购买特定的"Lenovo desktop computer"和"Sony b/w printer"。换句话说,包含更一般项的项集,如"{Lenovo desktop computer, b/w printer}"和"{computer, printer}",比仅包含原始层数据的项集,如"{Lenovo desktop computer, Sony b/w printer}",更可能满足最小支持度。因此,在多个概念层的项之间比仅在原始层数据之间更容易找到有趣的关联。对不同的用户而言,可能某些特定层次的关联规则更有意义。同时,由于数据的分布和效率方面的考虑,数据可能在多种粒度层次上存储,因此挖掘多层关联规则就可能得出用户更感兴趣的知识。

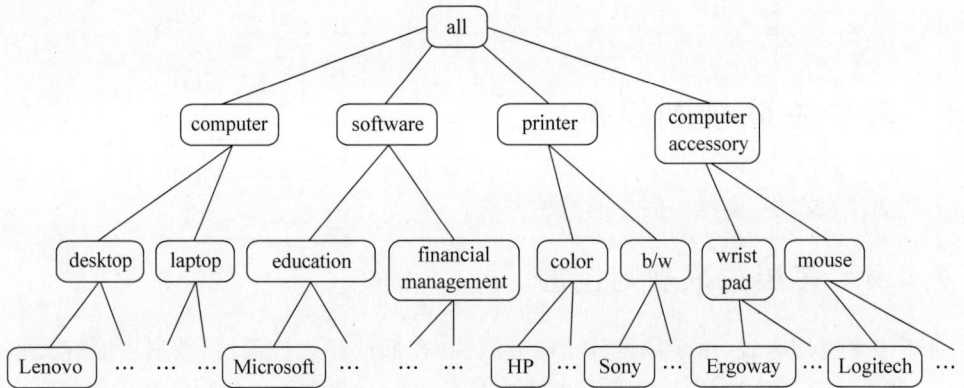

图 7.12　商品的多层概念树

多层关联规则挖掘可以分为同层关联规则和层间关联规则。如果一个关联规则对应的项目是同一个粒度层次,那么它是同层关联规则,例如,desktop $\Rightarrow$ education 就属于同层关联规则;如果在不同的粒度层次上考虑问题,那么就可能得到的是层间关联规则,如 education $\Rightarrow$ HP。

多层关联规则挖掘在沿用"支持度-置信度"的度量框架下,采用自顶向下策略,由概念分层的顶层(第 1 层)开始,向下到较低的概念层。在每个概念层累积计数,计算频繁项集,直到不能再找到频繁项集。对于每一层,可以使用挖掘频繁项集的任何算法,如 Apriori。不同的是,对支持度阈值的设置还需要考虑不同层的度量策略。

多层关联规则挖掘有三种设置支持度阈值的基本策略,具体如下。

(1) 对所有层使用同一个最小支持度阈值。如图 7.13 中设置最小支持度阈值为 5%,computer 和 laptop computer 都是频繁的,但 desktop computer 不是频繁的。

该方法使用一致的最小支持度阈值,搜索过程被简化。同时,该方法实现简单,用户只需要指定一个最小支持度阈值。该方法也有弊端,由于较低抽象层的项不大可能像较高的抽象层中的项那样频繁出现,如果最小支持度阈值设置太小,会产生过多不感兴趣的规则。如果最小支持度阈值设置太高,则可能丢失过多信息,错失在较低层中出现的有趣的规则。

(2) 不同层使用不同的最小支持度阈值。每个抽象层都有自己的最小支持度阈值,抽

层1 Minsupport=5%　　computer (Support=10%)

层2 Minsupport=5%　　laptop computer (Support=6%)　　desktop computer (Support=4%)

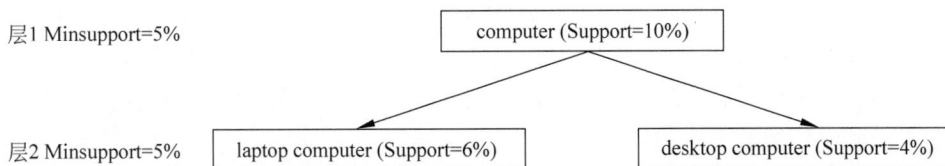

图 7.13　具有一致最小支持度阈值的多层关联规则挖掘

象层越低,对应的支持度阈值越小,也称为使用递减支持度阈值。例如,图 7.14 中层 1 和层 2 的最小支持度阈值分别为 5% 和 3%,则 computer、laptop computer 和 desktop computer 都是频繁的。如果层 1 的最小支持度阈值为 15%,则 computer 不是频繁的,其子女结点将不会被考查。

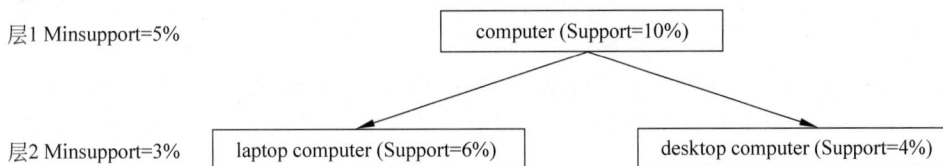

层1 Minsupport=5%　　computer (Support=10%)

层2 Minsupport=3%　　laptop computer (Support=6%)　　desktop computer (Support=4%)

图 7.14　具有递减支持度阈值的多层关联规则挖掘

这种方法增加了挖掘的灵活性,但不同层间的支持度应该有所关联,只有正确地刻画这种联系或找到转换方法才能使生成的关联规则相对客观。另外,由于具有不同的支持度,层间的关联规则挖掘是必须解决的问题。例如,有人提出层间关联规则应该根据较低层的最小支持度阈值来确定。

(3) 使用基于分组的最小支持度阈值。由于用户或专家通常清楚哪些组比其他组更重要,在挖掘多层规则时,有时更希望建立用户指定的基于分组的最小支持度阈值。例如,用户可以根据产品价格或者根据感兴趣的商品设置最小支持度阈值。如对"价格超过 2000 元的鼠标"设置特别低的最小支持度阈值,以便特别关注包含这类商品的关联模式。

根据应用的特点,对于多层关联规则挖掘的策略问题,可以采用灵活的方法来完成。具体地说,一般采用如下三种方法。

(1) 自顶向下的方法。先找顶层的规则,再找它的下一层规则,如此逐层自顶向下进行。不同层的最小支持度阈值可以相同,也可以根据上层的最小支持度阈值动态生成下层的最小支持度阈值。

(2) 自底向上的方法。先找低层的规则,再找到它的上一层规则,不同层的最小支持度阈值也可以动态生成。

(3) 在一个指定层上挖掘的方法。用户根据情况,在一个指定层次上进行挖掘,如果需要查看其他层的数据,可以通过上钻或下钻等操作来获取相应数据。

在挖掘多层关联规则时,由于项间的"祖先"关系,有些发现的关联规则时常是冗余的,也就是说,一个一般性的规则不提供新的信息,则是一个无趣和冗余的规则。通常根据此规则的祖先规则的支持度和置信度进行判断,如果它的支持度和置信度都接近于"期望值",则被认为是冗余的。例如:

规则 1:desktop ⇒education[Support＝8%,Confidence＝70%]。

规则 2:Lenovo ⇒Microsoft[Support＝2%,Confidence＝72%]。

如果销售中大约有四分之一的 desktop 都是 Lenovo,则由规则 1 和规则 2 可知,规则 2

的支持度正好是规则 1 的四分之一,而置信度相当,因此规则 2 不能提供任何更多用于营销策略的有用且有效的信息,它不是有趣的,应该作为冗余规则从所得到的关联规则中删除。

多层关联规则挖掘时,需要考虑规则部分的包含问题、规则的合并问题等,根据具体情况确定合适的挖掘策略。

7.4.2　多维关联规则挖掘

通常,应用数据如销售数据不只是事务数据,也存放在关系数据库或者数据仓库中,而且数据存储往往是多维的。例如,在销售事务中不仅记录了购买的商品,还可能记录与商品和销售有关的其他属性,如商品的描述或销售分店的位置,还可能存储有关购物的顾客信息,如顾客年龄、职业、电话、地址等。把每个数据库属性或数据仓库的维看作一个维谓词,则可以挖掘包含多个谓词的关联规则,如 $age(X, '30\cdots39') \wedge income(X, '42k\cdots48k') \Rightarrow buys(X, 'computer')$。这个规则中包含三个谓词 age、income 和 buys,每个谓词在规则中仅出现一次。因此称它具有不重复谓词。具有不重复谓词的关联规则称作**维间关联规则**。包含某些重复谓词的多维关联规则,称作**混合维关联规则**。如 $age(X, '30\cdots39') \wedge buys(X, 'computer') \Rightarrow buys(X, 'financial\ software')$,其谓词 buys 是重复的。

在挖掘维间关联规则和混合维关联规则的时候,还要考虑不同的字段属性,如标称属性和数值属性。前面讲过,标称(或分类)属性的值是“事物的名称”。标称属性具有有限多个可能值,值之间是无序的。对于标称属性,前面的算法都可以处理。而对于数值属性,值之间具有一个隐序,如 age、income、price,需要进行一定的处理之后才可以进行。处理数值属性的方法通常有以下几种。

(1) 数值字段被分成一些预定义的层次结构。这些层次结构都是由用户预先定义的,得出的规则也叫作静态数量关联规则。

(2) 数值字段根据数据的分布分成一些布尔字段。每个布尔字段都表示一个数值字段的区间,落在其中则为 1,反之为 0。这种分法是动态的,得出的规则叫作布尔数量关联规则。

(3) 数值字段被分成一些能体现它含义的区间。它考虑了数据之间的距离的因素。得出的规则叫作基于距离的关联规则。

(4) 直接用数值字段中的原始数据进行分析。使用一些统计的方法对数值字段的值进行分析,并且结合多层关联规则的概念,在多个层次之间进行比较,从而得出一些有用的规则。得出的规则叫作多层数量关联规则。

相比于混合维关联规则,维间关联规则的研究已比较成熟,以下将简单介绍几种仅限于挖掘维间关联规则的常用方法。在维间关联规则的频繁项集搜索中,与单维关联规则挖掘不同,它不是搜索频繁项集,而是搜索频繁谓词集,例如,搜索 k 谓词集就是搜索频繁的 k 个合取谓词集。

(1) 使用数值属性的静态离散化挖掘多维关联规则。使用数值属性的静态离散化挖掘多维关联规则,即使用概念离散化的方法对数值属性进行离散化。这种离散化在挖掘之前进行,数值属性的值用区间替代。如果任务相关的结果数据存放在关系数据库或事务数据库中,则 Apriori 算法只需要稍加修改就可以找出所有的频繁谓词集,而不是频繁项集(即通过搜索所有的相关属性,而不是仅搜索一个属性),找出所有的频繁 k 谓词集将需要 k 或

$k+1$ 次表扫描。还可以结合其他策略如散列、划分和采样以改进性能。

(2) 使用数值属性的动态离散化挖掘量化关联规则。首先根据数据的分布,将数值属性动态地离散化到"箱",这些箱可能在挖掘过程中被进一步组合,因此说这个离散化过程是动态的。组合的目的是满足某种挖掘标准,如最大化所挖掘的规则的置信度。由于这种方法将数值属性的值处理成量,而不是区间标号之类,其挖掘出来的关联规则称为量化关联规则。典型的代表是 ARCS(Association Rule Clustering System,关联规则聚类系统)算法。该方法的思想源于图像处理,本质上就是将量化属性对映射到满足分类属性条件的二维栅格上,然后搜索栅格点进行聚类,由此产生关联规则。ARCS算法的步骤如下。

① 分箱。数值属性可能具有很宽的值域。以 age 和 income 为例,每个 age 值对应在一个平面栅格的 x 轴上有一个唯一的位置,类似地,每个 income 的可能值在 y 轴上有一个唯一的位置。为了使得这个平面压缩到一个可管理的尺寸,将数值属性的坐标离散化到区间。这些区间可以根据挖掘器件的要求动态进行合并,其中的分箱策略可以采用等宽或等深的方法。将上述产生的两个数值属性的每种可能进行组合,得到一个二维数组。

② 查找频繁谓词集。一旦二维数据设置好,就可以描述它,以找出满足最小支持度的频繁谓词集。

③ 关联规则聚类。采用类似前面介绍的关联规则生成算法产生关联规则,将得到的强关联规则映射到二维栅格上,然后对这些规则进行组合或聚类,形成一条汇总的规则,以取代零散的规则。图 7.15 显示了给定数值属性 age 和 income,预测规则后件 buys(X, 'computer')的二维量化关联规则。从图 7.15 可见,这些规则紧密相连,所以可以进行合并,得到规则 5。

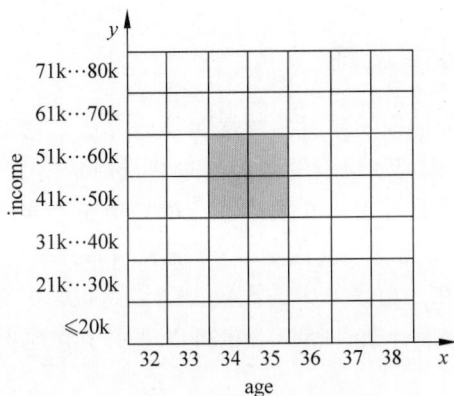

图 7.15 给定的数值属性 age 和 income

规则 1:age(X,'34') $\wedge$ income(X,'51k…60k') $\Rightarrow$ buys(X,'computer')。

规则 2:age(X,'35') $\wedge$ income(X,'51k…60k') $\Rightarrow$ buys(X,'computer')。

规则 3:age(X,'34') $\wedge$ income(X,'41k…50k') $\Rightarrow$ buys(X,'computer')。

规则 4:age(X,'35') $\wedge$ income(X,'41k…50k') $\Rightarrow$ buys(X,'computer')。

规则 5:age(X,'34…35') $\wedge$ income(X,'41k…60k') $\Rightarrow$ buys(X,'computer')。

④ 优化。依据用户满意的关联规则要求,对求取强关联规则的最小支持度和最小置信度值进行启发式优化,提升关联规则的质量。

7.5　关联模式评估

由于实际商业数据库的数据量和维数都非常大,很容易产生数以千计甚至百万的关联规则,而且这些模式中很大一部分可能是用户不感兴趣的。因此,建立一组广泛接受的评价关联模式质量的标准,筛选这些模式,以识别最有趣的模式是非常重要的。一是通过统计论据建立。相互独立的项的模式或者覆盖少量事务的模式被认为是可能反映数据中的伪联系。这些模式可以使用客观兴趣度度量来排除。客观兴趣度度量使用从数据推导出的统计量来确定模式是否是有趣的,如支持度、置信度和相关性。二是通过主观论据建立,即模式被主观地判断,希望模式是提供有利的信息或者预料不到的信息。例如,规则"黄油⇒面包",尽管有很高的支持度和置信度,表示的关系显而易见,但可能不是有趣的;规则"尿布⇒啤酒"可能是有趣的,因为这种关联十分出人意料,可能为商家提供新的交叉销售机会。将主观信息加入模式的评价中,需要来自领域专家的大量先验信息,是一项困难的任务。常见的一些将主观信息加入模式发现任务中的方法有以下几种。

(1) 可视化方法。通过数据可视化方法呈现出数据中蕴含的信息,领域专家由此解释和检验发现的模式,只有符合观察到的信息的模式才被认为是有趣的。

(2) 基于模板的方法。这种方法可以限制发现的模式类型,只有满足指定模板的模式才被认为是有趣的。

(3) 主观兴趣度度量。基于领域信息定义一些主观量来过滤显而易见和没有实际价值的模式。

7.5.1　客观兴趣度度量

客观度量是一种评估关联模式质量的数据驱动的方法。它不依赖领域知识,只需要最小限度用户的输入信息,不需要通过设置阈值来过滤低质量的模式。客观度量常常基于相依表中列出的频度计数来计算。表 7.6 显示了一对二元变量 X 和 Y 的相依表。使用记号 $\overline{X}(\overline{Y})$ 表示 $X(Y)$ 不在事务中出现。在这个 2×2 的表中,每个 f_{ij} 都代表一个频度计数,如 f_{11} 表示 X 和 Y 同时出现在一个事务中的次数,f_{01} 表示包含 Y 但不包含 X 的事务的个数等,行和 f_{1+} 表示 X 的支持度计数。相依表也可以应用于其他属性类型,如对称的二元变量、标称变量和序数变量。

表 7.6　变量 X 和 Y 的二路相依表

	Y	$\overline{Y}$	
X	f_{11}	f_{10}	f_{1+}
$\overline{X}$	f_{01}	f_{00}	f_{0+}
	f_{+1}	f_{+0}	N

前面一直使用支持度-置信度框架即使用支持度和置信度来去除没有意义的模式。支持度的缺点在于许多潜在的有意义的模式由于包含支持度小的项而被去除。置信度的缺点在于忽略了规则后件中项集的支持度,可能出现误导。

例 7.8　一个误导的"强"关联规则。设 Phone 表示包含手机的事务,而 Charger 表示包含充电器的事务。若分析 10 000 个事务,有 6000 个事务包含 Phone,7500 个事务包含 Charger,4000 个事务同时包含 Phone 和 Charger。假设使用最小支持度阈值为 30%,最小置信度阈值为 60%,则运用挖掘算法可得出:Buys(X，'Phone') $\Rightarrow$ Buys(X，'Charger')[40%，66%]是强规则,但并不有趣。因为买 Charger 的概率是 75%,比 66% 还要高。事实上,买 Phone 和买 Charger 是负相关的,买一种就降低了买另一个的可能性。若不明白这一点,很可能根据上述规则做出不明智的商务决定。这个例子表明:规则 $X \Rightarrow Y$ 的置信度有一定的欺骗性。它并不度量 X 和 Y 之间的相关和蕴含的实际强度。

由于支持度-置信度框架的局限性,各种客观度量已经用来评估关联模式。下面简略介绍一些度量。

1. 作用度

作用度(Lift)也称为**提升度**,是一种简单的相关度量,对于一条规则 $X \Rightarrow Y$,其作用度表示含有 X 的条件下同时含有 Y 的概率与 Y 的总体发生的概率之比,其计算公式如下。

$$\mathrm{Lift}(X,Y) = \frac{P(Y \mid X)}{P(Y)} \tag{7.4}$$

如果作用度的值小于 1,则 X 的出现与 Y 的出现是负相关的,意味着一个出现可能导致另一个不出现;如果作用度结果值大于 1,则 X 和 Y 是正相关的,代表一个出现另一个也会出现;如果作用度结果等于 1,则 X 和 Y 是独立的,它们之间没有相关性。

例 7.8 的事务可以汇总在一个相依表中,如表 7.7 所示。

表 7.7　汇总关于购买 Phone 和 Charger 事务的二路相依表

	Phone	$\overline{\text{Phone}}$	
Charger	4000	3500	7500
$\overline{\text{Charger}}$	2000	500	2500
	6000	4000	10 000

对于一条如下的关联规则 Buys(X，'Phone') $\Rightarrow$ Buys(X，'Charger')[40%，66%]的作用度为

$$\mathrm{Lift}(\text{Phone},\text{Charger}) = \frac{P(\text{Charger} \mid \text{Phone})}{P(\text{Charger})} = 0.88$$

由计算结果可知,该强关联规则的作用度值为 0.88,说明规则的前件 Phone 的购买会抑制规则后件 Charger 的购买,将这条规则提供给用户是没有意义的。

对于二元变量,作用度等价于另一种称作**兴趣因子**的客观度量,其定义如下。

$$I(X,Y) = \frac{\mathrm{Support}(X,Y)}{\mathrm{Support}(X) \times \mathrm{Support}(Y)} \tag{7.5}$$

兴趣因子比较模式的频率与统计独立假设下的计算的基线频率,是对变量之间的独立性的度量。它的缺点在于变量间的相互独立程度可能受其在总体中的占比的影响,有时会得出相反的结论。

2. 相关分析

相关分析是分析一对变量之间关系的基于统计学的技术。对于连续变量,相关度用皮尔逊相关系数定义。对于分类变量,相关性可以用卡方检验度量。对于二元变量,相关度可

以用 $\emptyset$ 系数度量,其定义如下。

$$\emptyset = \frac{f_{11}f_{00} - f_{01}f_{10}}{\sqrt{f_{1+}f_{+1}f_{0+}f_{+0}}} \tag{7.6}$$

$\emptyset$ 的值从 -1(完全负相关)到 $+1$(完全正相关)。如果变量是统计独立的,则 $\emptyset = 0$。$\emptyset$ 系数把项在事务中同时出现和同时不出现视为同等重要。因此,它更适合分析对称的二元变量。这种度量的另一个局限性是,当样本大小成比例变化时,它不能够保持不变。

3. IS 度量

IS 度量用于处理非对称二元变量,其度量定义如下。

$$\mathrm{IS}(X,Y) = \sqrt{I(X,Y) \times \mathrm{Support}(X,Y)} = \frac{\mathrm{Support}(X,Y)}{\sqrt{\mathrm{Support}(X) \times \mathrm{Support}(Y)}} \tag{7.7}$$

从该定义可以看出,当规则的兴趣因子和规则支持度都很大时,IS 度量值就很大。可以证明 IS 在数学上等价于二元变量的余弦度量。IS 也可以表示为从一对二变量中提取出的关联规则的置信度的几何均值。一对相互独立的项集 X 和 Y 的 IS 值是:

$$\mathrm{IS}_{\mathrm{independent}}(X,Y) = \frac{\mathrm{Support}(X,Y)}{\sqrt{\mathrm{Support}(X)\,\mathrm{Support}(Y)}} = \frac{\mathrm{Support}(X) \times \mathrm{Support}(Y)}{\sqrt{\mathrm{Support}(X) \times \mathrm{Support}(Y)}}$$
$$= \sqrt{\mathrm{Support}(X) \times \mathrm{Support}(Y)} \tag{7.8}$$

因为 IS 值取决于 $\mathrm{Support}(X)$ 和 $\mathrm{Support}(Y)$,所有 IS 存在与置信度类似的问题,即使是不相关或负相关的模式,度量值也可能相当大。

4. 不平衡比

不平衡比(Imbalance Ratio,IR)是指关联规则 $X \Rightarrow Y$ 的前件和后件所包含的项集 X 和 Y 在事务数据集中被包含的不平衡程度,计算公式如下。

$$\mathrm{IR}(X,Y) = \frac{|\,\mathrm{Support}(X) - \mathrm{Support}(Y)\,|}{\mathrm{Support}(X) + \mathrm{Support}(Y) - \mathrm{Support}(X \cup Y)} \tag{7.9}$$

其中,分子是项集 X 和 Y 的支持度之差的绝对值,而分母是包含项集 X 和 Y 的事务数。如果 X 和 Y 在数据集中被包含的程度基本相同,该不平衡比之值为 0;否则,两者之差越大,不平衡比就越大。

除了兴趣度和相关度指标,业内领域专家也提出了其他度量模式有效性的评估方法,如全置信度、最大置信度、余弦度量等。

给定各种各样的可用度量后,产生的一个合理问题是:当这些度量应用到一组关联模式时是否会产生类似的有序结果?如果这些度量是一致的,那么就可以选择它们中的任意一个作为评估度量;否则,为了确定哪个度量更适合分析某个特定类型的模式,了解这些度量之间的不同是非常重要的。

7.5.2 辛普森悖论

有些度量是针对一对二元变量定义的,有些可以应用于较大的项集,如支持度和全置信度,还有度量使用多维相依表中的频率,可以扩展到多个变量。有一种方法是将客观度量定义为模式中项对之间关联的最大、最小或平均值。然而该方法只关注逐对之间的关联,可能不能发现模式中的联系。由于数据中存在部分关联,多维相依表的分析更加复杂。例如,根据特定变量的值,某些关联可能出现或不出现,这个问题就是辛普森悖论。

解释变量之间的关联时要特别小心,因为观察到的联系可能受其他混淆因素的影响,这些因素,没有包括在分析中的隐藏变量。在某些情况下,隐藏的变量可能会导致观察到的一对变量之间的联系出现不一样的结果(即没有对条件考虑全面)。1951 年,E. H. 辛普森在他发表的论文中阐述此现象后,该现象才算正式被描述解释。后来就以他的名字命名此悖论,即辛普森悖论。辛普森悖论是一个统计推断中的悖论,它表明当数据被分成不同的子组时,这些子组中的结果可能与整体的结果相反。

例 7.9 辛普森悖论。 考虑电视(TV)销售和健身器销售之间的联系,如表 7.8 所示。关联规则"买 TV ⇒ 买健身器"的置信度是 99/180=55%,而规则"不买 TV ⇒ 买健身器"的置信度是 54/120=45%。这些规则暗示,购买了电视的顾客比那些没有购买电视的顾客更可能购买健身器。

表 7.8 电视和健身器销售之间的二路相依表

	买 健 身 器	不买健身器	总 数
买 TV	99	81	180
不买 TV	54	66	120
	153	147	300

然而,进一步深入分析表明,这些商品的销售取决于顾客是大学生或还是在职人员。表 7.9 汇总了大学生和在职人员购买电视和健身器之间的联系,其中,大学生和在职人员的支持度计数的总和等于表 7.9 中显示的频度。而且,更多是在职人员而不是大学生购买了这些商品。

表 7.9 大学生和在职人员的电视与健身器销售情况

		买 健 身 器	不买健身器	总 数
大学生	买 TV	1	9	10
	不买 TV	4	30	34
在职人员	买 TV	98	72	170
	不买 TV	50	36	86

对于大学生:

Confidence(买 TV ⇒ 买健身器)=1/10=10%

Confidence(不买 TV ⇒ 买健身器)=4/34=11.8%

对于在职人员:

Confidence(买 TV ⇒ 买健身器)=98/170=57.7%

Confidence(不买 TV ⇒ 买健身器)=50/86=58.1%

可以看到,对于每一组顾客,不买电视的顾客更可能购买健身器,这与先前由包含两组顾客的数据得到的结论恰好相反,这就是辛普森悖论。即使使用其他度量(如相关性、兴趣因子)也能发现在组合数据情况下购买电视和健身器之间存在正相关,但是在分层数据情况下却存在负相关。下面用兴趣因子重新计算一下。

不考虑人群因素影响：

I(买 TV,买健身器)＝$300×99/(180×153)＝1.078$

I(不买 TV,买健身器)＝$300×54/(120×153)＝0.882$

依此得到的结论是：买电视的人更可能买健身器。

现在考虑人群因素的影响,对于大学生：

I(买 TV,买健身器)＝$44×1/(5×10)＝0.88$

I(不买 TV,买健身器)＝$44×4/(34×5)＝1.035$

对于在职人员：

I(买 TV,买健身器)＝$256×98/(170×148)＝0.997$

I(不买 TV,买健身器)＝$256×50/(86×148)＝1.006$

可以看到,得到的结论刚好与之前相反,使用兴趣因子作度量时同样出现了辛普森悖论。这种悖论可以这样解释：购买电视的顾客大部分是在职人员,而且在职人员也是购买健身器的最大人群。由于接近 85％的顾客是在职人员,所以在组合数据情况下观察到的电视和健身器之间的联系要强于分层情况下的联系。辛普森悖论的出现与二元变量的分布在不同层(在这里表现为大学生和在职人员)间存在差异。为了避免辛普森悖论产生虚假的模式,需要对数据进行合理的分层。

在石油勘探中,岩石属性的测量通常需要对地质层进行划分,而同一种岩石在不同的划分下可能呈现出不同的物理特征和产油能力,这就容易导致辛普森悖论的出现。例如,假设某个区块中存在两种岩石 A 和 B,其中,A 层厚度较小但孔隙度和渗透率较大,而 B 层厚度较大但孔隙度和渗透率较小。如果忽略岩石层的细节,将整个区块视为一个总体,则 A 岩石的孔隙度和渗透率似乎高于 B 岩石；但如果将该区块按照岩石层进行划分,则 A 岩石可能只存在于少数薄层中,而 B 岩石则占据了更大的区域,因此 B 岩石的总储量可能反而高于 A 岩石。表 7.10 是一个关于石油勘探中存在辛普森悖论的示例数据。

表 7.10　石油勘探中存在辛普森悖论的示例数据

区 块 编 号	储量/亿桶	油藏类型	平均孔隙度/%	平均渗透率/mD
001	2.5	裂缝性储层	4~10	0.01~1
002	1.8	砂岩储层	20~30	100~10 000
003	3.7	页岩油藏	2~6	0.0001~0.1
004	4.1	碳酸盐岩储层	5~15	0.1~10
005	1.6	混合储层	2~20	0.1~1000

在表 7.10 中,每一行代表一个区块,每一列代表该区块的一种属性。其中,区块编号为唯一的标识符,用于区分不同的区块；储量、油藏类型、平均孔隙度和平均渗透率则是描述该区块石油储量和产能的重要参数。然而,当涉及不同油藏类型时,平均孔隙度和平均渗透率之间的关系可能会出现辛普森悖论。例如,在此数据表格中,区块 001 中的裂缝性储层具有更高的平均渗透率,但区块 003 中的页岩油藏具有更高的平均孔隙度和更大的总储量。此表中,辛普森悖论的具体内容是当涉及不同油藏类型时,平均孔隙度和平均渗透率之间的关系可能出现反向趋势。例如,区块 001 中的裂缝性储层平均孔隙度较低,但平均渗透率较高；而区块 003 中的页岩油藏平均孔隙度较高,但平均渗透率较低。这表明如果忽略油藏类型的差异,将所有数据集合起来计算,计算结果可能会受到样本分布的误导。

　　总之，由于不同油藏类型的特征不同，它们在平均孔隙度和平均渗透率方面的取值范围也不同。裂缝性储层通常具有狭窄的裂缝和微小的孔隙空间，但裂缝可以提供高渗透率的流体通道；相比之下，页岩油藏通常具有极低的孔隙度和渗透率，但高含油饱和度和大量的有机质可以实现高储量和高采收率。因此，在进行石油勘探时，对于不同油藏类型的数据，需要分别进行分析和处理，以充分考虑到样本分布和地质差异等多种因素。在实践中，通常会采用分类统计、参数优化和模型建立等方法，以减少辛普森悖论对石油勘探决策的影响。

　　本节所描述的规则评估方面的内容，主要是客观度量的介绍。对于同一个规则，采用不同度量可能会得到相反的结论，这是由于度量的定义导致。没有一个客观度量能适用于所有模式挖掘任务。因为每种度量总会有一些未考虑的方面，因此在实际应用中，需要充分了解、理解数据，运用背景知识，通常考虑多种度量结合的方式来帮助发现有趣的模式。

第8章

文本抽取算法

8.1 潜在语义分析应用背景

计算机的本质是二进制运算,任何字符都不能直接参与计算机的运算,运算前需要先把字符转换成数字,才能在计算机中进行表示,因此有了 ASCII 码表。同样道理,单词、文档都不能直接参与运算,需要先将它们映射为数值类型,因此文本向量化就成为文本处理的前提步骤。

在自然语言处理(Natural Language Processing,NLP)中,最细粒度的是词语。词语组成句子,句子再组成段落、篇章、文档。著名的 word2vec 技术就是解决如何将词语进行向量化表示的问题。本章关注潜在语义分析(Latent Semantic Analysis,LSA),顾名思义,即通过分析文章来挖掘文章的潜在意思或语义。LSA 的目的是解决如何通过搜索词/关键词定位出相关文章。如何通过对比单词定位文章是一个难点,因为比较的对象不是单词本身,而是单词背后的语义。潜在语义分析的基本原理是将文章和单词都映射到语义空间上,并在该空间进行对比分析,语义空间本质上是一个向量空间。

```
01 import pandas as pd
02 D = pd.read_csv("doc4term3.csv", index_col='term')
03 D
```

	Doc1	Doc2	Doc3	Doc4
term				
the	20	10	15	8
best	0	1	0	2
car	3	5	0	0

以上矩阵展现了单词(term)和文档(Document)之间的关系,称为单词-文档矩阵(Term-Document Matrix)。

文章通过"bags of words"的形式来表示,也就是说,单词的出现顺序并不重要,而与单词在文中出现的次数相关。

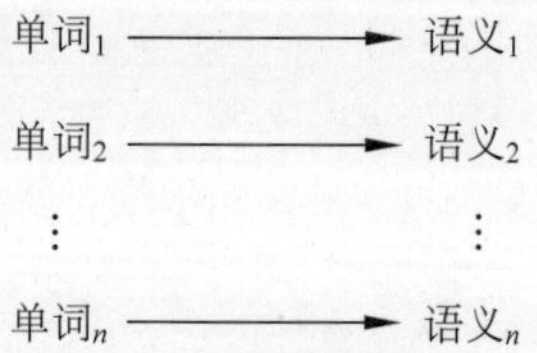

单词$_1$ ⟶ 语义$_1$

单词$_2$ ⟶ 语义$_2$

⋮ ⋮

单词$_n$ ⟶ 语义$_n$

图 8.1 单词和语义间的
一对一映射

语义通过一组最有可能同时出现的单词来表示。例如,"leash""treat""obey"常出现在关于 dog training 的文章里面。

如果每个单词都仅有一个语义,同时每个语义仅由一个单词来表示,那么 LSA 将十分简单,即简单地将进行单词和语义间的映射,如图 8.1 所示。

不幸的是,LSA 并没有这么简单。因为不同的单词可以表示同一个语义,或一个单词同时具有多个不同的意思,这些模糊歧义使语义的准确识别变得十分困难。

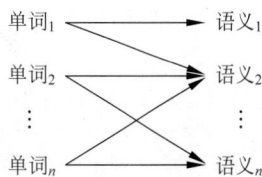

图 8.2 单词和语义间的一对多映射

例如,bank 这个单词如果和 mortgage、loans、rates 这些单词同时出现,很可能表示金融机构的意思。可是如果 bank 这个单词和 lures、casting、fish 一起出现,那么很可能表示河岸的意思。这样的映射关系如图 8.2 所示。

由于作家在创作文章时可以随意地选择各种单词来表达,因此不同的作家的词语选择风格大不相同,表达的语义也因此变得模糊。这种单词选择的随机性必然将噪声引入"单词-语义关系"。LSA 能过滤掉一些噪声,同时能在语料库中找出一个最小的语义子集。

为了让问题变得可解,LSA 引入了一个重要假设:假设每个单词只有一个意思。当然这个假设在遇到"banks"(既表示河岸也表示金融银行)这种情况时当然不合适,但是这个假设将有助于简化问题难度。

一个简单的例子是,这里有 10 个跟"oil"相关的文档,这些文档都有一个共同索引词。这个索引词可以是符合以下条件的任意单词。

(1) 出现在两个或以上的文档中。

(2) 非停用词。停用词指词意过于一般的词,如"and""the"等。这些词对文章的语义并没起到突出的作用,因此应该被过滤掉。

本章选取了以下 10 个标题进行实验。

```
01 Oil needs big infrastructure and resources
02 Demand drives oil production and investment
03 Spills harm ecosystems and local communities
04 Transportation is a major oil consumer
05 Sustainable alternatives threaten oil demand
06 Regulations aim to reduce oil spills
07 Oil prices impact global economic growth
08 Transportation drives oil demand
09 The global demand for oil is expected to continue rising
10 Oil infrastructure supports global demand
```

8.2 创建单词-文档矩阵

首先,LSA 需要创建单词-文档矩阵。

(1) 从文本中过滤非英文字母字符。

(2) 过滤停用词。

(3) 相同词根单词归一。

(4) 词汇统计和排序:生成单词-文档矩阵。

初始矩阵中每一行对应一个词,每一列对应一篇文章,M 个词和 N 篇文章可以表示为如下 $M \times N$ 的矩阵。在该矩阵中,行表示索引词,而列表示题目。每个元素表示对应的文档包含多少个相应的索引词。例如,"infrastructure" 在 T1 和 T10 中出现了 1 次,而"oil"出现在除 T3 外的所有表中。一般情况下,LSA 创建的单词-文档矩阵会相对巨大,而且十分稀疏(大部分元素为 0),这是因为每个标题或文章一般只包含十分少的频繁单词。

```
01 import pandas as pd
02 from pathlib import Path
03 from collections import Counter
04 import re
05 import numpy as np
06 f = Path('titles.txt')
07 content = re.sub("[,':!]","",f.read_text().lower().replace('-',''))    ♯去除标点字符
08 ♯data = [line.split() for line in f.read_text().replace(',','').replace(':','').replace("'","").
replace("−","").lower().split('\n')]
09 terms = [line.split() for line in content.split('\n')]              ♯分词分文档
10 series = [pd.Series(Counter(line), name=f'T{index}', dtype='float64') for index, line in
enumerate(terms,1)]
11                                                        ♯每 10 个文档进行 term 计数
12 dtm = pd.concat(series, axis=1)                        ♯文档拼接成矩阵
13 dtm = dtm.fillna(0)
14 dtm.astype('int')
```

	T1	T2	T3	T4	T5	T6	T7	T8	T9	T10
oil	1	1	0	1	1	1	1	1	1	1
needs	1	0	0	0	0	0	0	0	0	0
big	1	0	0	0	0	0	0	0	0	0
infrastructure	1	0	0	0	0	0	0	0	0	1
...										
continue	0	0	0	0	0	0	0	0	1	0
rising	0	0	0	0	0	0	0	0	1	0
supports	0	0	0	0	0	0	0	0	0	1

某些 term 词意过于一般,如"and""is"等,这些词对文档的语义并没起到突出的作用,因此应该被过滤掉,这些词称为停用词。

```
01 stopwords = ['and', 'is', 'a', 'to', 'the', 'for']
02 dtm = dtm.loc[~dtm.index.isin(stopwords)]        ♯反向选择
03 dtm.astype('int')
```

	T1	T2	T3	T4	T5	T6	T7	T8	T9	T10
oil	1	1	0	1	1	1	1	1	1	1
needs	1	0	0	0	0	0	0	0	0	0
big	1	0	0	0	0	0	0	0	0	0
infrastructure	1	0	0	0	0	0	0	0	0	1
resources	1	0	0	0	0	0	0	0	0	0
...										
continue	0	0	0	0	0	0	0	0	1	0
rising	0	0	0	0	0	0	0	0	1	0
supports	0	0	0	0	0	0	0	0	0	1

在本示例中,仅选取一些重要的索引词,这些词出现在两个或以上的文档中,而且不是停用词。

```
01 keywords = dtm[dtm.sum(axis=1)>1].index
02 print(keywords)
03 dtm = dtm.loc[keywords]
04 dtm.astype('int')
```

	T1	T2	T3	T4	T5	T6	T7	T8	T9	T10
oil	1	1	0	1	1	1	1	1	1	1
infrastructure	1	0	0	0	0	0	0	0	0	1
demand	0	1	0	0	1	0	0	1	1	1
drives	0	1	0	0	0	0	0	1	0	0
spills	0	0	1	0	0	1	0	0	0	0
transportation	0	0	0	1	0	0	0	1	0	0
global	0	0	0	0	0	0	1	0	1	1

8.3　TF-IDF 修改权重

在 LSA 算法中,源单词-标题(或文章)矩阵一般会进行加权调整,其中稀少的词的权重会大于一般性的单词。例如,一个单词出现在 5% 的文章中,其权重应大于一个出现在 90% 的文章中的单词。TF-IDF(Term Frequency-Inverse Document Frequency)是最常用的度量指标。

$$\text{tf}(t,d) = \frac{n_{t,d}}{\sum_k n_{k,d}}$$

其中,$n_{t,d}$ 表示索引词 t 在文档 d 中出现的次数,因此分母表示所有索引词在文档中出现的次数之和。

```
01 D
```

term	Doc1	Doc2	Doc3	Doc4
the	20	10	15	8
best	0	1	0	2
car	3	5	0	0

```
01 def tf(database):
02     return database/database.sum(axis=0)
03 tf_D = tf(D)
04 tf_D
```

term	Doc1	Doc2	Doc3	Doc4
the	0.869565	0.6250	1.0	0.8
best	0.000000	0.0625	0.0	0.2
car	0.130435	0.3125	0.0	0.0

$$\text{idf}(t,D) = \log \frac{|D|}{|d \in D : t \in d|}$$

其中,分子 $|D|$ 表示文档的数量,分母表示索引词 t 出现的文档数量。

```
01 def idf(database):
02     return np.log(len(database.columns)/(database>0).sum(axis=1))
03 idf_D = idf(D)
04 idf_D
```

```
term
the    0.000000
best   0.693147
car    0.693147
dtype: float64
```

$$\mathrm{tfidf}(t,d,D)=\mathrm{tf}(t,d)\times\mathrm{idf}(t,D)$$

TF-IDF 是词频(TF)和逆文档频率(IDF)的乘积。通过这个乘积,可以得到某个词在某个文档中的权重。具体来说,如果一个词在某个文档中出现频繁,但在其他文档中很少出现,它的 TF-IDF 值就会很高,这表明这个词对该文档具有较强的区分能力。

```
01 def tf_idf(database):
02     tf_ = database/database.sum(axis=0)
03     idf_ = np.log(len(database.columns)/(database>0).sum(axis=1))
04     return tf_.mul(idf_,axis=0)
05 tf_idf_D = tf_idf(D)
06 tf_idf_D
```

	Doc1	Doc2	Doc3	Doc4
term				
the	0.000000	0.000000	0.0	0.000000
best	0.000000	0.043322	0.0	0.138629
car	0.090411	0.216608	0.0	0.000000

下面对案例中的 dtm 执行相同的操作。

```
01 tf_idf_dtm = tf_idf(dtm)
02 tf_idf_dtm
```

	T1	T2	T3	T4	T5	T6	T7	T8	T9	T10
oil	0.05	0.04	0.00	0.05	0.05	0.05	0.05	0.03	0.04	0.03
infrastructure	0.80	0.00	0.00	0.00	0.00	0.00	0.00	0.00	0.00	0.40
demand	0.00	0.23	0.00	0.00	0.35	0.00	0.00	0.17	0.23	0.17
drives	0.00	0.54	0.00	0.00	0.00	0.00	0.00	0.40	0.00	0.00
spills	0.00	0.00	1.61	0.00	0.00	0.80	0.00	0.00	0.00	0.00
transportation	0.00	0.00	0.00	0.80	0.00	0.00	0.00	0.40	0.00	0.00
global	0.00	0.00	0.00	0.00	0.00	0.00	0.60	0.00	0.40	0.30

从 tfidf 得知,单词的词频越高,且包含该单词的文章越少,则相应的 tfidf 值越大。

本例规模不大,因此不对矩阵进行权重调整。

8.4 SVD 矩阵分析

当单词-标题(或文章)矩阵创建完成后,使用 SVD 算法进行矩阵分析。

SVD 的强大之处在于,其通过强调强的相关关系并过滤掉噪声来实现矩阵降维。也就是说,SVD 使用尽可能少的信息来对原矩阵进行重构,重构矩阵要求失真少且噪声少。其实现手段是减低噪声,同时增强模式和趋势。在 LSA 中使用 SVD 是为了确定单词-文档矩阵有效维度数或包含"语义"数。经过压缩后,少量有用的维度或语义模式被留下,大量噪声将被过滤掉。

SVD 算法的实现有点复杂,幸运的是,Python 有现成的函数完成该工作。通过加载 Python 的 SVD 函数,将矩阵分解成三个矩阵,如图 8.3 所示。矩阵 U 提供了每个单词在语义空间的坐标。而 V^T 提供了每篇文章在语义空间的坐标。奇异值矩阵 Σ 表示单词-文档矩阵包含多少语义或语义空间的有效维度是多少。

$$X = U_{m \times m} \Sigma_{m \times n} V^T_{n \times n}$$

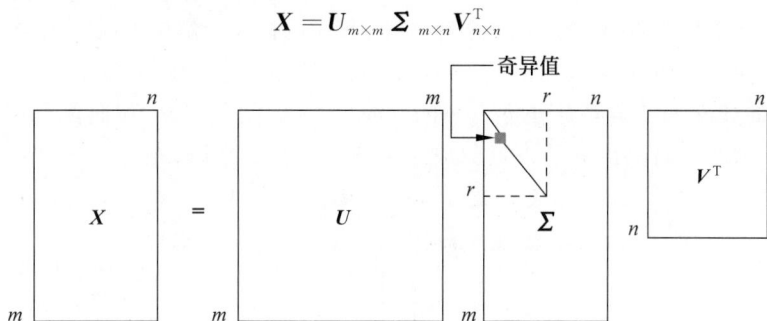

图 8.3 SVD 中的矩阵分解结构

实际上,Σ 主对角线上的元素全部为特征值,其他部分都为 0。在科学和工程中,一直存在着一个普遍事实:在某个奇异值的数目(r 个)之后,其他奇异值都置为零,这就意味着数据集中仅有 r 个重要特征,其余的都是噪声或冗余数据,其中,$r = \text{rank}(X) \leqslant \min(m, n)$。因此

$$X = U_{m \times r} \Sigma_{r \times r} V^T_{n \times r}$$

```
01 import numpy as np
02 from numpy.linalg import svd
03 np.set_printoptions(precision=4)           # 设置显示精度
04 np.sct_printoptions(suppress=True)         # 不使用科学记数法
05 #u, sigma, vt=svd(tf_idf_dtm)              # 使用 tfidf 进行加权
06 U, sigma, VT=svd(dtm)                       # 不进行加权处理
07 print(U.shape, sigma.shape, VT.shape)
08 print(sigma)
```

```
(7, 7) (7,) (10, 10)
[3.8795 1.8235 1.5804 1.2885 1.155  0.7864 0.717 ]
```

其中,矩阵 Σ 仅在主对角线上有值,其他值为 0,因此为了减少存储,将其仅用一维向量表示。

```
[[ 0.7486  0.0522 -0.3611  0.1927 -0.0606  0.5141  0.0369]
 [ 0.1752  0.3831 -0.0051  0.4059  0.7195 -0.3693  0.0613]
 [ 0.5041 -0.1758  0.4853 -0.4283  0.1762 -0.1588 -0.4896]
 [ 0.2049 -0.5277  0.1505 -0.1325  0.1779 -0.1237  0.7696]
 [ 0.0574  0.0394 -0.7255 -0.567   0.0909 -0.3721 -0.0248]
 [ 0.169  -0.4521 -0.1735  0.5163 -0.3497 -0.5398 -0.2381]
```
```
 [ 0.2846  0.5789  0.2344 -0.095  -0.5343 -0.3592  0.3248]]
```

```
01 print(VT.round(3))
```

```
[[ 0.238   0.376   0.015   0.237   0.323   0.208   0.266   0.419   0.396   0.441]
 [ 0.239  -0.357   0.022  -0.219  -0.068   0.05    0.346  -0.605   0.25    0.46 ]
 [-0.232   0.174  -0.459  -0.338   0.079  -0.688  -0.08    0.064   0.227   0.224]
 [ 0.465  -0.286  -0.44    0.55   -0.183  -0.29    0.076   0.115  -0.257   0.058]
 [ 0.571   0.254   0.079  -0.355   0.1     0.026  -0.515  -0.049  -0.363   0.26 ]
```

$$\begin{bmatrix} 0.184 & 0.295 & -0.473 & -0.033 & 0.452 & 0.181 & 0.197 & -0.392 & -0.005 & -0.475 \\ 0.137 & 0.442 & -0.035 & -0.281 & -0.631 & 0.017 & 0.504 & 0.11 & -0.179 & -0.093 \\ 0.138 & -0.508 & -0.293 & -0.508 & 0.077 & 0.293 & 0.077 & 0.508 & 0.061 & -0.138 \\ 0.401 & -0.096 & 0.513 & -0.096 & 0.209 & -0.513 & 0.209 & 0.096 & 0.192 & -0.401 \\ -0.243 & -0.073 & 0.119 & -0.073 & 0.435 & -0.119 & 0.435 & 0.073 & -0.678 & 0.243 \end{bmatrix}$$

$\boldsymbol{\Sigma}$ 的对角元素称为奇异值。对于奇异值,它和我们特征分解中的特征值类似,在奇异值矩阵中也是按照从大到小排列,而且奇异值的减少特别的快,在很多情况下,前 10% 甚至 1% 的奇异值的和就占了全部奇异值之和的 99% 以上。也就是说,我们可以用最大的 k 个奇异值和对应的左右奇异值向量来近似描述矩阵,如图 8.4 所示。

$$\boldsymbol{X} = \boldsymbol{U}_{m \times r} \boldsymbol{\Sigma}_{r \times r} \boldsymbol{V}_{n \times r}^{\mathrm{T}} \approx \boldsymbol{U}_{m \times k} \boldsymbol{\Sigma}_{k \times k} \boldsymbol{V}_{n \times k}^{\mathrm{T}}$$

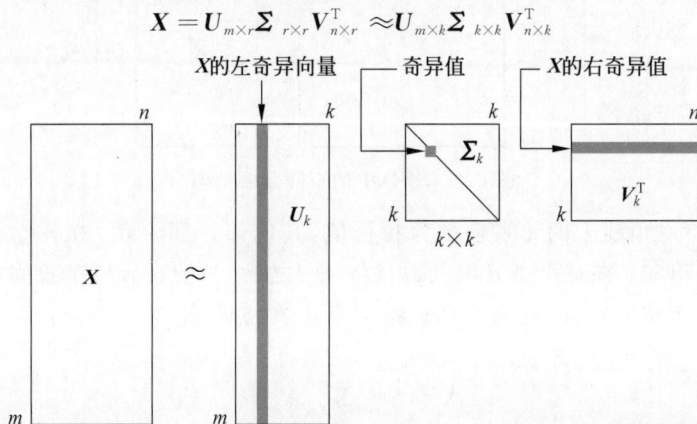

图 8.4 由最大的 k 个奇异值和对应的左右奇异值向量近似描述矩阵

其中,k 可能远小于 r。对于大规模的语料库,压缩后的有效维数一般是 100~500 维。在本例中,为了实现可视化,选择有效维数为 3。最后将选择第 2 维和第 3 维进行可视化。

```
01 print(U[:,1:3])
```

```
[[ 0.0522 -0.3611]
 [ 0.3831 -0.0051]
 [-0.1758  0.4853]
 [-0.5277  0.1505]
 [ 0.0394 -0.7255]
 [-0.4521 -0.1735]
 [ 0.5789  0.2344]]
```

可视化时去除第 1 维是十分有意思的。从文档的角度来说,第 1 维表示文档的"长度"(即文档中索引词的数量)。从单词的角度来看,第 1 维表示出现该词的文档数量。如果中心化单词-文档矩阵,即每列都减去该列的均值,那么将使用第 1 维。

本示例不对单词-文档矩阵进行中心化,是为了避免将单词-文档矩阵由稀疏矩阵变为稠密矩阵。稠密矩阵会增加内存的负荷和计算量。因此不对单词-文档矩阵进行中心化和放弃第 1 维的做法很高效。

```
01 words=U[:,1:3]@np.diag(sigma[1:3])
02 words
```

```
array([[ 0.0952, -0.5707],
       [ 0.6985, -0.008 ],
```

```
        [-0.3206,  0.767 ],
        [-0.9623,  0.2378],
        [ 0.0719, -1.1466],
        [-0.8244, -0.2743],
        [ 1.0556,  0.3704]])
```

```
01 list(zip(words,dtm.index))
```

```
[(array([ 0.0952, -0.5707]), 'oil'),
 (array([ 0.6985, -0.008 ]), 'infrastructure'),
 (array([-0.3206,  0.767 ]), 'demand'),
 (array([-0.9623,  0.2378]), 'drives'),
 (array([ 0.0719, -1.1466]), 'spills'),
 (array([-0.8244, -0.2743]), 'transportation'),
 (array([1.0556, 0.3704]), 'global')]
```

```
01 import matplotlib.pyplot as plt
02 plt.scatter(words[:,0],words[:,1])
03 for xy,word in zip(words,dtm.index):
04     plt.text(xy[0],xy[1],word)
```

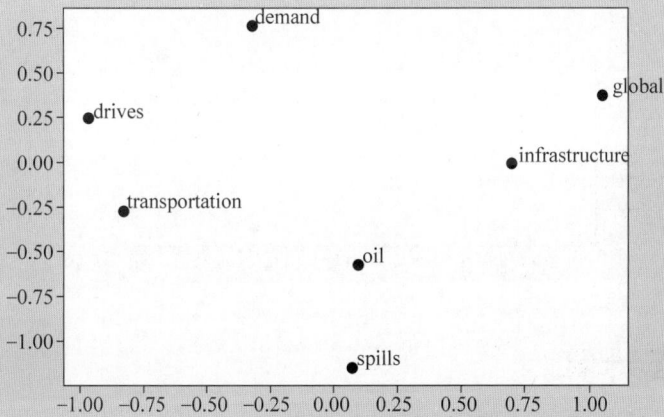

```
01 Docs=(np.diag(sigma[1:3])@VT[1:3,:]).T
02 Docs
```

```
array([[ 0.4353, -0.3662],
       [-0.6513,  0.2747],
       [ 0.0394, -0.7255],
       [-0.3999, -0.5347],
       [-0.1236,  0.1242],
       [ 0.0916, -1.0866],
       [ 0.6311, -0.1267],
       [-1.1034,  0.1012],
       [ 0.4553,  0.3586],
       [ 0.8384,  0.3535]])
```

```
01 list(zip(Docs,dtm.columns))
```

```
[(array([ 0.4353, −0.3662]), 'T1'),
 (array([−0.6513,  0.2747]), 'T2'),
 (array([ 0.0394, −0.7255]), 'T3'),
 (array([−0.3999, −0.5347]), 'T4'),
 (array([−0.1236,  0.1242]), 'T5'),
 (array([ 0.0916, −1.0866]), 'T6'),
 (array([ 0.6311, −0.1267]), 'T7'),
 (array([−1.1034,  0.1012]), 'T8'),
 (array([0.4553, 0.3586]), 'T9'),
 (array([0.8384, 0.3535]), 'T10')]
```

```
01 plt.scatter(Docs[:,0],Docs[:,1])
02 for xy,title in zip(Docs,dtm.columns):
03     plt.text(xy[0],xy[1],title)
```

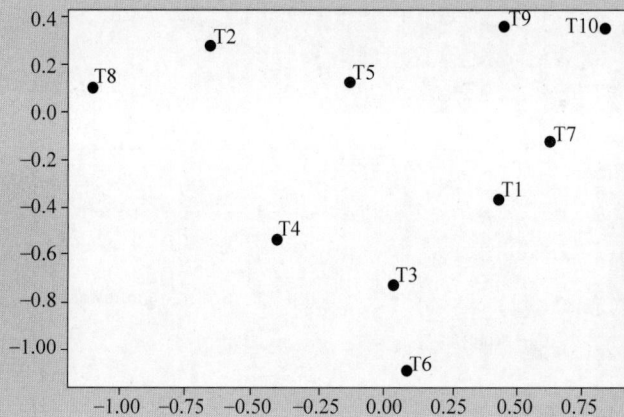

8.5 相似度计算

前面已经将单词和文档进行向量化,可以计算向量之间的相似度。

$$\text{sim}(p,q) = \cos(\theta) = \frac{p \cdot q}{|p| \cdot |q|}$$

```
01 def cos_similar_single(v1: np.array, v2: np.array):
02     num = np.dot(v1, v2)                              #向量点乘
03     denom = np.linalg.norm(v1) * np.linalg.norm(v2)   #求模长的乘积
04     res = num / denom
05     return res
06
07 for x in words:
08     for y in words:
09         print(f'{cos_similar_single(x,y):.4f}',end='\\t')
10     print()
```

1.0000	0.1759	−0.9736	−0.3965	0.9947	0.1552	−0.1712
0.1759	1.0000	−0.3962	−0.9735	0.0740	−0.9452	0.9398
−0.9736	−0.3962	1.0000	0.5957	−0.9450	0.0746	−0.0584
−0.3965	−0.9735	0.5957	1.0000	−0.3002	0.8454	−0.8366
0.9947	0.0740	−0.9450	−0.3002	1.0000	0.2557	−0.2714
0.1552	−0.9452	0.0746	0.8454	0.2557	1.0000	−0.9999
−0.1712	0.9398	−0.0584	−0.8366	−0.2714	−0.9999	1.0000

```
01 def cos_similar_matrix(m1: np.array, m2: np.array):
02     num = m1@m2.T                                          #矩阵乘法
03     denom = np.linalg.norm(m1,axis=1)[:,np.newaxis] * np.linalg.norm(m2,axis=1)
                                                              #求模长的乘积
04     return num / denom
05 cos_similar_matrix(words[1:3],words)
```

```
array([[ 0.1759,  1.    , −0.3962, −0.9735,  0.074 , −0.9452,  0.9398],
       [−0.9736, −0.3962,  1.    ,  0.5957, −0.945 ,  0.0746, −0.0584]])
```

```
01 df_words = pd.DataFrame(cos_similar_matrix(words,words),index=dtm.index,columns = dtm.index)
02 df_words.round(2)
```

	oil	infrastructure	demand	drives	spills	transportation	global
oil	1.00	0.18	−0.97	−0.40	0.99	0.16	−0.17
infrastructure	0.18	1.00	−0.40	−0.97	0.07	−0.95	0.94
demand	−0.97	−0.40	1.00	0.60	−0.94	0.07	−0.06
drives	−0.40	−0.97	0.60	1.00	−0.30	0.85	−0.84
spills	0.99	0.07	−0.94	−0.30	1.00	0.26	−0.27
transportation	0.16	−0.95	0.07	0.85	0.26	1.00	−1.00
global	−0.17	0.94	−0.06	−0.84	−0.27	−1.00	1.00

```
01 import seaborn as sns
02 sns.heatmap(df_words,annot=True,cmap="viridis")
```

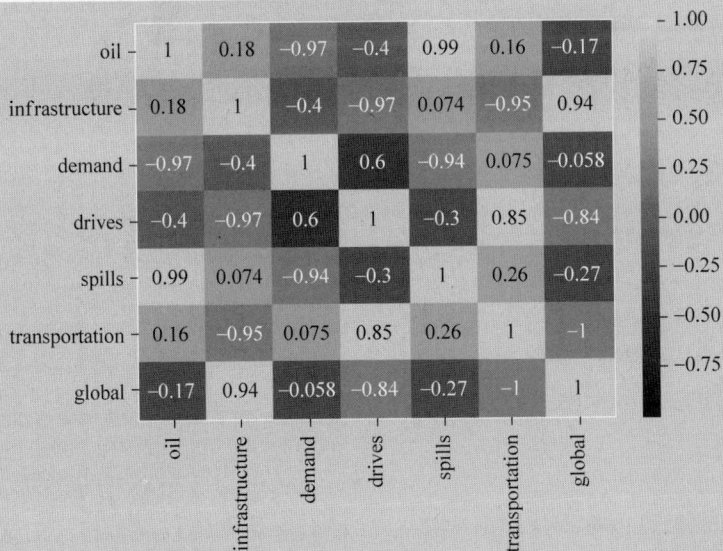

```
01 df_docs= pd.DataFrame(cos_similar_matrix(Docs,Docs),index=dtm.columns,columns = dtm.columns)
02 sns.heatmap(df_docs,annot=True,cmap="viridis")
```

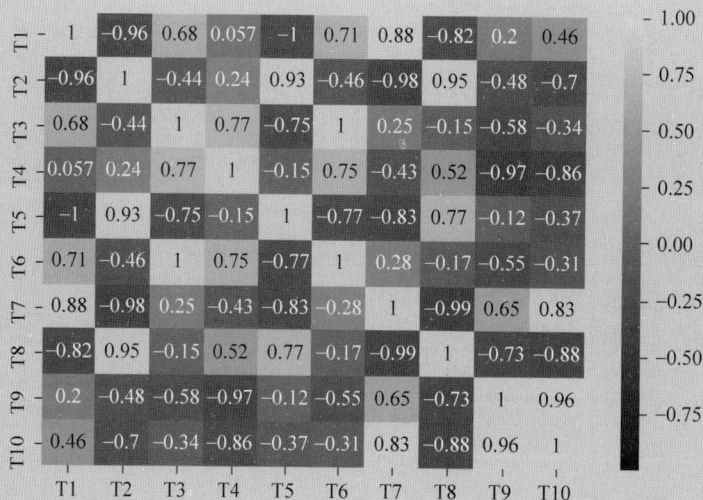

8.6　文献检索

因为 $\boldsymbol{X} = \boldsymbol{U}_{m \times r} \, \boldsymbol{\Sigma}_{r \times r} \, \boldsymbol{V}_{n \times r}^{\mathrm{T}}$，所以可以通过分解后的矩阵重构原矩阵。

```
01 def restore(u, sigma, vt, n=5, start=0):
02     return u[:, start:n]@(np.diag(sigma[start:n]))@vt[start:n, :]
03 X_hat = restore(U, sigma, VT, 5)
04 X_hat
```

```
array([[ 0.922,  0.869,  0.192,  1.021,  0.834,  0.927,  0.907,  1.155,  1.007,  1.194],
       [ 1.047,  0.066, -0.136,  0.003,  0.159,  0.052,  0.035, -0.119,  0.006,  0.866],
       [ 0.071,  1.192, -0.071, -0.103,  0.835,  0.028,  0.202,  0.99,  0.937,  0.908],
       [-0.058,  0.785, -0.027,  0.152,  0.392,  0.008, -0.259,  0.901, 0.098, 0.005],
       [ 0.056,  0.094,  0.861, -0.015,  0.121,  1.053,  0.067, -0.113, -0.005, -0.141],
       [ 0.102,  0.2,   -0.207,  0.938,  0.084,  0.08,   0.17,   0.852, -0.033, -0.217],
       [ 0.02,  -0.02,  -0.126,  0.056,  0.275,  0.047,  0.938, -0.136,  1.04,  0.888]])
```

如果只取了 k 个最大的特征，也可以近似重构原矩阵，因为 $\boldsymbol{X} \approx \boldsymbol{U}_{m \times k} \, \boldsymbol{\Sigma}_{k \times k} \, \boldsymbol{V}_{n \times k}^{\mathrm{T}}$。

```
01 X_hat= restore(U, sigma, VT, 3, 1)
02 X_hat
```

```
array([[ 0.155, -0.133,  0.264,  0.172, -0.051,  0.397,  0.079, -0.094, -0.106, -0.084],
       [ 0.169, -0.251,  0.019, -0.15,  -0.048,  0.041,  0.242, -0.423,  0.173, 0.319],
       [-0.254,  0.248, -0.359, -0.189,  0.082, -0.543, -0.172,  0.243,  0.094, 0.024],
       [-0.285,  0.385, -0.13,   0.131,  0.084, -0.212, -0.352,  0.598, -0.186, -0.389],
       [ 0.283, -0.225,  0.528,  0.372, -0.095,  0.792,  0.117, -0.117, -0.242, -0.223],
       [-0.133,  0.247,  0.108,  0.274,  0.034,  0.147, -0.263,  0.481, -0.268, -0.44 ],
       [ 0.166, -0.313, -0.147, -0.357, -0.042, -0.202,  0.336, -0.615,  0.348, 0.568]])
```

当输入查询词时，可以根据这些词构建一个文档，查询与之语义最相近的文档。

```
01 query=' oil, demand'
02 def make_query_doc(query, dtm):
03     default = dict.fromkeys(dtm.index, 0)
04     default.update(Counter(query.split(',')))
```

```
05        return np.array(list(default.values()))
06
07 q_T = make_query_doc(query, dtm)
07 q_T
```

```
array([1, 0, 1, 0, 0, 0, 0])
```

由前文得知，$q_{m\times1}\approx U_{m\times k}\,\Sigma_{k\times k}\,V_{1\times k}^{\mathrm{T}}$，其中，$V_{1\times k}$ 是文档 q 的向量特征的前 k 个主要特征，是这个公式里唯一的未知量。因此 $V_{1\times k}^{\mathrm{T}}\approx\Sigma_{k\times k}^{-1}\,U_{m\times k}^{\mathrm{T}}\,q_{m\times1}$。

```
01 (np.linalg.inv(np.diag(sigma[1:3]))@U[:,1:3].T).shape
```

```
(2, 7)
```

查询文档 q 的向量是一个列向量，根据矩阵的乘法准则，需要先将前文计算得到的行向量 q^{T} 转换为列向量。计算结果为列向量。

```
01 VT_q = np.linalg.inv(np.diag(sigma[1:3]))@U[:,1:3].T@q_T.reshape(-1,1)
02 VT_q
```

```
array([[-0.0678],
       [ 0.0786]])
```

但实际用 NumPy 进行实现时，点积计算有一条特殊规则：两个向量进行点积计算时，如果其中一个是高维，另一个是一维，计算结果是两个向量最后一个坐标轴的积之和。因此不需要将行向量转换为列向量，也可以得到相同的结果。结果为行向量。

```
01 V_q = np.linalg.inv(np.diag(sigma[1:3]))@U[:,1:3].T@q_T
02 V_q
```

```
array([-0.0678,  0.0786])
```

采用 $\Sigma_{k\times k}\,V_{1\times k}^{\mathrm{T}}$ 得到查询文档 q 的实际向量。

```
01 VT_q_hat = np.diag(sigma[1:3])@V_q
02 VT_q_hat
```

```
array([-0.1236,  0.1242])
```

因为 $\Sigma_{k\times k}$ 只有主对角线上有奇异值，其余位置为 0，因此可以取主对角线上的元素构成一个一维向量 $\mathrm{diag}(\Sigma_{k\times k})$。以上计算公式可以简化为两个向量对应位置相乘，即 $\mathrm{diag}(\Sigma_{k\times k})\times V_q$。

```
01 sigma[1:3] * V_q
```

```
array([-0.1236,  0.1242])
```

最后，计算相似度。

```
cos_similar_matrix(VT_q_hat.reshape(1,2), Docs).round(3)
```

```
array([[-0.996,  0.925, -0.746, -0.145,  1.   , -0.766, -0.831,  0.767, -0.115,
        -0.374]])
```

```
01 result = pd.DataFrame(cos_similar_matrix(VT_q_hat.reshape(1,2), Docs), columns = dtm.
                                                                                columns)
02 result.round(3)
```

	T1	T2	T3	T4	T5	T6	T7	T8	T9	T10
0	-0.996	0.925	-0.746	-0.145	1.0	-0.766	-0.831	0.767	-0.115	-0.374

从计算结果中可以看到,以查询词'oil,demand'构成的查询文档 q 与原始文档 T5 相似程度最高。

8.7　数学基础

8.7.1　特征值和特征向量

特征值和特征向量的定义如下。

$$Ax = \lambda x$$

其中,A 是一个 $n \times n$ 矩阵,x 是一个 n 维向量,则 λ 是矩阵 A 的一个特征值,x 是矩阵 A 的特征值 λ 所对应的特征向量。如果求出了矩阵 A 的 n 个特征值 $\lambda_1 \leqslant \lambda_2 \leqslant \cdots \leqslant \lambda_n$,以及这 n 个特征值所对应的特征向量 $w_1, w_2, \cdots, w_n$,那么矩阵 A 就可以用下式的特征分解表示。

$$A = W\Sigma W^{-1}$$

其中,W 是这 n 个特征向量所张成的 $n \times n$ 维矩阵,而 Σ 是这 n 个特征值为主对角线的 $n \times n$ 维矩阵。一般会把 W 的 n 个特征向量标准化,即满足 $||w_i||_2 = 1|$,或者 $w_i^T w_i = 1$,此时 W 的 n 个特征向量为标准正交基,满足 $W^T W = I$,即 $W^T = W^{-1}$,也就是说,W 为酉矩阵。因此以上公式也可以表达为

$$A = W\Sigma W^T$$

注意特征分解时矩阵 A 必须为方阵。如果 A 不是方阵,就需要采用奇异值分解 SVD 方法。其中,U 和 V 都是酉矩阵。

$$A = U_{m \times m} \Sigma_{m \times n} V_{n \times n}^T$$

8.7.2　SVD 求解

$$A = U\Sigma V^T \Rightarrow A^T = V\Sigma U^T \Rightarrow A^T A = V\Sigma U^T U\Sigma V^T = V\Sigma^2 V^T$$

上式证明使用了 $U^T U = I$,$\Sigma^T = \Sigma$。所以将 $A^T A$ 中的所有特征向量张成 $n \times n$ 的矩阵 V,就是 SVD 公式中的 V 矩阵。V 中的每个特征向量叫作 A 的右奇异向量。对方阵 $A^T A$ 进行特征分解,得到特征值和特征向量满足下式。

$$(A^T A)v_i = \lambda_i v_i$$

与之类似,将方阵 AA^T 中的所有特征向量张成 $n \times n$ 的 SVD 公式中的 U 矩阵。U 中的每个特征向量叫作 A 的左奇异向量。对方阵 AA^T 进行特征分解,得到特征值和特征向量满足下式。

$$(AA^T)u_i = \lambda_i u_i$$

矩阵 Σ 除了对角线上是奇异值,其他位置都是 0,只需要求出每个奇异值 σ 即可。

$$A = U\Sigma V^T \Rightarrow AV = U\Sigma V^T V \Rightarrow AV = U\Sigma \Rightarrow Av_i = \sigma_i u_i \Rightarrow \sigma_i = Av_i/u_i$$

其实可以推导出特征值矩阵等于奇异值矩阵的平方,即 $\sigma_i = \sqrt{\lambda_i}$,因此也可以通过求

A^TA 特征值平方根的方式求奇异值。

8.7.3 SVD 的几何意义

（1）给向量左乘一个**对角矩阵**，相当于对这个向量的长度进行了缩放，此时坐标轴并没有发生变化。例如，下面例子中相当于对向量(x,y)在 X 的方向上伸长了 3 倍，但是 Y 坐标轴并没有发生变化。

$$\begin{bmatrix} 3 & 0 \\ 0 & 1 \end{bmatrix} \begin{bmatrix} x \\ y \end{bmatrix} = \begin{bmatrix} 3x \\ y \end{bmatrix}$$

（2）给向量左乘一个**对称矩阵**，相当于对这个向量的长度进行了缩放，并且对坐标轴也进行了旋转。

（3）给向量左乘一个**普通矩阵**，总能找到一组坐标轴，它是由原来的坐标轴通过缩放和旋转得到的。其几何意义如图 8.5 所示。

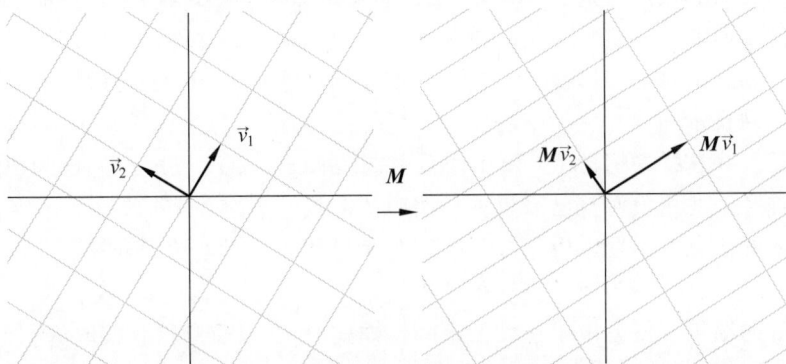

图 8.5 基变换

对于任意矩阵 M，总能找到一组正交基 v_1 和 v_2，使得 Mv_1 和 Mv_2 是正交的，用 u_1 和 u_2 表示 Mv_1 和 Mv_2 方向的单位向量，这样就将 M 从一组正交基用另一组正交基表示。

$A=U\Sigma V^T$ 表示矩阵 A 的作用是将一个向量从 V 这组正交基向量的空间旋转到 U 这组正交基组成的空间，并且按照 Σ 在各个方向做了缩放，缩放的倍数就是奇异值。

第9章

推荐算法

9.1 推荐算法概述

推荐算法就是利用用户的行为记录,通过特定的数学算法,推测用户可能喜欢的目标的算法。推荐算法起源于 1992 年,是一种基于协同过滤算法的邮件过滤系统。但是随着互联网大数据时代的到来,数据呈现爆炸式增长,推荐算法才有了真正的用武之地。

随着互联网技术和社会化网络的发展,每天有大量的信息生成并发布,使得信息资源呈几何速度增长。在这样的情形下,使用搜索引擎(Google、百度、Bing 等)成为快速找到目标信息的最好途径。在用户对自己需求相对明确的时候,用搜索引擎通过关键字搜索能很快找到自己需要的信息。但搜索引擎并不能完全满足用户对信息发现的需求,因为在很多情况下,用户的需求比较模糊,或者需求很难用简单的关键字来表述,又或者需要更加符合个人口味和喜好的结果。正是由于这种信息的爆炸式增长,以及对信息获取的有效性、针对性的需求,使得推荐系统应运而生。与搜索引擎相比,人们习惯称为推荐引擎。总而言之,推荐算法的产生有两个原因:一方面是信息爆炸导致的信息过载,另一方面是用户需求不明确,使得推荐算法的研究变得火热。

如今,市场上有大量商品在各种渠道进行销售,尤其是在线平台的销售呈快速增长趋势。为应对这一情况,许多公司纷纷建立了自己的网站和移动应用程序以提供商品销售服务。但是从顾客的角度来看,商品和服务太多了。所以矛盾的是,顾客在选择他们想要的东西时必须付出更多的时间和精力。如果顾客感到疲劳,他们就会离开。此外,如果网站或应用程序是新的,客户也会感到陌生。推荐系统作为解决这一问题的方法受到了人们的关注,京东会为每个客户推荐商品,B 站会为用户推荐合适的视频。因此,客户不必面对太多的选择,也减少了找到他们想要东西的麻烦。通过使用大数据并加以分析,推荐系统使之成为可能。

图 9.1 展示的是在京东平台搜索关键词"手机"所展现的结果,用户只需要一个手机,然而返回的结果数量却有 4600 多个。除了手机提供的性能指标,平台上的销量、评论数、价格区间和经销商等也成为用户选择自己心仪手机的重要参数。所提供的信息越多,用户就越会感到迷茫。因此如何使用推荐算法,找到用户最关心的参数指标,从而找到最满意的结果,就具有了重大价值。

推荐系统的主要任务就是联系用户和信息。对用户而言,推荐系统能帮助用户找到喜欢的物品/服务,帮忙进行决策,发现用户可能喜欢的新事物;对商家而言,推荐系统可以给

图 9.1 京东平台搜索关键词"手机"

用户提供个性化的服务,增大用户信任度和黏性,并增加营收。接下来可以通过一组数据了解推荐系统的价值。

- Netflix:2/3 被观看的电影来自推荐。
- Google 新闻:38%的点击量来自推荐。
- Amazon:35%的销量来自推荐。

目前,推荐系统已经渗透到了日常生活中的方方面面:电子商务、电影或视频网站、个性化音乐网络电台、社交网络、个性化阅读、基于位置的服务、个性化邮件、个性化广告。在人们逛京东、订外卖、听网络电台、看美剧、查邮件、淘攻略的时候,推荐系统就在不知不觉中将可能感兴趣的内容推送给大家。和搜索引擎不同,个性化推荐系统需要依赖用户的行为数据,一般都是作为一个应用存在于不同网站之中。现在,在互联网的各大网站中都可以看到推荐系统的影子。

对于做科研的在校师生而言,找合适的论文、发表论文也需要推荐系统。网站 https://paperswithcode.com/不仅提供了最新论文的源代码,而且通过对文章使用归类、排序和对比的方法对用户感兴趣类别的文章进行推荐,如图 9.2 和图 9.3 所示。

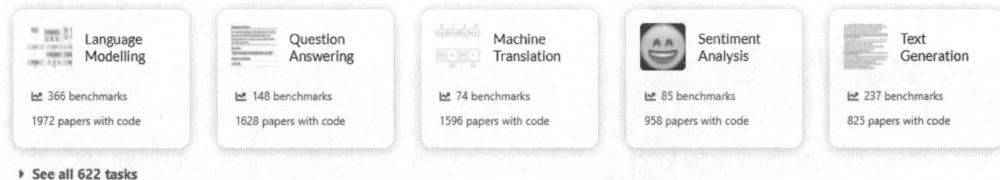

图 9.2 Papers With Code 对文章分类排序

Benchmarks

Add a Result

These leaderboards are used to track progress in Semantic Segmentation

Trend	Dataset	Best Model	Paper	Code	Compare
	ADE20K	🏆 FD-SwinV2-G			See all
	Cityscapes test	🏆 ViT-Adapter-L (Mask2Former, BEiT pretrain, Mapillary)			See all
	ADE20K val	🏆 FD-SwinV2-G			See all
	Cityscapes val	🏆 HRNetV2-OCR+PSA			See all
	NYU Depth v2	🏆 CMX (B5)			See all

图 9.3　Papers With Code 提供对语义分割的进度跟踪

网站 https://www.connectedpapers.com/ 利用论文合作作者、论文相关性等信息,用可视化的方式将相关论文组织到一起,对从一篇经典文章到一个研究领域的扩展研究具有极大的帮助。网站使用示例如图 9.4 所示。

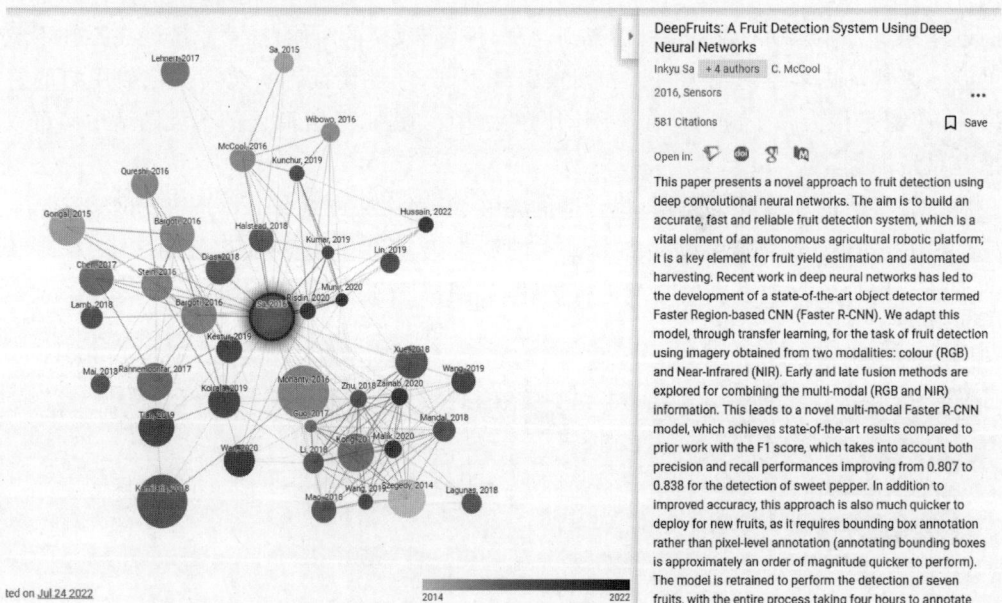

图 9.4　Connected Papers 网站使用示例

9.2　冷启动问题

推荐系统需要根据用户的历史信息来预测用户未来的行为和兴趣。如何在没有用户历史行为数据的情况下进行最有效的推荐呢?这就衍生了冷启动问题。在冷启动阶段,数据比较稀疏,很难利用用户的行为数据来实现个性化推荐。冷启动问题主要分为以下三类。

(1)用户冷启动:解决为新用户做个性化推荐的问题。由于新用户没有在产品上留下过行为数据,系统无法得知新用户的喜好。

(2)物品冷启动:解决将新物品推荐给可能对它感兴趣的用户问题。因为新物品没有用户行为数据,无法获知对其感兴趣的用户。

(3)系统冷启动:解决在新开发的网站上,没有用户,也没有用户行为,只有一些物品信息的推荐问题。在新开发的系统上设计个性化推荐算法,在系统发布时就能够让用户使用个性化推荐功能。

9.2.1 利用非个性化推荐

没有足够的信息时,算法可以采用历史记录构建的群体信息进行推荐。这种推荐虽然缺乏个性化,但是对未来算法的发展是有用的。很多时候,简单粗暴的方式往往也是行之有效,"如果你不知道该推荐什么,那么推荐大家都喜欢的"。基于热门榜单或者最多使用等方式进行的推荐颗粒度较粗,但执行相对来说比较容易,同时效果也相当不错。非个性化推荐在用户冷启动、系统冷启动中均应用广泛。

1.热度排行榜

最简单的推荐方式就是给用户推荐热度排行榜等,直到收集到足够的用户数据后,再切换为个性化推荐。例如,在进行程序设计竞赛时,做题应该选择先易后难,总有一些同学做得比较快,通过官方发布的题目完成情况排行榜,应该从完成比较多的题目开始下手。因为这样的题目相对简单,可靠性比较强,有利于在考试中取得好成绩。再如,在商务网站上购买新商品时,如果没有太多的性能要求,可以选择销量和评论数最多的商品进行购买。这些例子都是相对典型的热度排行榜推荐方法的应用。

2.推荐随机的热门内容

推荐随机的热门内容,再通过评估用户的反馈点击率进行快速调整(实时推荐的好处)。当在一个陌生的地方选择饭店进餐时,可以选择用餐人数较多的饭店。这种方式类似 Top N 推荐,在最热门的选项中进行随机选择,会大大减小随机选择错误的概率。

3.提供具有很高覆盖率的启动物品集合

在冷启动时,不知道用户的兴趣,而用户兴趣的可能性非常多,需要提供具有高覆盖率的启动物品集合,这些物品应能覆盖几乎所有主流的用户兴趣。

覆盖率(Coverage)描述一个推荐系统对物品长尾的发掘能力。覆盖率有不同的定义方法,其中最简单的定义为推荐系统能够推荐出的物品占总物品集合的比例。假设系统的用户集合为 U,推荐系统给每个用户推荐一个长度为 N 的物品列表 $R(u)$。那么推荐系统的覆盖率可以通过下面的公式计算:

$$\text{Coverage} = \frac{\left| \bigcup_{u \in U} R(u) \right|}{|I|} \tag{9.1}$$

这种定义比较粗糙,所有的物品都出现在推荐列表中,且出现的次数差不多,那么推荐系统发掘长尾的能力才会很好。在信息论和经济学中有两个著名的指标可以用于定义覆盖率。

第一个是信息熵:

$$H = -\sum_{i=1}^{N} p(i) \log p(i) \tag{9.2}$$

这里的 $p(i)$ 是物品 i 的流行度除以所有物品流行度之和。

第二个是基尼系数:

$$G = \frac{1}{n-1} \sum_{j=1}^{N} (2j - n - 1) p(i_j) \tag{9.3}$$

这里,i_j 是按照物品流行度 p 从小到大排序的物品列表中的第 j 个物品。

图 9.5 展示了基尼系数的计算原理。

首先,将物品按照热门程度从低到高排列,图 9.5 中的黑色曲线表示最不热门的 $x\%$ 物品的总流行度占系统的比例 $y\%$。这条曲线肯定是在 $y=x$ 曲线之下,而且和 $y=x$ 曲线相交在 $(0,0)$ 和 $(1,1)$。

令 S_A 是 A 的面积,S_B 是 B 的面积,那么基尼系数的形象定义就是 $S_A/(S_A + S_B)$。从定义可知,基尼系数属于区间 $[0,1]$。

如果系统的流行度很平均,那么 S_A 就会很小,从而基尼系数很小。如果系统物品流行度分配很不均匀,那么 S_A 就会很大,从而基尼系数也会很大。

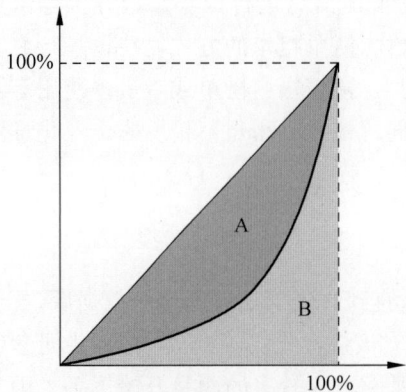

图 9.5　基尼系数的计算原理

9.2.2　利用用户注册信息

利用用户注册时填写的人口统计学信息,如年龄、性别、职业、民族、学历和居住地等进行推荐。著名的数据集 MovieLens 记录了不同用户看电影的信息,根据新用户注册时提供的性别、年龄区间等信息,计算出该类别用户中最受欢迎的电影并推荐给用户。

其基本流程如下。

(1) 获取用户的注册信息。

(2) 根据注册信息对用户进行分类。

(3) 给用户推荐他所属那个分类中用户喜欢的物品。

核心问题是计算每种分类(特征)的用户喜欢的物品,即对于每种类别(特征)f,计算具有这种特征的用户对各个物品的喜好程度 $p(f,i)$。令 $N(i)$ 为喜欢物品 i 的用户集合,$U(f)$ 是具有特征 f 的用户集合。计算方式有以下两种。

(1) 物品 i 在具有 f 特征的用户中的热门程度。

$$p(f,i) = |N(i) \cap U(f)| \tag{9.4}$$

(2) 喜欢物品 i 的用户中具有特征 f 的比例。

$$p(f,i) = \frac{N(i) \cap U(f)}{|N(i)| + \alpha} \tag{9.5}$$

α 是为了解决数据稀疏的问题,例如,有一个物品只被 1 个用户喜欢过,而这个用户刚好就有特征 f,那么就有 $p(f,i)=1$。但是,这种情况并没有统计意义,因此为分母加上一个比较大的数,可以避免这样的物品产生比较大的权重。

9.2.3　利用物品的内容信息

如果是要对一个新内容推荐相关的其他内容,可以利用内容特征的相似度。

1. 利用关键词解析

一般物品都有自己的内容信息,如有一些文本等信息,这时候可以用 NLP 的知识将物品内容表示成向量空间模型,即表示为一个关键词向量。其流程如图 9.6 所示。

图 9.6　文本解析流程

例如,对于物品 d,它的内容表示为关键词向量如下。

$$d_i = (e_1, w_1), (e_2, w_2), \cdots \tag{9.6}$$

其中,e_i 是关键词,w_i 是关键词对应的权重。

对于关键词权重的计算可以使用著名的 TF-IDF 公式:

$$w_i = \frac{\mathrm{TF}(e_i)}{\log \mathrm{DF}(e_i)} \tag{9.7}$$

在给定物品内容的关键词向量之后,对于物品相似度的计算就可以通过余弦相似度进行。

$$w_{ij} = \frac{<d_i, d_j>}{\sqrt{\|d_i\|\|d_j\|}} \tag{9.8}$$

这样可以建立关键词-物品的倒排表,从而加速计算过程。

2. 利用专家标注

此外,很多系统在建立的时候,既没有用户的行为数据,也没有充足的物品内容信息用于计算物品相似度。在这种情况下,很多系统都利用专家进行标注。例如,个性化网络电台 Pandora 雇用了一批音乐人对几万名歌手的歌曲进行各个维度的标注,最终选定了 400 多个特征。每首歌都可以表示为一个 400 维的向量,然后通过常见的向量相似度算法计算出歌曲的相似度。

9.2.4　根据用户的手机信息

Android 手机开放度较高,因此对推荐系统来说多了很多了解用户的机会。例如,当一个用户安装了蘑菇街、唯品会等 App 时,可以判断该用户为女性,甚至可以细分地知道是在孕育期还是少女,也会知道用户是否喜欢浏览时尚相关资讯;再如,检测用户每天开启应用的频率了解其使用习惯,运动步数可侧面反映生活状态,行动路径可反映生活区域等。这样对用户的近期行为画像会更为精准且真实。

9.3 推荐算法分类

9.3.1 根据推荐结果是否具有个性化

（1）**通用推荐**：也即根据大众行为的推荐引擎，对每个用户都给出同样的推荐，这些推荐可以是静态的、由系统管理员人工设定的，或者是基于系统所有用户的反馈统计计算出的当下比较流行的物品。

（2）**个性化推荐**：是指通过分析、挖掘用户行为，发现用户的个性化需求与兴趣特点，将用户可能感兴趣的信息或商品推荐给用户。对不同的用户，根据他们的品位和喜好给出更加精确的推荐，这时，系统需要了解需推荐内容和用户的特质，或者基于社会化网络，通过找到与当前用户相同喜好的用户，并利用其信息来实现推荐。

9.3.2 根据推荐引擎的数据源

大部分推荐引擎的工作原理基于物品或者用户的相似集进行推荐，根据不同的数据源发现数据相关性的方法可以分为以下几种。

（1）**基于人口统计学的推荐**：根据用户的基本信息发现用户的相关程度（如可以把年龄或性别相同的用户判定为相似用户）。

（2）**基于内容的推荐**：基于内容的推荐是在推荐引擎出现之初应用最为广泛的推荐机制，它的核心思想是根据推荐物品或内容的元数据，发现物品或者内容的相关性，然后基于用户以往的喜好记录，推荐给用户相似的物品。例如，你看了《哈利波特Ⅰ》，基于内容的推荐算法发现《哈利波特Ⅱ》～《哈利波特Ⅵ》，与你以前观看的在内容上面（共有很多关键词）有很大关联性，就把后者推荐给你。

这种推荐系统多用于一些资讯类的应用上，针对文章（电影音乐）本身抽取一些 tag 作为其关键词，继而可以通过这些 tag 评价两篇文章的相似度。

这种推荐系统的优点在于：①易于实现，不需要用户数据，因此不存在稀疏性和冷启动问题；②基于物品本身特征推荐，因此不存在过度推荐热门的问题。然而，其缺点在于：①抽取的特征既要保证准确性，又要具有一定的实际意义，否则很难保证推荐结果的相关性，如豆瓣网采用人工维护 tag 的策略，依靠用户去维护内容的 tag 的准确性；②推荐的内容可能会重复，典型的就是新闻推荐，如果你看了一则关于 MH370 的新闻，很可能推荐的新闻和你浏览过的内容一致。

（3）**基于协同过滤的推荐**：原理是推荐那些具有相似兴趣的用户喜欢过的商品，如你的朋友喜欢电影《哈利波特Ⅰ》，那么就会将其也推荐给你，这是最简单的基于用户的协同过滤算法，还有一种是基于物品的协同过滤算法，这两种方法都是将用户的所有数据读入内存中进行运算的，因此称为 Memory-based Collaborative Filtering。另一种则是 Model-based Collaborative Filtering，包括 Aspect Model、pLSA、LDA、聚类、SVD、Matrix Factorization 等，这种方法训练过程比较长，但是训练完成后，推荐过程比较快。

（4）**基于知识的推荐算法**：这种方法比较典型的是构建领域本体，或者是建立一定的规则，进行推荐。

9.3.3 根据推荐模型的建立方式

（1）**基于物品和用户本身推荐**：将每个用户和每个物品都当作独立的实体，预测每个用户对于每个物品的喜好程度，这些信息往往是用一个二维矩阵描述的。

（2）**基于关联规则的推荐**：基于关联规则的推荐更常见于电子商务系统中，并且也被证明行之有效。其实际的意义为购买了一些物品的用户更倾向于购买另一些物品。基于关联规则的推荐系统的首要目标是挖掘出关联规则，也就是那些同时被很多用户购买的物品集合，这些集合内的物品可以相互进行推荐。目前关联规则挖掘算法主要从 Apriori 和 FP-Growth 两个算法发展演变而来。基于关联规则的推荐系统一般转化率较高，因为当用户已经购买了频繁集合中的若干项目后，购买该频繁集合中其他项目的可能性更高。

该机制的缺点如下：①计算量较大，但是可以离线计算，因此影响不大；②由于采用用户数据，不可避免地存在冷启动和稀疏性问题；③存在热门项目容易被过度推荐的问题。

（3）**基于模型的推荐**：这是一个典型的机器学习的问题，可以将已有的用户喜好信息作为训练样本，训练出一个预测用户喜好的模型，这样以后用户可以基于此模型计算进行推荐。这种方法的问题在于如何将用户实时或者近期的喜好信息反馈给训练好的模型，从而提高推荐的准确度。

9.3.4 混合推荐算法

在真正的现实应用中，其实基本上很少会使用单一的推荐算法去实现推荐任务。因此，大型成熟网站的推荐系统都是基于各种推荐算法优缺点以及适合场景分析来组合使用的"混合算法"。当然，混合策略也会是十分丰富的，例如，不同策略的算法加权、不同场景和阶段使用不同的算法，等等。具体如何混合需要结合实际的应用场景进行分析与应用。

9.4 协同过滤

协同过滤（Collaborative Filtering，CF）是一种在推荐系统中广泛采用的推荐方法。这种算法基于一个"物以类聚，人以群分"的假设，喜欢相同物品的用户更有可能具有相同的兴趣。基于协同过滤的推荐系统一般应用于有用户评分的系统之中，通过分数去刻画用户对物品的喜好。协同过滤被视为利用集体智慧的典范，不需要对项目进行特殊处理，而是通过用户建立物品与物品之间的联系。仅基于用户行为数据设计的推荐算法一般称为协同过滤算法。基本思想非常简单，当用户需要购买一个商品或想看一部电影时，会向身边的人进行咨询，如果大家都喜欢，那么用户也会大概率喜欢。所谓协同，就是很多人在一起，听取群体的意见，当然这个群体的品位大体要相同。首先建立一个打分矩阵，每一行相当于一个用户，每一列相当于一种商品，每个对应的位置是用户对相应物品的打分。

9.4.1 基于用户的协同过滤

基于用户的协同过滤推荐的基本原理是，根据所有用户对物品或者信息的偏好（评分），发现与当前用户品位和偏好相似的"邻居"用户群，在一般应用中是采用计算 K-最近邻的算法,基于这 K 个邻居的历史偏好信息,为当前用户进行推荐。这种推荐系统的优点在于推荐物品之间在内容上可能完全不相关,因此可以发现用户的潜在兴趣,并且针对每个用户生成其个性化的推荐结果。缺点在于一般的 Web 系统中,用户的增长速度都远远大于物品的增长速度,因此其计算量的增长巨大,系统性能容易成为瓶颈。因此在业界中单纯地使用基于用户的协同过滤系统较少。基于用户的协同过滤的方法主要包含以下两个步骤。

(1)计算用户之间的相似度:找到和目标用户兴趣相似的用户集合。

(2)根据用户相似度及用户对物品的评价为物品打分:找到这个集合中用户喜欢的且目标用户没有听说过的物品推荐给目标用户。

步骤 1:计算用户相似度

根据协同过滤算法的定义,这里主要是利用用户行为的相似度来计算兴趣的相似度。给定用户 u 和用户 v,令 $N(u)$ 和 $N(v)$ 分别表示用户 u 和用户 v 曾经有过正反馈的物品集合,则有如下 4 种方式计算相似度。

(1)Jaccard 公式。

$$w_{uv} = \frac{N(u) \bigcap N(v)}{N(u) \bigcup N(v)} \tag{9.9}$$

(2)余弦相似度(UserCF 算法)。

$$w_{uv} = \frac{N(u) \bigcap N(v)}{\sqrt{|N(u)||N(v)|}} \tag{9.10}$$

但是这种度量方法存在局限性,一般数据都是结构化数据,采用二维表格形式进行表示,而每行或者每列都是一个向量,所以大多数情况下都是使用向量公式进行度量,计算不同向量之间的相似度,而不是集合。令 I 表示全体商品的集合,r 表示评分,公式如下。

$$w_{uv} = \frac{r_u \cdot r_v}{\|r_u\|_2 \|r_v\|_2} = \frac{\sum_{i \in I} r_{u,i} r_{v,i}}{\sqrt{\sum_{i \in I} r_{u,i}^2} \sqrt{\sum_{i \in I} r_{v,i}^2}} \tag{9.11}$$

(3)相关系数公式(修正的余弦相似度,皮尔逊相关系数)。

余弦相似度有个缺点,因为向量 i、向量 j 是在不同的用户上取的,原始的余弦相似度公式并没有考虑到不同用户不同量纲的问题。修正的办法是在计算之前,先减去用户的平均打分,以便消除量纲的影响。令 $\bar{r}$ 表示平均值,公式如下。

$$w_{u,v} = \frac{\sum_{i \in I} (r_{u,i} - \bar{r}_u)(r_{v,i} - \bar{r}_v)}{\sqrt{\sum_{i \in I} (r_{u,i} - \bar{r}_u)^2} \sqrt{\sum_{i \in I} (r_{v,i} - \bar{r}_v)^2}} \tag{9.12}$$

(4)改进的余弦相似度(UserIIF 算法)。

在 UserIIF 算法中,$N(i)$ 是物品 i 的热度,可见其对热门物品进行了惩罚,因为两个用户对冷门物品采取过同样的行为,更能说明他们兴趣的相似度。

$$w_{uv} = \frac{\sum_{i \in N(u) \bigcap N(v)} \frac{1}{\log 1 + |N(i)|}}{\sqrt{|N(u)||N(v)|}} \tag{9.13}$$

这里要强调一个工程实现上的小技巧。在计算用户行为之间的相似度时,如果按照定义实现的话,需要对两两用户的行为集合进行统计,这样的时间复杂度为 $O(|U| \times |U|)$,但

用户行为往往是十分稀疏的,很多用户之间的行为并没有交集,导致时间浪费在这些不必要的计算上。这时就可以建立 Item-User 的倒排表,这样在同一个 Item 下面的 User 两两之间一定是在这个 Item 上有交集的,所以只需要遍历所有的 Item,对其下所有的 User 两两进行统计即可,这样可以极大地降低时间复杂度。

步骤 2:为物品打分

在统计完用户之间的相似度之后,就可以利用这种用户相似度以及用户对物品的评价为物品打分。其公式如下。

$$p(u,i)=\sum_{v\in S(u,K)\cap N(i)}w_{uv}r_{vi} \tag{9.14}$$

其中,$p(u,i)$ 表示用户 u 对物品 i 的感兴趣程度,$S(u,K)$ 表示和用户 u 兴趣最接近的 K 个用户,$N(i)$ 是对物品 i 有过正反馈行为的用户集合,w_{uv} 是用户 u 和用户 v 的兴趣相似度,r_{vi} 是用户 v 对物品 i 的兴趣。

当数据以集合形式进行计算时,常用上述公式进行求解;而当数据以向量形式进行计算时,也可以使用上述公式的变形公式:

$$p(u,i)=\frac{\sum_{v\in U}r_{v,i}\cdot w_{u,v}}{\sum_{v\in U}|w_{u,v}|} \tag{9.15}$$

$$p(u,i)=\bar{r}_u+\frac{\sum_{v\in U}(r_{v,i}-\bar{r}_v)\cdot w_{u,v}}{\sum_{v\in U}|w_{u,v}|} \tag{9.16}$$

其中,$\bar{r}_v$ 表示用户 v 对集合 I 打分的平均分,注意需去除目标物品 i,即 $\bar{r}_v=\frac{\sum_{j\in I/\{i\}}r_{v,i}}{|I/\{i\}|}$。还需注意,在忽略空值计算时,分母部分求用户相似度之和也需统一删掉空值对应的用户相似度。本章在面对空值问题时采取忽略的方式进行处理,对于协同过滤问题,空值的处理一直是进行推荐系统研究的重点,目前已有简单填值、聚类、降维、结合内容的过滤等方法,此处不再进行展开。

表 9.1 展示了针对不同的数据类型常用的公式搭配。

表 9.1 针对不同数据常用的公式搭配

	集 合	向 量
相似度求解	①Jaccard 公式:$w_{uv}=\frac{N(u)\cap N(v)}{N(u)\cup N(v)}$ ②余弦相似度:$w_{uv}=\frac{N(u)\cap N(v)}{\sqrt{|N(u)||N(v)|}}$ ③改进的余弦相似度(对热门商品进行惩罚):$w_{uv}=\frac{\sum_{i\in N(u)\cap N(v)}\frac{1}{\log 1+|N(i)|}}{\sqrt{|N(u)||N(v)|}}$	① 余弦相似度:$w_{uv}=\frac{\sum_{i\in I}r_{u,i}r_{v,i}}{\sqrt{\sum_{i\in I}r_{u,i}^2}\sqrt{\sum_{i\in I}r_{v,i}^2}}$ ②修正的余弦相似度(减去平均值消除量纲的影响,即相关系数矩阵、皮尔逊系数):$w_{u,v}=\frac{\sum_{i\in I}(r_{u,i}-\bar{r}_u)(r_{v,i}-\bar{r}_v)}{\sqrt{\sum_{i\in I}(r_{u,i}-\bar{r}_u)^2}\sqrt{\sum_{i\in I}(r_{v,i}-\bar{r}_v)^2}}$

集　　合	向　　量
打分　$p(u,i)=\sum\limits_{v\in S(u,K)\cap N(i)}w_{uv}r_{vi}$	$p(u,i)=\overline{r}_u+\dfrac{\sum\limits_{v\in U}(r_{v,i}-\overline{r}_v)\cdot w_{u,v}}{\sum\limits_{v\in U}\mid w_{u,v}\mid}$ $p(u,i)=\dfrac{\sum\limits_{j\in I}r_{u,j}\cdot w_{i,j}}{\sum\limits_{j\in I}\mid w_{i,j}\mid}$

例 9.1　如表 9.2 所示,每行代表一个用户,每列代表一个物品,表格内的值表示用户对物品的评分。采用基于用户的协同过滤方法,求用户 U_1 对物品 I_2 的评分。

表 9.2　用户对物品评分表

	I_1	I_2	I_3	I_4
U_1	4	?	5	5
U_2	4	2	1	
U_3	3		2	4
U_4	4	4		
U_5	2	1	3	5

```
01 import pandas as pd
02 import numpy as np
03 users = ["U1", "U2", "U3", "U4", "U5"]
04 items = ["I1", "I2", "I3", "I4"]
05 d=pd.DataFrame([[4,np.nan,5,5],[4,2,1,np.nan],[3,np.nan,2,4],[4,4,np.nan,np.nan],
   [2,1,3,5]],
06               columns=items,index=users)
07 print(d)
```

```
    I1   I2   I3    I4
U1   4  NaN  5.0   5.0
U2   4  2.0  1.0   NaN
U3   3  NaN  2.0   4.0
U4   4  4.0  NaN   NaN
U5   2  1.0  3.0   5.0
```

每个用户对物品平均的评价值如下,其中空值被自动忽略,目标列也需忽略。

```
01 #此处计算平均值要去除目标物品列
02 aveU = d.loc[:, d.columns != "I2"].mean(axis=1)
03 print(aveU)
```

```
U1    4.666667
U2    2.500000
U3    3.000000
U4    4.000000
U5    3.333333
dtype: float64
```

计算用户相似度。参照式(9.11)求得用户之间的余弦相似度,余弦相似度矩阵如下,忽略在计算过程中遇到的空值。

```
01 from sklearn.metrics.pairwise import cosine_similarity
02 cosine=[]
03 for i in users:
04     data=[]
05     for j in users:
06         d_ij=d.T.dropna(subset=[i,j],how="any")
07         aaa=cosine_similarity(d_ij.T.loc[[i]],d_ij.T.loc[[j]])[0][0]
08         data.append(aaa)
09     cosine.append(data)
10 w_a=pd.DataFrame(cosine,columns=users,index=users)
11 w_a
```

	U1	U2	U3	U4	U5
U1	1.000000	0.795432	0.960016	1.000000	0.958468
U2	0.795432	1.000000	0.941742	0.948683	0.758175
U3	0.960016	0.941742	1.000000	1.000000	0.963960
U4	1.000000	0.948683	1.000000	1.000000	0.948683
U5	0.958468	0.758175	0.963960	0.948683	1.000000

或参照式(9.12)采用相关系数公式求用户相似度,相关系数矩阵如下,空值在计算过程中被自动忽略,并为最后计算结果为空的用户相似度填充0。

```
01 w_b=d.T.corr().fillna(0)
02 w_b  # 空值在计算过程中被自动忽略(包括计算分母的方差时也是两边都忽略的)
```

	U1	U2	U3	U4	U5
U1	1.000000	−1.000000	0.000000	0.0	0.755929
U2	−1.000000	1.000000	1.000000	0.0	−0.327327
U3	0.000000	1.000000	1.000000	0.0	0.654654
U4	0.000000	0.000000	0.000000	0.0	0.000000
U5	0.755929	−0.327327	0.654654	0.0	1.000000

为物品打分。参照式(9.16)计算得到目标用户对目标物品的打分,还需注意,在忽略空值计算时,分母部分求用户相似度之和也需统一删除空值对应的用户相似度。

```
01 sim1 = w_a["U1"].copy()
02 sim2 = w_b["U1"].copy()
03 I_ratings = d["I2"].copy()
04 none_idx = I_ratings[I_ratings.isnull()].index
05 sim1 = sim1.drop(none_idx)
06 sim2 = sim2.drop(none_idx)
07 movie_ratings = I_ratings.drop(none_idx)
08 aveTU = aveU.drop(none_idx)
09 print("公式(9.11)+(9.16):",(aveU+((movie_ratings-aveTU) * sim1).sum()/sim1.abs().sum())["U1"])
10 print("公式(9.12)+(9.16):",(aveU+((movie_ratings-aveTU) * sim2).sum()/sim2.abs().sum())["U1"])
```

```
公式(9.11)+(9.16): 3.710153715624746
公式(9.12)+(9.16): 3.946914190211329
```

由此可知,用户 U_1 对物品 I_2 的评分约为 3.71 分或 3.95 分。

例 9.2 将例 9.1 的数据处理成仅有正反馈的数据后,同样采用基于用户的协同过滤方法,以集合的方式处理和求解用户 U_1 对物品 I_2 的评分。

```
01 import pandas as pd
02 import numpy as np
03 users = ["U1", "U2", "U3", "U4", "U5"]
04 items = ["I1", "I2", "I3", "I4"]
05 d=pd.DataFrame([[4,np.nan,5,5],[4,2,1,np.nan],[3,np.nan,2,4],[4,4,np.nan,np.nan],
[2,1,3,5]],
06                 columns=items,index=users)
07 #仅关注正反馈数据,并认为分数大于或等于3的即为正反馈
08 d=d.fillna(value=0)
09 d[d<2]=0
10 d[d>=2]=1
11 print(d)
12 NI=set(d[d["I2"]==1].index)
```

	I1	I2	I3	I4
U1	1	0.0	1.0	1.0
U2	1	1.0	0.0	0.0
U3	1	0.0	1.0	1.0
U4	1	1.0	0.0	0.0
U5	1	0.0	1.0	1.0

计算用户相似度。得到仅有正反馈的数据后,参照式(9.9)计算得到用户的 Jaccard 相似度。

```
01 from sklearn.metrics.pairwise import pairwise_distances
02 #计算所有的数据两两的 Jaccard 相似系数(1-Jaccard 距离就是相似度)
03 user_similar = 1-pairwise_distances(d.values, metric='jaccard')
04 w_1 = pd.DataFrame(user_similar,columns=users,index = users)    #用户相似度
05 w_1
```

	U1	U2	U3	U4	U5
U1	1.00	0.25	1.00	0.25	1.00
U2	0.25	1.00	0.25	1.00	0.25
U3	1.00	0.25	1.00	0.25	1.00
U4	0.25	1.00	0.25	1.00	0.25
U5	1.00	0.25	1.00	0.25	1.00

或参照式(9.10)计算得到用户的余弦相似度。

```
01 cosine=[]
02 for i in users:
03     data=[]
04     for j in users:
05         fenzi=len(set(d.T[d.T[i]==1].index)&set(d.T[d.T[j]==1].index))
06         fenmu=(len(set(d.T[d.T[i]==1].index)) * len(set(d.T[d.T[j]==1].index))) ** 0.5
07         data.append(fenzi/fenmu)
08     cosine.append(data)
09 w_2=pd.DataFrame(cosine,columns=users,index=users)
10 w_2
```

	U1	U2	U3	U4	U5
U1	1.000000	0.408248	1.000000	0.408248	1.000000
U2	0.408248	1.000000	0.408248	1.000000	0.408248
U3	1.000000	0.408248	1.000000	0.408248	1.000000
U4	0.408248	1.000000	0.408248	1.000000	0.408248
U5	1.000000	0.408248	1.000000	0.408248	1.000000

或参照式(9.13)使用改进的余弦相似度公式来计算用户相似度。

```
01 from math import log, exp
02 cosine=[]
03 for i in users:
04     data=[]
05     for j in users:
06         aa=0
07         fenzi=set(d.T[d.T[i]==1].index)&set(d.T[d.T[j]==1].index)
08         for k in fenzi:
09             aa+=1/log(1+d.sum()[k])
10         fenmu=(len(set(d.T[d.T[i]==1].index)) * len(set(d.T[d.T[j]==1].index))) ** 0.5
11         data.append(aa/fenmu)
12     cosine.append(data)
13 w_3=pd.DataFrame(cosine,columns=users,index=users)
14 w_3
```

	U1	U2	U3	U4	U5
U1	0.666935	0.227848	0.666935	0.227848	0.666935
U2	0.227848	0.734175	0.227848	0.734175	0.227848
U3	0.666935	0.227848	0.666935	0.227848	0.666935
U4	0.227848	0.734175	0.227848	0.734175	0.227848
U5	0.666935	0.227848	0.666935	0.227848	0.666935

为物品打分。参照式(9.14),计算用户 U_1 对物品 I_2 的打分,其中,集合 $S(u,K)$ 表示与用户 u 相似度最高的 K 位用户,不包括用户 u 自己。

```
01 def Pre_score(k,mySet):
02     S_ak=set(mySet["U1"].nlargest(k+1).index)-{"U1"}
03     S=NI&S_ak
04     print("NI:",NI,"S_ak:",S_ak,"S:",S)
05     score=0
06     for i in S:
07         score+=mySet["U1"][i]
08     return score
09 #取 k=3 实际上是取与用户相似度最接近的前 k+1 位用户,去除自己后则为 k 位
10 print("公式(9.9)+(9.14): ",Pre_score(3,w_1))
11 print("公式(9.10)+(9.14): ",Pre_score(3,w_2))
12 print("公式(9.13)+(9.14): ",Pre_score(3,w_3))
```

```
NI:{'U4', 'U2'} S_ak:{'U3', 'U2', 'U5'} S:{'U2'}
公式(9.9)+(9.14): 0.25
NI:{'U4', 'U2'} S_ak:{'U3', 'U2', 'U5'} S:{'U2'}
公式(9.10)+(9.14): 0.4082482904638631
NI:{'U4', 'U2'} S_ak:{'U3', 'U2', 'U5'} S:{'U2'}
公式(9.13)+(9.14): 0.22784770917926217
```

由此可知,用户 U_1 对物品 I_2 的评分约为 0.25 分或 0.41 分或 0.23 分。

9.4.2　基于物品的协同过滤

基于物品的协同过滤和基于用户的协同过滤相似,它使用所有用户对物品或者信息的偏好(评分),发现物品和物品之间的相似度,然后根据用户的历史偏好信息,将类似的物品推荐给用户。基于物品的协同过滤可以看作关联规则推荐的一种退化,但协同过滤更多考虑了用户的实际评分,并且只是计算相似度而非寻找频繁集,因此可以认为基于物品的协同过滤准确率较高并且覆盖率更高。同基于用户的推荐相比,基于物品的推荐应用更为广泛,扩展性和算法性能更好。由于项目的增长速度一般较为平缓,因此性能变化不大。缺点就是无法提供个性化的推荐结果。与基于用户的协同过滤算法一样,基于物品的协同过滤算法也是基于邻域的一种做法。它也可以分为以下两步。

(1) 计算物品之间的相似度。

(2) 根据物品的相似度和用户的历史行为为用户生成推荐列表。

步骤1:计算物品相似度

计算物品相似度主要还是利用用户的行为数据,即比较对两个物品有过正反馈的用户集合的相似性。令 $N(i)$ 为喜欢物品 i 的用户集合,则有如下几种相似度计算方法。

(1) 购买了该商品的用户也经常购买的其他商品。

$$w_{ij} = \frac{|N(i) \bigcap N(j)|}{|N(i)|} \tag{9.17}$$

(2) 余弦相似度(ItemCF算法)。

式(9.17)在计算的时候会导致物品与热门物品的相似度都很高,因此可以加上物品 j 的热度惩罚项,变成如下余弦相似度的形式。

$$w_{ij} = \frac{N(i) \bigcap N(j)}{\sqrt{|N(i)||N(j)|}} \tag{9.18}$$

使用向量公式进行度量,来计算不同向量之间的相似度的公式如下。

$$w_{ij} = \frac{r_i \cdot r_j}{\|r_i\|_2 \|r_j\|_2} = \frac{\sum_{u \in U} r_{u,i} r_{u,j}}{\sqrt{\sum_{u \in U} r_{u,i}^2} \sqrt{\sum_{u \in U} r_{u,j}^2}} \tag{9.19}$$

(3) 相关系数矩阵(修正的余弦相似度,皮尔逊相关系数)。

$$w_{i,j} = \frac{\sum_{u \in U} (r_{u,i} - \overline{r}_i)(r_{u,j} - \overline{r}_j)}{\sqrt{\sum_{u \in U} (r_{u,i} - \overline{r}_i)^2} \sqrt{\sum_{u \in U} (r_{u,j} - \overline{r}_j)^2}} \tag{9.20}$$

(4) 改进的余弦相似度(ItemIUF算法)。

$$w_{ij} = \frac{\sum_{u \in N(i) \bigcap N(j)} \frac{1}{\log(1 + |N(u)|)}}{\sqrt{|N(i)||N(j)|}} \tag{9.21}$$

与 UserIIF 算法类似,这里也对热门用户进行了惩罚,即活跃用户对物品相似度的贡献应该小于不活跃的用户。

步骤2：为物品打分

在统计完物品之间的相似度之后，可以利用这种物品相似度以及用户对历史物品的评价为物品打分。其公式如下。

$$p(u,i)=\sum_{j\in N(u)\cap S(i,K)}w_{ij}r_{uj} \tag{9.22}$$

这里 $N(u)$ 是用户喜欢的物品的集合，$S(i,K)$ 是和物品 i 最相似的 K 个物品的集合，w_{ij} 是物品 i 和 j 的相似度，r_{uj} 是用户 u 对物品 j 的兴趣。

当数据以集合形式进行计算时，常用上述公式进行求解；而当数据以向量形式进行计算时，可以使用上述公式的变形公式：

$$p(u,i)=\frac{\sum_{j\in I}r_{u,j}\cdot w_{i,j}}{\sum_{j\in I}|w_{i,j}|} \tag{9.23}$$

$$p(u,i)=\bar{r}_i+\frac{\sum_{j\in I}(r_{u,j}-\bar{r}_j)\cdot w_{i,j}}{\sum_{j\in I}|w_{i,j}|} \tag{9.24}$$

其中，$\bar{r}_j$ 表示物品 j 的平均分，注意需去除目标用户 u 的评分，即 $\bar{r}_j=\dfrac{\sum_{v\in U/\{u\}}r_{v,j}}{|U/\{u\}|}$

这里还有一个小技巧，可以对 w_{ij} 进行归一化，使得物品之间计算相似度的时候保持同样的量级，如下。

$$w'_{ij}=\frac{w_{ij}}{\max_j w_{ij}} \tag{9.25}$$

例9.3 同例9.1，采用基于物品的协同过滤方法，求用户 U_1 对物品 I_2 的评分。

```
01 import pandas as pd
02 import numpy as np
03 users = ["U1", "U2", "U3", "U4", "U5"]
04 items = ["I1", "I2", "I3", "I4"]
05 d=pd.DataFrame([[4,np.nan,5,5],[4,2,1,np.nan],[3,np.nan,2,4],[4,4,np.nan,np.nan],
   [2,1,3,5]],
06                    columns=items,index=users)
07 print(d)
```

```
      I1    I2    I3    I4
U1    4   NaN   5.0   5.0
U2    4   2.0   1.0   NaN
U3    3   NaN   2.0   4.0
U4    4   4.0   NaN   NaN
U5    2   1.0   3.0   5.0
```

每个物品得到的平均评价值如下，其中，空值被自动忽略，同时目标用户列也需忽略。

```
01 aveI = d.T.loc[:, d.T.columns != "U1"].mean(axis=1)
02 print(aveI)
```

```
I1    3.250000
I2    2.333333
I3    2.000000
I4    4.500000
dtype: float64
```

计算物品相似度。参照式(9.19)求得物品之间的余弦相似度,余弦相似度矩阵如下,空值在计算过程中被自动忽略。

```
01 from sklearn.metrics.pairwise import cosine_similarity
02 cosine=[]
03 for i in items:
04     data=[]
05     for j in items:
06         d_ij=d.dropna(subset=[i,j],how="any")
07         aaa=cosine_similarity(d_ij.T.loc[[i]],d_ij.T.loc[[j]])[0][0]
08         data.append(aaa)
09     cosine.append(data)
10 w_a=pd.DataFrame(cosine,columns=items,index=items)
11 print(w_a)
```

	I1	I2	I3	I4
I1	1.000000	0.945611	0.859338	0.960016
I2	0.945611	1.000000	0.707107	1.000000
I3	0.859338	0.707107	1.000000	0.958468
I4	0.960016	1.000000	0.958468	1.000000

或参照式(9.20)采用相关系数公式求物品相似度,相关系数矩阵如下,空值在计算过程中被自动忽略。

```
01 w_b=d.corr()
02 print(w_b)
```

	I1	I2	I3	I4
I1	1.000000e+00	0.755929	0.050965	3.845925e-16
I2	7.559289e-01	1.000000	-1.000000	NaN
I3	5.096472e-02	-1.000000	1.000000	7.559289e-01
I4	3.845925e-16	NaN	0.755929	1.000000e+00

为物品打分。参照式(9.24)或式(9.23)计算得到目标用户对目标物品的打分,其中,分母部分不包括物品 i 与自己的相关系数 $w_{i,i}$ 。

```
01 sim1 = w_a["I2"].copy()
02 sim2 = w_b["I2"].copy()
03 U_ratings = d.T["U1"].copy()
04 none_idx = U_ratings[U_ratings.isnull()].index   #找到没有对目标电影评分的用户包括自己
05 sim1 = sim1.drop(none_idx)
06 sim2 = sim2.drop(none_idx)
07 TU_ratings = U_ratings.drop(none_idx)
08 aveTI = aveI.drop(none_idx)
09 print("公式(9.19)+(9.24):",(aveI+((TU_ratings-aveTI) * sim1).sum()/(sim1.abs().sum())) ["I2"])
10 print("公式(9.19)+(9.23):",(TU_ratings * sim1).sum()/(sim1.abs().sum()))
11 print("公式(9.20)+(9.24):",(aveI+((TU_ratings-aveTI) * sim2).sum()/(sim2.abs().sum())) ["I2"])
12 print("公式(9.20)+(9.23):",(TU_ratings * sim2).sum()/(sim2.abs().sum()))
```

```
公式(9.19)+(9.24): 3.58884897435648
公式(9.19)+(9.23): 4.643531281342848
公式(9.20)+(9.24): 0.9477116109948098
公式(9.20)+(9.23): -1.1254921336124566
```

由此可知,用户 U_1 对物品 I_2 的评分约为 3.59 分或 4.64 分或 0.95 分或 -1.13 分。

例 9.4 同例 9.2,将数据处理成仅有正反馈的数据后,采用基于物品的协同过滤方法,以集合的方式处理和求解用户 U_1 对物品 I_2 的评分。

```
01 import pandas as pd
02 import numpy as np
03 users = ["U1", "U2", "U3", "U4", "U5"]
04 items = ["I1", "I2", "I3", "I4"]
05 d=pd.DataFrame([[4,np.nan,5,5],[4,2,1,np.nan],[3,np.nan,2,4],[4,4,np.nan,np.nan],
[2,1,3,5]],
06                 columns=items,index=users)
07 ♯仅关注正反馈数据,并认为分数大于或等于3的即为正反馈
08 d=d.fillna(value=0)
09 d[d<2]=0
10 d[d>=2]=1
11 print(d)
12 NU=set(d.T[d.T["U1"]==1].index)
```

	I1	I2	I3	I4
U1	1	0.0	1.0	1.0
U2	1	1.0	0.0	0.0
U3	1	0.0	1.0	1.0
U4	1	1.0	0.0	0.0
U5	1	0.0	1.0	1.0

计算物品相似度。得到仅有正反馈的数据后,参照式(9.17)计算得到物品的 Jaccard 相似度。

```
01 from sklearn.metrics.pairwise import pairwise_distances
02 ♯计算所有的数据两两的Jaccard相似系数(1-Jaccard距离就是相似度)
03 user_similar = 1-pairwise_distances(d.T.values,metric='jaccard')
04 w_1 = pd.DataFrame(user_similar,columns=items,index = items)    ♯物品相似度
05 w_1
```

	I1	I2	I3	I4
I1	1.0	0.4	0.6	0.6
I2	0.4	1.0	0.0	0.0
I3	0.6	0.0	1.0	1.0
I4	0.6	0.0	1.0	1.0

或参照式(9.18)计算得到物品的余弦相似度。

```
01 cosine=[]
02 for i in items:
03     data=[]
04     for j in items:
05         fenzi=len(set(d[d[i]==1].index)&set(d[d[j]==1].index))
06         fenmu=(len(set(d[d[i]==1].index)) * len(set(d[d[j]==1].index))) ** 0.5
07         data.append(fenzi/fenmu)
08     cosine.append(data)
09 w_2=pd.DataFrame(cosine,columns=items,index=items)
10 print(w_2)
```

	I1	I2	I3	I4
I1	1.000000	0.632456	0.774597	0.774597
I2	0.632456	1.000000	0.000000	0.000000
I3	0.774597	0.000000	1.000000	1.000000
I4	0.774597	0.000000	1.000000	1.000000

或参照式(9.21)使用改进的余弦相似度公式来计算物品相似度。

```
01 from math import log, exp
02 cosine=[]
03 for i in items:
04     data=[]
05     for j in items:
06         aa=0
07         fenzi=set(d[d[i]==1].index)&set(d[d[j]==1].index)
08         for k in fenzi:
09             aa+=1/log(1+d.T.sum()[k])
10         fenmu=(len(set(d[d[i]==1].index)) * len(set(d[d[j]==1].index))) ** 0.5
11         data.append(aa/fenmu)
12     cosine.append(data)
13 w_3=pd.DataFrame(cosine,columns=items,index=items)
14 print(w_3)
```

	I1	I2	I3	I4
I1	0.796904	0.575686	0.558753	0.558753
I2	0.575686	0.910239	0.000000	0.000000
I3	0.558753	0.000000	0.721348	0.721348
I4	0.558753	0.000000	0.721348	0.721348

为物品打分。参照式(9.22),计算用户 U_1 对物品 I_2 的打分,其中,集合 $S(i,K)$ 表示与物品 i 相似度最高的 K 个物品,不包括物品 i 自己。

```
01 def Pre_score(k,mySet):
02     S_ik=set(mySet["I2"].nlargest(k+1).index)-{"I2"}
03     S=NU&S_ik
04     print("NU:",NU,"S_ik:",S_ik,"S:",S)
05     score=0
06     for i in S:
07         score+=mySet["I2"][i]
08     return score
09 #k=2 实际取与物品相似度最接近的前 k+1 个物品,去除自己后则为 k 个
10 print("公式(9.17)+(9.22): ",Pre_score(2,w_1))
11 print("公式(9.18)+(9.22): ",Pre_score(2,w_2))
12 print("公式(9.21)+(9.22): ",Pre_score(2,w_3))
```

```
NU: {'I1', 'I3', 'I4'} S_ik: {'I1', 'I3'} S: {'I1', 'I3'}
公式(9.17)+(9.22): 0.4
NU: {'I1', 'I3', 'I4'} S_ik: {'I1', 'I3'} S: {'I1', 'I3'}
公式(9.18)+(9.22): 0.6324555320336759
NU: {'I1', 'I3', 'I4'} S_ik: {'I1', 'I3'} S: {'I1', 'I3'}
公式(9.21)+(9.22): 0.5756858343541981
```

由此可知,用户 U_1 对物品 I_2 的评分约为 0.4 分或 0.63 分或 0.58 分。

9.4.3 UserCF 和 ItemCF

两种协同过滤——基于用户和基于物品策略应该如何选择呢？其实基于物品的协同过滤推荐机制是 Amazon 在基于用户的机制上改良的一种策略，因为在大部分的 Web 站点中，物品的数量是远远小于用户的数量的，而且物品的个数和相似度相对比较稳定；同时，基于物品的机制比基于用户的实时性更好。但也不是所有的场景都是这样，在一些新闻推荐系统中，也许物品，也就是新闻的个数可能大于用户的个数，而且新闻的更新程度也会很快，所以它的相似度依然不稳定。所以，推荐策略的选择其实也和具体的应用场景有很大的关系。

基于协同过滤的推荐机制是现今应用最为广泛的推荐机制，它有以下几个显著的优点。

（1）它不需要对物品或者用户进行严格的建模，而且不要求物品的描述是机器可以理解的，所以这种方法也是领域无关的。

（2）这种方法计算出来的推荐是开放的，可以共用他人的经验，很好地支持用户发现潜在的兴趣偏好。

也存在以下几个问题。

（1）方法的核心是基于历史数据，所以对新物品和新用户都有"冷启动"问题。

（2）推荐的效果依赖用户历史偏好数据的多少和准确性。

（3）在大部分的实现中，用户历史偏好是用稀疏矩阵进行存储的，而稀疏矩阵上的计算有些明显的问题，包括可能少部分人的错误偏好会对推荐的准确度有很大的影响等。

（4）对于一些特殊品位的用户不能给予很好的推荐。

（5）由于以历史数据为基础，抓取和建模用户的偏好后，很难修改或者根据用户的使用演变，从而导致这个方法不够灵活。

表 9.3 展示了 UserCF 与 ItemCF 在多个方面的对比。

表 9.3 UserCF 与 ItemCF 对比

	UserCF	ItemCF
性能	适用于用户较少的场合，如果用户很多，计算用户相似度矩阵代价很大	适用于物品数明显小于用户数的场合，如果物品很多（网页），计算物品相似度矩阵代价很大
领域	时效性较强，用户个性化兴趣不太明显的领域	长尾物品丰富，用户个性化需求强烈的领域
实时性	用户有新行为，不一定造成推荐结果的立即变化	用户有新行为，一定会导致推荐结果的实时变化
冷启动	在新用户对很少的物品产生行为后，不能立即对他进行个性化推荐，因为用户相似度表是每隔一段时间离线计算的。 新物品上线后一段时间，一旦有用户对物品产生行为，就可以将新物品推荐给和对它产生行为的用户兴趣相似的其他用户	新用户只要对一个物品产生行为，就可以给他推荐和该物品相关的其他物品。 但没有办法在不离线更新物品相似度表的情况下将新物品推荐给用户
推荐理由	很难提供令用户信服的推荐解释	利用用户的历史行为给用户做推荐解释，可以令用户比较信服

9.4.4 基于模型的协同过滤

基于模型的方法有很多,主要是使用常用机器学习算法对目标用户建立推荐算法模型,然后对用户的爱好进行预测推荐以及对推荐的结果打分排序等。常用的模型包括 Aspect Model、pLSA、LDA、聚类、SVD、Matrix Factorization、LR、GBDT 等,这种方法训练过程比较长,但是训练完成后,推荐过程比较快且准确。因此它比较适用于实时性比较高的业务,如新闻、广告等。当然,若是需要这种算法达到更好的效果,则需要人工干预反复地进行属性的组合和筛选,也就是常说的特征工程。而由于新闻的时效性,系统也需要反复更新线上的数学模型,以适应变化。

以隐语义模型(LFM)为例,它其实是一种对矩阵分解的模拟,用两个低阶向量相乘来模拟实际的 User-Item 矩阵,如使用如下公式计算用户 u 对物品 i 的兴趣:

$$\text{Preference}(u,i) = r_{ui} = p_u^{\mathrm{T}} q_i = \sum_{k=1}^{K} p_{u,k} q_{i,k} \tag{9.26}$$

这里的 $p_{u,k}$ 和 $q_{i,k}$ 是模型的参数,其中,$p_{u,k}$ 度量了用户 u 的兴趣和第 k 个隐类的关系,而 $q_{i,k}$ 度量了第 k 个隐类和物品 i 之间的关系。

那么,label 要怎么标注?一般数据集里面的都是只有正向反馈,即只有标签 1,这时就需要进行负采样,即采样出标签 0 来。采样是针对每个用户来进行的,对于每个用户,负采样的 Item 要遵循如下原则。

(1) 对每个用户,要保证正负样本的平衡(数目相似)。

(2) 对每个用户采样负样本时,要选取那些很热门而用户却没有行为的物品。

在定义完打分公式和 label 标注之后,就可以利用机器学习中常用的梯度下降法进行模型的学习了。最后的模型还要加上一些正则化项,其 loss 为

$$C = \sum_{(u,i) \in K} (r_{ui} - \hat{r}_{ui})^2 = \sum_{(u,i) \in K} \left(r_{ui} - \sum_{k=1}^{K} p_{u,k} q_{i,k} \right)^2 + \lambda \| p_u \|^2 + \lambda \| q_i \|^2 \tag{9.27}$$

主要是求 $p_{u,k}$ 和 $q_{i,k}$ 两组参数,其梯度为

$$\frac{\partial C}{\partial p_{uk}} = -2q_{ik} + 2\lambda p_{uk} \tag{9.28}$$

$$\frac{\partial C}{\partial q_{ik}} = -2p_{uk} + 2\lambda p_{ik} \tag{9.29}$$

根据随机梯度下降法,每次的更新为(α 为学习率)

$$p_{uk} = p_{uk} + \alpha (q_{ik} - \lambda p_{uk}) \tag{9.30}$$

$$q_{ik} = q_{ik} + \alpha (p_{uk} - \lambda p_{ik}) \tag{9.31}$$

例 9.5 同例 9.1,采用基于模型的协同过滤方法,求用户 U_1 对物品 I_2 的评分。

首先对数据进行处理,将没有评分的分数都设为 0,并设置好超参。

```
01 import pandas as pd
02 import numpy as np
03 R = np.array([[4,0,5,5],[4,2,1,0],[3,0,2,4],[4,4,0,0],[2,1,3,5]])
04 print(R)
05 K = 4
06 max_iter = 5000
07 alpha = 0.0001                               # 学习率
08 lamda = 0.002
09 max_iter=1000
```

	0	1	2	3
0	4	0	5	5
1	4	2	1	0
2	3	0	2	4
3	4	4	0	0
4	2	1	3	5

使用的损失函数参照式(9.27)。

根据随机梯度下降法,对 p_{uk} 和 q_{ik} 进行迭代更新,参照式(9.30)和式(9.31),本例题中公式系数有所调整,由于 α 为超参,故并不影响结果。

$$p_{uk} = p_{uk} - \alpha(2q_{ik} - 2\lambda p_{uk})$$
$$q_{ik} = q_{ik} - \alpha(2p_{uk} - 2\lambda p_{ik})$$

预测得到的结果参照式(9.26)。

```
01 M = len(R)
02 N = len(R[0])
03 P = np.random.rand(M, K)
04 Q = np.random.rand(N, K)
05 Q = Q.T
06 index_list = np.transpose(np.nonzero(R))
07 for step in range(max_iter):
08     for index in index_list:
09         u, i = index[0:]
10         eui = np.dot(P[u, :], Q[:, i]) - R[u][i]
11         for k in range(K):                     # 根据随机梯度下降法进行更新
12             P[u][k] = P[u][k] - alpha * (2 * eui * Q[k][i] + 2 * lamda * P[u][k])
13             Q[k][i] = Q[k][i] - alpha * (2 * eui * P[u][k] + 2 * lamda * Q[k][i])
14     cost = 0                                    # 这就是 loss
15     for u in range(M):
16         for i in range(N):
17             if R[u][i] > 0:
18                 cost += (np.dot(P[u, :], Q[:, i]) - R[u][i]) ** 2
19                 for k in range(K):              # 加上正则化项
20                     cost += lamda * (P[u][k] ** 2 + Q[k][i] ** 2)
21     if cost < 0.0001:
22         break
23 Q = Q.T
24 print("cost:", cost)
25 predR = P.dot(Q.T)
26 print(predR)
```

```
cost: 0.7389674756045296
[[3.81982794 4.11925787 4.91148509 5.15615182]
 [3.87185734 2.13272053 0.9682256  4.24864515]
 [3.08656184 2.46891694 2.09222977 3.87103597]
 [4.13550067 3.87780484 3.2667246  4.50780773]
 [2.11354478 0.96674672 3.05412274 4.8922665 ]]
```

由此可知,用户 U_1 对物品 I_2 的评分约为 4.12 分。

9.5　综合案例：基于用户的协同过滤

以著名的数据集 MovieLens 为例，下载地址为 https://grouplens.org/datasets/movielens/。首先读取数据，其中，评分数据表 ratings 包括 UserID(用户 ID)、MovieID(电影 ID)、Rating(评分)、Timestamp(时间戳)；用户信息表 users 中包括 UserID(用户 ID)、Gender(性别)、Age(年龄)、Occupation(职业)、Zip-code(压缩码)；电影信息表 movies 中包括 MovieID(电影 ID)、Title(电影名称)、Genres(电影种类)。在协同过滤方法中，主要使用 ratings 表中的数据，movies 表仅提供对应电影的具体名称，方便用户感知。

```
01 import numpy as np
02 import pandas as pd
03 import os
04 for dirname, _, filenames in os.walk('/kaggle/input'):
05     for filename in filenames:
06         print(os.path.join(dirname, filename))
07 # 用户-电影-评分数据
08 ratings_df = pd.read_csv('/kaggle/input/movieles/ml-1m/ratings.dat',
09                          delimiter="::",
10                          names=['UserID', 'MovieID', 'Rating', 'Timestamp'],
11                          usecols=np.arange(3),
12                          engine='python')
13 ratings_df = ratings_df[:5000]
14 # 用户数据
15 users_df = pd.read_csv('/kaggle/input/movieles/ml-1m/users.dat',
16                        delimiter="::",
17                        names=['UserID', 'Gender', 'Age', 'Occupation', 'Zip-code'],
18                        index_col = 0,
19                        encoding="ISO-8859-1",
20                        engine='python')
21 users_df = users_df[:35]
22 # 电影数据
23 movies_df = pd.read_csv('/kaggle/input/scaetorch/stacked-capsule-networks-master-pytorch/data/ml-1m/movies.dat',
24                         delimiter="::",
25                         names=['MovieID', 'Title', 'Genres'],
26                         index_col = 0,
27                         encoding="ISO-8859-1",
28                         engine='python')
29 pd.set_option("display.max_rows", 5)
30 pd.set_option('display.max_columns', 5)
31 print(ratings_df)
32 print(users_df)
33 print(movies_df)
```

```
/kaggle/input/movieles/ml-1m/users.dat
/kaggle/input/movieles/ml-1m/ratings.dat
/kaggle/input/movieles/ml-1m/README
/kaggle/input/movieles/ml-1m/movies.dat
```

```
        UserID    MovieID   Rating
0          1        1193       5
1          1         661       3
...       ...        ...      ...
4998      35        2100       4
4999      35        1300       4

[5000 rows x 3 columns]
        Gender   Age    Occupation  Zip-code
UserID
1          F      1         10        48067
2          M      56        16        70072
...       ...    ...       ...        ...
34         F      18        0         02135
35         M      45        1         02482

[35 rows x 4 columns]
                        Title                       Genres
MovieID
1            Toy Story (1995)     Animation|Children's|Comedy
2              Jumanji (1995)     Adventure|Children's|Fantasy
...                ...                      ...
3951    Two Family House (2000)                     Drama
3952    Contender, The (2000)               Drama|Thriller

[3883 rows x 2 columns]
```

采用数据透视表的形式,将评分数据表整合为打分矩阵,以 MovieID 为列,UserID 为行,为协同过滤做好数据准备。

```
01 def data(ratings):
02     ratings_matrix = ratings.pivot(index='UserID', columns='MovieID', values='Rating')
03     return ratings_matrix
04 #此处以完整数据集为例子
05 data(ratings_df)
```

```
MovieID  1    2   ...  3949  3952
UserID
1       5.0  NaN  ...  NaN   NaN
2       NaN  NaN  ...  NaN   NaN
...     ...  ...  ...  ...   ...
34      5.0  NaN  ...  NaN   NaN
35      NaN  NaN  ...  NaN   NaN
35 rows × 1647 columns
```

计算评分平均值。通过有效评分(非缺失且非零)计算平均评分 ratings_mean。因为此数据集无缺失且均非零,所以直接求平均即可,该平均评分将在之后一些无法正常预测的特殊情况中用于充当预测值。

```
01 def mean(ratings):
02     ratings_mean = ratings['Rating'].mean()
03     return ratings_mean
04 #此处以完整数据集为例子
05 print(mean(ratings_df))
```

3.5744

计算用户相似度。参照式(9.11)或式(9.12)分别计算得到用户之间的相似度,用参数 k 控制选择的公式。对空值进行忽略处理。

```
01 from sklearn. metrics. pairwise import cosine_similarity
02 def Similarity(r_matrix,k):        # k 控制选择的公式:余弦相似度 0 或相关系数 1
03     if(k==0):
04         # 余弦相似度,忽略空值
05         cos=[]
06         for i in r_matrix. T:
07             data=[]
08             for j in r_matrix. T:
09                 r_m_ij=r_matrix. T. dropna(subset=[i,j],how="any")
10                 if(r_m_ij.empty):
11                     aaa=0
12                 else:
13                     aaa=cosine_similarity(r_m_ij. T. loc[[i]],r_m_ij. T. loc[[j]])[0][0]
14                 data. append(aaa)
15             cos. append(data)
16         u_sim=pd. DataFrame(cos,index = r_matrix. index,columns=r_matrix. index)
17         return u_sim
18     else:
19         # 式(9.12)相关系数公式,忽略空值
20         u_sim2=r_matrix. T. corr()
21         return u_sim2        # 空值在计算中被自动忽略(包括分母的方差也两边都忽略)
22 # 此处以完整数据集为例,用余弦公式和相关系数来计算用户相似度
23 ratings_full=data(ratings_df)
24 print("余弦相似度式(9.11):","\n",Similarity(ratings_full,0))
25 print("相关系数式(9.12)","\n",Similarity(ratings_full,1))
```

余弦相似度式(9.11):

UserID	1	2	...	34	35
UserID			...		
1	1.000000	0.984848	...	0.989071	0.941368
2	0.984848	1.000000	...	0.949335	0.932782
...	...	...	...	...	...
34	0.989071	0.949335	...	1.000000	0.976928
35	0.941368	0.932782	...	0.976928	1.000000

[35 rows x 35 columns]

相关系数式(9.12)

UserID	1	2	...	34	35
UserID			...		
1	1.000000	4.166667e−01	...	0.406867	−4.200840e−01
2	0.416667	1.000000e+00	...	0.178611	−1.007403e−16
...	...	...	...	...	...
34	0.406867	1.786106e−01	...	1.000000	4.273388e−01
35	−0.420084	−1.007403e−16	...	0.427339	1.000000e+00

[35 rows x 35 columns]

为物品打分。参照式(9.15)或式(9.16)分别计算得到目标用户 UserID 对目标电影 MovieID 的打分,用参数 k2 控制选择的公式。其中,neighbor_size 为指定考虑的与用户相似度最高的其他用户数量,同例 9.2 中 $S(a,K)$ 的 K 值。

```
01 #CF 模型   k2 控制打分公式 0 或 1
02 def cf_knn(UserID, MovieID, k2, ratings_matrix, U_sim, mean, neighbor_size=0):
03     aveU=ratings_matrix.loc[:, ratings_matrix.columns != MovieID].mean(axis=1)
04     aveTU = aveU[UserID]
05     ratings_matrix.loc[UserID, MovieID]=np.nan        #打分时应该删掉自己
06     if MovieID in ratings_matrix:
07         #该 User 与其他 User 的相似度
08         sim = U_sim[UserID].copy()
09         #所有 User 对该 Movie 的评分
10         m_ratings = ratings_matrix[MovieID].copy()
11         #没有对该 Movie 评分的 User
12         none_rating_idx = m_ratings[m_ratings.isnull()].index
13         #去除空数据
14         m_ratings = m_ratings.drop(none_rating_idx)
15         sim = sim.drop(none_rating_idx)
16         aveU = aveU.drop(none_rating_idx)
17         #未指定相似度最接近的用户个数时
18         if neighbor_size == 0:
19             if np.abs(sim).sum() > 0:
20                 if k2 == 0:
21                     pre = (sim@m_ratings)/ np.abs(sim).sum()
22                 else:
23                     pre = aveTU+((m_ratings-aveU) * sim).sum()/np.abs(sim).sum()
24             else:
25                 pre = mean
26         #有指定相似度最接近的用户个数时
27         else:
28             if np.abs(sim).sum() > 0:
29                 #选取"指定的与目标用户相似度最高的用户个数"与
30                 #"非空的与目标用户相似的用户个数"之间的最小值
31                 neighbor_size = min(neighbor_size, len(sim))
32                 sim = np.array(sim)
33                 m_ratings = np.array(m_ratings)
34                 aveU = np.array(aveU)
35                 #根据相似度排序
36                 UserIDx = np.argsort(sim)
37                 sim = sim[UserIDx][-neighbor_size:]
38                 m_ratings = m_ratings[UserIDx][-neighbor_size:]
39                 aveU = aveU[UserIDx][-neighbor_size:]
40                 #计算最终的预测分数
41                 if k2 == 0:
42                     pre = (sim@m_ratings)/ np.abs(sim).sum()
43                 else:
44                     pre = aveTU+((m_ratings-aveU) * sim).sum()/np.abs(sim).sum()
45             else:
46                 #计算目标用户相似度时都是空值,则用平均值来作为估计值
47                 pre = mean
48     else:
49         #当该电影没有被任何用户评分时,用平均值来作为估计值
50         pre = mean
51     return pre
52 #此处以 UserID 为 10 的用户举例,预估其为 MovieID 为 1219 的电影打分
53 ratings_full=data(ratings_df)
54 User_similarity=Similarity(ratings_full,0)
```

```
55  r_means＝mean(ratings_df)
56  cf_knn(10, 1219, 0, ratings_full, User_similarity, r_means, neighbor_size＝15)
```

```
4.248654243018573
```

CF 对用户的推荐。将目标用户 UserID 未评分过的电影都作为目标电影 MovieID 传入上述 CF 模型中,计算得到目标用户对未评分过的各个电影的评分。将目标用户已评分的电影推荐分设为 0,其他未评分电影的推荐分设为 CF 模型得到的预测分。最后根据推荐分对所有电影进行降序排序,输出最推荐的指定数量的电影的信息。

```
01 ♯推荐
02 ♯第一个参数 k 选择计算用户相似度的公式
03 ♯第二个参数 ratings_df 选择需要进行分析的用户数据集
04 def cf_recom_movie(k, k2, ratings, UserID, n_items, neighbor_size＝0):
05      ♯ movies which rated by inputted user
06      r_matrix＝data(ratings)
07      u_movie ＝ ratings_full.loc[UserID].copy()
08      U_sim＝Similarity(ratings_full, k)
09      r_means＝mean(ratings)
10      for movie in ratings_full:
11          ♯输入用户未评分的电影,已评分的剔除
12          if pd.notnull(u_movie.loc[movie]):
13              u_movie.loc[movie] ＝ 0
14          else:
15              u_movie.loc[movie] ＝ cf_knn(UserID, movie, k2, r_matrix,
16                                          U_sim, r_means, neighbor_size)
17      ♯根据预测的评分排序
18      movie_sort ＝ u_movie.sort_values(ascending＝False)[:n_items]
19      recom_movies ＝ movies_df.loc[movie_sort.index]
20      recom_movies['CF_ratings']＝movie_sort
21      ♯ recom_movies ＝ recom_movies.reset_index(drop＝True)
22      return recom_movies
23 ♯这里以 UserID＝10 的用户来举一个例子
24 ♯基于完整数据集参考前 15 位最相似的用户数据,为该用户推荐 150 部电影
25 cf_recom_movie(0, 0, ratings_df, 10, 150, 15)
```

	Title	Genres	CF_ratings
MovieID			
2329	American History X (1998)	Drama	5.000000
2019	Seven Samurai (The Magnificent Seven) (Shichin...	Action|Drama	5.000000
…	… … …		
1219	Psycho (1960)	Horror|Thriller	4.248654
2527	Westworld (1973)	Action|Sci-Fi|Thriller|Western	4.243808

150 rows × 3 columns

对模型的评估。使用均方根误差和平均绝对百分比误差计算得到模型预测值和真实值之间的误差,用以评估模型。

```
01 from sklearn import metrics
02 def RMSE(y_true, y_pred):
03      return metrics.mean_squared_error(y_true, y_pred) ** 0.5
04 def MAPE(y_true, y_pred):
```

```
05        return metrics.mean_absolute_percentage_error(y_true, y_pred)
06 ♯将 RMSE 应用于 CF 模型的函数
07 def knn_score(model, ratings, k, k2, error_fun, neighbor_size=0):
08        r_matrix=data(ratings)
09        U_sim=Similarity(r_matrix, k)
10        r_means=mean(ratings)
11        id_pairs = zip(ratings['UserID'], ratings['MovieID'])
12        y_pred = np.array([model(UserID, MovieID, k2, r_matrix, U_sim,
13                          r_means, neighbor_size) for (UserID, MovieID) in id_pairs])
14        y_true = np.array(ratings['Rating'])
15        y=pd.DataFrame(np.array([y_pred, y_true]))
16        y=y.dropna(axis=1, how="any")
17        return error_fun(y.iloc[0, :], y.iloc[1, :])
```

划分数据集。从完整的数据集中以性别划分,单独得到性别均为"男性"或"女性"的两个数据集,或以年龄划分,单独得到年龄均为"18~24 岁"或"45~49 岁"的两个数据集(该数据集的年龄是全覆盖的,此处仅用两个年龄组来进行举例)。

随后从所有数据集中各随机抽取 500 条,以确保每个数据集的数据量相等。

```
01 F_data=users_df[users_df['Gender']=='F']                              ♯男性
02 M_data=users_df[users_df['Gender']=='M']                              ♯女性
03 A18_data=users_df[users_df['Age']==18]                                ♯18: "18~24"
04 A45_data=users_df[users_df['Age']==45]                                ♯45: "45~49"
05 F_ratings = ratings_df[~ratings_df['UserID'].isin(M_data.index)]      ♯男性数据
06 M_ratings = ratings_df[~ratings_df['UserID'].isin(F_data.index)]      ♯女性数据
07 A18_ratings = ratings_df.loc[ratings_df['UserID'].isin(A18_data.index)] ♯18~24 数据
08 A45_ratings = ratings_df.loc[ratings_df['UserID'].isin(A45_data.index)] ♯45~49 数据
09 ♯从所有数据集中各随机抽取 500 条
10 ratings_df_random=ratings_df.sample(n=500, random_state=123, axis=0)
11 F_ratings_random=F_ratings.sample(n=500, random_state=123, axis=0)
12 M_ratings_random=M_ratings.sample(n=500, random_state=123, axis=0)
13 A18_ratings_random=A18_ratings.sample(n=500, random_state=123, axis=0)
14 A45_ratings_random=A45_ratings.sample(n=500, random_state=123, axis=0)
```

评估不同数据集下的模型。

```
♯各种数据集之间的对比
01 print("全部数据, RMSE", knn_score(cf_knn, ratings_df_random, 0, 0, RMSE, 10))
02 print("全部数据, MAPE", knn_score(cf_knn, ratings_df_random, 0, 0, MAPE, 10))
03 print("女性数据, RMSE", knn_score(cf_knn, F_ratings_random, 0, 0, RMSE, 10))
04 print("女性数据, MAPE", knn_score(cf_knn, F_ratings_random, 0, 0, MAPE, 10))
05 print("男性数据, RMSE", knn_score(cf_knn, M_ratings_random, 0, 0, RMSE, 10))
06 print("男性数据, MAPE", knn_score(cf_knn, M_ratings_random, 0, 0, MAPE, 10))
07 print("18-24 数据, RMSE", knn_score(cf_knn, A18_ratings_random, 0, 0, RMSE, 10))
08 print("18-24 数据, MAPE", knn_score(cf_knn, A18_ratings_random, 0, 0, MAPE, 10))
09 print("45-49 数据, RMSE", knn_score(cf_knn, A45_ratings_random, 0, 0, RMSE, 10))
10 print("45-49 数据, MAPE", knn_score(cf_knn, A45_ratings_random, 0, 0, MAPE, 10))
```

```
全部数据,RMSE 1.1136576483714717
全部数据,MAPE 0.2603934289150201
女性数据,RMSE 1.1007205372806215
女性数据,MAPE 0.23342926257781976
男性数据,RMSE 1.0938794760425241
男性数据,MAPE 0.2645252722553563
18~24 数据,RMSE 1.2687575612033208
18~24 数据,MAPE 0.3256657301603361
45~49 数据,RMSE 1.0427185502221061
45~49 数据,MAPE 0.2475337584392958
```

用图表展示上述结果,如图 9.7 所示。从图中可以发现,分隔数据集可以在一定程度上减小误差,说明性别和年龄等属性会对用户相似度有一定的影响,可以从这方面入手来完善模型。

计算各个数据集下的RMSE和MAPE误差

※全部 ☰女性 ⫽男性 ⫻年龄18~24 ⦀年龄45~49

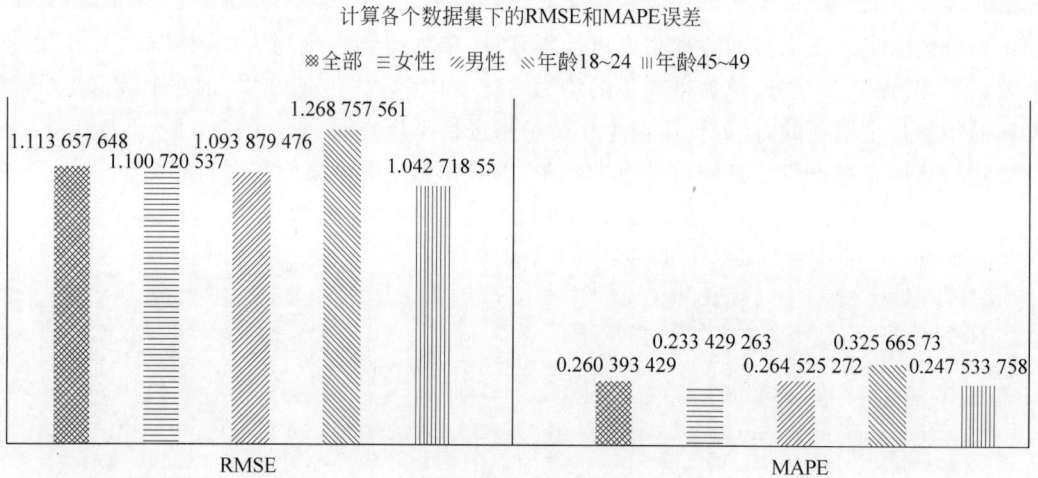

图 9.7　不同数据集下模型的误差

评估统一数据集下使用不同的公式。

```
01 #同一个数据集,不同公式之间的对比
02 print("全部数据,RMSE", knn_score(cf_knn,ratings_df_random,0,0,RMSE, 10))
03 print("全部数据,RMSE", knn_score(cf_knn,ratings_df_random,0,1,RMSE, 10))
04 print("全部数据,RMSE", knn_score(cf_knn,ratings_df_random,1,0,RMSE, 10))
05 print("全部数据,RMSE", knn_score(cf_knn,ratings_df_random,1,1,RMSE, 10))
06 print("全部数据,MAPE", knn_score(cf_knn,ratings_df_random,0,0,MAPE, 10))
07 print("全部数据,MAPE", knn_score(cf_knn,ratings_df_random,0,1,MAPE, 10))
08 print("全部数据,MAPE", knn_score(cf_knn,ratings_df_random,1,0,MAPE, 10))
09 print("全部数据,MAPE", knn_score(cf_knn,ratings_df_random,1,1,MAPE, 10))
```

```
全部数据,RMSE 1.1136576483714717
全部数据,RMSE 1.1252486643647868
全部数据,RMSE 1.476300804389353
全部数据,RMSE 1.0396007901317668
全部数据,MAPE 0.2603934289150201
全部数据,MAPE 0.2616602082711401
全部数据,MAPE 0.27459390677148227
全部数据,MAPE 0.23952091313851603
```

用图表展示上述结果,如图 9.8 所示。从图中可以发现,当 $k=1, k_2=1$ 时,即使用式(9.12)和式(9.16)组成的模型误差最小。

计算不同公式下RMSE和MAPE的误差

※ $k=0, k_2=0$ ≡ $k=0, k_2=1$ ⫽ $k=1, k_2=0$ ⬉ $k=1, k_2=1$

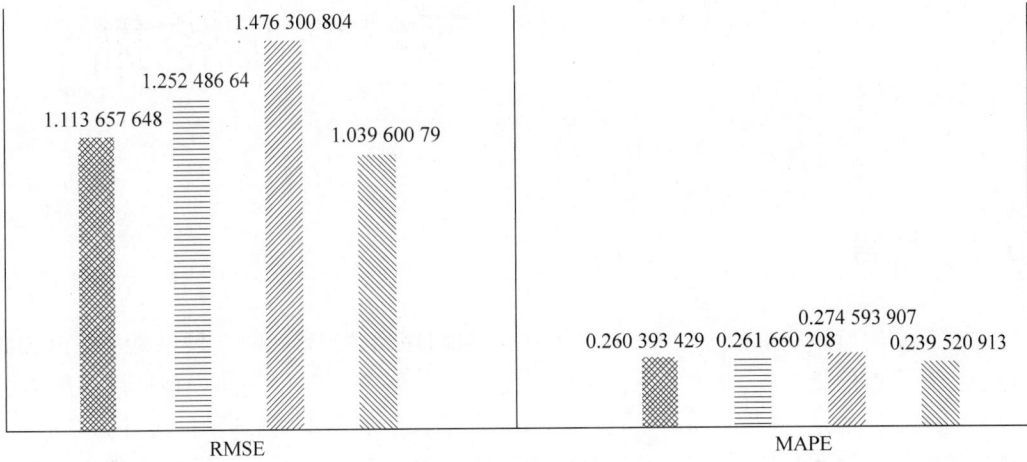

图 9.8 不同公式组合成的模型误差

第10章

网络数据挖掘

10.1 引言

与前几章中所涉及的数据类型(如图像数据、时间序列数据等)不同,网络是一组由边成对地连接在一起的结点,它是表示系统各部分之间的关联或交互模式的一种通用而强大的手段。而网络科学是一门建立在网络数据上,综合了数学的图论、物理学的统计力学、计算机科学的数据挖掘和信息可视化、统计学的推理建模以及社会学的社会结构等理论的交叉学科。网络科学的研究和应用范围非常广泛,涉及如计算机万维网络(图 10.1(a))、蛋白质和生物基因网络(图 10.1(b))、社交网络(图 10.1(c))、科学引文网络(图 10.1(d))等。美国国家研究委员会将网络科学定义为研究物理、生物和社会现象的网络表示,以建立对这些现象的预测模型。

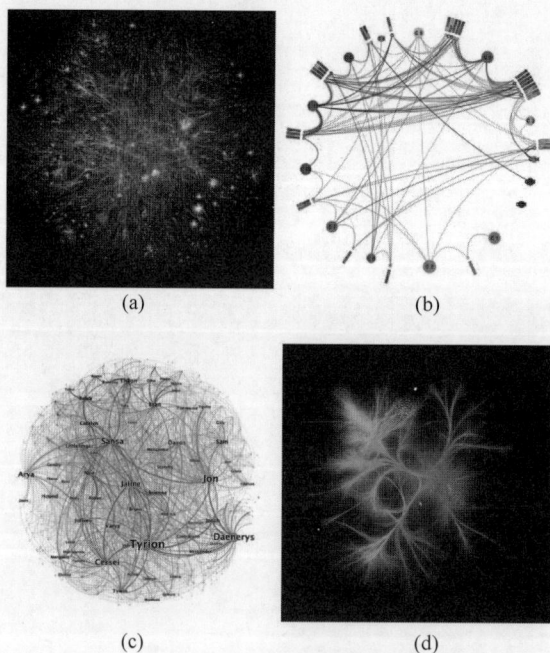

(a)　　　　　　　　　　　(b)

(c)　　　　　　　　　　　(d)

图 10.1　网络科学的研究和应用范围

网络科学与油气工业领域也有着密切的联系。比如,在国际油气资源管道运输系统中,网络科学可以用来分析管网拓扑,优化管网布局,提高管网的可靠性和运输效率等。此外,网络科学也可用于分析油气贸易网络,预测价格走势,判断供应情况和市场变化,为石油化工企业的决策提供重要参考。

本章从网络的定义与表示出发,讨论了网络的一些基本性质,介绍了著名的小世界网络和无标度网络,并着重讲解了网络科学中三个重要的研究问题和相应的经典算法:结点的中心性度量、链路预测与结点相似性计算和社团检测。

10.2 网络的定义与表示

图论的起源可以溯源至 18 世纪数学家欧拉(Euler)对 Kanigsberg 七桥问题的研究。如今的图论早已超越了简单七桥问题,对图论的研究涉及复杂的组合数学、概率论和谱分析等方法,并且与计算机科学和物理学等多个领域紧密交叉联系。图(Graph)提供了一种用抽象的点和线表示各种实际网络的统一方法,因而也成为目前研究复杂网络的一种通用语言。这种抽象的一个主要好处在于它使得人们有可能透过现象看本质,通过对抽象的图的研究而得到具体的实际网络的拓扑性质。

网络的拓扑性质是指这些性质与网络中结点的大小、位置、形状、功能等以及结点与结点之间是通过何种物理或非物理的方式连接等都无关,而只与网络中有多少个结点以及哪些结点之间有边直接相连这些基本特征相关。以 Kanigsberg 七桥问题为例(如图 10.2 所示),欧拉把被河流分隔开的每块陆地用一个点表示,而把连接两块陆地之间的每座桥用连接相应两点的边来表示,这样就把七桥问题转换为在包含 4 个点和 7 条边的图中是否存在经过每条边一次的回路的问题,而后者就是一个拓扑性质的问题,它与图中的点及其对应的陆地的大小形状与位置、图中的边及其对应的桥的宽窄长短和曲直等都没有关系。更一般地,几何对象的拓扑性质是指该对象在连续变形下保持不变的性质。所谓连续变形,形象地说就是允许伸缩和扭曲等变形,但不允许割断和黏合。数学上有一个专门研究拓扑性质的分支——拓扑学(Topology)。Kanigsberg 七桥问题也是拓扑学发展史上的一个重要问题。

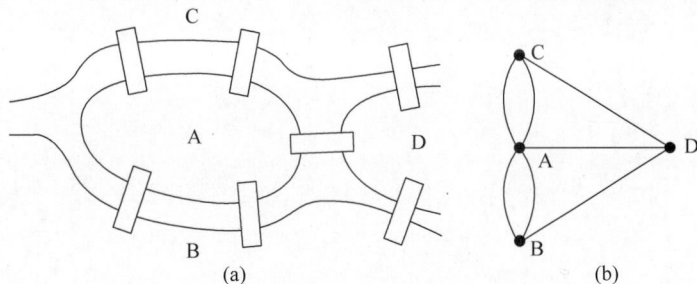

图 10.2 Kanigsberg 七桥问题

10.2.1 网络的定义

通过抽象的图来研究实际网络的另一个好处是它使得我们可以比较不同网络拓扑性质的异同点并建立研究网络拓扑性质的有效算法。事实上,近年来网络科学所要研究的正是各种看上去互不相同的复杂网络之间的共性特征和分析它们的有效方法。当然,用抽象的点和线构成的图来表示实际网络肯定会丢失实际网络的许多特性。例如,在图 10.2(b)中,就无法看出其中哪个陆地区域的面积最大,也无法看出每座桥具体是木头桥还是石头桥等。然而,从研究七桥问题是否有解的角度出发,这些信息的丢失丝毫不影响问题的求解,反而使人们可以把精力集中在与问题求解有关的因素上。这也体现了科学研究中的一个基本的建模原则:寻找最简单且能够直接解决问题的模型。

图论中的概念术语众多,而且尽管图论已有很长的研究历史,至今仍然有许多术语没有完全统一。正如维基百科(Wikipedia)在"图论术语"词条中所指出的那样,有些人用相同的词表示不同的意思,而有些人用不同的词表示相同的意思。此外,图论中还有许多貌似简单的问题,实则极其困难。而对网络科学来说,首先不需要陷入极其艰难的图论问题中去;反过来,图论中的许多概念和术语可以帮助我们把许多具体问题形式化处理,得到严格的分析结果。下面我们从图的视角给出网络的基本定义。

一个网络是一个由点集 V 和边集 E 组成的图 $G = (V, E)$。网络中点的数量记为 $N = |V|$,网络中点之间的连边(Edge)总数记为 $M = |E|$。E 中每条连边都有 V 中的一对点与之相对应。在网络科学中,网络的点通常被称为结点(Node),在图论中则常被称为顶点(Vertex),在此对"结点"和"顶点"不做区分。图 10.3 中展示了一个有 6 个结点和 9 条连边的网络例子。

在本章中所讨论和研究的大多数网络在任何一对结点之间最多有一条连边。少数情况下,同一对结点之间可能不止有一条边,这些边被称为重边(Multi-edge)。并且大多数网络中也不存在自环(Self-edge),即没有以同一个结点为起点和终点的边。一个既没有自环也没有多重边的网络被称为简单网络或简单图。显然,图 10.3 所展示的例子是一个简单网络,而图 10.4 是一个同时具有多重边和自环的非简单网络,因为结点 5 存在一个自环,结点 4 和结点 6 之间、结点 1 和结点 2 之间存在多重边。假设一个具有 N 个结点和 M 条连边的网络是一个简单网络,由于任意两个结点之间至多有一条连边,则有如下关系。

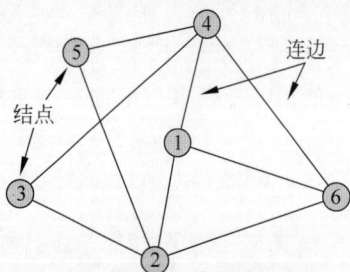

图 10.3　结点和连边图释　　　　　图 10.4　自环和多重边图释

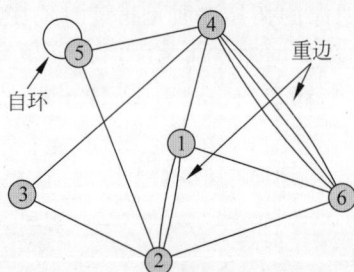

$$0 \leqslant M \leqslant \frac{N(N-1)}{2} \tag{10.1}$$

上述不等式中的两个等号成立时分别表示两种极端情形:①空图,空图有两种定义,一是指没有任何结点和连边的空白图,二是结点之间不存在任何连边的图;②完全图,图中任意两结点之间都存在一条连边,即总边数为 $N(N-1)/2$。

10.2.2　图的邻接矩阵表示

用计算机来分析一个网络时,所面临的首要问题就是如何在计算机中存储和表述网络。如果用 (i, j) 表示结点 i 和 j 之间的一条连边,那么可以通过边列表的形式来存储整个网络。例如,图 10.3 中的例子网络共具有 9 条边,分别为 (1,2)、(1,4)、(1,6)、(2,3)、(2,5)、(2,6)、(3,4)、(4,5) 和 (4,6)。虽然这种边列表的表示形式简单且直观,有时也被用于在计算机上存储网络的结构,但这种形式不利于网络分析和数学运算。

一个更好的图表示方法是使用邻接矩阵。一个简单图的邻接矩阵 A 是具有元素 A_{ij} 的矩阵,其中,A_{ij} 为

$$A_{ij} = \begin{cases} 1, & \text{如果结点 } i \text{ 和结点 } j \text{ 之间存在连边} \\ 0, & \text{否则} \end{cases} \tag{10.2}$$

例如,图 10.3 中的网络的邻接矩阵为

$$A = \begin{pmatrix} 0 & 1 & 0 & 1 & 0 & 1 \\ 1 & 0 & 1 & 0 & 1 & 1 \\ 0 & 1 & 0 & 1 & 0 & 0 \\ 1 & 0 & 1 & 0 & 1 & 1 \\ 0 & 1 & 0 & 1 & 0 & 0 \\ 1 & 1 & 0 & 1 & 0 & 0 \end{pmatrix} \tag{10.3}$$

交换网络中结点的编号顺序会同时交换邻接矩阵中相应的行和列,这种操作相当于对邻接矩阵做正交相似变换,而这种变换并不会改变矩阵的许多重要性质。因此结点的标签顺序并不重要,只要这些标签都是唯一的即可。由于图 10.3 中的网络没有自环,因此它的邻接矩阵的对角矩阵元素都是 0。通过将相应的矩阵元素 A_{ij} 设置为重边中边的数量,邻接矩阵也可以用来表示带有重边的图。例如,对于图 10.4 中的例子来说,结点 4 和 6 之间的重边在邻接矩阵中可表示为 $A_{46} = A_{64} = 3$。

10.2.3　网络的类型

本章的重点研究对象是简单图。根据网络中结点之间的关系,即网络中的连边是否有方向和是否有权重,可以将网络大致分为 4 种类型:有向有权、有向无权、无向有权、无向无权网络。它们之间的关系如图 10.5 所示。

1. 有向有权网络

网络(图)中的边是有方向的(Directed)和有权的(Weighted)。边是有权的是指网络中的每条边

图 10.5　4 种网络类型之间的关系

都被赋予相应的权值,以表示相应的两个结点之间的联系的强度。加权网络可以由权值矩阵 $W = (W_{ij})_{N \times N}$ 表示,而不再是 0 和 1 两个元素组成的简单邻接矩阵 A。边是有向的是指存在一条从结点 i 指向结点 j 的边 (i, j) 并不一定意味着存在一条从结点 j 指向结点 i 的边 (j, i) 即 $A_{ij} \neq A_{ji}$。对于有向边 (i, j),结点 i 称为始点,结点 j 称为终点。

以油气集输网络为例,为了油气资源的调度和再分配,不同区域之间通过构建油气输送管道来实现油气资源的高效安全运移。在油气集输管道中,管道内流体的流动方向就是网络中有向边的方向。管道的管径、最大承载流量和流速等特征预示着不同的管道有着不同的输送能力权重。因此,油气集输网络可以构成一个有向有权图。

此外,交通运输网络也是一个很好的例子:道路交通网络中的单向车道对应的就是有

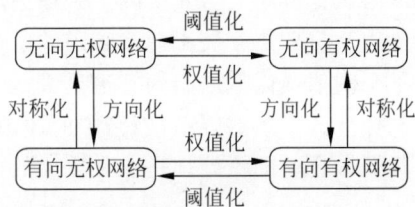

向边。交通网络中边的权值常常对应连接两地的道路的长度或者车辆通行需要的时间等。由于通行时间既与道路长度有关,也与道路拥塞程度相关,因此对于连接两点的双向车道,由于拥塞程度不同也会具有不同的通行时间。所以,即使全是双向车道,如果按照通行时间为每条道路加权,交通网络也是一个加权有向网络。由于车流的变化导致拥塞程度的变化,这一网络中边的权值也是不停变化的。因此,如何实时计算出从一地到另一地所花时间最少的路径就是一个应用问题。

2. 有向无权图

网络中的边是有向的且无权的(Unweighted)。所谓无权图实际上也可意味着图中边的权值都相等(通常可假设每条边的权值均为 1)。可以通过对加权图的阈值化处理得到对应的无权图。具体做法是:设定一个阈值 r,网络中权值小于或等于 r 的边全部去掉,权值大于 r 的边全部保留下来并且权值都重新设置为 1。

3. 无向有权图

图中的边是无方向的(Undirected)和有权重的。所谓无方向的是指任意点对 (i,j) 与 (j,i) 对应同一条边($A_{ij}=A_{ji}$)。结点 i 和 j 也称为无向边 (i,j) 的两个端点。无向有权图可以通过对有向有权图中有向边的对称化处理而得到。

4. 无向无权图

图中的边是无加权的和无方向的。无向无权图可以通过对有向图的无向化处理和加权图的阈值化处理而得到,相反地,无向无权图可以通过对连边添加方向化或权重得到有向图或加权图。以油气集输网络为例,如果仅把区域之间是否存在管网连接定义为区域结点之间的连边并且不考虑油气运移的方向和管道的特点,那么可以得到一个无向无权的油气集输网络。这种定义方式实际上是连边的一种二值化的表达,即存在与不存在。因此,网络中的连边数量取决于关于运输管道的定义和要求,如要求区域之间的管道的最大输送流量大于某个阈值或区域之间的管道是否允许油气资源双向输送等。可以想象到,随着对管道功能和标准的要求的提高,网络中的边数也会相应减小。在实际网络研究中,如何对原始的网络数据做合适的预处理是非常重要的。

10.3　网络的基本性质

10.3.1　路径与连通性

给定一个网络 $G=(V,E)$,人们通常会关心网络中任意两个结点之间是否直接或间接地相连接。网络中两个结点之间是否相连接的问题可转换为网络 G 中两个结点之间是否存在路径的问题。在无向图中,路径(Path)是指一个结点序列 $p=v_1v_2\cdots v_n$,其中每一对相邻的结点 v_i 和 v_{i+1} 之间都有一条边。p 也称为从 v_1 到 v_n 的一条路径。一条路径的长度(Length)定义为这条路径所包含的边的数目。

网络中的一对结点之间往往可能存在不止一条路径,而且每条路径的长度可能也不一致。可以用邻接矩阵 $\boldsymbol{A}$ 来计算和表示一个网络中的任意两个结点之间的路径的数量。例如,如果两个结点 i 和 j 之间有一条边,即 $\boldsymbol{A}_{ij}=1$,也就是说,就存在一条长度为 1 的路径。

如果两个结点 i 和 j 之间存在一条长度为 2 的路径,那么就意味着存在另一个结点 k,使得 $\boldsymbol{A}_{ik}\boldsymbol{A}_{kj}=1$。因此,两个结点之间长度为 2 的不同路径的数量为

$$n_{ij}^{(2)} = \sum_{k=1}^{N} \boldsymbol{A}_{ik}\boldsymbol{A}_{kj} = (A^2)_{ij} \tag{10.4}$$

式(10.4)同时也表明:两个结点 i 和 j 之间存在长度为 2 的路径当且仅当 $(A^2)_{ij}>0$。类似地,可以推广到结点 i 和 j 之间长度为 $r\geqslant1$ 的不同路径数量为

$$n_{ij}^{(r)} = (A^r)_{ij} \tag{10.5}$$

我们定义两个结点之间的距离(Distance)为这两个结点之间的最短路径的长度。结点 i 和 j 之间的距离不超过 $r\geqslant1$ 当且仅当

$$(I + A + A^2 + \cdots + A^r)_{ij} > 0 \tag{10.6}$$

如果一个无向图是连通的(Connected),则图中每一对结点之间都至少存在一条路径,否则就称该图是不连通的(Disconnected)。一个不连通图是由多个连通片组成的。一个连通片是网络的一个满足如下两个条件的子图(Subgraph)。①连通性是指该子图中的任意两个结点之间都存在路径;②孤立性则是指网络中不属于该子图的任一结点与该子图中的任一结点之间不存在路径。

上述定义意味着,每一个不连通图都是由若干不相交(即没有公共结点)的连通片组成的。其中包含结点数最多的连通片就称为最大连通片。例如,图 10.6 中的不连通图包含两个连通片,其中上方的包含 8 个结点的连通片是最大连通片。

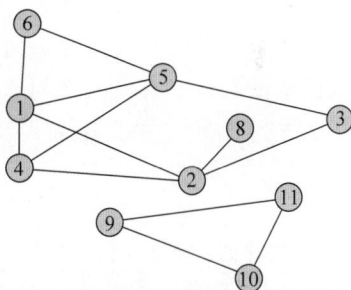

图 10.6　一个包含两个连通片的不连通网络

10.3.2　结点的度和度分布

1. 结点的度

网络中结点 i 的度(Degree)就是连接到它的边的数量。用 k_i 表示结点 i 的度。对于一个有 N 个结点的无向网络,度也可以用邻接矩阵来表示:

$$k_i = \sum_{j=1}^{N} \boldsymbol{A}_{ij} \tag{10.7}$$

无向网络中的每条边都有两个端点,如果总共有 M 条边,则有 $2M$ 个边的端点。由于所有连边的端点总数也等于所有结点的度数之和,所以

$$2M = \sum_{i=1}^{N} k_i \tag{10.8}$$

进一步结合式(10.7),则总边数 M 也可以由邻接矩阵 $\boldsymbol{A}$ 来表示

$$M = \frac{1}{2}\sum_{i=1}^{N} k_i = \frac{1}{2}\sum_{i=1}^{N}\sum_{j=1}^{N} \boldsymbol{A}_{ij} = \frac{1}{2}\sum_{ij}^{N} \boldsymbol{A}_{ij} \tag{10.9}$$

那么一个无向网络中结点的平均度 $\langle k \rangle$ 可以写为

$$\langle k \rangle = \frac{1}{N} \sum_{i=1}^{N} k_i = \frac{2M}{N} \tag{10.10}$$

在一个简单网络（即没有多重边或自环的图）中，最大可能的边数是 $N(N-1)/2$，则一个网络的连通度或网络密度 ρ 定义为这些边实际存在的连边的比例：

$$\rho = \frac{2M}{N(N-1)} = \frac{\langle k \rangle}{N-1} \tag{10.11}$$

显然，网络的密度 ρ 介于 0～1。由于实际所研究的或感兴趣的网络的尺寸都足够大，因此式（10.11）也可以近似为 $\rho = \langle k \rangle / N$。

如果当 $N \to \infty$ 时网络的密度 ρ 趋于一个非零常数，则表明网络中实际存在的边数 M 与 N^2 是同阶的，那么就可以认为该网络是稠密的。此时，邻接矩阵中非零的元素的占比也会趋于一个常数。而如果当 $N \to \infty$ 时网络密度 ρ 趋于零或者网络平均度趋于一个常数，那就表明网络中实际存在的边数 M 比 N^2 低阶，那么该网络就是稀疏的。此时，邻接矩阵中非零元素的比例也会趋于零。然而，上述稠密和稀疏网络的定义是建立在极限 $N \to \infty$ 的假设下，这对于理论模型网络是很好的，但并不适用于实际场景。

有向网络中的结点的度要复杂一些。在有向网络中，每个结点都有两个关于度的指标。出度是指从当前结点出发并指向其他结点的边的数量，而入度是从其他结点出发指向当前结点的边的数量。有向网络的邻接矩阵中的元素 $\boldsymbol{A}_{ij} = 1$ 表示网络中存在由结点 i 指向结点 j 的连边，结点 i 的出度和入度可以分别写为

$$k_i^{\text{out}} = \sum_{j=1}^{N} \boldsymbol{A}_{ij}, \quad k_i^{\text{in}} = \sum_{j=1}^{N} \boldsymbol{A}_{ji} \tag{10.12}$$

一个看似平凡实则寓意深刻的事实是：在有向网络中，尽管单个结点的出度和入度可能并不相同，网络的平均出度 $\langle k^{\text{out}} \rangle$ 和平均入度 $\langle k^{\text{in}} \rangle$ 却是相同的，且有

$$\langle k^{\text{out}} \rangle = \langle k^{\text{in}} \rangle = \frac{1}{N} \sum_{i,j=1}^{N} \boldsymbol{A}_{ij} = \frac{M}{N} \tag{10.13}$$

从有向网络的定义来看，式（10.13）显然是成立的。而且它代表了一类复杂系统的一个重要特性：对于系统中每个个体而言不一定成立的性质，却在整个系统的层面上成立。

对于加权网络而言，度的概念仍然是可用的，但是这时还可以定义结点的强度（Strength）。给定一个包含 N 个结点的加权网络 G 及其权值矩阵 $\boldsymbol{W} = (W_{ij})$。如果 G 是无向加权网络，那么结点的强度定义为

$$S_i = \sum_{j=1}^{N} W_{ij} \tag{10.14}$$

如果 G 是有向加权网络，那么结点 i 的出强度和入强度可以分别定义为

$$S_i^{\text{out}} = \sum_{j=1}^{N} W_{ij}, \quad S_i^{\text{in}} = \sum_{j=1}^{N} W_{ji} \tag{10.15}$$

2. 网络的度分布

网络的构建依赖结点间的连接。当我们探讨结点的特性时，一个核心关注点便是该结点与网络中其他结点的连接数量，这正是我们之前提及的结点度的概念。一旦我们确定了网络中每个结点的度值，就能深入揭示整个网络的一些关键性质。

我们可以轻易地计算出所有结点度的算术平均值，即网络的平均度，记为 $\langle k \rangle$。这一数

值为我们提供了网络连接密度的直观度量。特别地,当两个网络的结点数相同时,若它们的平均度相同,那么这两个网络的总边数也必然相等。此外,我们还可以对网络中所有结点的度进行排序,并统计每个度值 k 在网络中出现的频率。这一频率可以表示为度为 k 的结点占整个网络结点数的比例,记为 P_k。这一比例为我们提供了结点度分布的详细信息,有助于我们更深入地理解网络的结构和特性。

例如,以图 10.7(a) 的由 8 个结点组成的无向网络为例:

$$P_0=\frac{1}{8},\quad P_1=\frac{1}{8},\quad P_2=\frac{2}{8},\quad P_3=\frac{1}{8},\quad P_4=\frac{3}{8},\quad P_k=0\,\forall\,k>4$$

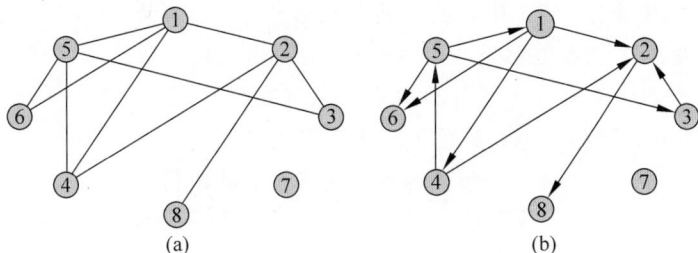

图 10.7 一个无向网络例子和一个有向网络例子

从概率统计的角度看,P 也可以视为网络中一个随机选择的结点的度为 k 的概率,这就是度分布的概念。无向网络的度分布 $P(k)$ 定义为网络中一个随机选择的结点的度为 k 的概率。有向网络的出度分布 $P(k^{out})$ 定义为网络中随机选取的一个结点的出度为 k^{out} 的概率;入度分布 $P(k^{in})$ 定义为网络中随机选取的一个结点的入度为 k^{in} 的概率。以图 10.7(b) 的有向网络为例,有

k^{in}	$P(k^{in})$
0	1/8
1	5/8
2	1/8
3	1/8

k^{out}	$P(k^{out})$
0	3/8
1	2/8
2	1/8
3	2/8

10.3.3 聚类系数

聚类系数(有时也会被译为簇系数、集系数或群集系数)是用来描述一个网络中的结点之间聚集成团的程度的系数。在一个人的朋友关系网络中,他的两个朋友很可能也是彼此的朋友,而聚类系数是用来衡量这种朋友圈紧密程度的指标。聚类系数分为整体与局部两种。整体聚类系数可以给出一个网络整体的集聚程度的评估,而局部聚类系数则可以测量图中每一个结点附近的集聚程度。

假设网络中的结点 i 的度为 k_i,即它有 k_i 个直接有边相连的邻居结点。如果结点 i 的 k_i 个邻居结点之间也都两两互为邻居,那么在这些邻居结点之间就存在 $k_i(k_i-1)/2$ 条边,这是边数最多的一种情形。但是在实际情形中,结点 i 的 k_i 个邻居结点之间未必都两两互为邻居。因此,网络中一个度为 k_i 的结点 i 的聚类系数 C_i 定义为

$$C_i = \frac{E_i}{k_i(k_i-1)/2} = \frac{2E_i}{k_i(k_i-1)} \tag{10.16}$$

其中，E_i 是结点 i 的 k_i 个邻居结点之间实际存在的边数，即结点 i 的 k_i 个邻居结点之间实际存在的邻居对的数目。如果结点只有一个邻居结点或者没有邻居结点（$k_i=1$ 或 $k_i=0$），那么 $E_i=0$，此时式（10.16）的分子分母全为零，记 $C_i=0$。显然有 $0 \leqslant C_i \leqslant 1$，并且 $C_i=0$ 当且仅当结点 i 的任意两个邻居结点都不互为邻居；或者结点 i 至多只有一个邻居结点。

可以从另一个角度来阐述结点 i 的聚类系数的定义。E_i 也可看作以结点 i 为结点之一的三角形的数目。因为结点只有 k_i 个邻居结点，包含结点 i 的三角形至多可能有 $k_i(k_i-1)/2$ 个。如果用以结点 i 中心的连通三元组表示包括结点 i 的三个结点，并且至少存在从结点 i 到其他两个结点的两条边（如图 10.8 所示），那么以结点 i 为中心的连通三元组的数目实际上就是包含结点 i 的三角形的最大可能的数目，即 $k_i(k_i-1)/2$。因此，可以给出与式（10.16）等价的结点 i 的聚类系数的几何定义如下。

$$C_i = \frac{\text{包含结点 } i \text{ 的三角形的数目}}{\text{以结点 } i \text{ 为中心的连通三元组的数目}} \tag{10.17}$$

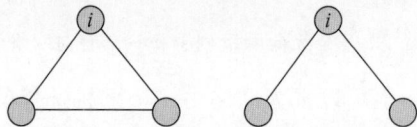

图 10.8　以结点 i 为中心的连通三元组的两种可能的形式

给定网络的邻接矩阵 $\boldsymbol{A}$，由于连续的邻接矩阵相乘可以计算和表示网络中的连通路径，那么包含结点 i 的三角形数量为

$$E_i = \frac{1}{2} \sum_{j,k} \boldsymbol{A}_{ij} \boldsymbol{A}_{jk} \boldsymbol{A}_{ki} = \sum_{k>j} \boldsymbol{A}_{ij} \boldsymbol{A}_{jk} \boldsymbol{A}_{ki} \tag{10.18}$$

这是因为如果 $\boldsymbol{A}_{ij} \boldsymbol{A}_{jk} \boldsymbol{A}_{ki}=1$，当且仅当结点 i、j 和 k 构成一个三角形，也就是一个三角形连通回路，否则必有 $\boldsymbol{A}_{ij} \boldsymbol{A}_{jk} \boldsymbol{A}_{ki}=0$。

因此，结点 i 的聚类系数可计算如下。

$$C_i = \frac{2E_i}{k_i(k_i-1)} = \frac{1}{k_i(k_i-1)} \sum_{j,k} \boldsymbol{A}_{ij} \boldsymbol{A}_{jk} \boldsymbol{A}_{ki} \tag{10.19}$$

或者

$$C_i = \frac{\sum_{j \neq k \neq i} \boldsymbol{A}_{ij} \boldsymbol{A}_{jk} \boldsymbol{A}_{ki}}{\sum_{j \neq k \neq i} \boldsymbol{A}_{ij} \boldsymbol{A}_{ki}} \tag{10.20}$$

一个网络的聚类系数 C 因此可以定义为网络中所有 N 个结点的聚类系数 C_i 的平均值，即：

$$C = \frac{1}{N} \sum_{i=1}^{N} C_i \tag{10.21}$$

显然有 $0 \leqslant C \leqslant 1$。$C=0$ 当且仅当网络中所有结点的聚类系数均为 0；$C=1$ 当且仅当网络中所有结点的聚类系数均为 1，此时网络是全局耦合的，即网络中任意两个结点都直接相连接。

以图 10.9 中的 6 个结点组成的网络为例，对于结点 4 有 $k_4=4$，$E_4=3$，所以有

$$C_4 = \frac{2E_4}{k_4(k_4-1)} = \frac{1}{2}$$

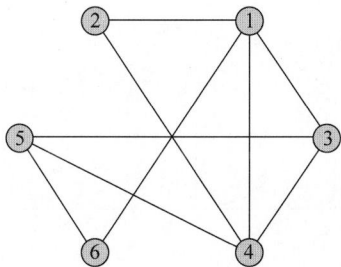

图 10.9 一个包含 6 个结点的网络例子

同理有 $C_1 = \frac{1}{3}$、$C_2 = 1.0$、$C_3 = \frac{2}{3}$、$C_5 = \frac{1}{3}$、$C_6 = 0$，因此整个网络的平均聚类系数为

$$C = \frac{1}{6}\sum_{i=1}^{6} C_i = \frac{17}{36}$$

10.3.4 无标度网络与小世界网络

1. 无标度网络

在 10.3.2 节中，引入了网络的度分布的概念。最常见的、最重要的概率分布是正态分布，也称为高斯分布，常记为 $\xi \sim N(\mu, \sigma^2)$，其中，$\mu$ 是均值，σ 是标准差。正态分布曲线是钟形对称曲线，也称为正态曲线或高斯曲线；均值 μ 决定了分布的中心，标准差 σ 决定了分布的形状。正态分布的均匀性体现在绝大部分的数据都落在均值附近，观察到距离均值 c 个标准差之外的数据的概率是参数 c 的指数下降函数。具体地说，大约有 68%、96%、99.7% 的数据落在距平均值 1 个、2 个、3 个标准差的范围内。

服从钟形分布的随机变量具有一个明显的特征标度——钟形曲线的峰值（即随机变量的均值）。以人的身高为例，假设全球成年男子的平均身高为 1.75m，那么绝大多数成年男子的身高应该都与 1.75m 相差不远。例如，在 1.65～1.85m。我们从未在大街上见过身高低于 50cm 的"小矮人"，或高于 3m 的"巨人"。因此，全球成年男子的身高分布具有钟形曲线的形状是合理的，如图 10.11(a)所示。

但是，如果考查的是全球个人财富分布，情况就很不一样了。因为财富的分布是极端不均匀的：既有大量的穷人一贫如洗，也有少数人富可敌国。联合国下属的世界发展经济学研究院 2006 年发布报告称 2% 最富有的成年人拥有全球 50% 的财富，而 50% 最贫穷的人口仅拥有全球 1% 的财富。因此全球个人财富分布图呈现出与钟形曲线完全不同的形状，它会有个长长的尾巴，所以也称为长尾分布，如图 10.10(b)所示。长尾分布意味着大部分个体的取值都比较小，但是会有少数个体的取值非常大。以财富分布为例，尽管大部分人的个人财富都比较少（例如，不超过 20 万美元）。但是也存在不少拥有至少 100 万美元财富的人，也存在相当数量拥有至少 1000 万美元财富的人，还存在极少数拥有数亿美元财富的人。这一现象是正态分布无法描述的。

与正态分布存在一个明显的特征标度不同，长尾分布往往不存在单一的特征标度，因此

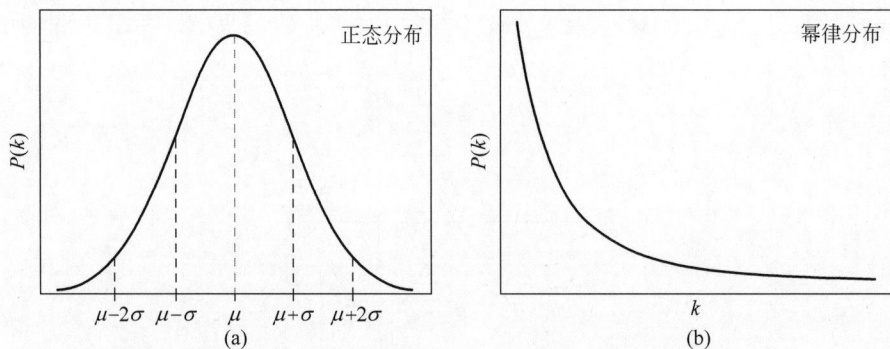

图 10.10　两种网络的度分布形状：正态分布和幂律分布

也称为无标度分布。读者也许会问，长尾分布也有平均值，这个平均值为什么不是特征标度呢？特征标度是指大部分取值应该落在以特征标度为中心的一个相对比较小的区间内，而长尾分布却不具有这一特征。例如，假设全球只有 100 个人，其中有一个人的财富为 100 亿美元，而其余每个人的财富都不超过 1 万美元，那么这 100 个人的平均财富大约为 1 亿美元，但实际上没有一个人的财富接近这一平均值。

如果一个实际网络的度分布曲线近似具有钟形形状，其概率密度在远离峰值（即均值 $\langle k \rangle$）处呈指数下降。这意味着我们几乎可以肯定地认为网络中所有结点的度都与网络的平均度 $\langle k \rangle$ 相差不大。换句话说，网络中不存在一个具有比平均度 $\langle k \rangle$ 大得太多的度值的结点。因此，这类网络也称为均匀网络或匀质网络。然而，大量实证研究表明，许多实际网络的度分布曲线都具有长尾的形状，而不是钟形的形状。这里的长尾形状的分布指的就是幂律分布，在一定的数学意义下，幂律分布是唯一一种具有无标度特性的长尾分布。

1999 年 9 月，Barabási 小组在 *Nature* 上发表了一篇通讯，指出互联网的出度分布和入度分布都与正态分布有很大不同，而是服从幂律分布。一个月之后，该小组又在 *Science* 上发表文章指出，包括电影演员网络和电力网络在内的其他许多实际网络的度分布也都服从幂律分布，并给出了产生幂律度分布的两个基本机理，建立了相应的无标度网络模型。近年来，度分布作为网络的一个重要拓扑特征在网络科学研究中具有重要地位。特别地，人们发现很多实际网络的度分布可以较好地用如下形式的幂律分布来表示。

$$P(k) \sim k^{-\gamma} \tag{10.22}$$

其中，γ 为大于 0 的幂指数，通常取值为 2～3。结点度分布服从幂律分布的网络也称为幂律网络。如果网络中结点的度值差异较大，既存在度相对较小的结点，也存在度相对非常大的结点，那么就称该网络为非均匀网络或异质网络。一般认为，只有幂指数较小（$\gamma \leqslant 3$）的幂律网络才是非均匀网络。一些文献直接将无标度网络等价于幂律网络。但是，如果认为无标度网络是指结点的度没有明显的特征标度的网络，那么无标度网络应该是与非均匀网络等价的提法，因此，只有幂指数较小的幂律网络才是无标度网络。

2．小世界网络

与无标度网络的特征不同，在网络理论和现实中，还存在着一类特殊的复杂网络结构，即小世界网络，在这种网络中大部分的结点彼此并不直接相连，但任一给定结点的邻居们却很可能彼此是邻居，并且大多数结点都可以从任意其他结点用较少的步或跳跃访问到。

在日常生活中,有时你会发现,某些你觉得与你隔得很"遥远"的人,其实与你"很近"。小世界网络就是对这种现象(也称为小世界现象)的数学描述。最早观察到小世界现象是在人际关系网络上。将每个人作为结点,将人与人之间的人际关系(朋友、合作、相识等)视为连边,就建立起一个人际关系网络。20世纪60年代,美国哈佛大学社会心理学家斯坦利·米尔格伦做了一个连锁信实验。他将一些信件交给自愿的参加者,要求他们通过自己的熟人将信传到信封上指明的收信人手里,他发现,296封信件中有64封最终送到了目标人物手中。而在成功传递的信件中,平均只需要5次转发,就能够到达目标。也就是说,在社交网络中,任意两个陌生人之间的"距离"是6。这就是所谓的六度分隔理论。尽管他的实验有不少缺陷,但这个现象引起了学界的注意。

具体来说,小世界网络的定义如下:如果网络中随机选择的两个结点之间的距离 L(即访问彼此所需要的步数),与网络中结点数量 N 的对数成比例增长(即 $L = \log N$),且网络的集聚系数较大,这样的网络就是小世界网络。在社交网络中。许多现实世界的网络都展示出了小世界现象,例如,社交网络、互联网的底层架构、Wikipedia 等百科类网站及基因网络等。

小世界网络有如下两个主要特征:一是小世界网络内部的结点之间都存在连接成团的现象,这一现象符合高聚类系数的特征;其次,大多数结点对之间都至少存在一条短路径,即遵循平均最短路径较小的特征。一个网络只要满足上述两个特征,就可以被定义为小世界网络。

10.4 网络结点的中心性

结点的中心性是网络科学中的一个重要概念。中心性代表一个结点的价值,它取决于结点在网络中所处的位置,位置越核心其价值也越大。大量关于中心性的研究都致力于解决这样一个问题:"如何更高效地挖掘出哪些结点是网络中最重要的或是最核心的结点?"在本节中,将展示一些经典的网络中心性算法。这些算法现在仍被广泛应用于社会科学、计算机科学、物理学和生物学等领域,并成为基本的网络分析工具的重要组成部分。

10.4.1 度中心性

在所有中心性算法中,结点的度 k_i(或度中心性)是最直接和最简单的。结点 i 的度 k_i 定义为与结点 i 直接相连的边的数量。假设网络共包含 N 个结点,则结点 i 的最大可能的度值为 $N-1$。为了便于与其他中心性进行比较,通常会对度中心性做归一化处理:

$$D_i = \frac{k_i}{N-1} \tag{10.23}$$

在有向网络中,结点同时具有入度和出度,根据场景或任务需求,两者都可以作为度中心性。度中心性设计简单,意义明确。例如,在社交网络中,一个人的社交圈子越大,朋友越多,则越可能比圈子较小的人更具有影响力,传播和获取信息更容易。在科学论文引用网络中,一篇论文从其他论文中收到的引用次数(入度),可以粗略地代表论文的影响力。目前,引用次数是被使用最广泛的学术影响力判断指标。同样地,在国际原油贸易网络中,如果一个国家的原油贸易渠道越多、进口或出口的规模越大(分别与结点的度、入度和出度对应),那么该国对国际原油贸易市场的影响就越大。

10.4.2 介数中心性

与简单且直接的度中心性不同,介数中心性测量了一个结点位于其他结点之间的路径上的程度。介数中心性通常被认为是 Freeman 在 1977 年提出的,但 Freeman 曾自己指出,介数是由一份未发表的更早期的技术报告所提出的。介数中心性也具有较强的现实意义。以原油集输系统为例,复杂的原油运输管线将不同的原油储集设施连接在一起。油气资源在管网中按路径最短的方式从一个设施流向另一个设施。显然,在整个运输管网中,有的储集设施会位于其他设施之间的最短路径之上,这个最短路径的数量就是我们所说的介数中心性,或者简称为介数。具有较大介数中心性的结点可以控制网络中其他结点之间的交互,因此在网络中具有相当大的影响力。在油气集输的场景中,结点(设施)的介数较大意味着该结点的运输和储集业务较繁忙(如图 10.11(a)中的结点 5)。如果这些具有较大介数的结点失效,会严重影响到整个网络的运输能力和运输效率。当然,在现实世界中,油气的运输路线并不一定是按路径最短的方式设计,并且不同的油气储集设施的功能和处理效率也天差地别。所以抽象网络中的介数中心性并不完全等价于现实中设施的重要性。尽管如此,介数仍然是衡量结点对网络运输效率影响的近似指南。

简单起见,我们在一个无向且连通的简单网络上给出介数中心性的具体定义。考虑一个网络中所有最短路径的集合,那么结点 i 的介数中心性正比于通过结点 i 的最短路径的数量。介数中心性 B 的数学定义如下。

$$B_i = \sum_{s \neq i \neq t} \frac{n_{st}^i}{g_{st}} \tag{10.24}$$

其中,g_{st} 为网络中从结点 s 到结点 t 的最短路径的数量;n_{st}^i 为网络中从结点 s 到结点 t 的所有最短路径中经过结点 i 的最短路径的数量;显然有 $0 \leqslant n_{st}^i \leqslant g_{st}$。如果结点 s 和结点 t 之间不存在连通路径(即 $n_{st}^i = g_{st} = 0$),或者结点 i 没有位于结点 s 和结点 t 之间的任何一条最短路径上(即 $n_{st}^i = 0$),也就意味着结点 i 对于结点 s 和结点 t 之间的信息传输能力没有直接的影响力。一般地,如果信息在两个结点之间总是沿着最短路径传输,并且在存在多条最短路径时总是随机选择其中一条最短路径,那么结点 s 和结点 t 之间传输的信息经过结点 i 的概率为 n_{st}^i / g_{st}(如果 $n_{st}^i = g_{st} = 0$,可直接定义 $n_{st}^i / g_{st} = 0$)。

对于一个包含 N 个结点的连通网络,结点度的最大可能值为 $N-1$,结点介数的最大可能值是星状网络中的中心结点的介数值(如图 10.12(b)所示),因为所有其他结点之间的最短路径是唯一的并且都会经过该中心结点,所以该结点的介数就是这些最短路径的数目,即为

$$\frac{(N-1)(N-2)}{2} = \frac{N^2 - 3N + 2}{2} \tag{10.25}$$

基于这个理论上的介数最大值,一个包含 N 个结点的网络中结点的归一化介数定义为

$$B_i^c = \frac{2}{N^2 - 3N + 2} \sum_{s \neq i \neq t} \frac{n_{st}^i}{g_{st}} \tag{10.26}$$

归一化介数的定义还有一些其他的形式。例如,Newman 就给出了如下的定义。

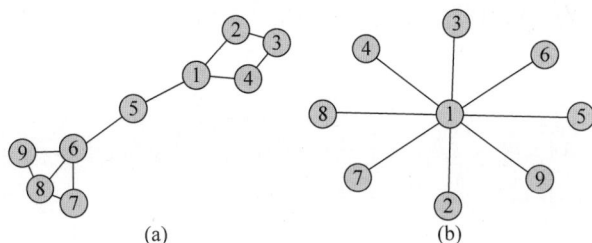

图 10.11 网络中结点 5 有较大的介数；星状网络例子

$$B_i^c = \frac{1}{N^2} \sum_{s \neq i \neq t} \frac{n_{st}^i}{g_{st}} \tag{10.27}$$

式（10.27）包含每个结点到自身的路径，以及以结点 i 为起点或终点的路径，N^2 表示网络中所有可能的结点对（包括结点到自身的配对）。尽管式（10.26）和式（10.27）的实际计算结果会有所不同，但并不会影响网络中的结点按介数大小的排序结果，而后者通常才是人们所关心的。

通俗地说，上述介数中心性刻画了结点对网络中信息传输和交互的控制能力，介数越大则结点的重要性就越强，也意味着去除这些高介数的结点会对网络的传输能力造成巨大的影响。不过需要指出的是，当网络规模较大时，网络中最短路径的搜索十分耗时。因此大规模网络的结点介数的高效计算仍是一个重要的研究方向。

10.4.3 接近中心性

接近中心性是一个完全不同的中心性指标，它度量了一个结点到其他结点的平均距离。给定一个具有 N 个结点的网络，对于网络中的每一个结点 i，可以计算该结点到网络中其他所有 $N-1$ 个结点的距离的平均值，记为 l，则有

$$l_i = \frac{1}{N-1} \sum_{j=1, j \neq i} d_{ij} \tag{10.28}$$

然而，一些学者在计算平均距离时习惯使用下面的公式。

$$l_i = \frac{1}{N} \sum_{j=1} d_{ij} \tag{10.29}$$

显然，式（10.29）把结点到自己的距离也包含在计算之中。这种方式实际上也是合理的，一方面式（10.29）在关于网络性质的数学推理过程中倾向于给出更优雅一些的分析结果，另一方面，根据定义，从任何结点到自身的距离都是零，所以包含这一项实际上对计算结果没有任何实质性的贡献。式（10.28）和式（10.29）唯一的区别是分母，它由 $N-1$ 变成了 N。显然，这一变化是独立于结点序号变量 i 的，这意味着所有结点的平均距离的绝对值虽然有所改变，但不同结点之间的相对量并没有变化。因此在大多数情况下，可以忽略它们之间的差异。

平均距离 l 的相对大小在某种程度上反映了结点在网络中的重要性。平均距离 l_i 的值越小，意味着结点 i 更接近其他结点，也就意味着结点 i 的影响力更大、更重要。然而这一设置与本节中的其他中心性指标恰好相反。对于其他中心性指标来说，结点的中心性值越大，说明结点越重要。因此，研究人员通常使用的是平均距离 l 的倒数。我们把结点 i 的

平均距离 l_i 的倒数定义为结点 i 的接近中心性,或简称接近数。

$$C_i = \frac{1}{l_i} = \frac{N}{\sum_{j=1}^{N} d_{ij}} \tag{10.30}$$

从定义来看,接近中心性是一个定义非常自然的结点重要性量化指标。如果一个结点与其他绝大部分结点的距离都较近,那么其接近中心性就会较大,这样的结点可以更快速地访问和影响其他结点。

10.4.4 特征向量中心性

度中心性的一个自然的扩展是特征向量中心性。在度中心性中,简单地统计了目标结点的邻居结点数量,并假设每个邻居结点的重要程度或中心程度都是等价的。但事实上并非所有的邻居都是相同的。在许多情况下,一个结点在网络中的重要性不仅取决于邻居结点的数量,也取决于邻居结点的重要性。这就是特征向量中心性背后的原理。显然,这一原理暗示着特征向量中心性的求解需要迭代来完成。假设在一个包含 N 个结点的无向网络 G 中,结点 i 的初始重要性为 $x_i(0)$,根据上述原理则有

$$x_i(1) = \sum_j A_{ij} x_j(0) \tag{10.31}$$

其中,A_{ij} 为网络 G 的邻接矩阵。$x_i(1)$ 表示经过一次迭代更新后,结点 i 的重要性值。式(10.31)也可以改写为矩阵运输的形式,即 $\boldsymbol{x}(t+1) = \boldsymbol{A}\boldsymbol{x}(t)$,其中,$\boldsymbol{x}$ 为结点重要性向量 $[x_1, x_2, \cdots, x_N]^T$。重复上述迭代过程,可以得到 t 步后的中心性向量:

$$\boldsymbol{x}(t) = \boldsymbol{A}^t \boldsymbol{x}(0) \tag{10.32}$$

注意到矩阵无向网络 G 的邻接矩阵 $\boldsymbol{A}$ 是对称矩阵,则它的特征值均为实数,记为 λ_i $(i=1,2,\cdots,N)$,一一对应的 N 个特征向量记为 $\boldsymbol{v}_i \in \mathcal{R}^N (i=1,2,\cdots,N)$,这些特征向量构成了 N 维线性空间的一组基,因此初始值 $\boldsymbol{x}(0)$ 可改写为这组基的线性组合:

$$\boldsymbol{x}(0) = \sum_{i=1}^{N} \gamma_i \boldsymbol{v}_i \tag{10.33}$$

联合式(10.32)和式(10.33),可得

$$\boldsymbol{x}(t) = \boldsymbol{A}^t \boldsymbol{x}(0) = \sum_{i=1}^{N} \gamma_i \boldsymbol{A}^t \boldsymbol{v}_i = \sum_{i=1}^{N} \gamma_i \lambda_i^t \boldsymbol{v}_i \tag{10.34}$$

假设 λ_1 为矩阵 $\boldsymbol{A}$ 的模最大的特征值,并且为单根,那么有

$$\boldsymbol{x}(t) = \lambda_1^t \sum_{i=1}^{N} \gamma_i \left(\frac{\lambda_i}{\lambda_1}\right)^t \boldsymbol{v}_i \rightarrow \gamma_1 \lambda_1^t \boldsymbol{v}_1 \tag{10.35}$$

这意味着,特征向量中心性 $\boldsymbol{x}$ 与 λ_1 对应的主特征向量成正比。因此,公式(10.35)可等价为

$$\boldsymbol{x} = \lambda_1^{-1} \boldsymbol{A}\boldsymbol{x} \tag{10.36}$$

理论上来说,特征向量中心性用于无向网络时效果最佳,当然其也可用于有向网络。但在有向网络中,使用特征向量中心性会带来一些问题。首先,有向网络的邻接矩阵通常是不对称的。这意味着有向网络的邻接矩阵有两组特征向量:左特征向量和右特征向量,因此有两个主特征向量。那么,应该用哪一个主特征向量来定义中心性呢?在绝大多数情况下要使用右特征向量。因为有向网络中的中心性通常是由指向你的邻居结点赋予的,而不是

由其指向的邻居结点赋予的。例如,在科学论文的引用网络中,一篇论文的影响力取决于有多少重要的其他论文引用了该论文,而不取决于该论文的参考文献。

然而,在有向网络上的特征向量中心性仍然存在一些其他问题。想象在一个有向网络中存在一个只有出边而没有入边的结点。根据式(10.31),这类结点的特征向量中心性总是为 0。以此类推,最终特征向量中心性无法避免网络中大量结点的中心性均为 0 这一问题。因此,在有向网络中,最常使用的是下面介绍的几个经典算法,它们在思路上与特征向量中心性是一脉相承的,即"一个结点在网络中的重要性不仅取决于邻居结点的数量,也取决于邻居结点的重要性"。

10.4.5 Katz 中心性

我们可以简单地给网络中的所有结点都分配一个较小的固定值,来解决上述特征向量中心性零值的问题。换句话说,对式(10.36)进行修改,则有

$$x = \alpha Ax + \beta \times 1 \tag{10.37}$$

其中,α 和 β 均为正的常数项;1 表示元素全为 1 的向量。通过添加第二项,即使度为零的结点也可以获得大小为 β 的中心性。以此类推,一旦这些入度为零的结点具有了非零的中心性,那么它们所指向的结点也就避免了中心性同样为零的可能。结点的中心性的绝对大小并不重要,因此方便起见,参数 β 通常设置为 1,进而有

$$x = (I - \alpha A)^{-1} \cdot 1 \tag{10.38}$$

该中心性是由 Katz 最先在 1953 年提出的,因此该中心性被称为 Katz 中心性。与原始的特征向量中心性不同,Katz 中心性多了一个可调节的参数 α,该参数用于平衡特征向量和常数项之间的占比。关于参数 α 取值的唯一要求是,如果要使式(10.38)中的 Katz 中心性的计算结果收敛,应该保证 α 小于邻接矩阵 A 的最大的特征值 λ_1 的倒数。除此之外,对于 α 的取值,几乎没有什么额外的标准。事实上,大多数研究人员习惯使用的值都接近于 $1/\lambda_1$ 这一最大值。

看似完美的 Katz 中心性实际上也存一个问题:如果一个具有较大 Katz 中心性的结点指向众多其他结点,那么根据算法的原理,所有这些被指向的结点都将拥有更大的中心性。以国内著名搜索引擎网站百度为例,在互联网中,百度是人们日常生活中的一个十分重要的网站,任何合理的算法都应分配给它较大的中心性。而作为导航网站,百度在提供符合搜索需求的高质量网页时,也可能同时会指向许多垃圾网页。那么根据 Katz 中心性的原理,这些低质量的网页也将具有较大的中心性,这显然是不合理的。

10.4.6 PageRank 算法

PageRank(PR)是 Google 公司用来对网页搜索结果进行排序的算法,它以 Web Page 和联合创始人 Larry Page 的名字命名。PageRank 是衡量网站页面重要性的最经典的算法之一。PageRank 通过计算指向目标网页的链接的数量和质量来确定该网页的重要性,其基本假设与特征向量中心性类似。与特征向量中心性和 Katz 中心性一样,首先给有向网络 G 中的所有结点分配一组初始值 $\text{PR}_i(0)$,$i = 1, 2, \cdots, N$,且所有初始值满足求和为 1,即 $\sum_i \text{PR}_i(0) = 1$。 然后按下述式(10.39)对所有结点的 PR 值进行迭代更新:

$$\mathrm{PR}_i(t) = \sum_{j=1}^{N} A_{ji} \frac{\mathrm{PR}_j(t-1)}{k_j^{\text{out}}}, \quad i = 1, 2, \cdots, N \tag{10.39}$$

其中，t 为迭代步数；A_{ji} 是有向网络 G 的邻接矩阵；k_j^{out} 为结点 j 的出度。这就是基本的 PageRank 算法。在每次对结点的 PR 值进行迭代更新时，结点 j 的 PR 值将被均匀地分给每一个 j 所指向的结点，而每个结点更新后的 PR 值等于其所分得的 PR 值之和。这种均分策略既保证了在更新迭代过程中，所有结点的 PR 值之和始终为 1，也通过稀释高 PR 值结点的中心性解决了 Katz 中心性所存在的问题。

基于有向网络 G 的邻接矩阵 $\boldsymbol{A} = (\boldsymbol{A}_{ij})_{N \times N}$，可以定义基本 PageRank 算法的 Google 矩阵 $\overline{\boldsymbol{A}} = (\overline{\boldsymbol{A}}_{ij})_{N \times N}$ 如下。

$$\overline{\boldsymbol{A}}_{ij} = \begin{cases} 1/k_i^{\text{out}}, & \text{如果有从结点 } i \text{ 指向结点 } j \text{ 的连边} \\ 0, & \text{否则} \end{cases} \tag{10.40}$$

那么，基本的 PageRank 算法的迭代更新规则可以用如下矩阵形式来表示。

$$\mathrm{PR}(t) = \overline{\boldsymbol{A}}^{\mathrm{T}} \mathrm{PR}(t-1) \tag{10.41}$$

式（10.41）就是求解矩阵 $\overline{\boldsymbol{A}}$ 的主特征向量的方法，并且有 $\|\mathrm{PR}(t)\|_1 = 1, \forall k \geqslant 0$。以如图 10.12 所示的包含 6 个结点的有向网络为例，其 Google 矩阵 $\overline{\boldsymbol{A}}$ 为

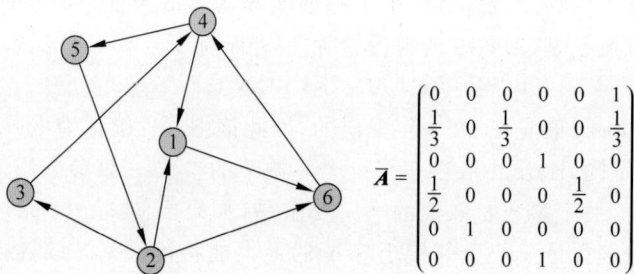

$$\overline{\boldsymbol{A}} = \begin{pmatrix} 0 & 0 & 0 & 0 & 0 & 1 \\ \frac{1}{3} & 0 & \frac{1}{3} & 0 & 0 & \frac{1}{3} \\ 0 & 0 & 0 & 1 & 0 & 0 \\ \frac{1}{2} & 0 & 0 & 0 & \frac{1}{2} & 0 \\ 0 & 1 & 0 & 0 & 0 & 0 \\ 0 & 0 & 0 & 1 & 0 & 0 \end{pmatrix}$$

图 10.12　一个包含 6 个结点的有向网络和其对应的 Google 矩阵

给定 6 个结点的初始 PR 值均为 1/6，随着迭代步数 t 的增加，每个结点的 PR 值会逐渐趋近于表 10.1 所展示的稳态 PR 分数。

表 10.1　基本 PageRank 算法的迭代计算案例

结点	$t=0$	$t=2$	$t=4$	$t=6$	$t=12$	$t=30$	$t=\infty$
1	1/6	0.138 889	0.166 667	0.185 185	0.181 327	0.181 818	2/11
2	1/6	0.166 667	0.166 667	0.125	0.137 731	0.136 368	3/22
3	1/6	0.055 555 6	0.027 777 8	0.046 296 3	0.045 524 7	0.045 453 2	1/22
4	1/6	0.333 333	0.25	0.277 778	0.271 605	0.272 722	3/11
5	1/6	0.083 333 3	0.138 889	0.138 889	0.135 802	0.136 365	3/22
6	1/6	0.222 222	0.25	0.226 852	0.228 009	0.227 274	5/22

可以从复杂网络上随机游走的观点来解释基本的 PageRank 算法，从而也容易发现它存在的问题。首先，完全随机地选择一个初始结点；然后，每次都是从当前结点出发，在从该结点指出去的边中随机选择一条边并沿着该边到达另一个结点。Page 和 Brin 为随机游走取了一个好听的名字——随机冲浪。假设有一个网上的随机冲浪者，他从一个随机选择的页面开始浏览，然后在当前页面浏览一定时间后通过随机单击当前页面上的某个超文本

链接而进入下一个页面浏览。随机冲浪 t 步后位于页面 i 的概率就等于应用基本 PageRank 算法 t 步后得到的页面 i 的 PR 值。

然而不难发现,基本 PageRank 算法的随机游走规则存在一个问题:一旦游走到达某个出度为零的结点,就会永远停留在该结点而无法再走出来。这类出度为零的结点也称为悬挂结点,这些结点的存在会使得基本的 PageRank 算法失效。下面以图 10.13 中这个仅有两个结点的网络为例来说明这个问题。

图 10.13 一个包含悬挂结点的例子

在这个例子中,唯一的有向边是从结点 1 指向结点 2 的,则这个简单网络的基本 Google 矩阵为

$$\bar{A} = \begin{pmatrix} 0 & 1 \\ 0 & 0 \end{pmatrix}$$

假设 PR 值的初始向量为 $\mathbf{PR}(0) = [1/2 \quad 1/2]^{\mathrm{T}}$,根据基本 PageRank 算法的迭代步骤:

$$\mathbf{PR}(1) = \bar{A}^{\mathrm{T}} \mathbf{PR}(0) = [0 \quad 1/2]^{\mathrm{T}}$$
$$\mathbf{PR}(2) = \bar{A}^{\mathrm{T}} \mathbf{PR}(1) = [0 \quad 0]^{\mathrm{T}}$$

在经过两轮迭代之后,结点 1 和结点 2 的 PR 值全部收敛到了 0,这个结果显然是不合理的。对于悬挂结点的处理方法也很简单:假设游走一旦到达一个出度为零的结点,下一步迭代时,就以相同概率 $1/N$ 随机地跳跃到网络中的任意一个结点上。从数学上看,这一操作相当于把基本 Google 矩阵 $\bar{A}$ 中的全零行替换为每个元素均为 $1/N$ 的行。这种修正称为随机性修正,修正后的 Google 矩阵是每一行的元素之和都为 1 的行随机矩阵,其元素为

$$\bar{A}_{ij} = \begin{cases} 1/k_i^{\mathrm{out}}, & k_i^{\mathrm{out}} > 0 \text{ 且有从结点 } i \text{ 指向结点 } j \text{ 的边} \\ 0, & k_i^{\mathrm{out}} > 0 \text{ 且没有从结点 } i \text{ 指向结点 } j \text{ 的边} \\ 1/N, & k_i^{\mathrm{out}} = 0 \end{cases} \tag{10.42}$$

检验发现,这种修正有效地解决了图 10.14 中的问题。经过迭代更新后,可以求得 PR 稳定值为 PR$= [1/3 \quad 2/3]^{\mathrm{T}}$。虽然解决了悬挂结点的问题,但目前的基本 PageRank 算法仍然存在着与特征向量中心性相似的问题:即网络中只有出边没有入边的结点可能会造成许多结点的稳态 PR 值均为 0。下面再以图 10.14 中包含 5 个结点的有向网络为例。

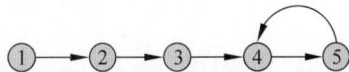

图 10.14 一个包含 5 个结点的有向网络例子

可以看出,网络中并不存在悬挂结点,使用基本 PageRank 算法计算后可得稳态 PR 向量为 $[0,0,0,1/2,1/2]^{\mathrm{T}}$,结点 1、结点 2 和结点 3 的 PR 值均为 0,这明显是不合理的。与 Katz 算法的思路相似,解决这个问题的有效办法是:从当前结点出发进行随机游走,不管当前结点是否为悬挂结点,都允许以一定概率随机跳跃至网络中的任一结点。针对一般的有向网络,修正的算法的详细规则为:完全随机地选择一个初始结点。如果当前所在结点的出度大于零,那么以概率 $\alpha (0 < \alpha < 1)$ 在出边中随机选择一条并沿着该方向到达下一个结点;以概率 $1 - \alpha$ 在整个网络上完全随机选择一个结点作为下一步要到达的结点;如果当前所在结点的出度等于零,那么完全随机选择一个结点作为下一步要到达的结点。

基于上述修正的算法规则,最终得到了经典的 PageRank 算法。

(1) 初始步:给定网络中所有结点的初始 PR 值,即 $PR_i(0)$,$i=1,2,\cdots,N$,且所有初始值满足求和为 1。

(2) 经典 PageRank 算法的更新规则为:指定比例因子 $\alpha \in (0,1)$ 的值。首先按照基本的 PageRank 算法迭代计算各个结点的 PR 值,然后把每个结点的 PR 值通过比例因子 α 进行缩小。这样,所有结点的 PR 值之和也就缩减为 α,再把 $1-\alpha$ 平均分给每个结点 PR 值,以保持网络总的 PR 值为 1,即有

$$PR_i(t)=\alpha \sum_{j=1}^{N} \overline{A}_{ji} PR_j(t-1)+(1-\alpha)\frac{1}{N}, \quad i=1,2,\cdots,N \quad (10.43)$$

经典 PageRank 算法的迭代规则的矩阵形式如下。

$$\mathbf{PR}(t)=\widetilde{\mathbf{A}}^{\mathrm{T}}\mathbf{PR}(t-1)=(\widetilde{\mathbf{A}}^{\mathrm{T}})^{t}\mathbf{PR}(0) \quad (10.44)$$

其中:

$$\widetilde{A}=\alpha \overline{A}+(1-\alpha)\frac{1}{N}ee^{\mathrm{T}}, \quad e=[1,1,\cdots,1]^{\mathrm{T}} \quad (10.45)$$

注意到无论网络的连通性如何,$\overline{A}$ 是一个非负矩阵,从而 $\widetilde{A}$ 是一个正矩阵。根据矩阵理论中的 Perron-Frobenius 定理,有如下结论。

(1) 矩阵 $\widetilde{A}$ 的模最大的特征值为正实特征值 $\lambda_1>0$,且有 $\forall i$ 有 $\lambda_1>|\lambda_i|$。

(2) 与特征值 λ_1 对应的单位特征向量 $\mathbf{PR}^*$ ($\|\mathbf{PR}^*\|_1=1$) 的元素全为正。

(3) 如果矩阵 $\overline{A}$ 是行随机矩阵,那么 $\widetilde{A}$ 也是行随机矩阵。在此情形,$\lambda_1=1$,对于任意的非零和非负的单位初始向量,迭代更新 t 步后得到 $\mathbf{PR}(t)$,当 $t\to\infty$ 时收敛到 $\mathbf{PR}^*$。

关于参数常数 α 的取值需要考虑到收敛性和有效性之间的折中:如果 $\alpha=1$,那么算法可能会无法收敛,越接近 1 算法收敛速度越慢;α 越接近 0 算法收敛速度越快,如果 $\alpha=0$,那么算法一步就收敛到所有结点均具有相同 PR 值的状态,但这样的收敛是没有意义的。Page 和 Brin 当初提出 PageRank 算法时建议取 $\alpha=0.85$。当然,根据使用场景和任务的不同,α 的最优取值也不同,如在科学论文引用网络中,α 取 0.5 较好。

10.5 链路预测与相似性度量

在 10.4 节中,对结点的重要性评价指标,即中心性算法进行了简单的介绍。中心性算法可以帮助人们估计网络中个体结点的重要程度并排序。除了量化结点之间的重要性外,网络中结点之间的相似性分析也是网络数据挖掘中的主要研究方向之一。链路预测是结点相似性度量的最典型和直接的应用场景。简单来说,链路预测是指如何通过网络中已知的信息预测网络中不存在的结点之间的链接。这种预测既包含对丢失或缺失链接的补全预测,也包含对网络结构未来可能产生的链接的预测。链路预测的基本假设就是:如果两个结点之间的相似性越强,则它们之间存在链接的可能性就越大。链路预测有着广泛的应用场景:在生物医药领域,利用蛋白质间的相互作用网络的结构信息进行链路预测,可以为烦琐的实验论证预先提供参考依据,从而降低实验成本,提高成功率;在社交网络领域,链路预测可以对社交网络中的好友关系和交际偏好进行预测,从而提高用户对社交网站的体验

满意度和使用黏性；在电子商务领域，除了传统的协同过滤推荐算法外，利用网络结构信息（如网络三角形结构）等特征进行商品推荐也取得了显著的优势。这一节中将回答以下几个主要问题：如何量化结点之间的相似性并进行链路预测，目前有哪些流行的链路预测算法，如何度量不同链路预测方法的性能等。

10.5.1　问题定义和评价指标

给定一个无向网络 $G(V,E)$，其中，V 是结点集合，E 就是网络中连边的集合。在本节中，暂不考虑有向边、多重边和自环等结构。使用 U 表示网络中所有可能的 $N(N-1)/2$ 条连边的集合，其中，$N=|V|$ 是网络中结点的数量。那么网络中不存在的连边的集合为 $U-E$。假设在集合 $U-E$ 中存在一些需要被预测的链接（缺失的连边数据或未来可能出现的链接），那么链接预测的任务就是要从 $U-E$ 中找出这些链接。一般情况下，由于我们是无法事先知道哪些链接是需要被预测的，因此为了能够测试链路预测算法的准确性，网络中已知的连边集合 E 会被分为两部分：被视为已知信息的训练集合 E^{T} 和被视为未知的试集合 E^{P}。显然有 $E^{\mathrm{T}} \bigcup E^{\mathrm{P}}=E$ 且 $E^{\mathrm{T}} \bigcap E^{\mathrm{P}}=\varnothing$。此外，衡量链路预测算法精确度的两个常用指标为 AUC 和 Precision。

（1）AUC 是从整体上衡量算法的精确度。它可以理解为，算法赋予测试集中的边的分数值比随机选择的一个不存在的边的分数值高的概率。也就是说，每次随机从测试集中选取一条边与随机选择的不存在的边进行比较：如果测试集中的边的分数值大于不存在的边的分数值，那么就加 1 分，如果两个分数值相等就加 0.5 分，这样独立比较 n 次。假设通过比较发现，有 n' 次测试集中的边的分数值大于不存在的边的分数值，有 n'' 次两个分数值相等，那么 AUC 定义为

$$\mathrm{AUC}=\frac{n'+0.5n''}{n} \tag{10.46}$$

显然，如果所有分数都是随机产生的，那么 AUC $=0.5$。因此 AUC 大于 0.5 的程度衡量了算法在多大程度上比随机选择的方法精确。

（2）Precision 只考虑排在前 L 位的边是否预测准确，即前 L 个预测边中预测准确的比例。如果排在前 L 位的边中有 m 个在测试集中，那么 Precision 定义为

$$\mathrm{Precision}=\frac{m}{L} \tag{10.47}$$

显然，Precision 越大说明预测越准确。如果两个算法的 AUC 相同，而算法 1 的 Precision 大于算法 2，那么说明算法 1 更好，因为它倾向于把真正连边的结点对排在前面。

链路预测作为数据挖掘领域的重要研究方向之一，在计算机科学领域已有较多的研究成果。这些研究的思路和方法主要基于马尔可夫链理论、机器学习和深度学习理论。近年来，基于网络结构的链路预测方法受到越来越多的关注，下面将着重介绍一些当前流行的基于网络结点相似度的链路预测方法。

10.5.2　共同邻居

对于一个结点 i，设 $\Gamma(i)$ 表示 i 的邻居结点的集合。可以想象，假设同一个网络中的两个不相连的结点 i 和 j，如果它们有许多共同的邻居结点，那么 i 和 j 之间就更有可能存在

一个链接。这个结点之间的邻居集合的重叠度是最简单的度量结点相似性的方法,即

$$S_{ij}^{CN} = | \varGamma(i) \bigcap \varGamma(j) | \tag{10.48}$$

换句话说,共同邻居(Common Neighbors,CN)实际上是在统计网络中,两个不相连的结点 i 和 j 之间的长度为 2 的不同路径的数量。因此 CN 也可以被写为 $S_{ij}^{CN} = (A^2)_{ij}$,其中,A 是网络 G 的邻接矩阵。如图 10.15 所示,结点 i 和 j 之间共有 4 个共同的邻居结点,即 4 条长度为 2 的不同路径。

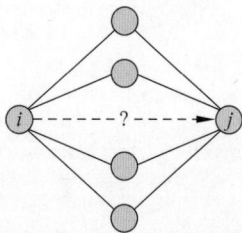

图 10.15　具有 4 个相同邻居的两结点是否直接相连接

共同邻居方法背后的原理也十分简单,即两个有很多共同朋友的人很有可能也是朋友,或者在未来成为朋友。共同邻居算法有许多变种,它们对基础版的共同邻居方法进行了不同的标准化修正。

6 种不同的基于共同邻居的修正算法如表 10.2 所示。公式中 $k_i = | \varGamma(i) |$ 为结点 i 的度。

表 10.2　6 种基于共同邻居算法的相似性指标

名　　称	数 学 形 式	名　　称	数 学 形 式
Salton 指标	$\dfrac{\| \varGamma(i) \bigcap \varGamma(j) \|}{\sqrt{k_i \times k_j}}$	大度结点有利指标(HPI)	$\dfrac{\| \varGamma(i) \bigcap \varGamma(j) \|}{\min\{k_i, k_j\}}$
Jaccard 指标	$\dfrac{\| \varGamma(i) \bigcap \varGamma(j) \|}{\| \varGamma(i) \bigcup \varGamma(j) \|}$	大度结点不利指标(HDI)	$\dfrac{\| \varGamma(i) \bigcap \varGamma(j) \|}{\max\{k_i, k_j\}}$
Sorensen 指标	$\dfrac{2\| \varGamma(i) \bigcap \varGamma(j) \|}{k_i + k_j}$	LHN 指标	$\dfrac{\| \varGamma(i) \bigcap \varGamma(j) \|}{k_i \times k_j}$

10.5.3　优先链接指标

优先链接(Preferential Attachment,PA)机制指的是:在一个动态增长的网络中,每当有新结点加入并选择和网络中已有结点创建连接时,它可能更倾向于与那些度较大的结点相连,而不是度较小的结点。受优先链接机制的启发,缺失的链接存在的概率应该正比于两个结点的度的乘积:

$$S_{ij}^{PA} = k_i \times k_j \tag{10.49}$$

优先链接指标被广泛用于量化受各种基于网络的动态影响的链路的功能意义。值得注意的是,该指标仅需要统计邻居数量而不需要知道每个邻居结点的额外信息,因此它的计算复杂度最小,运行速度快。

10.5.4　Adamic-Adar 指标

与前面的指标不同,Adamic-Adar(AA)指标使用了邻居结点的信息,它通过给度较小的邻居结点分配更多的权重来优化简单的邻居计数,定义为

$$S_{ij}^{AA} = \sum_{x \in \varGamma(i) \bigcap \varGamma(j)} \frac{1}{\log k_x} \tag{10.50}$$

10.5.5 资源分配指标

资源分配指标(Resource Allocation,RA)是由复杂网络上的资源分配动态所动态驱动的。考虑一对互不相连的结点 i 和 j。假设结点 i 要向结点 j 发送一些资源,它们的共同邻居则扮演着资源发射器的角色。在最简单的情况下,假设每个发射器都有一个资源单位,那么发射器会将这一个资源单位平均地分配给它的所有邻居结点。结点 i 和 j 之间的相似性可以定义为从 j 接收到的 i 的资源量:

$$S_{ij}^{RA} = \sum_{x \in \Gamma(i) \cap \Gamma(j)} \frac{1}{k_x} \tag{10.51}$$

显然,这个指标是对称的,也就是说,$S_{ij}^{RA} = S_{ji}^{RA}$。需要注意的是,尽管由于开发指标时的动机不同,Adamic-Adar 指标和 RA 指标有非常相似的形式。事实上,它们都抑制了度较大的共同邻居对相似度的贡献。Adamic-Adar 指标采用 $\log k$,而 RA 指标采用 k。当度 k 较小时,两者的差异并不显著,而当共同邻居结点的度较大时,两者的差异相当大。换句话说,RA 指标对高度共同邻居的惩罚比 Adamic-Adar 指标更严重。

10.5.6 局部和全局路径指标

尽管上述 10 种链路预测算法在形式上有所差异,但所有方法仅考虑了一阶邻居结点的信息,即考虑了所有长度为 2 的路径。因此,在 CN 的基础上,可以进一步考虑二阶邻居结点或长度为 3 的路径信息。局部路径指标(Local Path,LP)的具体定义如下。

$$S = A^2 + \alpha A^3 \tag{10.52}$$

其中,α 是一个大于 0 小于 1 的可调节参数,它的作用是给较长的路径赋予较小的权值。A 为网络的邻接矩阵,A_{ij}^3 给出了结点 i 和 j 之间长度为 3 的路径数量。可见,当 $\alpha = 0$ 时,LP 指标退化为 CN 指标。以此类推,可以继续考虑更多更长的路径:

$$S = \alpha A + \alpha^2 A^2 + \alpha^3 A^3 + \cdots = (I - \alpha A)^{-1} - I \tag{10.53}$$

不难发现,式(10.53)考虑了整个网络在两结点之间的所有可能的通路,因此它是一个基于全局信息的指标。值得注意的是,从相似性矩阵 S 的最终表达式可以看出,它与我们在 10.4.5 节中提到的 Katz 中心性的形式近似,这是因为二者背后的原理相同,因此,该相似性指标也叫 Katz 指数,与 Katz 中心性相同,为了保证式(10.53)收敛,α 的取值必须小于邻接矩阵 A 的最大特征值的倒数。

10.5.7 链路预测算法实例分析

表 10.3 中汇总了将上述 12 种基于结点局部信息的相似性指标用于 6 个实际的公开网络数据上链路预测的结果。这 6 个网络分别为蛋白质网络、科学家合作网络、美国电力网络、政治博客网络、路由器层的 Internet 拓扑以及美国航空网络。所有结果均以 AUC 为预测精度评价指标。

表 10.3　不同算法在 6 个网络链路预测任务中的精度比较

指标	蛋白质网络	科学家合作网络	美国电力网络	政治博客网络	路由器层的 Internet 拓扑	美国航空网络
CN	0.889	0.933	0.590	0.925	0.559	0.937
Salton	0.869	0.911	0.585	0.874	0.552	0.898
Jaccard	0.888	0.933	0.590	0.882	0.559	0.901
Sorensen	0.888	0.933	0.290	0.881	0.559	0.902
HPI	0.868	0.911	0.585	0.852	0.552	0.857
HDI	0.888	0.933	0.590	0.877	0.559	0.895
LHN	0.866	0.911	0.585	0.772	0.552	0.758
PA	0.828	0.623	0.446	0.907	0.464	0.886
AA	0.888	0.932	0.590	0.922	0.559	0.925
RA	0.890	0.933	0.590	0.931	0.559	0.955
LP	0.970	0.988	0.697	0.941	0.943	0.960
Katz	0.972	0.988	0.952	0.936	0.975	0.956

可以看到,在前 10 种基于邻居结点信息的算法中,RA 总体表现最好,PA 总体表现最差,特别是在电力网络和路由器网络中 AUC 还不到 0.5,这意味着 PA 算法在这两个网络中的预测精度还不如完全随机的效果好。而基于局部路径的 LP 和全局路径指标 Katz 的表现要明显优于前 10 种算法。且 Katz 指标的表现最好,特别是在电力网和 Internet 拓扑中 AUC 可达到 0.95 以上。其次 LP 算法表现也不错,例如,在蛋白质网络和政治博客网络中可以达到和 Katz 指标差不多的预测精度。甚至在政治博客网络和美国航空网络中表现比 Katz 指标还好。其原因在于政治博客网络和美国航空网络的平均最短距离很小,因此基于 3 阶路径的 LP 指标比基于全部路径的 Katz 指标能够更好地符合网络的结构特点。而电力网络的平均最短路径 16,此时只考虑 3 阶路径的 LP 指标就不够精确了。

10.6　社团检测算法

网络由结点和结点之间的连边组成,这些边代表着结点之间的联系的紧密程度。有一些结点之间相互连接紧密组成小团体,而有一些结点之间几乎没有联系。在网络科学术语中,这种特征被称为网络具有社团结构。具体而言,社团结构指的是网络中存在一些结点组,这些结点在内部连接比与网络其余部分连接更为紧密。

如图 10.16 所示,整个网络包含三个社团(结点 1~6、结点 7~12 和结点 13~18),每个社团内部的结点之间的连接相对较为紧密,各个社团之间的连接相对来说比较稀疏。随着对网络性质的深入研究,人们发现许多实际网络都具有较为明显的社团结构。

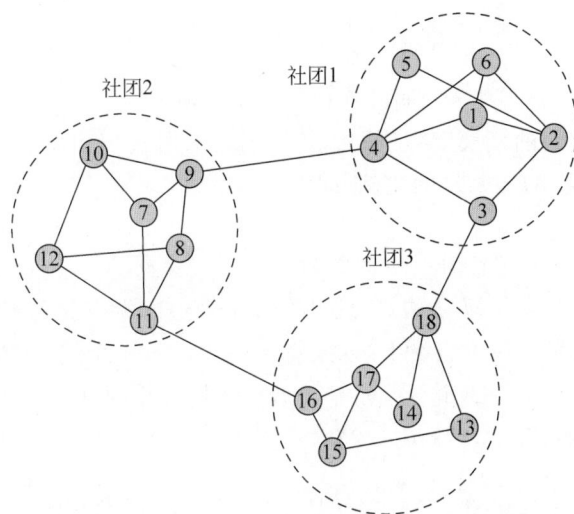

图 10.16 具有三个社团结构的网络

10.6.1 模块度

假设有一个网络,网络中的结点可以根据一些数量有限的特征来分类。例如,结点可以代表人,那么结点可以根据国籍、种族或性别进行分类,或者是根据页面使用的语言对网页进行分类等。如果网络中绝大部分的连边(即结点之间的联系)处在相同类别的结点之间,那么称这种网络是协调的。而模块度(Modularity)是量化这种协调性的关键指标。

当网络中的大部分连接(即结点之间的边)都发生在同一类别内的结点之间时,我们称这样的网络为协调的或具有社团结构的。为了量化这种协调性,我们引入了模块度的概念。模块度是最常用的一种衡量社团划分质量的指标,其基本想法是把划分社团后的网络与相应的零模型(Null Model)进行比较以度量社团划分的质量。

零模型是与所研究网络具有某些相同的基础性质(如相同的边数或者度分布等)的随机图模型。零模型提供了一个基准,用于评估社团划分结果是否仅仅是随机效应的结果。在社团结构研究中零模型的选择需要仔细考虑。最基础、最常见的零模型是与原网络具有相同边数的 ER 随机图模型,它具有均匀的度分布,结点之间的连接是完全随机的。由于度分布被认为是网络重要的拓扑性质并且实际网络往往具有非均匀的度分布,所以目前在分析网络社团结构时,通常选择与原网络具有相同度序列的随机图作为零模型,也称为一阶零模型。

接下来具体地介绍如何计算模块度。本章只讨论较为简单的无向无权网络上的模块度计算。对于一个给定的实际网络 $G = (V, E)$,假设找到了一种社团划分,那么所有社团内部的连边数量的总和可使用如下方式计算。

$$Q_{\text{real}} = \frac{1}{2} \sum_{ij} A_{ij} \delta(C_i, C_j) \tag{10.54}$$

其中,A_{ij} 是网络的邻接矩阵,C_i 和 C_j 分别是结点 i 和 j 在网络中所属的社团,如果结点 i 和 j 在同一个社团中,那么 δ 取值为 1;否则 δ 取值为 0。对于与该实际网络对应的一个相同规模的零模型,如果使用相同的社团划分,那么所有社团内部的边数总和的期望值为

$$Q_{\text{null}} = \frac{1}{2}\sum_{ij} P_{ij}\delta(C_i,C_j) \tag{10.55}$$

其中，P_{ij} 是零模型中结点 i 和 j 之间的连边数的期望值。

按照定义，一个网络的模块度为该网络的社团内部边数与相应的零模型的社团内部边数之差占整个网络边数 $M=|E|$ 的比例，即

$$Q = \frac{Q_{\text{real}} - Q_{\text{null}}}{M} = \frac{1}{2M}\sum_{ij}(A_{ij} - P_{ij})\delta(C_i,C_j) \tag{10.56}$$

由于整个网络 G 中共有 M 条边，因此共有 $2M$ 个边的端点。考虑一个与度为 k_i 的结点 i 相连的特定边，在完全随机假设下，这条特定的边的另一个端点与度为 k_j 的结点 j 相连的概率为 $k_j/(2M)$，因此在理论上，对于与原网络具有相同度序列但不具有相同度相关性的一个常用的零模型，有 $P_{ij}=k_ik_j/(2M)$。常用的模块度的定义可以进一步写为

$$Q = \frac{1}{2M}\sum_{ij}\left(A_{ij} - \frac{k_ik_j}{2M}\right)\delta(C_i,C_j) = \frac{1}{2M}\sum_{ij}B_{ij}\delta(C_i,C_j) \tag{10.57}$$

其中，$B_{ij}=A_{ij}-k_ik_j/2M$，被称为模块度矩阵。

实际网络数据通常包含的是结点之间的连边信息，而不会直接给出各个结点的度值。为此，下面给出模块度的一种更便于实际计算的形式。记 e_{vw} 为社团 v 和社团 w 之间的连边占整个网络边数的比例，有

$$e_{vw} = \frac{1}{2M}\sum_{ij}A_{ij}\delta(C_i,v)\delta(C_j,w) \tag{10.58}$$

记 a_v 为一端与社团 v 中结点相连的连边的比例，则有

$$a_v = \frac{1}{2M}\sum_i k_i\delta(C_i,v) \tag{10.59}$$

注意到

$$\delta(C_i,C_j) = \sum_v \delta(C_i,v)\delta(C_j,v) \tag{10.60}$$

于是，式(10.57)可以改写为

$$\begin{aligned}Q &= \frac{1}{2M}\sum_{ij}\left(A_{ij} - \frac{k_ik_j}{2M}\right)\sum_v \delta(C_i,v)\delta(C_j,v)\\ &= \sum_v\left[\frac{1}{2M}\sum_{ij}A_{ij}\delta(C_i,v)\delta(C_j,v) - \frac{1}{4M^2}\sum_i k_i\delta(C_i,v)\sum_j k_j\delta(C_j,v)\right]\\ &= \sum_v[e_{vv} - (a_v)^2] \end{aligned} \tag{10.61}$$

式(10.61)说明，只要根据网络连边数据统计出每个社团 v 内部结点之间的连边数占整个网络边数的比例 e_{vv}，以及一端与社团 v 中结点相连的连边的比例 a_v，就可计算出模块度。$(a_v)^2$ 还有一个清晰的物理意义：它表示的是在相应的具有相同度序列的配置模型中这些结点之间的连边数占整个网络边数比例的期望值。因此，式(10.61)的另一种等价表示方式为

$$Q = \sum_{v=1}^{N_c}\left[\frac{l_v}{M} - \left(\frac{d_v}{2M}\right)^2\right] \tag{10.62}$$

其中，N_c 是实际网络的社团数量，l_v 是社团 v 内部所含的边数，d_v 是社团 v 中所有结点的度值之和。

10.6.2　CNM 社团检测算法

根据 10.6.1 节中的模块度指标的定义,给定一个网络和网络中所有结点的社团划分,即可计算出当前划分方法的模块度分数,这一分数预示着当前社团划分结果的优劣程度。因此,最大化网络的模块度指标等价于寻找最优的社团划分。而模块度最大值的求解已经被证明是 NP 难题,因此出现了一系列基于谱优化、模拟退火和极值优化等近似算法。本节介绍一种基于贪心算法思想的社团结构检测算法 CNM 算法,它是由 Clauset、Newman 和 Moore 提出的一种凝聚算法。该算法的计算复杂度为 $O(N\log N)$。CNM 算法采用堆数据结构计算和更新模块度,具体描述如下。

步骤①初始时假设每个结点就是一个独立的社团,模块度值 $Q=0$,初始的 e_{ij}、a_i 计算如下。

$$e_{ij} = \begin{cases} 1/(2M), & \text{如果结点 } i \text{ 和结点 } j \text{ 之间存在连边} \\ 0, & \text{否则} \end{cases} \tag{10.63}$$

$$a_i = k_i/(2M)$$

初始的模块度增量矩阵的元素计算如下。

$$\Delta Q_{ij} = \begin{cases} e_{ij} - a_i a_j, & \text{如果结点 } i \text{ 和结点 } j \text{ 之间存在连边} \\ 0, & \text{否则} \end{cases} \tag{10.64}$$

得到初始的模块度增量矩阵后,就可以得到由它每一行的最大元素构成的最大堆 H。

步骤②从最大堆 H 中选择最大的 ΔQ_{ij},合并相应的社团 i 和 j,标记合并后的社团的标号为 j;并更新模块度增量矩阵 ΔQ_{ij}、最大堆 H 和辅助向量 a_i。

ΔQ_{ij} 的更新:删除第 i 行和第 j 列的元素,更新第 j 行和第 j 列的元素,得到

$$\Delta Q'_{jk} = \begin{cases} \Delta Q_{jk} + \Delta Q_{jk}, & \text{社团 } k \text{ 与社团 } i \text{ 和社团 } j \text{ 都相连} \\ \Delta Q_{jk} - 2a_j a_k, & \text{社团 } k \text{ 仅与社团 } i \text{ 相连,不和社团 } j \text{ 相连} \\ \Delta Q_{jk} - 2a_i a_k, & \text{社团 } k \text{ 仅与社团 } j \text{ 相连,不和社团 } i \text{ 相连} \end{cases} \tag{10.65}$$

最大堆 H 的更新:更新最大堆 H 中相应的行和列的最大元素。

辅助向量 a_i 的更新:

$$a'_j = a_i + a_j, \quad a'_i = 0 \tag{10.66}$$

记录合并以后的模块度值 $Q = Q + \Delta Q_{ij}$。

步骤③重复步骤②直到网络中所有的结点都归到一个社团内。在算法整个过程中,模块度 Q 仅有一个最大的峰值。当模块度增量矩阵中最大的元素都小于零以后,Q 值就只可能一直下降了。所以,只要模块度增量矩阵中最大的元素由正变为负,就可以停止合并,并认为此时的结果就是网络的社团结构。

以科学论文组成的论文引用网络为例(如图 10.17 所示),根据美国物理学会(APS)统计的在 1893—2010 年发表的 482 566 篇科学论文之间的引用关系绘制而成。需要注意的是,图 10.17 中只保留并展示了论文引用数量大于 50 的论文结点。需要注意的是,虽然论文引用网络是一个有向网络,但这里我们可以先将它视为一个无向网络,因为论文之间的引用表示它们的研究领域近似,而忽略引用的方向并不影响这一事实。由于属于同一研究领域的论文之间相互引用的强度要远大于不同研究领域之间的交叉引用强度,因此科学论文

的引用网络应具有较强的社团结构特征。使用 CNM 算法对该网络进行社团检测,结果如图 10.17 所示。可以很明显地观察到不同领域的论文组成了不同的网络社团结构(用不同的颜色来渲染这些不同的社团),虽然有些论文属于交叉类型的研究,因此存在跨领域的引用,但这种引用相比起同一领域内的引用要少得多。

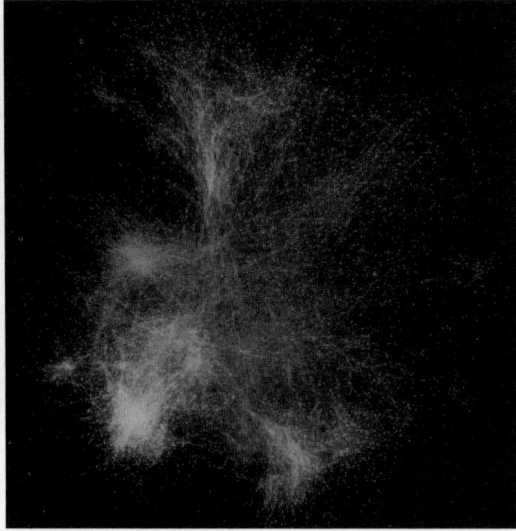

图 10.17 基于 CNM 算法的 APS 引文网络的社团划分结果

第11章

页岩油压裂水平井产能数据挖掘分析

11.1 技术背景

依赖水平井多级压裂、重复压裂等储层改造技术的快速发展,美国页岩油气革命改变了世界能源格局,实现了"能源独立"。美国 2020 年原油产量为 5.7×10^8 t,其中页岩油产量为 3.5×10^8 t,占比约 61%。美国页岩油气革命突破了传统圈闭勘探开发观念,推动了石油地质学和开发理论技术的发展,大大拓展了油气资源的勘探开发领域。页岩油以其分布范围广、资源潜力大、清洁无污染等优点,已经成为当前非常规油气勘探开发的热点。截至 2021 年年底,中国页岩油累计建成产能为 5×10^6 t 以上,年产油量约为 1.6×10^6 t,整体而言,我国页岩油勘探开发已进入快速发展阶段。实现页岩油从地质储量丰富到高产的转变是实现我国能源结构升级和低碳环保战略的重要前提。

准确预测页岩油井产能/生产动态是进行油藏生产优化和开发决策的重要前提。但页岩油藏的孔隙度和渗透率极低,赋存方式复杂,渗流机理与常规油藏存在显著差异,因此传统的产能/生产动态预测方法不再适用于页岩油藏。构建快速准确的页岩油藏产能/生产动态预测方法对于实现页岩油高效开发具有重要意义。

目前常用的页岩油井产能/生产动态预测方法主要包括三种:油藏工程方法、数值模拟方法和新兴的数据挖掘方法。油藏工程方法是指利用油藏工程的知识对油藏的基本属性或生产数据进行分析,进而对其未来生产动态进行预测的方法。目前常用的油藏工程方法主要包括经验产量递减分析方法和现代产量递减分析方法。但是该方法难以考虑页岩油藏中复杂的渗流特征,而且不同模型的适用条件与适用阶段各有不同,预测结果与现场实际具有较大偏差;同时它更适用于生产时间较长的油井,对于早期未递减、未投产的油井无法预测。数值模拟方法是通过建立油藏数值模型,模拟油藏流体流动,以对未来时刻产能/生产动态进行预测的方法。但该方法的假设条件过于理想化,需要大量参数,但这些参数在实际中难以获取,现场可操作性较差,耗时耗力。而且该方法在应用时需要首先进行生产历史拟合,工作量繁重。随着人工智能技术的飞速发展,高效率、高准确性的人工智能算法引起各个领域的关注。数据挖掘方法主要是对矿场实际数据进行挖掘分析,可分为两类。一类是时间序列型,即根据已开发油井前期的生产动态数据预测未来的生产动态;另一类是非时间序列型,即获得地质参数与压裂工程参数等变量与页岩油压裂水平井产能的关系,构建页岩油产能/生产动态的快速预测方法。一方面,利用实际现场数据集进行训练,能够保证产能/生产动态预测的准确性;另一方面,训练后的机器学习模型往往能够在数秒内给出产能/生产动态的预测结果,大大提高了预测效率。目前该方法已成为油气藏产能/生产动态预测的有力手段。

本章基于矿场实际数据,分别采用非时间序列型和时间序列型机器学习方法对页岩油压裂水平井的产能和生产动态进行预测。产能预测具体步骤为:采用数据挖掘技术对页岩油压裂水平井产能/生产动态的主要控制因素进行了筛选,然后利用多种机器学习算法构建了页岩油压裂水平井产能的预测模型,实现了页岩油井产能的快速准确预测。生产动态预测的具体步骤为:收集矿场已开发压裂水平井的时间序列参数,包括日生产时间和油嘴大小等,然后基于时间序列算法构建了页岩油压裂水平井生产动态的预测模型,实现了页岩油井生产动态的快速准确预测。

11.2 页岩油井产能数据的特征

页岩油是指埋藏深度大于 300m、R_o 值大于 0.5% 的陆相富有机质页岩层系中赋存的液态石油烃和多类有机物的统称,包括地下已经形成的石油烃、各类沥青物和尚未热降解转化的固体有机质。其油井产能指在一定回压下页岩油井的产油量。影响页岩油井产能的因素种类繁多,本节基于矿场实验数据,筛选了影响页油气井产能的因素,主要有:油井基础物性参数,包括渗透率、孔隙度、脆性含量;压裂施工参数,包括用液强度、加砂强度、压裂段数、压裂簇数;油井参数,包括实钻水平井段长度、钻遇油层长度;工作制度参数,包括油嘴大小。

1. 油井基础物性参数

渗透率:在一定压差下岩石允许流体通过的能力,是表征土或岩石本身传导液体能力的参数。压裂水平井产量随着基质渗透率的提高而大幅度上升。

孔隙度:岩石孔隙体积与其外表体积的比值,是度量岩石储集能力大小的参数。孔隙度越大,储量越少,开采难度越大,即油井产能越低。

脆性含量:岩石中石英、方解石等脆性矿物的含量。脆性指数是衡量脆性矿物含量的指标。储层脆性矿物含量越高,脆性指数越高,压裂越易产生裂缝且裂缝网络复杂度越高,即水平井产量越高。

2. 压裂施工参数

用液强度:每米的压裂液注入量。压裂过程中,主裂缝半长和裂缝导流能力会随每米压裂液注入量的增大而增大,油井产量越高。

加砂强度:每米的加砂量。在压裂过程中,在注入前置液后,会注入携砂液,将支撑剂带入裂缝并填在预定位置。其中,携砂液所含砂体的量为加砂量,其会影响压裂改造过程中造缝质量。加砂强度越高,意味着岩层形成的通道越多,压裂效果越好。

压裂段数:压裂段数越多,储层改造效果越好,产量越多,但当压裂段数达到一定值之后,裂缝间产生干扰,改善效果减缓,产量增加缓慢。

压裂簇数:与压裂段数效果相同,是用以评价水平井裂缝数量的参数。

3．油井参数

实钻水平井段长度：水平井段长度越长，相同储层区域内的井网控制面积越大，即油井产量越高。

钻遇油层长度：与实钻水平井段长度相似。

4．工作制度参数

油嘴大小：油嘴是采油树上用于控制油井流量的部件，它安装在翼阀与出油管线之间。油嘴也可以用来控制气举井的注气量和注水井的注水量。油嘴越大，油气渗流到井口的速度越快，产量越高。

11.3　页岩油井产能数据预处理方法

11.3.1　数据清洗

在实际的页岩油藏生产过程中，由于人为因素或机器故障等的出现，会造成井的地质数据和生产动态数据存在缺失、重复、奇异等问题。而这些异常数据会给数据的挖掘和分析带来较大的麻烦。即使勉强进行分析，最终效果也会大打折扣。因此，在正式分析前，需对这些数据进行预处理，具体的处理步骤包括异常数据处理、缺失值处理。

1．异常数据处理

异常数据是指过大或过小的数据值。由于现场传回数据量大，数据类型复杂，因此每种数据都存在误差观测值，超出误差范围即可认定为异常数据。这类数据会影响分析结果，需将其剔除。目前用于识别异常数据的方法主要是物理判别法和统计判别法。

1）物理判别法

应用于数据量较少的情况下，根据现场经验人为筛选判定出异常数据并将其去除。

2）统计判别法

应用于对数据集的处理，根据特定标准给出一个置信区间，超出区间范围即认定为异常数据并进行去除。统计判别法主要有拉依达准则、肖维勒准则、拉格布斯准则、狄克逊准则、t 检验等。目前常用拉依达准则进行判别，该判别方法是通过计算数据集的标准差确定可置信范围。对于时间序列的数据集，首先计算其平均值及剩余误差，依据式(11.3)计算标准偏差，当数据的误差不在式(11.4)的范围内时，即认为数据异常，需要剔除。

计算算术平均值：

$$\bar{x}=\frac{\sum\limits_{t=1}^{n}x_t}{n} \tag{11.1}$$

计算剩余误差：

$$v_i=x_i-\bar{x}(i=1,2,\cdots,n) \tag{11.2}$$

计算标准偏差：

$$\sigma = \sqrt{\frac{1}{n}\sum_{i=1}^{n}(x_i - \bar{x})^2} \tag{11.3}$$

可置信区间：

$$|v_b| = |x_b - \bar{x}| > 3\sigma \tag{11.4}$$

本章实例部分收集了矿场数据共 530 组，采用物理判别法和统计判别法相结合的方式进行处理。将原有的 530 组数据剔除重复及异常数据，最终得到 516 组数据。

2. 缺失值处理

在生产过程中遇到的缺失值，主要由以下几种情况造成：①现场条件的制约使得数据无法在施工中测量；②生产过程中，油井关井导致数据缺失；③现场工作量大导致工作人员疏忽忘记进行数据记录。在目前处理缺失值问题中，研究者们提出了很多方法，主要包括删除法、平均值填补法、回归填补法、K-最近邻填补法和多重填补法等。

删除法即舍弃存在数据缺失的样本。该方法主要适用于数据集数量大，且缺失数据占比较低不影响样本整体分布的情况。

平均值填补法即利用样本数据集的平均值填补缺失值。均值分为条件均值和非条件均值。条件均值填补是通过观察数据集，根据辅助信息对整体进行分层归类，计算各层的平均值对各层缺失值进行填补；非条件均值填补是指计算数据集整体的平均值对缺失值进行填补，即所有缺失值填补的数据是相同的。前者效果更好，但会导致响应值的标准差和方差变小。

回归填补法指基于完整的数据集，建立回归方程。对于包含空值的样本，将样本的已知属性代入回归方程估计空值属性，以此填充缺失值。但当变量不是线性相关时会导致有偏差的估计。

K-最近邻填补法指利用欧氏距离或相关分析方法计算出距离缺失值样本最近的 K 个样本，用 K 个样本数据加权平值填补缺失数据。该方法填补速度快且结果较为准确，但对于数据的依赖性较大，容错率低，若原始数据出现错误会导致预测的数据出现较大误差。

多重填补法是利用变量之间的关系对缺失值进行预测，利用蒙特卡罗方法生成多个完整的数据集，分析后对结果汇总处理。但该方法分析过程较为复杂，需要的变量较多。

基于上述分析对比，本章采用了两种办法进行数据清洗：①利用删除法对缺失产能的数据进行剔除；②利用平均值（条件均值）对地质参数和压裂施工参数等缺失变量进行填充。数据预处理完成后即可对数据进行挖掘分析。

11.3.2　页岩油产能主要控制因素筛选

影响页岩油体积压裂水平井产能的因素有很多，而且不同因素之间的相关关系非常复杂。因此，如果考虑所有因素对页岩油井产能进行预测，则需要大量可用的数据样本。但这在实际中是很难实现的，一方面国内页岩油井的数量还不是很多，另一方面是难以获得每一口井的地质参数和压裂施工参数等数据。因此比较现实的操作办法是从诸多的影响因素中筛选出对页岩油井产能影响比较大的因素，同时这些因素相互之间的关联性要相对较小。这样能够确保对有限数量的数据样本进行挖掘即可满足工程需要。从大量因素中筛选主要影响因素时,需遵循以下原则。

(1) 所选因素要易获取、可量化且来源可靠。同时,因素要能真实反映页岩油藏的地质特征及生产动态,需具有预测性。

(2) 所选因素预测出的结果需全面客观。

(3) 各因素间要有相对独立性,相互间尽量不相关或关联性较小。

(4) 所选的因素集尽量包含整个页岩油藏压裂井的信息。

根据上述原则,本章首先筛选出了尽可能多的对页岩油井产能有影响的因素。然后利用数据挖掘技术对预处理后的 502 口页岩油水平井的数据进行分析,明确各因素与页岩油井产能之间的关系,从而筛选得到页岩油井产能的主要控制因素。

1. Pearson 相关系数法

Pearson 相关系数是描述两组变量数据间相互关系强弱的数值。在数学形式上,Pearson 相关系数在数值上等于两个变量的协方差与这两个变量标准差之比,几种常见形式计算公式如式(11.5)~式(11.8)所示。Pearson 相关系数数值处于 $-1\sim1$ 的区间上,当两个变量相关程度增加时,相关系数也相应趋向于 1 或 -1 增加或减少,与 1 或 -1 差距越小,代表两者相关程度越强;当两变量呈现正相关时,相关系数为正值,负相关时则为负值;若两变量彼此之间线性无关,则相关系数为 0。

$$\rho_{X,Y} = \frac{\mathrm{cov}(X,Y)}{\sigma_X \sigma_Y} = \frac{E((X-\mu_X)(Y-\mu_Y))}{\sigma_X \sigma_Y} = \frac{E(XY)-E(X)E(Y)}{\sqrt{E(X^2)-E^2(X)}\sqrt{E(Y^2)-E^2(Y)}}$$
(11.5)

$$\rho_{X,Y} = \frac{N\sum XY - \sum X \sum Y}{\sqrt{N\sum X^2 - \left(\sum X\right)^2}\sqrt{N\sum Y^2 - \left(\sum Y\right)^2}}.$$
(11.6)

$$\rho_{X,Y} = \frac{\sum(X-\bar{X})(Y-\bar{Y})}{\sqrt{\sum(X-\bar{X})^2 \sum(Y-\bar{Y})^2}}.$$
(11.7)

$$\rho_{X,Y} = \frac{\sum XY - \dfrac{\sum XY}{N}}{\sqrt{\left(\sum X^2 - \dfrac{(\sum X)^2}{N}\right)\left(\sum Y^2 - \dfrac{(\sum Y)^2}{N}\right)}}\cdots$$
(11.8)

对一组数据依次计算各单独变量与响应值的相关系数,通过研究两者之间相关系数的正负性及绝对值的大小,就可以判断两者的相关性及其强弱。根据相关系数的绝对值,可以对变量进行排序,绝对值与 1 差距越小,就说明该变量与响应值之间相关程度越强,该变量对其响应增长或减少的贡献度就越高,反之则贡献度越低。

代码示例如下。

(1) 首先导入所需的库。

NumPy 读作 /ˈnʌmpaɪ/ 或 /ˈnʌmpi/,是 Python 中非常重要的一个科学计算的库。其中绝大部分功能是用 C 语言编写的,执行效率非常高。它主要用于多维数组和矩阵运算,高效的数学和数值运算是 NumPy 的核心特点。NumPy 的官方网站是 https://numpy.org/。

Pandas 读作/ˈpændəz/或/ˈpændəz/,是基于 NumPy 的一个强大的分析结构化数据的工具集。其中包含大量库、标准的数学模型和便于快速高效处理数据的函数与方法。它用于数据挖掘和数据分析,同时也提供数据清洗、读取文件功能。Pandas 的官方网站是 https://www.pypandas.cn/。

```
01 import numpy as np
02 import pandas as pd
```

(2) 构建 ndarray 数组,计算 Pearson 相关系数。

```
01 dat1 = np.array([3,5,1,6,7,2,8,9,4])
02 dat2 = np.array([5,3,2,6,8,1,7,9,4])
03 data = pd.DataFrame({'A':dat1, 'B':dat2})
04 data_corr = round(data.corr().abs(),2)
05 print(data_corr)
```

第 1、2 行展示了利用矩阵方法创建了两个数组,第 3 行展示了对创建数组的处理,利用 Pandas 的 DataFrame 类型转置两数组为矩阵,数组 1 为 A 列,数组 2 为 B 列。第 4 行展示了 Pearson 相关系数法的计算过程,其中,data.corr()函数表示了 data 中的两个变量之间的相关性,取值范围为[−1,1],取值接近−1,表示反相关,类似反比例函数,取值接近 1,表示正相关;abs()为绝对值函数,round()为按照指定的小数位数进行四舍五入运算的函数。

(3) 计算结果。

```
      A    B
A    1.0  0.9
B    0.9  1.0
```

结果表明,这两个序列的 Pearson 相关系数高达 0.9,说明两个序列间的相关程度极强。

2. Pearson 相关系数法应用实例(页岩油井产能主控因素筛选)

(1) 导入所需库,读取本地 CSV 文件数据,计算 Pearson 相关系数并输出结果。
代码如下。

```
01 import pandas as pd
02 train = pd.read_csv("data.csv")
03 data = train.iloc[:,:]            ＃提取数据
04 data_corr = round(data.corr().abs(),2)   ＃计算 Pearson 相关系数,并取绝对值
05 np.savetxt('pearson.txt', data_corr, fmt='%.2f')
06 print(data_corr)
```

第 1 行展示了 Pandas 库的导入。第 2 行为读取 data.csv 文件中的数据集。第 3 行展示了提取文件中所有数据集,iloc[:,:]为索引数据的函数,前面的冒号为取行数,后面为取列数,如 iloc[:2,1:]表示提取第 1 行至第 2 行、第 2 列至最后 1 列的所有数据(Python 语句中,0 代表 1,1 代表 2,且该方法中取值范围为左开右闭)。第 5 行展示了将最终输出结果以文本形式存储,文件命名为"pearson"。fmt='%.2f'代表将计算值保留两位小数。

(2) 结果可视化。
当数据量比较大的时候,很难从数据本身直接获取数据的特征。将数据进行可视化是

一种非常有效的途径。NumPy 的数据可以通过简单的方法直接进行可视化。以下代码将各影响因素间的 Pearson 相关系数进行了可视化,形成了一个各因素间相关度分布图,如图 11.1 所示。横纵坐标均为 10 个页岩油井产能预测的影响因素和累产油量,其中,图中数值代表各因素间的 Pearson 相关系数,颜色越浅,两因素间相关性越大。

Matplotlib 读作/mæt'plɒtlib/ 或 /mæt'plotlib/,是用于创建静态、动画和交互式可视化的综合库。Matplotlib 的官方网站是 https://matplotlib.org/。

Seaborn 读作/'si:bɔ:n/ 或 /'si:bɔːn/,是基于 Matplotlib,与 Pandas 数据结构紧密集成的库,主要用于制作统计图形。Seaborn 的官方网站是 https://seaborn.pydata.org/introduction.html。

```
01 import matplotlib.pyplot as plt
02 import seaborn as sns                            ＃一个简单的画图函数

03 def ShowGRAHeatMap(data):
04     f, ax = plt.subplots(figsize=(20, 13))        ＃设置画布尺寸,画出热力图
05     ax.set_xticklabels(data, rotation='horizontal')
06     sns.heatmap(data, annot=True)                 ＃annot=True 格子上显示数字
07     label_y = ax.set_yticklabels(['实钻水平段长度', '钻遇油层长度', '解释孔隙度', '解释渗透率',
08 '解释脆性', '实际压裂段数', '实际压裂簇数', '用液强度', '加砂强度', '油嘴大小', '产能'])
09     plt.setp(label_y, rotation=360, FontProperties=font)
10     label_x = ax.set_xticklabels(['实钻水平段长度', '钻遇油层长度', '解释孔隙度', '解释渗透率',
11 '解释脆性', '实际压裂段数', '实际压裂簇数', '用液强度', '加砂强度', '油嘴大小', '产能'])
12     plt.setp(label_x, rotation=90, FontProperties=font)
13     plt.savefig('figure.png', dpi=400)
14     plt.show()
```

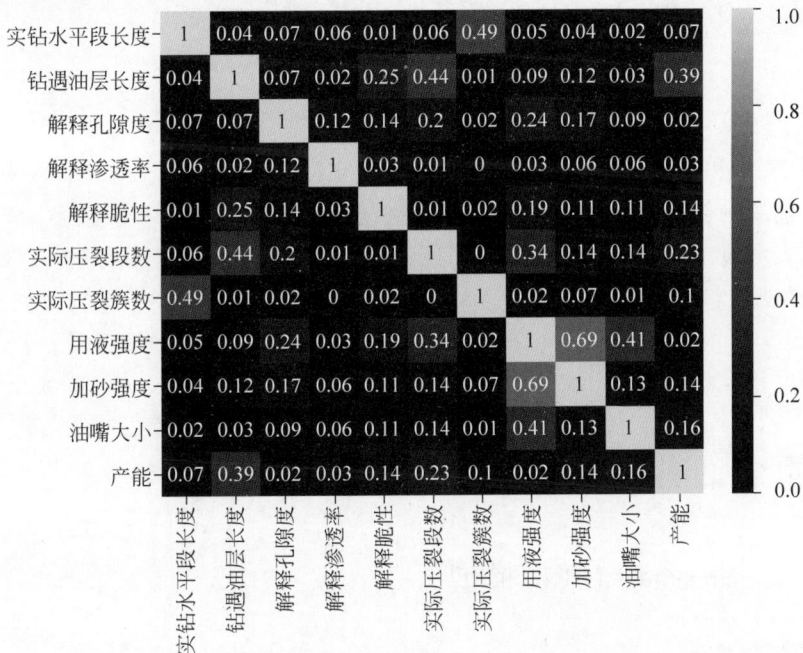

图 11.1　各因素间相关度分布图

　　由图 11.1 可知,以下两因素间存在强相关性:①实钻水平段长度与压裂簇数;②钻遇油层长度与压裂段数;③用液强度与加砂强度。因此,为了减少模型训练时的变量个数,提升泛化度,可考虑剔除每组强相关因素中的一个因素。为防止剔除掉与产能强相关的因素,再次利用 Pearson 相关系数法分析各因素对产能的影响,筛选出影响产能的主要控制因素。各因素相关系数计算结果如表 11.1 所示。根据 Pearson 相关系数的正负以及绝对值的大小,可以研究影响因素和产能之间相互关系的强弱。由表 11.1 可见,所有因素与产能均呈正相关。绘制各影响因素相关系数分布图如图 11.2 所示。

表 11.1　各影响因素相关系数汇总表

因素	钻遇油层长度/m	压裂段数/段	油嘴大小/mm	脆性/%	加砂强度/ $m^3 \cdot m^{-1}$
系数	0.39	0.23	0.16	0.14	0.14
因素	压裂簇数/簇	实钻水平段长度/m	渗透率/mD	孔隙度/%	用液强度/ $m^3 \cdot m^{-1}$
系数	0.1	0.07	0.03	0.02	0.02

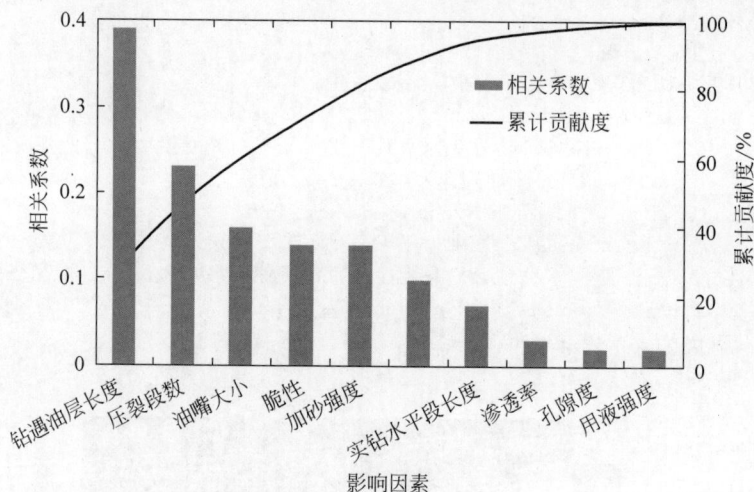

图 11.2　各影响因素 Pearson 相关系数

　　综合图 11.1 和图 11.2 可知,在强相关性:①实钻水平段长度与压裂簇数中,实钻水平段长度对产能影响较小,可剔除;②钻遇油层长度与压裂段数中,压裂段数对产能影响较小,可剔除;③用液强度与加砂强度中,用液强度对产能影响较小,可剔除。因此最终选择 7 个因素作为页岩油井产能预测的主控因素,在确保运算结果准确的基础上,减少预测运算中的计算量。7 个因素分别为基础物性参数——孔隙度、渗透率、脆性含量;油井参数——钻遇油层长度;压裂参数——加砂强度、压裂簇数;工作制度参数——油嘴大小。

11.4　页岩油井产能/生产动态预测

11.4.1　非时间序列型模型

1. 决策树类模型

目前主流的基础决策树有 ID3、C4.5、CART 和随机森林,由于本问题为回归问题,仅介绍常用的回归算法——CART 算法的衍生算法 XGBoost 和随机森林。

　　XGBoost 的全称是 Extreme Gradient Boosting,由华盛顿大学的陈天奇博士提出,在 Kaggle 的希格斯子信号识别竞赛中使用,其出众的效率与较高的预测准确度引起了人们广泛的关注。XGBoost 是基于决策树的集成机器学习算法,以梯度提升(Gradient Boost)为框架,其对应的模型为一堆 CART 树,其将每棵树的预测值加在一起作为最终的预测值。

　　集成算法就是把多个算法的结果汇总起来,以期得到更好的效果。最常见的集成思想有两种:Bagging 和 Boosting。Boosting 是基于错误提升分类器性能,通过集中关注被已有分类器分类错误的样本,构建新分类器并集成。Bagging 是基于数据随机重抽样的分类器构建方法。

　　XGBoost 的数学原理主要包括正则化学习目标和梯度提升。

　　1) 正则化学习目标

　　给定数据集 $D=\{(x_i,y_i)\}$,($|D|=n,x_i\in R^m,y_i\in R$),其中有 n 个样本,每个样本 x_i 有 m 个特征。集成树模型使用 K 个加法函数来预测输出,如式(11.9)所示。

$$\hat{y}=\sum_{k=1}^{K}f_k(x_i),\quad f_k\in F \tag{11.9}$$

　　$F=\{f(x)=w_{q(x)}\}$,($q:R^m->T,w\in R^T$)是回归树的空间,q 函数将每一个样本映射到对应的叶子结点,T 是叶子结点数量。w 是 T 维向量,用 w_i 代表第 i 个叶子结点,对于一个给定的样本,将每一棵树的预测值叠加起来作为最终的预测值。

　　而为了学习每一棵树的参数,定义的目标函数如式(11.10)所示。

$$L=\sum_i l(y_i,\hat{y}_i)+\sum_k \Omega(f_k) \tag{11.10}$$

其中,$\Omega(f)=\gamma T+\dfrac{1}{2}\lambda\|w\|^2$。$l$ 是衡量预测值 $\hat{y}_i$ 和真实值 y 的误差。第二项 Ω 则表示对 CART 模型复杂度的惩罚,对于复杂度的衡量,考虑了每棵树的叶子结点数量以及叶子结点得分的平方和。

　　2) 梯度提升

　　对于上述目标函数,不能使用传统例如梯度下降的优化算法,因而使用贪心算法对每棵树进行一个累加优化,例如,$\hat{y}_i^{(t)}$ 代表第 i 个样本在第 t 次迭代(第 t 棵树)的预测值,继而再加入 f_t,要优化的目标函数变为如式(11.11)所示。

$$L^{(t)}=\sum_{i=1}^{n}l(y_i,\hat{y}_i^{(t-1)}+f_t(x_i))+\Omega(f_t) \tag{11.11}$$

　　其表示在第 t 步,添加 f_t 使得模型的目标函数减小很多,对式(11.11)进行二阶泰勒展开,得到式(11.12):

$$f(x+\Delta x)\approx f(x)+f'(x)\Delta x+\frac{1}{2}f''(x)\Delta x^2 \tag{11.12}$$

　　对于第 t 次迭代 $l(y_i,\hat{y}_i^{(t-1)}+f_t(x_i))$ 中,y_i 和 $\hat{y}_i^{(t-1)}$ 都是确定值,如果把 $\hat{y}_i^{(t-1)}$ 看成 x,$f_t(x)$ 看成 Δx,目标函数可以近似为式(11.13):

$$L^{(t)}=\sum_{i=1}^{n}l(y_i,\hat{y}_i^{(t-1)})+g_i f_t(x_i)+\frac{1}{2}h_i f^2(x_i)+\Omega(f_t) \tag{11.13}$$

其中,$g_i=\partial_{\hat{y}_i^{(t-1)}}l(y_i,\hat{y}_i^{(t-1)})$,$h_i=\partial^2_{\hat{y}_i^{(t-1)}}l(y_i,\hat{y}_i^{(t-1)})$。

由于 $l(y_i, \hat{y}_i^{(t-1)})$ 和第 t 步的优化没有关系,所以将其去除,设 $I_j = \{i \mid q(x_i) = j\}$ 为第 j 个叶子结点的样本集合,因而目标函数变为如式(11.14)所示。

$$
\begin{aligned}
L^{(t)} &= \sum_{i=1}^{n} \left[g_i f_t(x_i) + \frac{1}{2} h_i f^2(x_i) \right] + \Omega(f_t) \\
&= \sum_{i=1}^{n} \left[g_i f_t(x_i) + \frac{1}{2} h_i f^2(x_i) \right] + \gamma T + \frac{1}{2} \lambda \sum_{j=1}^{T} w_j^2 \\
&= \sum_{j=1}^{T} \left[\sum_{i \in I_j} g_i w_j + \frac{1}{2} h_i w_j^2 \right] + \gamma T + \frac{1}{2} \lambda \sum_{j=1}^{T} w_j^2 \\
&= \sum_{j=1}^{T} \left[\sum_{i \in I_j} g_i w_j + \frac{1}{2} \left(\sum_{i \in I_j} h_i + \lambda \right) w_j^2 \right] + \gamma T
\end{aligned}
\tag{11.14}
$$

遍历所有的样本后求每个样本的损失函数,但样本最终会落在叶子结点上,所以也可以遍历叶子结点,然后获取叶子结点上的样本集合,最后再求损失函数。即之前样本的集合,现在都改写成叶子结点的集合,由于一个叶子结点有多个样本存在,因此才有了 $\sum_{i \in I_j} g_i$ 和 $\sum_{i \in I_j} h_i$ 这两项,w_j 为第 j 个叶子结点取值,定义 $G_i = \sum_{i \in I_j} g_i$,$H_i = \sum_{i \in I_j} h_i$,得到简化的表达式如式(11.15)所示。

$$
L^{(t)} = \sum_{j=1}^{T} \left[G_j w_j + \frac{1}{2} (H_i + \lambda) w_j^2 \right] + \gamma T
\tag{11.15}
$$

其中,G_j 和 H_j 是 $t-1$ 步的结果,可以视为常数,不确定的数只有最后一棵树的叶子结点 w_j,所以将目标函数 $L^{(t)}$ 对 w_j 求导,得到

$$
w_j^* = -\frac{G_j}{H_j + \lambda}
\tag{11.16}
$$

将式(11.16)代入目标函数 $L^{(t)}$,得到

$$
L^{(t)} = -\frac{1}{2} \sum_{j=1}^{T} \frac{G_j^2}{H_j + \lambda} + \gamma T
\tag{11.17}
$$

所以只需要将每个叶子结点的所有样本的一阶导数 g_j 和二阶导数 h_j 求和得到 G_j 和 H_j,之后便可得到目标函数值,而目标函数值越小越好。

2. 随机森林算法

随机森林算法属于集成学习中的一种方法,是通过将多棵决策树并行集成,且森林中的每一棵决策树之间没有关联,存在少量区别,模型的最终输出由森林中的每一棵决策树共同决定。由于随机森林算法中加入随机过程,随机选择样本,增加了模型的多样性;随机选择特征以防止某些特征对模型影响过大,提高了模型的鲁棒性。最终通过将多棵决策树的预测结果进行平均或加权平均合并每棵树的预测结果来减少预测的方差,以此提高在测试集上的性能表现。随机森林的优点包括:①能够处理高维数据和大规模数据集;②具有较好的泛化性能,能够有效地减少过拟合的风险;③能够处理缺失值和异常值;④对于非线性关系的数据,具有较强的拟合能力。

构建随机森林的主要步骤如下:首先,对模型输入的样本数据要进行列和行的随机采

样。对于随机行采样,每次抽样样本的个数一致,并且采用有放回的抽样方式。此外,由于在训练过程中,每一棵树的输入数据集不包含原始所有的样本信息,所以训练出来的模型会更稳健,不容易出现过拟合的情况;对于随机列采样,做法是从输入的所有特征中随机选择若干特征来进行决策树的构建。这样随机森林便可以通过多棵相互无关的决策树利用同一个样本生成与决策树数目相同的预测结果,最终合并得到最终的输出结果。

3. 支持向量机算法

支持向量机(SVM)是一种用于模式识别的通用学习算法。SVM 将统计学习理论作为理论根据,相比于传统学习算法中的经验风险最小化策略,统计学习理论采用新的学习策略,即结构风险最小化(SRM)准则,可以使结构误差大大降低。统计学习理论的创立主要是针对有限样本问题,因此在样本数量较少等情况下的模型分类问题中,运用支持向量机可以得到较好的解决。由于这种特性,SVM 逐渐在其他机器学习领域得到推广,目前在实现函数拟合、解决非线性问题等方面取得了很好的效果。

SVM 基本原理即寻找一个特殊的分类超平面,使该超平面与最近的数据点实现间隔最大。在此条件下,该超平面就被称为最优超平面,具体含义如图 11.3 所示。很多情况下,数据集是线性不可分的,针对此问题,SVM 将原数据转换为高维空间中的线性问题,从而在转换后的高维线性可分空间中寻求满足条件的最优分类超平面,如图 11.4 所示。

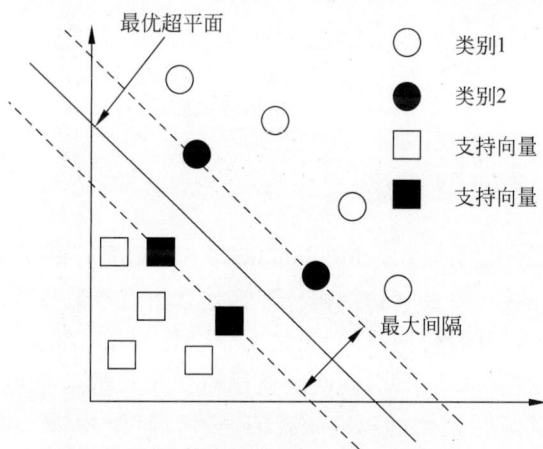

图 11.3　最优超平面示意图

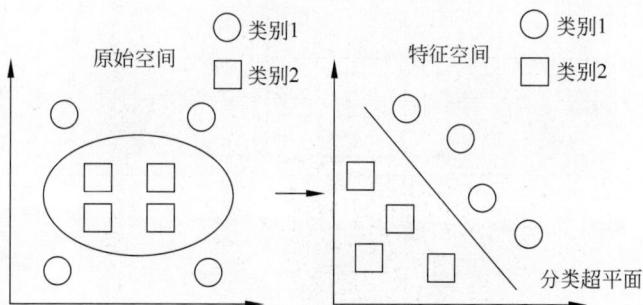

图 11.4　原始空间向高维空间映射示意图

要解决函数拟合问题，可以采用回归型支持向量机（SVR）。SVR 以 SVM 分类为基础，引入了 ε 不敏感损失函数。相对于 SVM 分类算法通过寻找一个最优面对两类样本进行分隔，当 SVM 运用于回归拟合问题时，其基本原理是寻找一个满足间隔所有样本误差最小的最优分类面。经过广泛应用，SVR 已经取得优良效果和性能。SVR 最终回归函数如式（11.18）所示，式中 x_i 所代表的样本也就是实际中的支持向量。SVR 的结构如图 11.5 所示，总体结构类似神经网络结构。

$$f(x) = w^* \Phi(x) + b^* = \sum_{i=1}^{l} (\alpha_i - \alpha_i^*) \Phi(x_i) \Phi(x) + b^* = \sum_{i=1}^{l} (\alpha_i - \alpha_i^*) K(x_i, x) + b^*$$

$$(11.18)$$

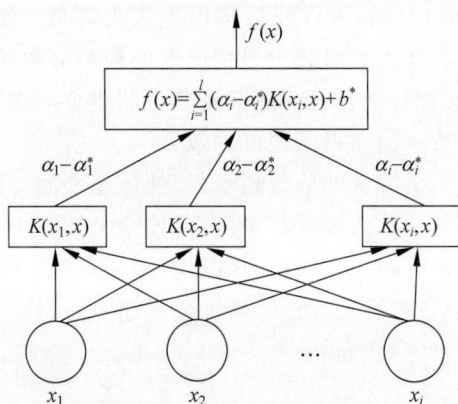

图 11.5　SVR 结构示意图

11.4.2　时间序列型模型

长短期记忆网络（Long Short-Term Memory，LSTM）是一种常用的时间序列预测算法，其核心概念在于细胞状态以及"门"结构。细胞状态相当于信息传输的路径，它允许信息在序列中传递下去，可以将其看作网络的"记忆"。从理论上讲，细胞状态能够将序列处理过程中的相关信息一直传递下去。因此，即使是较早时间步长的信息也能携带到较后时间步长的细胞中来，这克服了短时记忆的影响。我们通过"门"结构来实现信息的添加和移除，"门"结构在训练过程中会去学习该保存或遗忘哪些信息，结构如图 11.6 所示。

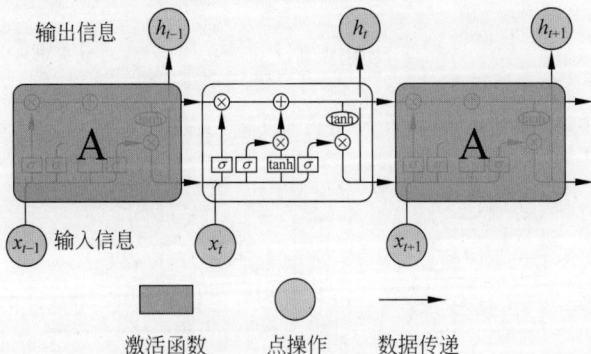

图 11.6　LSTM 原理

遗忘门：决定应丢弃或保留哪些信息。来自前一个隐藏状态的信息和当前输入的信息同时传递到 sigmoid 函数中去，输出值介于 0 和 1 之间，越接近 0 意味着越应该丢弃，越接近 1 意味着越应该保留。

输入门：用于更新细胞状态。首先将前一层隐藏状态的信息和当前输入的信息传递到 sigmoid 函数中去。将值调整到 0～1 来决定要更新哪些信息。0 表示不重要，1 表示重要。其次，还要将前一层隐藏状态的信息和当前输入的信息传递到 tanh 函数中去，创造一个新的候选值向量。最后将 sigmoid 的输出值与 tanh 的输出值相乘，sigmoid 的输出值将决定 tanh 的输出值中哪些信息是重要且需要保留下来的。

细胞状态：前一层的细胞状态与遗忘向量逐点相乘。如果它乘以接近 0 的值，意味着在新的细胞状态中，这些信息是需要丢弃掉的。然后，将该值与输入门的输出值逐点相加，以便将神经网络发现的新信息更新到细胞状态中。通过这一过程，得到了更新后的细胞状态。

输出门：用来确定下一个隐藏状态的值，隐藏状态包含先前输入的信息。首先，将前一个隐藏状态和当前输入传递到 sigmoid 函数中，然后将新得到的细胞状态传递给 tanh 函数。最后，将 tanh 的输出与 sigmoid 的输出相乘，以确定隐藏状态应携带的信息。随后，将隐藏状态作为当前细胞的输出，把新的细胞状态和新的隐藏状态传递到下一个时间步长中。

11.5　实例分析

11.5.1　非时间序列型模型

1. 模型初始化

1）XGBoost 模型

在构建 XGBoost 模型时，可以通过设置或者修改一些参数来调整模型的性能。以下是一些常用参数及解释。

n_estimators：决策树的数量。通常情况下，增加决策树的数量可以提高模型的性能，但也会增加计算复杂度。一般来说，选择一个合适的数量，使得模型在性能和计算复杂度之间取得平衡。推荐设置范围为(0,300]。

eta：为了防止过拟合，更新过程中用到的收缩步长。在每次提升计算之后，算法会直接获得新特征的权重。eta 通过缩减特征的权重使提升计算过程更加保守。

max_depth：树的最大深度。推荐设置范围为(0,10]。

min_child_weight：子结点中最小的样本权重之和。如果一个叶子结点的样本权重和小于 min_child_weight，则拆分过程结束。在线性回归模型中，这个参数是指建立每个模型所需要的最小样本数。该参数越大，算法越保守。默认选取 min_child_weight=1。

subsample：用于训练模型的子样本占整个样本集合的比例。如果设置为 0.5 则意味着 XGBoost 将随机地从整个样本集合中抽取出 50％的子样本建立树模型，这能够防止过拟合。默认选取 subsample=1。

objective：定义损失函数，决定了模型的训练方式和学习目标。常见 objective 参数包括 reg：linear(线性回归)、reg：logistic(逻辑回归)、binary：logistic(二分类逻辑回归)、multi：

softmax(多分类)等。

eval_metric：校验数据所需要的评价指标，不同的目标函数将会有默认的评价指标。默认选取 eval_metric＝rmse。

learning_rates：学习率。为了能够使得梯度下降法有较好的性能，需要把学习率的值设定在合适的范围内。学习率决定了参数移动到最优值的速度。如果学习率过大，很可能会越过最优值；反而如果学习率过小，优化的效率可能过低，长时间算法无法收敛。所以学习率对于算法性能的表现至关重要。推荐学习率设置范围为[0,1]。

2）随机森林模型

在构建随机森林模型时，可以通过设置一些参数来调整模型的性能。随机森林与 XGBoost 均属于决策树模型，因此模型的超参数相近。以下是一些常用参数及解释。

n_estimators、max_depth 与 XGBoost 中的定义一致，不再赘述。

min_samples_split：结点分裂的最小样本数。控制决策树结点分裂的最小样本数。如果某个结点的样本数少于该值，则不再进行分裂。可以通过设置较大的值来防止过拟合。模型默认 min_samples_split＝2。

min_samples_leaf：叶子结点的最小样本数。控制叶子结点的最小样本数，避免过拟合。较小的值可能导致模型过于复杂，而较大的值可能导致模型欠拟合。模型默认 min_samples_leaf＝1。

max_features：结点分裂时考虑的特征数。可以设置为整数、浮点数或字符串。模型默认 max_features＝'auto'，即分裂时考虑所有特征数。

random_state：随机种子。设置随机种子可以使模型的随机性可复现，便于调试和比较不同模型的性能。

3）支持向量机模型

在构建支持向量机模型时，可以通过设置一些参数来调整模型的性能。以下是一些常用参数及解释。

kernel：核函数可以将低维空间的数据映射到高维空间，使得原始不可分数据变成可分。每个样本点映射到一个无穷多维度的特征空间中使用不同的核函数，得到的决策边界的形状也不同。常用的核函数包括线性核函数(linear)、多项式核函数(poly)、径向基函数(RBF)核函数等。线性核函数简单高效，但仅适用于线性可分的数据集；多项式核函数可拟合出复杂的边界，但参数多模型求解困难；径向基函数核函数使用较多，但容易过拟合。建议使用 kernel＝'RBF'。

C：正则化系数-惩罚因子。该参数表示模型对于误差的容忍度。C 越大，说明模型越不能接受出现误差，但容易过拟合；C 越小，说明模型对误差较宽容，但容易欠拟合。建议设置范围为(0.1,100)。

gamma：RBF 自带的超参数惩罚参数。建议设置范围为(0.0001,10)。

2. 模型建立

将矿场的全部 10 个因素和 7 个主要控制因素分别作为输入参数，将页岩油产能作为输出参数，采用不同模型分别分析各输入参数与页岩油产能之间的关系。模型的具体建立流程如下。

1) 导入不同模型所需库

sklearn 全称 scikit-learn,是 Python 中的机器学习库,建立在 NumPy、SciPy、Matplotlib 等数据科学包的基础之上,涵盖了机器学习中的样例数据(datasets)、数据预处理(preprocessing)、特征选择(feature_selection)、模型选择(model_selection)、度量指标(metrics)、聚类(cluster)、降维(decomposition)等几乎所有环节,功能十分强大。与深度学习库存在 PyTorch、TensorFlow 等多种框架可选不同,sklearn 是 Python 中传统机器学习的首选库。sklearn 的官方网站是 https://scikit-learn.org/stable/。

sklearn 库的模型选择模块涉及的操作包括数据集切分(train_test_split)、k 折交叉验证(cross_val_score)和网格搜索寻找最优参数(GridSearchCV)等。

```
01 import pandas as pd
02 from sklearn. model_selection import train_test_split
```

第1行代码展示了读取文件所需要导入的库 pandas。第2行表示从机器学习库的模型选择模块中调用 train_test_split 函数,用于将数据集切分为训练集和预测集。

(1) XGBoost 模型。

XGBoost 是一个优化的分布式梯度增强库,旨在高效、灵活和可移植。它在梯度增强框架下实现机器学习算法。XGBoost 提供了一种并行树推进(也称为 GBDT、GBM),可以快速、准确地解决许多数据科学问题。同样的代码可以在主要的分布式环境(Hadoop、SGE、MPI)上运行,XGBoost 的官方网站是 https://xgboost.readthedocs.io/en/latest/。

```
import xgboost as xgb
```

(2) 随机森林模型。

```
from sklearn. ensemble import RandomForestRegressor
```

上述代码展示了从机器学习库的集成学习模块中调用 RandomForestRegressor 函数,用于构建随机森林模型。

(3) 支持向量机模型。

```
from sklearn import svm
```

上述代码展示了从机器学习库中调用 svm 函数,用于构建支持向量机模型。

2) 构建模型并训练

```
01 df = pd. read_csv('data.csv', sep=',')
02 train_X, test_X, train_y, test_y = train_test_split(X, y, test_size=0.3, random_state=1)
```

以上代码展示了利用构建的产能模型对页岩油井累产油量的预测。第1行为读取 data.csv 文件中的数据集。第2行展示了利用 train_test_split()函数划分样本数据为训练集和测试集,设定 30% 作为测试集,每次都是同一个随机数。

(1) XGBoost 模型。

```
01 other_params = {'learning_rate': 0.01, 'n_estimators': 250, 'max_depth': 6, 'min_child_weight':
02          1, 'seed': 1, 'subsample': 1, 'colsample_bytree': 0.8, 'gamma': 0.3,
03          'reg_alpha': 0.2, 'reg_lambda': 1}
04 model = (xgb. XGBRegressor(objective='reg:squarederror', ** other_params)).fit(train_X,
05          train_y)
```

以上代码展示了 XGBoost 模型的初始化条件及训练。第 1 行展示了模型的超参数设置,参数大小可自行调节。第 2 行为调用 XGBRegressor 函数,定义损失函数并结合第 1 行代码中设置的超参数建立 XGBoost 模型。其中,fit(train_X,train_y)表示利用训练集的数据进行拟合训练。

（2）随机森林模型。

```
model = (RandomForestRegressor(random_state=1,
                               bootstrap=False,
                               max_depth=9,
                               max_features=2,
                               min_samples_leaf=1,
                               min_samples_split=2,
                               n_estimators=100)) .fit(train_X, train_y)
```

以上代码展示了随机森林模型所用到的超参数,并利用训练集对建立的模型进行训练。

（3）支持向量机模型。

```
model = svm.SVR(kernel='rbf',C=70,gamma=0.0065) .fit(train_X, train_y)
```

以上代码展示了支持向量机模型所用到的超参数,并利用训练集对建立的模型进行训练。

3）模型预测并用评价指标(R^2_score)评估模型性能

决定系数 R^2 是回归平方和与总平方和之比,其表达式为

$$R^2 = \frac{SS_{reg}}{SS_{tot}} = \frac{\sum_i (\hat{y}_i - \bar{y})^2}{\sum_i (y_i - \bar{y})^2} \tag{11.19}$$

其中:

y_i 为实际观察值,$\hat{y}_i$ 为模型预测输出值。

$\bar{y} = \frac{1}{n}\sum_{i=1}^n y_i$,为平均观察值。

$SS_{tot} = \sum_i (y_i - \bar{y})^2$,为总体离差平方和。

$SS_{reg} = \sum_i (\hat{y}_i - \bar{y})^2$,为回归平方和。

决定系数反映了因变量 y 的波动,有多少百分比能被自变量 x 的波动所描述。该参数可以用来判断统计模型对数据的拟合能力(或说服力)。

R^2_score=1:达到最大值,是效果最好的模型,代表样本中预测值和真实值完全相等,没有任何误差,即证明建立的模型完美拟合了所有真实数据。但模型一般均会存在误差,当误差较小时,分子小于分母,模型会趋近 1,模型效果仍然较好。误差越大,R^2 越小。

R^2_score=0:此时分子等于分母,即样本的每项预测值都等于均值。说明模型训练毫无效果。

R^2_score<0:分子大于分母,模型误差极大,训练模型远差于去均值效果。出现这种情况,可能是模型与数据之间的关系不是线性的,而我们误使用了线性模型,导致误差很大。

```
01 import numpy as np
02 from sklearn.metrics import r2_score
03 check = model.predict(test_X)
04 r2 = r2_score(test_y, check)
05 print('Train R2: %.5f' % r2_score(train_y, model.predict(train_X)))
06 print('Test R2: %.5f' % r2_score(test_y, model.predict(test_X)))
```

```
Train R2: 1.00000
Test R2: 0.85355
```

第 1~3 行为导入所需库和所需函数,其中,第 2 行展示了从 sklearn 库中导入度量指标(metrics)模块中的评价指标 R^2。第 3 行展示了定义 check 为利用已经训练好的模型,对 test_X 进行预测。第 4 行展示了 R^2 的计算。第 5、6 行展示了输出训练值、预测值 R^2 的计算结果。

3. 模型结果展示

为了直观对比模型训练值与真实值的误差,绘制了训练值与真实值、预测值与真实值之间 45°线的交会图。

以下代码展示了预测值与真实值之间 45°线交会图的绘制。

```
01 from matplotlib.font_manager import FontProperties
02 font = FontProperties(fname=r"C:\Windows\Fonts\simhei.ttf", size=14)
03 fig = plt.figure()
04 ax = fig.add_subplot(111)
05 plt.title(u'45 度交会图', FontProperties=font)
06 plt.xlabel(u'真实值', FontProperties=font)
07 plt.ylabel(u'预测值', FontProperties=font)
08 plt.scatter(test_y, model.predict(test_X), s=10)
09 plt.xlim(0, 50)
10 plt.ylim(0, 50)
11 ax.plot((0, 1), (0, 1), transform=ax.transAxes, ls='--', c='red', label="1:1 line")
12 plt.savefig("./xgb.test.r2.png")
```

第 2 行设置了交会图中字体的属性。第 3 行创建一个新的图形。第 4 行展示了绘制 1×1 的坐标轴,在第 1 子图进行绘图。第 5~7 行展示了交会图的标题、x 轴、y 轴标签、字体的设置。第 8 行展示了散点图的绘制,x 轴为真实的预测值,y 轴为模型计算的预测值,散点大小为 10。第 9、10 行展示了 x、y 轴的作图范围 0~50。第 11 行展示了 45°线的绘制。第 12 行将图片以 PNG 格式存储。

1) 全因素(10 个)页岩油井产能预测

经过数据预处理,部分样本的数据如表 11.2 所示。将数据集中 70% 的样本作为训练集,使用 XGBoost、随机森林和支持向量机模型分别对样本库进行学习,其余 30% 的样本作为测试集,用于评价产能预测模型的精度。不同模型的训练和预测结果如图 11.7~图 11.9 所示。其中,图中横坐标为样本的真实值,纵坐标为样本的预测值。空心三角形为训练集结果,实心圆点为预测集结果,黑色虚线为 45°线,用于判断预测样本与真实样本之间的误差。

表 11.2   数据预处理后全因素样本集(部分数据)

井名	实钻水平段长度/m	钻遇油层长度/m	孔隙度/%	渗透率/mD	脆性/%	压裂段数/段	压裂簇数/簇	用液强度/$m^3 \cdot m^{-1}$	加砂强度/$m^3 \cdot m^{-1}$	油嘴大小/mm	产能/t
W-1	1243.8	998.77	11.53	3.92	47.10	21.00	41.00	19.86	1.23	2.20	17.30
W-2	1462.0	998.77	13.56	10.21	47.48	18.00	52.00	19.86	1.23	3.50	7.40
W-3	1210.0	1169.59	13.21	3.12	47.28	17.00	33.00	14.01	0.76	3.00	9.20
W-4	1401.0	1165.63	12.00	0.99	57.70	23.00	45.00	19.69	1.04	2.50	4.90
W-5	1256.0	1067.60	10.65	1.18	50.25	17.00	33.00	12.56	0.62	2.50	4.90
W-6	1208.0	896.22	10.93	1.49	47.61	18.00	34.00	25.25	0.88	3.00	7.90
W-7	825.0	677.74	10.23	1.58	60.60	14.00	27.00	15.23	0.76	2.30	29.30
W-8	1200.0	1190.40	8.50	1.40	61.90	35.00	35.00	36.07	1.16	2.50	22.22
W-9	1200.0	1165.08	10.60	2.13	62.86	15.00	55.00	16.47	1.01	3.00	12.06
W-10	1208.0	1161.61	10.02	1.62	54.54	20.00	39.00	20.37	0.96	2.50	12.00
W-11	1200.0	1144.68	9.40	0.85	60.00	16.00	31.00	17.68	0.98	3.50	42.33
W-12	1203.0	1132.80	10.29	2.53	69.90	16.00	31.00	16.37	1.08	2.50	45.71
W-13	1141.0	1122.92	11.39	2.68	55.94	20.00	35.00	18.26	1.00	3.00	29.73
W-14	1472.0	1122.25	12.22	4.19	85.55	21.00	41.00	22.18	1.16	2.00	32.73
W-15	1209.0	1106.13	12.13	3.59	38.00	20.00	39.00	25.05	1.20	2.50	36.24
W-16	1206.0	1099.87	11.37	3.81	58.45	19.00	37.00	21.63	1.30	2.57	44.37
W-17	1250.0	1092.75	11.56	2.81	52.26	22.00	43.00	22.22	1.17	3.00	13.39
W-18	1202.0	1063.41	11.84	2.12	51.51	16.00	31.00	20.12	1.10	3.20	23.96

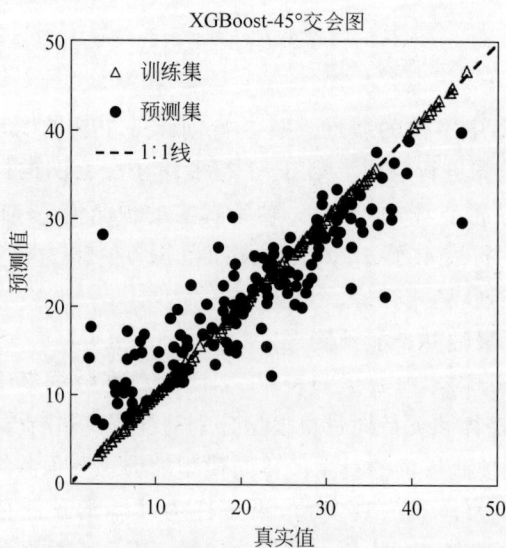

图 11.7   XGBoost 模型训练和预测效果

随机森林-45°交会图

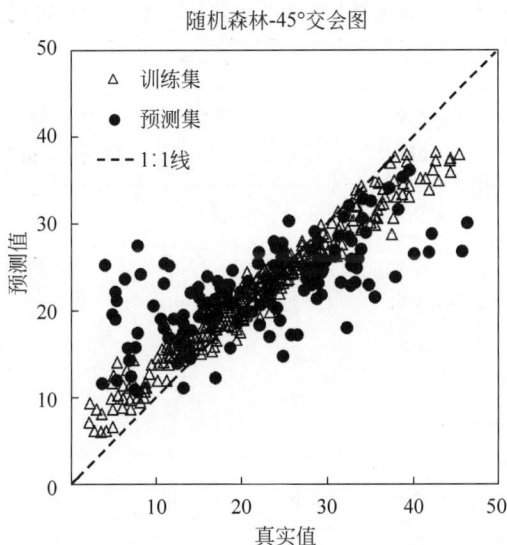

图 11.8 随机森林模型训练和预测效果

SVM-45°交会图

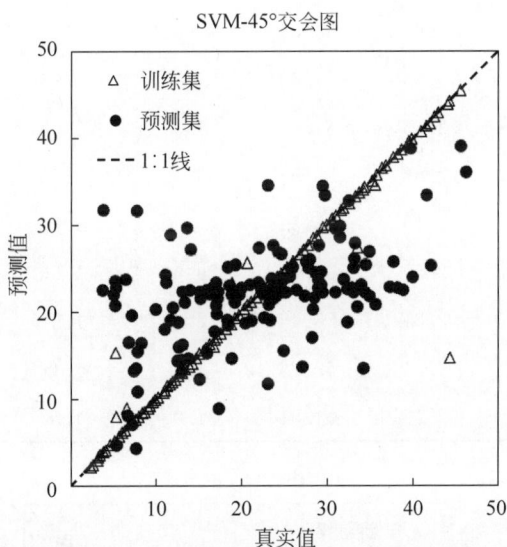

图 11.9 支持向量机模型训练和预测效果

　　XGBoost 模型训练集的 R^2 为 0.99,预测集的 R^2 为 0.74;随机森林模型训练集的 R^2 为 0.91,预测集的 R^2 为 0.45;支持向量机模型训练集的 R^2 为 0.99,预测集的 R^2 为 0.46。

　　2) 主控因素页岩油井产能预测

　　基于筛选得到的 7 个主控因素,对页岩油井产能预测数据集中的影响因素进行简化,以降低计算量、提高预测效率。数据预处理后部分样本的数据如表 11.3 所示。将数据集中 70% 的样本作为训练集,使用 XGBoost、随机森林和支持向量机模型分别对样本库进行学习,其余 30% 的样本作为测试集,用于评价产能预测模型的精度。不同模型的训练和预测结果如图 11.10～图 11.12 所示。其中,图中横坐标为样本的真实值,纵坐标为样本的预测值。空心三角形为训练集结果,实心点为预测集结果,黑色虚线为 45°线,用于判断预测样本与真实样本之间的误差。

表 11.3　数据预处理后主控因素样本集（部分数据）

井名	钻遇油层长度/m	孔隙度/%	渗透率/mD	脆性/%	压裂簇数/簇	加砂强度/m³·m⁻¹	油嘴大小/mm	产能/t
W-1	998.77	11.53	3.92	47.10	41.00	1.23	2.20	17.30
W-2	998.77	13.56	10.21	47.48	52.00	1.23	3.50	7.40
W-3	1169.59	13.21	3.12	47.28	33.00	0.76	3.00	9.20
W-4	1165.63	12.00	0.99	57.70	45.00	1.04	2.50	4.90
W-5	1067.60	10.65	1.18	50.25	33.00	0.62	2.50	4.90
W-6	896.22	10.93	1.49	47.61	34.00	0.88	3.00	7.90
W-7	677.74	10.23	1.58	60.60	27.00	0.76	2.30	29.30
W-8	1190.40	8.50	1.40	61.90	35.00	1.16	2.50	22.22
W-9	1165.08	10.60	2.13	62.86	55.00	1.01	3.00	12.06
W-10	1161.61	10.02	1.62	54.54	39.00	0.96	2.50	12.00
W-11	1144.68	9.40	0.85	60.00	31.00	0.98	3.50	42.33
W-12	1132.80	10.29	2.53	69.90	31.00	1.08	2.50	45.71
W-13	1122.92	11.39	2.68	55.94	35.00	1.00	3.00	29.73
W-14	1122.25	12.22	4.19	85.55	41.00	1.16	2.00	32.73
W-15	1106.13	12.13	3.59	38.00	39.00	1.20	2.50	36.24
W-16	1099.87	11.37	3.81	58.45	37.00	1.30	2.57	44.37
W-17	1092.75	11.56	2.81	52.26	43.00	1.17	3.00	13.39
W-18	1063.41	11.84	2.12	51.51	31.00	1.10	3.20	23.96

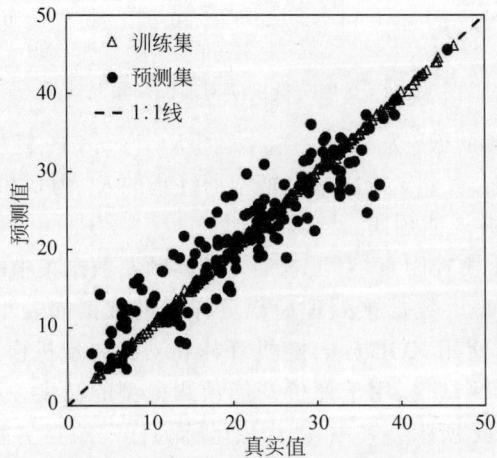

图 11.10　XGBoost 模型训练和预测效果

随机森林-45°交会图

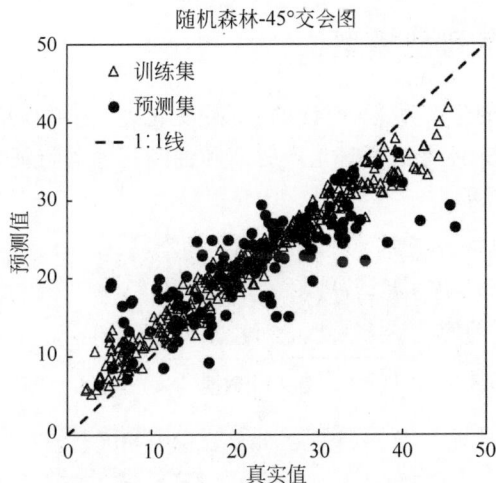

图 11.11 随机森林模型训练和预测效果

SVM-45°交会图

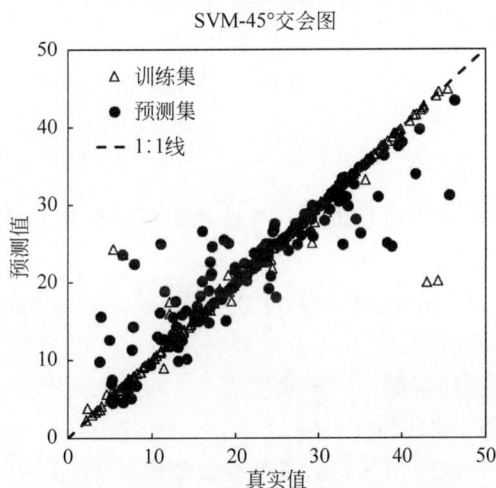

图 11.12 支持向量机模型训练和预测效果

XGBoost 模型训练集的 R^2 为 0.99,预测集的 R^2 为 0.87;随机森林模型训练集的 R^2 为 0.92,预测集的 R^2 为 0.74;支持向量机模型训练集的 R^2 为 0.95,预测集的 R^2 为 0.82。

通过分别对比图 11.4~图 11.6 和图 11.7~图 11.9 可知,在利用相同样本集训练不同预测模型时,各模型的预测精度存在差异,当使用全因素样本集进行训练时,三种模型的训练 R^2 均大于 0.9,但 XGBoost 模型的预测精度远高于其他两种模型,支持向量机模型和随机森林模型预测精度接近;当利用主控因素样本集进行训练时,仍是 XGBoost 模型的预测精度较高,支持向量机模型次之,最后是随机森林模型。

通过分别对比图 11.4 和图 11.7、图 11.5 和图 11.8、图 11.6 和图 11.9 可知,利用不同样本集训练相同预测模型时,模型的预测精度同样存在差异。利用主控因素样本集训练的模型的预测精度均高于利用全因素样本集训练的模型,三种模型皆是如此。由此可见,主控因素分析对产能预测必不可少,可以提高模型的预测精度。

综上所述,对主控因素的分析和预测模型的选择在产能预测中起到至关重要的作用。

11.5.2 时间序列型模型

在构建基于 LSTM 的生产动态(产油的日/月变化量)预测模型时,不仅根据历史生产动态来预测未来生产动态,还考虑了日生产时间和油嘴尺寸等特征参数的变化,具体生产动态预测原理如图 11.13 所示。

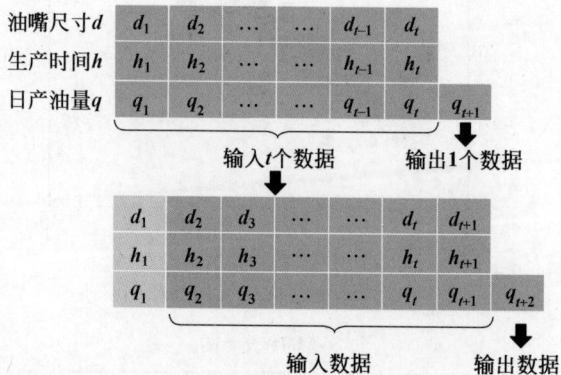

图 11.13　生产动态预测原理图

1. 模型初始化

在构建 LSTM 模型时,可以通过设置一些参数来调整模型的性能。以下是一些常用参数及解释。

input_size：表示输入的 input 中的参数维度。

hidden_size：隐藏层的维度。

num_layers：网络模型的层数。一般设置为 2~3 层,模型默认值为 1。

bias：是否使用偏置项,默认为 True。

bidirectional：是否使用双向 LSTM,模型默认值为 False。

activation：激活函数。用于处理输入信息和当前隐状态输出。可选择激活函数包括 Sigmoid 函数、Tanh 函数和 ReLu 函数。默认值为 ReLu。

return_sequences：布尔值参数,用于控制返回的类型,有 True 和 False 两种选择。若为 True 则返回整个序列,否则仅返回输出序列的最后一个输出。模型默认值为 False。

Dropout：一种在学习的过程中随机删除神经元的方法,用于减少模型的过拟合。默认值为 0。

Dense：用于定义网络层。

2. 模型建立

将矿场收集的时间序列因素,包括日产油量、油嘴尺寸和日生产时间三种参数构建样本集。考虑日生产时间和油嘴尺寸两种参数的变化,基于 LSTM 构建页岩油压裂水平井生产动态预测,模型对日产油量进行训练并预测。模型的具体建立流程如下。

1) 导入所需要的库

Keras 是一个模型级的深度学习程序库。Keras 包括模型的建立、训练、预测等功能。

它可以通过使用最少的程序代码、花费最少的时间建立深度学习模型。利用 Keras 建立简单的神经网络步骤如下：首先，选择合适模型（序贯模型 Sequential 或者函数式模型 Model）；其次，构建网络层，常用网络层有 Dense 层（全连接层）、Activation 层（激活层）、Dropout 层、卷积层（Convolutional）和池化层（Pooling）等。然后进行编译，定义优化函数和损失函数等；最后利用已经编译的模型进行训练和预测。Keras 的英文官方网站是 https://keras.io/getting_started/，中文官方网站是 https://keras.io/zh/。

```
01 from keras.models import Sequential
02 from keras.layers import LSTM
03 from keras.layers import Dense
04 from keras.layers import Dropout
```

2）读取数据

读取 CSV 文件，并将其处理为适合基于神经网络的时间序列数据。

```
01 dataset = pd.read_csv('W1 井生产动态.csv')
02 dataset.set_index('Date', inplace=True)
03 dataset.index=pd.to_datetime(dataset.index)
04 dataset.columns = ['CHOCK', 'HOUR', 'OIL']
05 dataset = dataset.astype(np.float64)
06 dataset.drop(dataset[np.isnan(dataset['OIL'])].index, inplace=True)
07 dataset.drop(dataset[np.isnan(dataset['HOUR'])].index, inplace=True)
08 dataset.drop(dataset[np.isnan(dataset['CHOCK'])].index, inplace=True)
```

第 1 行展示了文件的读取。第 2 行将 CSV 文件中的 Date 列设置为索引，并将其原地修改，这样数据就可以按照日期进行索引。第 3 行将时间转换成统一标准。第 4 行将列标签重新命名为"CHOCK""HOUR"和"OIL"。第 5 行将所有数据类型转换为 64 位半精度浮点型。第 5～8 行为数据预处理，即分别删除"OIL""HOUR"和"CHOCK"列中所有的空值。

3）划分训练集范围并进行数据预处理

```
01 index_num = 0.485
02 ts=5
03 train_test_split = int(index_num * len(label))
04 test_x = data[train_test_split:]
05 train_true = label[ts:train_test_split]
06 prev_seq = data[train_test_split-ts:train_test_split]
```

第 1 行展示了训练集和测试集的分割点。第 2 行用于指定时间长度。第 3 行是用于计算出训练集和测试集的分割点，此处该变量的值等于数据的总长度乘以 0.485，以整数的形式向下取整。第 4 行是将从分割点开始的所有数据划分为测试集，存储在 test_x 变量中。第 5 行是从标签数据中划分训练集，数据从 ts+1 即(5+1)开始，直到分割点，存储在 train_true 变量中。第 6 行为初始预测序列的构建，即将这些数据用于进行预测，以便与实际测试数据进行比较，评估模型的性能。

```
01 def generate_pair(x, y, ts):
02     length = len(x)
03     start, end = 0, length-ts
04     data = []
05     label = []
```

```
06      for i in range(end):
07          data.append(x[i: i+ts, :])
08          label.append(y[i+ts])
09      return np.array(data, dtype=np.float64), np.array(label, dtype=np.float64)
10 data, label = generate_pair(data, label, ts)          ♯根据 ts 确定数值
11 train_x = data[0: train_test_split-ts]
12 train_y = label[0: train_test_split-ts]
```

第 1～9 行的主要目的是将原始时间序列数据转换为 LSTM 模型可以使用的形式,它将时间序列拆分成一系列输入和对应的输出标签。每个输入时间序列包含 ts 个时间步长。将生成的数据和标签作为函数的输出返回。第 10～12 行是为了训练 LSTM 模型,并使用测试集评估性能。第 10 行调用第 1～9 行的函数,将原始的时间序列数据作为 x 和 y 的输入,ts 是时间序列长度。该函数返回一个元组,其中第一个元素是数据,第二个元素是标签。第 11 行将生成的数据(data)中的前部分,从 0 到“train_test_split-ts”的时间序列赋值给 train_x 变量。此处,即取数据总长度的 0%～34.2%作为训练数据集的输入。第 12 行将生成的标签(label)中的前部分,从 0 到“train_test_split-ts”的标签数据赋值给 train_y 变量。即取数据总长度的 0%～34.2%作为训练数据集的标签。

4) 构建 LSTM 模型并训练

以下代码定义了 LSTM 模型的架构。

```
01 model = Sequential()
02 model.add(LSTM(200, activation='relu', return_sequences=True, input_shape=(train_x.shape
03 [1], train_x.shape[2])))
04 model.add(LSTM(100, activation='relu', return_sequences=False))
05 model.add(Dropout(0.1))
06 model.add(Dense(1))
07 model.compile(loss='mse', optimizer='adam')
```

第 1 行创建一个序贯模型。第 2 行添加一个由 200 个 LSTM 单元组成的层,激活函数为“relu”,return_sequences=True 表示输出的每一个时间步都要被预测,input_shape 用于指定输入的维度。第 4 行添加一个由 100 个 LSTM 单元组成的层,激活函数为“relu”,return_sequences=False 表示输出的最后一个时间步只需要被预测一次。第 5 行创建了一个神经元丢失率为 0.1 的 Dropout 层。第 6 行添加了一个最终输出层。第 7 行为编译模型,使用均方误差作为损失函数,使用 Adam 优化算法进行优化。均方误差会在模型评价中详述。

```
01 history = model.fit(train_x, train_y, epochs=80, batch_size=4,
02                 validation_data=(data, label), verbose=2, shuffle=True)
03 model.save('lstm_model.h5')
```

第 1 行使用 fit()函数来训练 LSTM 模型,并返回训练过程的历史数据。其中,train_x 和 train_y 是用来训练模型的输入和标签数据。epochs=80 表示训练模型的总共轮数,即每个训练样本被迭代 80 次。batch_size=4 表示每次迭代使用的样本数。validation_data=(data,label)指定验证集的输入和标签数据。verbose=2 指定训练过程的详细程度,为 2 表示输出 epoch 时的详细信息,包括损失值和性能指标。shuffle=True 表示每次迭代训练集时打乱数据的顺序,从而增加模型的鲁棒性。第 3 行保存训练好的模型。

5）模型训练集的预测及评价

（1）均方误差。

均方误差（Mean Square Error，MSE）是反映估计量与被估计量之间差异程度的一种度量，计算方法是将每个观测值与估计值的差异平方，然后取平均值。与均方根误差（RMSE）不同，MSE 未取平方根，因此保留了差异的平方信息。计算公式为

$$MSE = \frac{1}{N}\sum_{t=1}^{N}(R_t - P_t)^2 \tag{11.20}$$

其中，N 表示样本数，R_t 表示 t 样本对应的真实损失值，P_t 表示 t 样本对应的预测损失值。

（2）平均绝对误差。

平均绝对误差（Mean Absolute Error，MAE）是所有单个观测值与预测值的偏差的绝对值的平均，平均绝对误差可以避免误差相互抵消的问题，因而可以准确反映实际预测误差的大小。此外，由于偏差被绝对值化，不会出现正负相抵消的情况，因而，平均绝对误差能更好地反映预测值误差的实际情况。其计算公式如下。

$$MAE = \frac{1}{N}\sum_{t=1}^{N}|R_t - P_t| \tag{11.21}$$

其中，N 表示样本数，R_t 表示 t 样本对应的真实值，P_t 表示 t 样本对应的预测值。

```
01 my_model = load_model('lstm_model.h5')
02 train_pre = my_model.predict(train_x) * m＋n
03 train_true = train_true * m＋n
04 from sklearn.metrics import mean_squared_error, mean_absolute_error
05 print('训练 RMSE={}'.format(mean_squared_error(train_true, train_pre) ** 0.5))
06 print('训练 MAE={}'.format(mean_absolute_error(train_true, train_pre)))
```

以上代码是加载了一个经过训练的 LSTM 模型，对训练集进行预测，并输出训练集的 RMSE 和 MAE。此步骤的目的是评估模型在训练集上的性能表现，并用于调整模型的参数和结构，以更好地拟合训练集。第 1 行加载模型，使用 Keras 库中的 load_model()函数从文件中加载已训练好的模型，模型文件名为 lstm_model.h5。第 2 行对训练数据集进行预测。使用 predict()函数对训练数据集 train_x 进行预测，并将输出的结果乘以 m 再加上 n，以将其恢复为原始数据的比例。第 3 行将训练集的真实值（train_true）恢复为原始数据的比例。第 4 行从 sklearn 库中导入度量指标（metrics）模块中的评价指标均方根误差（RMSE）和平均绝对误差（MAE）。第 5、6 行分别输出训练集的 RMSE 和 MAE。

6）模型预测集的预测

利用 LSTM 模型对测试集进行预测，并将预测结果存储在 predict 列表中。

```
01 predict = []
02 times = 500
03 for i in range(times):
04     predict1 = [[]]
05     predict1[0].append(test_x[i,0])
06     predict1[0].append(test_x[i,1])
07     prev_serise = []
08     prev_serise.append(prev_seq[i: i＋ts, :])
09     prev_serise = np.array(prev_serise, dtype=np.float64)
```

```
10      yhat = my_model(prev_serise)
11      predict1[0].append(yhat[0,0])
12      prev_seq = np.vstack((prev_seq,predict1))
13      predict.append([yhat[0,0] * m+n])
14 pass
```

第 1 行创建一个空列表,用于存储 LSTM 模型的预测输出值。第 2 行设置预测次数。第 3~14 行用 LSTM 模型对测试集进行预测。第 3 行对测试集中的每个样本进行预测。第 4 行创建一个空的列表 predict1,用于存储当前样本的预测序列。第 5、6 行分别将测试集中当前样本的第一个和第二个时间步的特征值添加到 predict1 列表中。第 7 行创建一个空的列表 prev_serise 用于存储当前样本的历史时间步的预测值。第 8 行将历史时间步的预测值添加到 prev_serise 列表中,以供 LSTM 模型使用。第 9 行将 prev_serise 转换成 NumPy 数组,以供 LSTM 模型使用。第 10 行利用 LSTM 模型对当前样本进行预测。第 11 行将 LSTM 模型对当前样本的预测结果添加到 predict1 列表中。第 12 行将当前样本的预测结果添加到历史序列中,用于后面样本的预测。第 13 行将 LSTM 模型对当前样本的预测结果乘以一个预处理参数 m 再加上一个预处理参数 n,然后将其添加到 predict 列表中,用于后续的可视化和性能评估。

3. 模型结果展示

表 11.4 为收集的 W1 井的时间序列数据,基于该数据构建样本集,利用 LSTM 对其进行训练和预测。

表 11.4　W1 井生产动态(部分数据)

日期	油嘴大小 /mm	生产时间 /h	日产油量 /t	日期	油嘴大小 /mm	生产时间 /h	日产油量 /t
2016/8/16	3	24	5	2016/9/6	3	24	28.4
2016/8/17	3	24	7.4	2016/9/7	3	24	36.6
2016/8/18	3	24	10.7	2016/9/8	3	24	38.2
2016/8/19	3	24	2.2	2016/9/9	3	24	38.5
2016/8/20	3	24	6.5	2016/9/10	3	24	38.5
2016/8/21	3	24	6.9	2016/9/11	3	24	37.1
2016/8/22	3	24	6.8	2016/9/12	3	24	36.5
2016/8/23	3	24	10.9	2016/9/13	3	24	37.5
2016/8/24	3	24	11.8	2016/9/14	3	24	39.8
2016/8/25	3	24	10.9	2016/9/15	3	24	41.5
2016/8/26	3	24	11.8	2016/9/16	3	24	38.5
2016/8/27	3	24	18.3	2016/9/17	3	24	37.9
2016/8/28	3	19	11.2	2016/9/18	3	24	34.3
2016/8/29	3	24	26.7	2016/9/19	3	24	38
2016/8/30	3	24	32.6	2016/9/20	3	24	36.3
2016/8/31	3	24	20.6	2016/9/21	3	24	42.3
2016/9/1	3	24	12.5	2016/9/22	3	24	38.5
2016/9/2	3	24	20.2	2016/9/23	3	24	37.4

续表

日期	油嘴大小 /mm	生产时间 /h	日产油量 /t	日期	油嘴大小 /mm	生产时间 /h	日产油量 /t
2016/9/3	3	24	27.5	2016/9/24	3	24	38.3
2016/9/4	3	24	26	2016/9/25	3	24	38.1
2016/9/5	3	24	25.4	2016/9/26	3	24	37.5

图 11.14 展示了 W1 井的日油嘴大小变化曲线,图 11.15 展示了日生产时间的变化曲线。

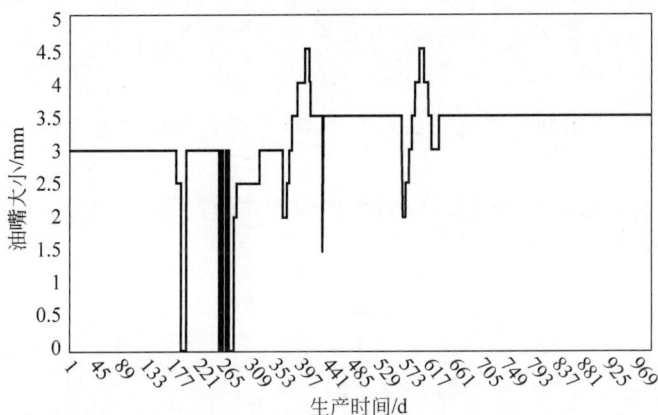

图 11.14　日油嘴大小变化曲线图

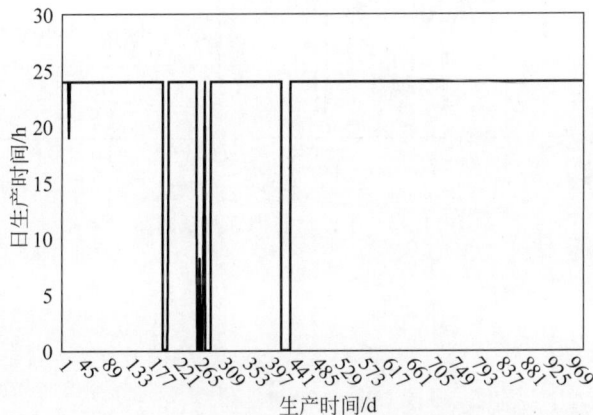

图 11.15　日生产时间变化曲线图

为了直观对比模型训练值与真实值的误差,绘制了真实生产动态、训练生产动态和预测生产动态三条曲线的综合对比图。

以下代码展示了曲线图的绘制。

```
01 from matplotlib.font_manager import FontProperties
02 font = FontProperties(fname=r"C:\Windows\Fonts\simhei.ttf", size=14)
03 fig = plt.figure()
04 real_list = label[:train_test_split-ts+times] * m+n
05 train_pre_list = np.vstack((train_pre, predict))
```

```
06 print('测试 RMSE={}'.format(mean_squared_error(real_list[train_test_split-ts:train_test_split-ts+
07     times],predict) ** 0.5))
08 print('测试 MAE={}'.format(mean_absolute_error(real_list[train_test_split-ts:train_test_split-
09     ts+times],predict)))
10 plt.plot(real_list)
11 plt.plot(train_pre_list)
12 plt.plot(train_pre)
13 plt.xlabel(u'时间/d', fontproperties=font)
14 plt.ylabel(u'日产油量/t', fontproperties=font)
15 plt.title(u'W1 井生产动态预测', fontproperties=font)
16 plt.legend(['实际生产数据','模型预测结果','模型训练结果'], prop=font)
17 plt.grid()
18 plt.savefig("W1 井预测.png")
19 plt.show()
```

上述代码与产能预测的可视化方法基本相同,产能预测绘制的为散点图,生产动态绘制的为曲线图。

由图 11.16 可知,LSTM 模型的预测结果与真实值的趋势大致相同,但无法预测真实生产动态中的小波动。

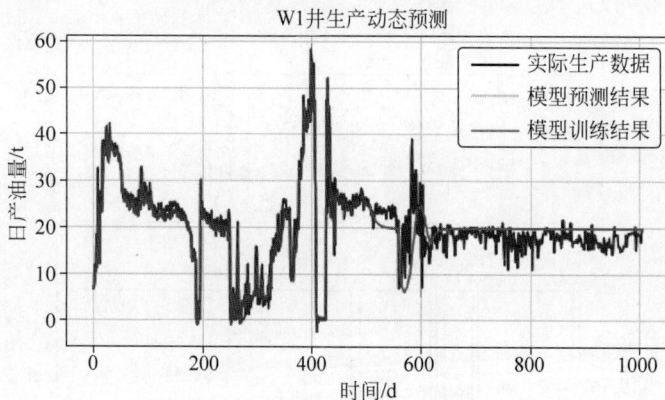

图 11.16　生产动态训练及预测图

参 考 文 献

[1]　Hastie T，Tibshirani R，Friedman J H，et al. The elements of statistical learning：Data mining，inference，and prediction[M]. New York：Springer，2009.

[2]　Milovanovic I. Python 数据可视化编程实战[M]. 颛清山，译. 北京：人民邮电出版社，2015.

[3]　Han J W，Kamber M. 数据挖掘概念与技术[M]. 范明，孟小峰，译. 2 版. 北京：机械工业出版社，2007.

[4]　Bird S，Klein E，Loper E. Python 自然语言处理[M]. 北京：人民邮电出版社，2014.

[5]　Jannach D，Zanker M，Felfernig A，et al. 推荐系统[M]. 蒋凡，译. 北京：人民邮电出版社，2013.

[6]　陈为，沈则潜，陶煜波. 数据可视化[M]. 北京：电子工业出版社，2013.

[7]　王沁晨. Python 预测分析与机器学习[M]. 北京：清华大学出版社，2022.

[8]　李航. 统计学习方法[M]. 北京：清华大学出版社，2012.

[9]　周志华. 机器学习[M]. 北京：清华大学出版社，2016.

[10]　陶再平. 基于约束的关联规则挖掘[M]. 杭州：浙江工商大学出版社，2012.

[11]　郭文彬，魏木生. 奇异值分解及其在广义逆理论中的应用[M]. 北京：科学出版社，2008.

[12]　孙泽军. 复杂网络结构挖掘研究[M]. 北京：新华出版社，2021.

[13]　刘奎荣，余东亮，周广，等. 管道地质灾害监测数据挖掘及预警模型研究与应用[M]. 成都：西南交通大学出版社，2022.

[14]　王晓琦，翟增强，金旭，等. 页岩气及其吸附与扩散的研究进展[J]. 化工学报，2015，66(8)：2838-2845.

[15]　陈勉，葛洪魁，赵金洲，等. 页岩油气高效开发的关键基础理论与挑战[J]. 石油钻探技术，2015，43(5)：7-14.

图书资源支持

感谢您一直以来对清华版图书的支持和爱护。为了配合本书的使用，本书提供配套的资源，有需求的读者请扫描下方的"书圈"微信公众号二维码，在图书专区下载，也可以拨打电话或发送电子邮件咨询。

如果您在使用本书的过程中遇到了什么问题，或者有相关图书出版计划，也请您发邮件告诉我们，以便我们更好地为您服务。

我们的联系方式：

清华大学出版社计算机与信息分社网站：https://www.shuimushuhui.com/

地　　址：北京市海淀区双清路学研大厦 A 座 714

邮　　编：100084

电　　话：010-83470236　　010-83470237

客服邮箱：2301891038@qq.com

QQ：2301891038（请写明您的单位和姓名）

资源下载：关注公众号"书圈"下载配套资源。

资源下载、样书申请

图书案例

书 圈

清华计算机学堂

观看课程直播